WALTER AMELING

AF771602

Aufbau und Wirkungsweise elektronischer Analogrechner

Mit 274 Abbildungen

Springer Fachmedien Wiesbaden GmbH 1963

Dr.-Ing. habil. WALTER AMELING ist Dozent
für Theoretische Elektrotechnik an der
Rheinisch-Westfälischen Technischen Hochschule Aachen

ISBN 978-3-663-19552-8   ISBN 978-3-663-19574-0 (eBook)
DOI 10.1007/978-3-663-19574-0

© 1963 by Springer Fachmedien Wiesbaden
Ursprünglich erschienen bei Friedr. Vieweg & Sohn Verlag, Braunschweig 1963
Softcover reprint of the hardcover 1st edition 1963

Alle Rechte vorbehalten von Friedr. Vieweg & Sohn, Braunschweig
Satz und Druck: A. Hain K.G., Meisenheim/Glan

Vorwort

Der elektronische Analogrechner ist in den vergangenen Jahren ein wertvolles Hilfsmittel für Ingenieure, Physiker und Mathematiker geworden. Durch ihn konnten Aufgaben gelöst werden, für die bisher keine Lösungsmöglichkeiten bestanden. Auf Grund seiner einfachen Bedienung, seines übersichtlichen Aufbaues und seiner leichten Erweiterungsfähigkeit wird der elektronische Analogrechner bei Problemen aus den verschiedensten Gebieten der Technik am häufigsten eingesetzt.

Mit dem vorliegenden Buch möchte ich sowohl den Studierenden an Hoch- und Fachschulen als auch dem Ingenieur der Praxis den Aufbau und die Wirkungsweise des elektronischen Analogrechners auf übersichtliche Art nahebringen. Ich war dabei bestrebt, in möglichst einfacher und verständlicher Form eine Anleitung für die erfolgreiche Bearbeitung von Problemen mit dem elektronischen Analogrechner zu geben, entsprechend den Bedürfnissen des praktisch arbeitenden Ingenieurs.

In systematischer Reihenfolge werden die verschiedenen Grundelemente des elektronischen Analogrechners beschrieben und ihre Arbeitsweise eingehend dargestellt. In einer gewissen Ausführlichkeit werden die nichtlinearen Einheiten (Funktionsgenerator und Multiplikator) in den Grundgedanken und schaltungstechnischen Möglichkeiten behandelt. Dies ist meines Erachtens umso notwendiger, als gerade die Lösung nichtlinearer Probleme durch den Analogrechner eine wesentliche Erweiterung der Möglichkeiten darstellt. Lineare Probleme können mit viel Mühe und Aufwand noch mit den üblichen mathematischen Mitteln gelöst werden.

Eine besondere Bedeutung glaube ich der Programmierung beimessen zu müssen, da die Wahl der Maßstabsfaktoren für die Genauigkeit von großer Wichtigkeit ist.

Bei der Auswahl des Stoffes habe ich die Simulationsmöglichkeiten mit dem elektronischen Analogrechner besonders hervorgehoben, da in immer steigendem Maße die Grundelemente des Analogrechners als vielseitige Modellbausteine eingesetzt werden. Für eine saubere Darstellung der Übergangs- und Übertragungsfunktionen schien mir der Gebrauch der Laplace-Transformation unumgänglich. Ich erachte es nicht nur für wichtig, sondern sogar für dringend erforderlich, daß auch der Ingenieur in der Praxis mit der Laplace-Transformation vertraut ist, zumal die Nützlichkeit und Zweckmäßigkeit der Laplace-Transformation durch die Anwendung in den verschiedensten Gebieten der Technik erwiesen ist.

Zur Übung und Einarbeitung in die Methoden zur Lösung physikalischer oder mathematischer Probleme sind in einem einführenden Analogrechnerpraktikum einige Beispiele am Schluß des Buches vollständig programmiert. Ohne absolute Sicherheit in der Programmierung und Vertrautheit mit den Geräteeinheiten werden die bei vielen Problemen auftretenden Schwierigkeiten kaum zu überwinden sein.

Es wurde bewußt darauf verzichtet, Schaltungs- und Geräteeinzelheiten zu beschreiben, da derartige Angaben mehr den Hersteller als den Benutzer des Analogrechners interessieren. Außerdem ist hier eine stetige Weiterentwicklung im Gange. Die Einführung der Transistoren z.B. hat bereits zu erheblichen Wandlungen in den Gerätekonzeptionen geführt.

Die vielen Vorzüge des elektronischen Analogrechners und seine Zukunftsaussichten sind vielleicht am deutlichsten daran zu erkennen, daß als neueste Geräteentwicklungen Rechner vorgestellt werden, die die Vorteile des Analogrechners hinsichtlich seiner einfachen und übersichtlichen Programmierungsmethoden mit der vom Digitalrechner her gewohnten Genauigkeit vereinigen. Hierdurch werden die Einsatzmöglichkeiten des Analogrechners in Wissenschaft und Technik nochmals wesentlich erweitert.

Anfang 1963 Walter Ameling

Inhaltsverzeichnis

1. Einleitung

1.1 Historische Übersicht

Im letzten Jahrzehnt ist die Entwicklung elektronischer Rechenautomaten sehr rasch vorangeschritten. Entscheidende Gründe dafür waren einerseits der Wunsch, Probleme aus Wissenschaft, Technik und Wirtschaft numerisch mathematisch zu lösen und andererseits die Tatsache, daß es mehr und mehr gelungen ist, zuverlässig arbeitende elektronische Schaltungen aufzubauen. Diese Zuverlässigkeit ist hier von größter Bedeutung. Eine entscheidende Forderung an jede Rechenanlage ist daher ihre Betriebssicherheit, die weitgehend gleichbedeutend mit Fehlerfreiheit ist.

Aufgabengebiete der Rechenautomaten sind z. B. die Abwicklung umfangreicher Rechenpläne mit hinreichender Genauigkeit, wie sie bei der numerischen Auswertung mathematischer Gleichungssysteme, Determinanten usw. vorkommen, die Lösung von Differentialgleichungssystemen, gleichgültig ob linear oder nichtlinear, die Durchführung von Sortierungen oder das Vergleichen einer großen Zahl von Daten miteinander im kaufmännischen Rechnen.

Bei vielen Aufgaben wird erst durch den Einsatz von Rechenmaschinen ihre Lösung ermöglicht. Entweder sind die Probleme derart umfangreich, daß sie von Rechenkräften mit Büromaschinen nicht mehr bewältigt werden können, oder die Lösung ist nur dann interessant, wenn die Ergebnisse nach sehr kurzer Zeit vorliegen, wie z. B. bei der Positionsbestimmung schnell beweglicher Ziele oder bei meteorologischen Berechnungen.

Eine allen Rechenautomaten gemeinsame Eigenschaft ist neben der hohen Rechengeschwindigkeit die Tatsache, daß sie, nachdem ihnen die Eingangsdaten eingegeben sind, ohne weiteres Eingreifen die Rechengrößen verarbeiten und die endgültigen Rechenergebnisse liefern.

Wenn auch die Entwicklung vor allem in der jüngsten Zeit so gewaltige Fortschritte gemacht hat, so sind doch Idee und Pläne für eine automatisch arbeitende Rechenanlage bereits über hundert Jahre alt. Dem Engländer Charles Babbage (1792–1871) gebührt der Ruhm, als erster die Pläne für einen Rechenautomaten entworfen zu haben, der bereits die kennzeichnenden Merkmale moderner digitaler Rechenautomaten, nämlich Rechen-, Steuer- und Speicherwerk enthält. Allerdings eilte er seiner Zeit zu weit voraus. Die Durchführung seiner

Pläne scheiterte an den hohen Anforderungen für die Fertigung engtolerierter Bauteile, wie sie für eine so komplizierte mechanische Maschine erforderlich gewesen wären.

Bereits im Jahre 1870 wurde von J. Thompson der Kurvenscheibenintegrator erfunden, dessen Prinzip heute noch für Einzelintegratoren Verwendung findet. Gegen Ende des 19. Jahrhunderts führte in den USA H. Hollerith neuartige Speicher-Methoden ein die es ermöglichten, durch bestimmte Lochkombinationen Informationen in Karten aufzunehmen. Es wurden sowohl zum Sortieren als auch zum Auswerten dieser Informationen mechanisch arbeitende Maschinen entwikkelt. 1928 führte L. J. Comrie die erste wissenschaftliche Berechnung mit Lochkarten und Hollerith-Maschine durch.

Im Jahre 1926 entwickelte Vanevar Bush die erste große Integrieranlage rein mechanischer Art. Es gelang ihm und seinen Mitarbeitern eine Reihe schwer oder seiner Zeit noch nicht lösbarer Aufgaben, z. B. nichtlineare und partielle Differentialgleichungen, zu lösen. In den folgenden Jahren wurde eine Reihe weiterer Anlagen dieser Art ohne wesentliche Verbesserungen gebaut.

Eine sprunghaft schnelle Weiterentwicklung der großen Ziffernrechenmaschinen wurde im 2. Weltkrieg auf Grund militärischer Aspekte eingeleitet. Die gute Zusammenarbeit der Industrie mit den Universitäten ermöglichte, vor allem in den USA, die entscheidenden Fortschritte. Die ersten dieser großen Rechenmaschinen baute man entweder als Einzweck- oder als Vielzweck-Rechner. Sie arbeiteten vorwiegend mit Relais im Rechenteil und mit Lochkarten für Eingabe und Speicherung. Aus der Forderung nach größerer Rechengeschwindigkeit, geringerer Leistungsaufnahme und erhöhter Betriebssicherheit setzte aber schon bald die Entwicklung vollelektrischer Rechenmaschinen ein.

Die weitere technische Entwicklung bis zu den heutigen modernen Rechenautomaten führte wegen der größeren Betriebssicherheit und niedrigeren Leistungsaufnahme zum Übergang von Röhren auf Transistoren. Ebenso wurde durch die systematische Weiterentwicklung auf dem Gebiet der Speicher sowohl die Zahl der Speicherplätze, als auch durch Verminderung der Zugriffszeiten bei Ferritkernspeichern die Rechengeschwindigkeit ganz erheblich erhöht und genügt heute allen Anforderungen der Mathematik. Somit wurden die digitalen Rechenautomaten wegen der Möglichkeit des beliebigen Einsatzes von Ein- und Ausgabegeräten (Lochkarten, Lochstreifen, Magnetband oder Schnelldrucker) und durch die Vereinfachung der Programmierung bei großer Flexibilität der Befehlsgestaltung zu den heutigen technisch ausgereiften, sicheren und universell verwendbaren Rechenautomaten.

Bei den Analogrechenmaschinen setzte die Entwicklung viel später als bei den Digitalrechnern ein. Abgesehen von speziellen Rechengeräten (Kurvenscheibenintegrator, Multiplikationsgetriebe usw.) wurde von diesen erst im 2. Weltkrieg eine Vielzahl automatisch arbeitender Rechenanlagen für Sonderzwecke (z.B. Kommandogeräte der Flugabwehr) hergestellt. Erst nach dem Kriege wandte man sich der Aufgabe zu, Analog-Rechenmaschinen für allgemeinere Zwecke zu bauen. Hierbei wurden zwei Wege mit Erfolg beschritten. Der erste war die Entwicklung mechanisch arbeitender Präzisions-Analogrechner unter Zuhilfenahme elektrischer Steuerungen und Kupplungen, der zweite zielte auf die Entwicklung vollelektronischer Analogrechner hin. Für die so besonders stürmische Entwicklung der elektronischen Analogrechner, die nach der Veröffentlichung der Arbeit von Randall, Ragazzini und Russel im Jahre 1947 einsetzte, war nicht zuletzt der Umstand maßgebend, daß man hier auf langbewährte Bauelemente der elektrischen Nachrichten- und Hochfrequenztechnik zurückgreifen konnte. Bereits zwei Jahre nach dem Erscheinen der oben zitierten Arbeit lieferten Industriefirmen technisch gut durchentwickelte elektronische Analogrechner. Heute stehen uns die verschiedensten Fabrikate zur Verfügung. Sie unterscheiden sich in ihrem Aufbau, ihrer Genauigkeit, ihrem Umfang und damit auch in ihrem Preis voneinander. Von den Großherstellern werden teilweise eigene Rechenzentren mit Großrechenanlagen unterhalten. Diese stehen jedem Interessenten gegen eine entsprechende Mietgebühr zur Verfügung. In Deutschland sind besonders stark die elektronischen Analogrechner der Firmen Beckman Instruments Corp. (Ease), Donner Scientific Co., Electronics Ass. (Pace), Solatron und Telefunken vertreten. An mechanischen Analogrechnern sind vor allem Großanlagen von Schoppe-Fäser und Anlagen von Amsler und Contraves bekannt.

1.2 Gegenüberstellung von Analog- und Digitalrechnern

Jede einer numerischen Behandlung zugängliche Aufgabe läuft auf die Verknüpfung physikalischer oder mathematischer Größen hinaus. Grundsätzlich können wir in der Darstellbarkeit von Größen zwei Hauptgruppen unterscheiden: Die Analog- und die Digitaldarstellung. Bei der Digitaldarstellung wird jede Größe als Zahl, aufgebaut aus einer Ziffernfolge, wiedergegeben. Bei der Analogdarstellung wird die jeweilige Größe durch eine Nachbildung, eine physikalische Realität, dargestellt. Dies kann z.B. eine geometrische oder elektrische Größe sein (Länge, Drehwinkel oder elektrische Spannung), die von der darzustellenden Größe abhängig ist. Infolgedessen unterscheidet man zwei große Gruppen von Rechenanlagen:

1. Die programmgesteuerten Ziffern-Rechenautomaten (Digital-Computers)
2. Die Analogrechner (Analog-Computers).

Die programmgesteuerten Ziffern-Rechenautomaten, kurz Digital-Rechner genannt, arbeiten ziffernmäßig entweder im Dual- oder Dezimalsystem. Obwohl das Rechnen mit Dualzahlen normalerweise nicht üblich ist, kann man es für die Digital-Rechner geradezu als prädestiniert bezeichnen. Bei ihnen werden sämtliche Größen und Befehle als Ziffern dargestellt, deren Realisierung in der Maschine im allgemeinen durch eine große Anzahl elektrischer Impulse erfolgt. Da Anderungen um weniger als einen Impuls nicht möglich sind, ist, streng genommen, ein kontinuierlicher Übergang der Variablenwerte nicht zu verwirklichen. Wählt man jedoch die Anzahl der eine Einheit darstellenden Impulse recht hoch, so erreicht man durchaus eine gute Annäherung an die kontinuierliche Änderung.

Das Rechenvermögen beschränkt sich im allgemeinen auf Addition, Subtraktion und auf die Unterscheidungsmöglichkeit zweier Zahlen. Bei der Unterscheidung kommt es im wesentlichen darauf an, festzustellen, ob eine Zahl größer oder kleiner ist als eine andere. Ein Ziffernrechner ist dadurch in der Lage, logische Regeln genauestens zu befolgen. Selbst die beiden anderen arithmetischen Grundoperationen, Multiplikation und Division, werden schon per Programm aus einer Summe von Additionen bzw. Subtraktionen durchgeführt. Alle anderen Rechnungsarten wie z. B. Integration, Differentiation usw. müssen stets per Programm durch eine Anzahl einzelner Befehle in einfache Operationen zerlegt werden. Grundsätzlich können also nur solche mathematischen Probleme behandelt werden, die sich in eine Folge von Grundoperationen zerlegen lassen.

Im Dualsystem oder binären System verwendet man nur zwei verschiedene Symbole zur Darstellung jeder beliebigen Zahl. Hier ist der Aufwand an Ziffern im Mittel etwa 3,3 mal so groß wie bei der Darstellung einer Zahl im Dezimalsystem. Das Dualsystem bietet jedoch zur technischen Realisierung des maschinellen Rechenvorganges ganz erhebliche Vorteile. Den zwei notwendigen Symbolen des Dualsystems, die hier mit 0 und L bezeichnet werden sollen, ordnet man zwei stabile Zustände irgendwelcher technischer Bauelemente zu. Bei einem Relais würden diese beiden stabilen Zustände durch den nichtangezogenen oder den angezogenen Anker realisiert; bei der gesteuerten Elektronenröhre könnte man Stromlosigkeit oder Strom im Anodenkreis den Ziffern 0 und L zuordnen. Da diese beiden extremen Zustände leicht zu unterscheiden sind, ist die Zuordnung absolut eindeutig und ihre Wertfeststellung sicher. Ein wesentlicher Unterschied zwischen Digitalrechenmaschinen und Analogrechenmaschinen liegt in der exakten Darstellbarkeit einer Größe und damit in der Genauigkeit des Rechenergebnisses. Der große Vorteil des Digitalrechners besteht darin, daß es für ihn keine Genauigkeitsschranke im eigentlichen Sinne gibt.

Bei den Digitalrechnern unterscheidet man zwei Rechnungsarten: Festkomma- und Gleitkommarechnung. Die Rechenmaschinen sind so konstruiert, daß sie bei der Festkommarechnung eine etwa 15stellige Zahl x innerhalb eines festen Bereiches (dies ist in der Regel der Bereich $-1 < x < +1$) verarbeiten. Selbstverständlich muß bei der Programmierung dafür gesorgt werden, daß entsprechende Maßstabsfaktoren vorhanden sind, damit auch alle Zwischenergebnisse in diesem vorgegebenen Wertebereich liegen. Ist die Stellenzahl der so erhaltenen Ergebnisse zu gering, so kann man eventuell per Programm eine Maßstabsänderung durchführen. Beim Verfahren der Gleitkommarechnung wird eine beliebige Zahl in der Form $A \cdot M^n$ dargestellt. Für die Darstellung von A arbeitet man mit einer bestimmten Zahl gültiger Stellen und gibt durch den mitgeführten, vielfach verschlüsselten Exponenten n bei dem vorgegebenen Wert M die Zahl wieder. Grundsätzlich kann man bei der Digitalmaschine durch eine Vergrößerung der Stellenzahl die Genauigkeit beliebig hoch treiben. Eine Erhöhung der Genauigkeit bedeutet aber gleichzeitig eine Verlängerung der Rechenzeit. Obwohl die Rechengeschwindigkeit für eine Operation bei digitalen Rechenmaschinen je nach Maschinengröße zwischen 20 und 10^6 Operationen je Sekunde schwankt, können bei komplizierten Aufgaben, die eine große Anzahl Unterprogramme beinhalten, ganz beträchtliche Zeiten (mitunter etliche Stunden) für einen Lösungsgang erforderlich sein. Für gewisse Problemklassen ist die Rechenzeit durchaus länger als auf dem Analogrechner.
Bei den Analogrechnern unterscheiden sich die Anlagen in ihrem Aufwand und ihrer Größe ganz erheblich. Von den kleinsten Einzelzweck-Analogrechnern bis zu den größten Anlagen, die in der Baugröße und in ihrem physikalischen Vermögen größer als die großen Digitalmaschinen sein können, sind alle Zwischengrößen vertreten. Gerade der Gesichtspunkt der leichten Erweiterungsmöglichkeit einer Analog-Anlage ist gegenüber den Digitalrechnern von besonderem Vorteil.

Allgemein könnte man eine Unterscheidung in Einzelzweck- und Vielzweckanalogrechner vornehmen. Allen gemeinsam ist die Darstellung der Variablen des Problems durch physikalische Größen. So werden beim Rechenschieber, der eine der einfachsten Formen des Analogrechners ist, die Zahlenwerte eines Problems durch Längen dargestellt, die proportional dem Logarithmus der Zahlen sind. Hierdurch geht die Multiplikation in eine Addition und die Division in eine Subtraktion über. Die Längen auf dem Rechenschieber werden als analoge physikalische Größen benützt, unabhängig von der Natur des Problems und der Größen.

Eine andere Unterscheidungsmöglichkeit wäre die der direkten und die der indirekten Analogrechner. Zur ersten Gruppe gehören z. B. die Netzwerkanalysatoren. Bei ihnen macht man Gebrauch von der Analogie des mechanischen Verhaltens von Reibung, Federkraft und Masse zu dem Verhalten der entsprechenden elektrischen Größen Widerstand, Kapazität und Induktivität. Eine Änderung der aus diesen Größen aufgebauten elektrischen Netzwerke ist sehr leicht durchzuführen. Da jedoch die Widerstände induktivitäts- und kapazitätsbehaftet sein können und die Induktivität und Kapazität widerstandsbehaftet sind, ist eine fehlerfreie Nachbildung des mechanischen Systems nicht möglich. Die Erfassung des Fehlereinflusses dieser nicht idealen Bauelemente ist im allgemeinen recht mühsam. Man kann jedoch vielfach auf diese Fehlerbetrachtung verzichten, da bei Benutzung hochwertiger Elemente die Ungenauigkeiten bei der Bestimmung der zugehörigen Größen überwiegen.

Da diese Anlagen vorzüglich zur Nachbildung elektrischer Leistungs-Verteilungssysteme geeignet sind, sind sie fast ausschließlich bei den Energieversorgungsunternehmen eingesetzt. Neben anderen Gründen ist es vor allem der hohe Preis, der in der Größenordnung des Preises für einen großen Digitalrechner liegt, der einer größeren Verbreitung dieser Anlagen entgegenstand.

Eine weitere Unterscheidungsmöglichkeit der Vielzweck-Analogrechner ist die der mechanischen und die der elektronischen Analogrechner. Wenngleich auch die mechanisch arbeitenden Analogrechner in der historischen Entwicklung sehr lange Zeit die einzig brauchbaren Vielzweck-Analogrechner waren, so sind sie heute, bei der Vielzahl der Probleme, den elektronischen Analogrechnern doch unterlegen. Allerdings arbeiten die mechanischen Analogrechner etwa eine Größenordnung genauer als die normalen elektronischen Analogrechner.

Die mechanischen Analogrechner bestehen im wesentlichen aus äußerst genau arbeitenden Scheiben- oder Kugelintegratoren, Multiplikationsgetrieben, Summengetrieben, Sinus-Kosinus-Getrieben, Kurvenscheiben, Koordinatenwandlern und Funktionstischen. Die Rechengeräte wurden noch vor nicht allzulanger Zeit als Kraftgetriebe gebaut. Heute baut man nur noch unbelastete Meßgetriebe. Diese sind durch elektrische Kupplungen je nach Art der Rechenschaltung miteinander verbunden. Die ermittelten Rechenwerte werden mittels induktiver oder kapazitiver Meßbrücken übertragen. Die Steuerung der anderen Elemente der Rechenanlage geschieht fast ausnahmslos mit Hilfe der modernen elektronischen Übertragungs- und Steuerungstechnik. An alle diese einzelnen, selbstständigen Rechengeräte werden höchste Anforderungen hinsichtlich ihrer Genauigkeit gestellt. Erst die heutige Fertigungstechnik ermöglichte es, Einzelgeräte zu bauen, deren maximale Fehler in der Größenordnung von 0,1% liegen.

Ein weiterer und unter Umständen nicht zu unterschätzender Vorteil der mechanischen Analogrechner ist die Freiheit in der Wahl der Integrationsveränderlichen. Selbst die Multiplikation von veränderlichen Größen kann durch eine Rechenschaltung mit 2 Integratoren und 2 Summengetrieben bewerkstelligt werden. Hierbei macht man von der Beziehung $uv = \int u\,dv + \int v\,du$ Gebrauch.

Als erster wesentlicher Nachteil der mechanischen Analogrechner wäre die langsame Arbeitsweise zu nennen. Anfangsbedingungen sind nur umständlich einzuführen und tatsächlich zu untersuchende Bauelemente nur schwierig in die Rechenschaltung mit einzubeziehen. Ein weiterer, beachtlicher Nachteil ist hier der hohe Preis, der in den großen Anforderungen hinsichtlich der mechanischen Präzision begründet ist. Da sie den digital arbeitenden Rechenmaschinen in Bezug auf Genauigkeit (bei etwa gleichem Preis) und den modernen elektronischen Analogrechnern in Bezug auf Anpassungsfähigkeit und Wendigkeit (bei nicht viel größerer oder gleicher Genauigkeit und mehrfachem Preis) unterlegen sind, ist es fraglich, ob in Zukunft noch eine größere Anzahl dieser Maschinen auf dem Markt erscheint.
Die elektronisch arbeitenden Vielzweck-Analogrechner sind historisch gesehen die jüngsten. Sie haben sich aber inzwischen weitgehend durchgesetzt.
Der Bauform nach unterscheidet man zwischen Schrank- und Komponentenbauweise. Bei der Schrankbauweise ist durch den festen Einbau einer vorbestimmten Anzahl von Recheneinheiten der Gesamtumfang vorgegeben. Da jeder Schrank seine eigene Stromversorgung hat, ist eine Erweiterung nur durch Hinzufügen ganzer Schränke möglich. Bei der Komponentenbauweise hat man für eine Vielzahl von Recheneinheiten einen gemeinsamen Stromversorgungs- sowie Schalt- und Anzeigeteil. Man kann, wie es die jeweilig auftretenden Rechenprobleme erfordern, die Rechenanlage beliebig vergrößern. Bei dieser Dezentralisierung verzichtet man im allgemeinen auf die Verwendung von Einsteckbrettern als Problembretter, dies braucht aber durchaus kein Nachteil sein. Bei der Komponentenbauweise ist es auch üblich und möglich, spezielle Einheiten zur Erzeugung von Zeitfunktionen einzubauen, die bei der Schrankbauweise normalerweise erst mit Hilfe einer Rechenschaltung erzeugt werden müssen.

Hinsichtlich der Rechenzeit kann man die Analogrechner in zwei Gruppen einteilen: die Langsam- und die Schnellrechner. Durch geeignete Bemessung der Schaltelemente ist man in der Lage, den gesamten Lösungsablauf langsam oder schnell ablaufen zu lassen. Dies ist gleichbedeutend mit einer Zeittransformation und somit von allergrößter Wichtigkeit bei der praktischen Handhabung des elektronischen Analogrechners. Bei dem langsamen Analogrechner liegt die Rechenzeit in der Größenordnung von einigen Sekunden bis zu vielen Minuten. Diese Geräte haben aber den Vorteil, daß man unter Umständen zu untersuchende Bauelemente in den Rechenkreis mit einbeziehen kann, wenn die Rechenzeit dem tatsächlichen physikalischen Zeitablauf entspricht. Hierbei arbeitet man also im sogenannten wirklichen Zeitmaß. Bei dem schnellen Analogrechner verwendet man einen anderen Zeitmaßstab. Dies schließt von vornherein die Einbeziehung wirklicher Bauelemente eines zu untersuchenden Systems aus. Die Rechenzeit für die gesamte Lösung eines Problems beträgt etwa 10 msec bis 1 sec. Somit ist man in der Lage, den Rechenvorgang in einer Sekunde entsprechend oft zu wiederholen. Solche Analogrechner werden auch „repetierende Analogrechner" genannt. Der wiederholte Ablauf des Rechenvorganges bedingt im allgemeinen die Verwendung eines Zusatzgerätes, des Repetiergerätes. Seine Aufgabe besteht darin, den Rechenvorgang nach einer bestimmten Zeit abzubrechen, die Anfangswerte wieder herzustellen und hiernach den Rechenvorgang erneut ablaufen zu lassen. Dieses Repetiergerät ist vielfach ein Multivibrator, der eine Schaltröhre steuert, in deren Anodenkreis z.B. ein Schaltrelais liegt. Bei den repetierenden Anlagen können die Lösungen nicht mehr durch ein normalerweise verwendetes schreibendes Meßgerät aufgezeichnet werden, da dann die Massenträgheit des Systems die höchste Geschwindigkeit des Rechenvorganges vorschreiben würde. Man verwendet daher zur Anzeige den Elektronenstrahl-Oszillographen. Durch die wiederholte Aufzeichnung der gleichen Lösung erscheint dem Auge die Lösungsfunktion als stehendes Bild. Hierzu ist es erforderlich, daß das Repetiergerät nicht nur die Rechenanlage steuert, sondern auch den Synchronisierimpuls für den Oszillographen liefert. Aus verschiedenen Gründen ist es jedoch oft zweckmäßiger, die Steuerung des Rechengerätes vom Oszillographen aus vorzunehmen. Die Genauigkeit der Lösung wird bei den elektronischen Analogrechnern mit erhöhter Repetierfrequenz vermindert. Sie liegt bei den elektronischen Analogrechnern grundsätzlich unter der der Digitalrechner. Für den mechanischen Analogrechner beträgt der Fehler etwa 1‰. Mit dem elektronischen Analogrechner sind Fehler unter 1‰ sehr schwer zu erreichen. Bei ihm sind Fehler von etwa 1% der Normalfall. Bei schnell repetierendem Betrieb treten durchaus Fehler von 5 ÷ 10% auf.

Der schnelle Betriebsablauf setzte vor allem eine Neuentwicklung bestimmter Rechenkomponenten voraus. Servomotorische Multiplikatoren, elektromechanische Funktionsgeneratoren und Registriergeräte lassen eine Erhöhung der Rechengeschwindigkeit über eine bestimmte Grenze hinaus nicht zu. Zu den erhöhten Rechengeschwindigkeiten, wie sie heute bei den repetierenden Anlagen vorliegen, konnte man erst übergehen, nachdem es gelungen war, brauchbare und preiswerte Multiplikationsgeräte und Funktionsgeneratoren herzustellen, die diesen Rechengeschwindigkeiten genügten.

1.3 Anwendungsgebiete digitaler und analoger Rechenmaschinen

Wenn man sich überlegt, für welche Anwendungsgebiete ein Digital-Rechner und für welche ein Analogrechner eingesetzt werden soll, so wird man zuerst auf Grund der erzielbaren Rechengenauigkeit eine Gebietseinteilung vornehmen. Grundsätzlich ist zu sagen, daß der Digitalrechner auch das leistet, was ein Analogrechner leisten kann und noch einiges mehr. Es hat sich allgemein die Einstellung durchgesetzt, daß gemäß besonderer Eigenschaften, Kosten und Bedienung jede Art ihre für sie besonders günstigen Gebiete hat, und nur die speziellen Gesichtspunkte der Aufgabenstellung über den Einsatz der einen oder der anderen Maschine entscheiden. Von einer Rivalität beider Rechenmaschinenarten kann heute wohl keine Rede mehr sein. Vielmehr besteht ein durchaus zweckmäßiges Nebeneinander beider Maschinengattungen, wobei aus verständlichen Gründen eine besondere Neigung der Ingenieure zu den Analogrechnern und der Mathematiker zu den Digitalrechnern festzustellen ist.

Da der Rechengenauigkeit des Digitalrechners theoretisch keine Grenze gesetzt ist, wird dieser überall dort eingesetzt, wo es auf höchste Genauigkeit ankommt. Dies trifft bei den meisten wissenschaftlichen Problemen der Grundlagenforschung, bei Rechnungen in der Astronomie, Physik, Aerodynamik, Optik usw. zu. Spezielle Aufgaben für ihn sind z.B. das Lösen umfangreicher linearer Gleichungssysteme oder Matrizenoperationen. Darüber hinaus ist sein Einsatz überall dort angebracht, wo man es mit Differenzen gleicher Größenordnung zu tun hat. Leider bestimmt die Höhe der Genauigkeit auch weitgehend den Preis einer solchen Anlage. Betrachtet man den Verlauf des Aufwandes als Funktion der Genauigkeit sowohl für den Analogrechner als auch für den Digitalrechner, so erkennt man folgendes:

Die Kostenkurve für den Digitalrechner verläuft weitgehend linear, da eine Steigerung der Genauigkeit einer Erhöhung der Ziffernzahl gleichkommt. Dem entspricht eine Vergrößerung der Speicherplätze, d. h. des Aufwandes.
Beim Analogrechner ist aus physikalischen und meßtechnischen Gründen eine Erhöhung der Genauigkeit über eine bestimmte Grenze hinaus nahezu unmöglich, d. h. die Kostenkurve steigt nicht linear an, sondern stark exponentiell.

Für den Analogrechner ist somit eine Genauigkeitsschranke vorgegeben, die auch mit dem größten Aufwand nicht mehr zu überschreiten ist. Die Genauigkeit des Rechners kann grundsätzlich nicht größer sein als die Genauigkeit, mit der man in der Lage ist, physikalisch-technische Größen einzustellen und zu messen.
Man wird deshalb eine Einteilung der Anwendungsgebiete für Analog- und Digitalrechner nach folgenden Gesichtspunkten vornehmen:

Ist ein Fehler in der Größenordnung von 1% zulässig und läßt die Aufgabenstellung die Benutzung eines Analogrechners zu, dann sollte man diesen verwenden. Höhere Rechengenauigkeiten (Fehler unter 0,1 ⁰/oo) sind zur Zeit nur mit einem Digitalrechner zu erhalten. Damit sind für Aufgabenstellungen und Sortierungen von Zahlen des kaufmännischen Rechnens, wo es selbst bei Millionenbeträgen noch auf Pfennige ankommt, nur Digitalrechner geeignet. Ein Nachteil des Digitalrechners ist seine umständlichere Handhabung und der erforderliche Aufwand an Programmierungsarbeit, der sich allerdings durch die wiederholte Anwendung einmal entwickelter und geprüfter Programme herabsetzen läßt. Die Benutzung von sogenannten Programmbibliotheken für Unterprogramme hat sich als äußerst nützlich erwiesen. Unterprogramme werden zum Teil bereits von den Herstellerfirmen mitgeliefert und ihre Anzahl im Laufe der Benutzungsjahre auf Grund selbst durchgeführter Aufgaben dauernd vergrößert. Zu den immer wiederkehrenden Unterprogrammen gehören z. B.: Lösung linearer Gleichungssysteme, trigonometrische Funktionen, Matrizenoperationen, Wurzelberechnungen, Nullstellenbestimmung beliebiger Funktionen, Eingabe- und Leseprogramme, Sortierprogramme, numerische Integration und Differentiation, harmonische Analyse, Druckprogramme usw. Von besonderer Bedeutung ist die Wahl des Lösungsverfahrens. Es sind nach Möglichkeit solche Verfahren zu verwenden, bei denen Rundungsfehler nicht zu völlig unbrauchbaren Ergebnissen führen. Derartige selbstkorrigierende Verfahren würden z. B. nach einem maschinellen Rechenfehler diesen bei weiteren Iterationsschritten automatisch korrigieren.

Hat man es mit Aufgaben aus den Gebieten der normalen ingenieurmäßigen Praxis zu tun, bei denen die zugrundeliegenden Ausgangsgrößen nur mit einem Fehler von einigen Prozent ermittelt werden können, dann ist auch von dem Rechenprozeß vernünftigerweise nur eine Genauigkeit zu fordern, die einen Fehler von 1% zuläßt. Gerade hier, z. B. bei der Untersuchung des dynamischen Verhaltens von Systemen in der Regelungstechnik, hat sich der repetierende Analogrechner bestens bewährt. Er gestattet eine sofortige Beobachtung jeder beliebigen Parameteränderung des Problems auf dem Schirm des Oszillographen. Daher wird der repetierende Analogrechner bei der Synthese von Regelvorgängen besonders gern verwendet. Für Lösungen von Aufgaben, bei denen Koeffizienten, Anfangswerte und Störfunktionen von Differentialgleichungen nicht von vornherein festliegen, sondern eine geforderte Lösung erfüllt werden muß, bewirkt seine Verwendung eine erhebliche Zeitersparnis. Beim mechanischen Analogrechner muß im Gegensatz zum elektronischen Analogrechner zur Eingabe neuer Anfangsbedingungen die Anlage stets erst wieder stillgesetzt werden. Er bietet daher nicht die Möglichkeit, den Einfluß der Problemparameter schnell zu erfassen oder zu prüfen.

Der Analogrechner ist in der Lage, Rechenoperationen wie Multiplikation und Integration direkt durchzuführen. Eine Einschränkung der Integration besteht darin, daß die unabhängige Veränderliche stets die Zeit ist. Es sind jedoch bereits Verfahren entwickelt worden, die auch eine Integration hinsichtlich einer anderen unabhängigen Variablen zulassen. Sie haben aber wegen ihrer Aufwendigkeit keinen Eingang in die Praxis gefunden. Diese Einschränkung bei der Integration ist ein großer Nachteil der elektronischen Analogrechner gegenüber mechanischen Analogrechnern und den Digitalrechnern; sie gestaltet z.B. die Lösung partieller Differentialgleichungen mit dem elektronischen Analogrechner sehr schwierig. Diese Einschränkung trifft beim Studium dynamischer Vorgänge nicht zu, so daß hier das Hauptanwendungsgebiet der elektronischen Analogrechner liegt. Außerdem ist es ein augenscheinlicher Vorteil, daß zur Untersuchung eines dynamischen Problems Teile der Anlage mit in die Rechenschaltung eingebaut werden können.

Eine weitere beliebte Anwendung des Analogrechners ist die modellmäßige Nachbildung eines vorgegebenen Systems, d.h. der Bau eines Simulators. Diese Möglichkeit liegt vor allem dem Ingenieur und dem Experimentalphysiker. Durch die Nachbildung eines Systems in Form eines Modells erhält man ein besseres Gefühl und tieferes Verständnis für die vorliegenden physikalisch-technischen Besonderheiten des Problems. Der Mathematiker würde z.B. ein System von Differentialgleichungen in eine Differentialgleichung höherer Ordnung umwandeln und diese dann lösen. Der Ingenieur kann bei seinem Modell das System von Differentialgleichungen echt lösen, indem er jedem Element seines Problems eine Einheit auf dem Analogrechner zuordnet.

Hierbei ist es leicht möglich, den Einfluß der einzelnen Systemgrößen auf die Lösung der Aufgabe genauestens zu verfolgen. Diese Verschiedenartigkeit der Lösungswege (beide lösen dasselbe Gleichungssystem) ist in der unterschiedlichen Betrachtungsweise eines Problems durch den Mathematiker und den Ingenieur begründet.

Zusammenfassend kann man sagen, daß das Hauptanwendungsgebiet des elektronischen Analogrechners die Lösung von Differentialgleichungen ist. Die Ordnung der Differentialgleichung spielt im allgemeinen keine Rolle. Ebenso ist es weitgehend unwichtig, ob die Gleichungen linear oder nichtlinear sind. Es soll schon hier festgestellt werden, daß ein Analogrechner die Lösungen der Differentialgleichungen nicht in der von der Mathematik her üblichen Weise liefert. Dadurch, daß die Anfangsbedingungen des Problems zu Beginn in das Gerät eingegeben werden müssen, ergibt sich stets diejenige partikuläre Lösung der Differentialgleichung, die diesen Anfangswerten entspricht.

Die Programmierung beim Analogrechner besteht darin, daß man entsprechend der Rechenvorschrift der zu lösenden Aufgabe die einzelnen Rechenkomponenten zu einer Rechenschaltung zusammenschaltet. Hierdurch ergibt sich ein übersichtlicher Aufbau, der dem Ingenieur in der Darstellungsart äußerst vertraut ist. Durch seine besondere Anschaulichkeit im Falle des repetierenden Betriebes ist der Einsatz des elektronischen Analogrechners dort zweckmäßig, wo die Abhängigkeit beliebiger physikalischer Größen bei Variation bestimmter Parameter zu untersuchen ist, vorausgesetzt, daß die Genauigkeit des elektronischen Analogrechners genügt. Dies ist aber bei vielen ingenieurmäßigen Aufgaben der Fall. Sollte die Genauigkeit nicht ausreichen, so ist eine Verwendung beider Rechenmaschinen durchaus zweckmäßig: Man tastet sich auf dem Analogrechner bis zu einer weitgehend optimalen Lösung heran und führt anschließend kleine Bereichsänderungen des Systemparameters auf dem Digitalrechner mit der gewünschten Genauigkeit durch.

2. Die Grundelemente des elektronischen Analogrechners

Beim elektronischen Analogrechner wird im allgemeinen jede abhängige Veränderliche eines Problems durch eine Potentialdifferenz dargestellt, deren Größe der abhängigen Veränderlichen proportional ist. Man spricht z. B. vielfach von einer Spannung an einem Punkt und meint damit die Potentialdifferenz zwischen diesem Punkt und Erde, die in Volt gemessen wird. Als Spannungen könnte man Wechselspannungen konstanter Frequenz verwenden, deren Scheitelwertänderungen proportional den Änderungen der zugeordneten veränderlichen Größen sind. Eine andere Möglichkeit ist die, daß man mit Gleichspannungen arbeitet, wobei der jeweilige Wert der Gleichspannung ein Maß für die ihr entsprechende Größe darstellt. In der Praxis hat sich die letztgenannte Methode durchgesetzt und nur sie wird daher im Weiteren behandelt. Während die zuerst angedeutete Möglichkeit in der Rechenschaltung mit üblichen Wechselspannungsverstärkern arbeiten könnte, was ohne Zweifel ein Vorteil wäre, muß man bei der zweiten Möglichkeit Gleichspannungsverstärker verwenden.

Da der elektronische Analogrechner als unabhängige Veränderliche grundsätzlich nur die Zeit zuläßt, erhält man sämtliche abhängigen Veränderlichen als Funktionen der Zeit.

Zur Aufzeichnung dieser Zeitfunktionen eignen sich demnach nur solche schreibenden Meßgeräte, bei denen die Meßgröße in Abhängigkeit von der Zeit aufgetragen wird.

Beim gewöhnlichen Papierschreiber erfolgt der Vorschub des Schreibpapiers, beim Schleifenoszillographen der des lichtempfindlichen Photopapiers und beim Elektronenstrahloszillographen die Ablenkung des Elektronenstrahls in horizontaler Richtung proportional der Zeit.

Bei vielen praktischen Aufgaben des Ingenieurwesens ist die Zeit bereits die unabhängige Veränderliche. In anderen Fällen, bei denen die Raumkoordinaten als unabhängige Veränderliche auftreten, ist es fast immer möglich, die Zeit durch eine lineare Transformation als unabhängige Veränderliche einzuführen. Diese wichtige Möglichkeit der Zeittransformation werden wir in Abschnitt 3.1 ausführlich behandeln. Man muß sie außerdem stets dann anwenden, wenn Rechenzeit und Problemzeit nicht übereinstimmen sollen, wenn man also einen bestimmten Zeitmaßstabsfaktor für die Rechnung festlegt.

Die Grundelemente des elektronischen Analogrechners ergeben sich aus den zu fordernden Rechenoperationen (siehe Beispiel Abschnitt 2.12). Für lineare Rechenoperationen benötigt man folgende wichtige Einheiten, die Bestandteil einer jeden Rechenanlage sind:

1. Einheiten, die in der Lage sind, die Integration durchzuführen.
2. Einheiten, die die als Gleichspannungen vorliegenden verschiedenen Größen in jedem Zeitaugenblick addieren können.
3. Einheiten, die eine Multiplikation einer Spannung mit einer Konstanten durchführen können.
4. Einheiten, die eine Multiplikation mit -1 durchführen können, damit die Subtraktion auf eine Addition zurückgeführt werden kann.
5. Einheiten, die beliebig erforderliche Anfangsbedingungen einzustellen gestatten.
6. Einheiten, die in der Lage sind, je nach Lösungsgeschwindigkeit die Lösungen aufzuzeichnen.
7. Einheiten, die die Möglichkeit bieten, wiederholt in einer Sekunde eine Lösung ablaufen zu lassen.
8. Einheiten, die eine Verkopplung der vorerwähnten Rechenelemente gestatten.

Haben wir es mit nichtlinearen Operationen zu tun, wie bei dem in Abschnitt 2.12 aufgeführten Beispiel, so benötigen wir folgende Zusatzeinrichtungen:

9. Einheiten, die in der Lage sind, zeitlich veränderliche Größen miteinander zu multiplizieren.
10. Einheiten, die es gestatten, mathematisch oder graphisch vorgegebene Abhängigkeiten einer Größe von einer anderen Größe zu erzeugen.
11. Einheiten, die in der Lage sind, eine beliebige Funktion zeitlich verzögert weiterzugeben.

Mit den hier aufgeführten Einheiten ist es möglich, alle Probleme zu lösen, bei denen sich die Anwendung eines elektronischen Analogrechners empfiehlt. Den Mindestumfang der benötigten Rechenelemente für die Rechenschaltung bestimmt das Problem. Nach dem ersten Entwurf einer Rechenschaltung wird man fast stets feststellen, daß sich bei einer günstigen Umordnung die Anzahl der Einheiten verringern läßt.

2.1 Zusammenstellung der üblichen Recheneinheiten

2.11 Symbole der Recheneinheiten

Die im Abschnitt 2 angeführten Einheiten des elektronischen Analogrechners werden in der jeweiligen Rechenschaltung zusammengeschaltet. Es hat sich als zweckmäßig erwiesen, für die Recheneinheiten Symbole einzuführen. Sie sollen hier kurz der Reihe nach erläutert werden. Da keine einheitlichen Symbole in der Literatur verwendet werden, werden hier nur die in diesem Buch verwendeten Symbole dargestellt. Für den beschalteten Gleichspannungsverstärker hat sich weitgehend das Dreiecksymbol durchgesetzt. Für andere nichtlineare Elemente, Anzeigegeräte usw. verwendet man das Rechtecksymbol. Bei den einfachen Einheiten wird noch gleichzeitig die Beschaltung der Rechenverstärker mit angegeben. Hierbei ist es gleichgültig, ob diese Beschaltung von außen erfolgt oder über Schalter im Innern des Gerätes vorgenommen wird. Bei den Funktionsgeneratoren deutet man, wie es in der Regelungstechnik üblich ist, die Kennlinie der gewünschten Nichtlinearität im Blockschaltbild an. Jeder Recheneinheit ist eine bestimmte Rechenoperation zugeordnet.

Zur mathematischen Formulierung sei gesagt, daß wir für die unabhängige Veränderliche, das ist die Maschinenzeit, stets die Bezeichnung τ wählen wollen. Alle dargestellten Größen stellen Spannungen gegenüber Erde dar, auch wenn auf die Zeichnung des Erdsymbols verzichtet wird.

Für andere Einheiten brauchen wir keine speziellen Symbole einzuführen. Die Möglichkeit der Verbindung sämtlicher Rechenkomponenten ist auf dem sogenannten Problembrett oder Steckbrett möglich. Da die Anfangsbedingungen als Gleichspannungen eingegeben werden müssen, genügt die Darstellung des allgemein bekannten Symbols einer Gleichspannungsquelle 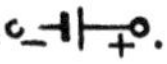. Wir müssen also so viele voneinander unabhängige Gleichspannungsquellen zur Verfügung haben, wie Anfangsbedingungen eingeführt werden sollen. Mit Hilfe eines Potentiometers läßt sich bequem die Variation der Gleichspannungswerte durchführen. Auch auf Rückwirkungsfreiheit muß geachtet werden. Besondere Anforderungen an diese Gleichspannungsquellen sind hinsichtlich Belastungsunabhängigkeit und zeitlicher Konstanz zu stellen. Außerdem muß für eine leichte Ablesemöglichkeit des eingestellten Wertes schaltungstechnisch gesorgt sein.

Da die Integration die Basis aller elektronischen Analogrechner ist, können wir uns ein Symbol für die Differentiation ersparen. Sollte die Differentiation nicht zu umgehen sein, so werden wir nach dem unter 5.1 angegebenen Verfahren vorgehen.

Bezeichnung	Symbol	Schaltung	Mathematische Formulierung
Hochverstärkender Gleichspannungsverstärker			$e_0 = -V \cdot e_g$ mit $V >> 10^4$
Potentiometer	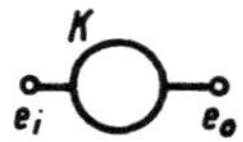		$e_0 = K \cdot e_i$ mit $0 < K < 1$
Koeffizientenverstärker	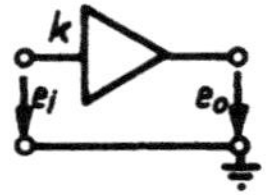	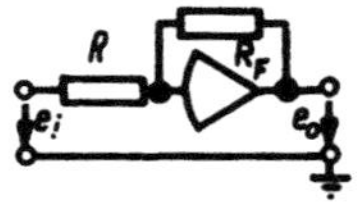	$e_0 = -k\,e_i$ mit $0 < k = \frac{R_F}{R}$
Vorzeichenumkehrer	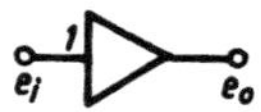	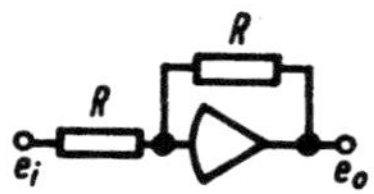	$e_0 = -1 \cdot e_i$
Summierer	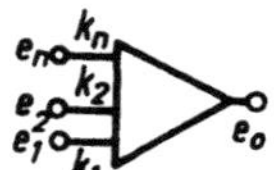	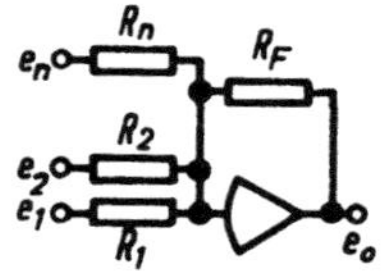	$e_0 = -\sum_{\nu=1}^{n} k_\nu e_\nu$ mit $0 < k_\nu = \frac{R_F}{R_\nu}$
Einfacher Integrator	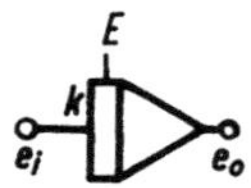	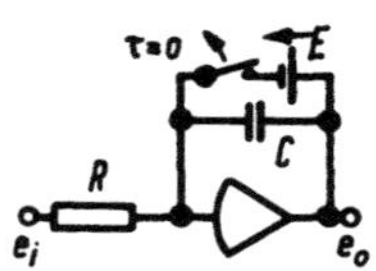	$e_0 = -k \int_0^\tau e_i \, d\tau + E$ $e_0\,(\tau = 0) = E$ mit $0 < k = \frac{1}{RC}$

Verallgemeinerter Integrator	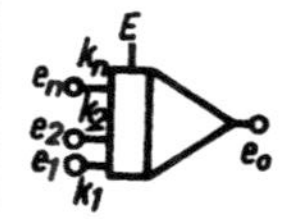	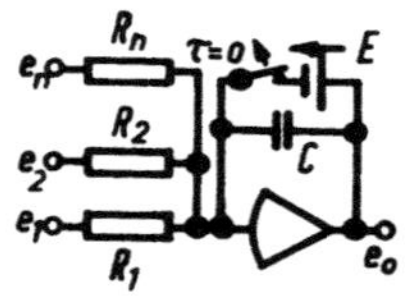	$e_0 = -\int\limits_0^{\tau} \sum\limits_{\nu=1}^{n} k_\nu e_\nu \, d\tau + E$ $e_0 (\tau = 0) = E \quad \text{mit} \quad 0 < k_\nu = \frac{1}{R_\nu C}$
Multiplizierer	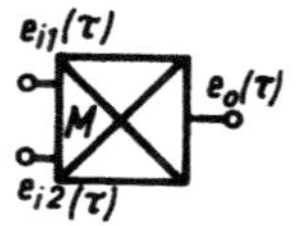	Versch. Möglichk.: rein elektronisch elektromechanisch	$e_0 (\tau) = - M \cdot e_{i1} (\tau) \cdot e_{i2} (\tau)$ mit z.B. $M = 10^{-2} \, V^{-1}$
Funktionsgenerator	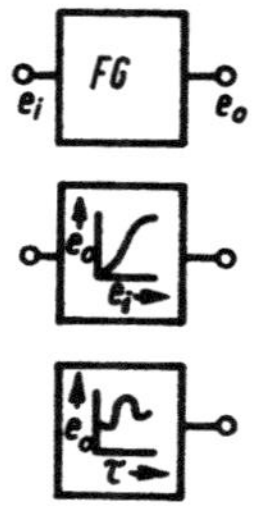	z.B.: Relaisschalter, Diodenschaltung, x-y-Schreiber mit Abtastvorrichtung Lösung von Diff.-Gleich. oder s.o.	$e_0 = f (e_i)$ $e_0 = f (\tau)$
Schreibendes Meßgerät	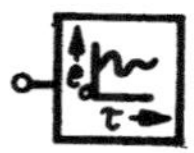		$e_0 = f (\tau)$

Bild 2.1/1. Symbole der Recheneinheiten

2.12 Prinzipieller Aufbau einer Rechenschaltung

Die Rechenschaltung stellt zeichnerisch die formelmäßige Verknüpfung der verschiedenen Grundrecheneinheiten durch ihre Symbole dar. Da bei vielen technischen Problemen Differentialgleichungen bzw. Systeme von Differentialgleichungen zu lösen sind, wollen wir den charakteristischen Aufbau einer Rechenschaltung an einem einfachen System von Differentialgleichungen behandeln. Das Beispiel soll möglichst viele verschiedene Grundrecheneinheiten enthalten. Damit sich eine Zeittransformation erübrigt, benötigen wir als unabhängige Veränderliche die Zeit. Den angegebenen Gesichtspunkten genügt folgendes Gleichungssystem:

$$\frac{d^2x}{dt^2} + a_1\frac{d^2y}{dt^2} + a_2\frac{dx}{dt} + a_3\frac{dy}{dt} + a_4 \cdot x = f(t) \qquad (2.1/1)$$

$$\frac{d^2y}{dt^2} + b_1\frac{d^2x}{dt^2} + b_2\frac{dy}{dt} + b_3\frac{dx}{dt} \cdot y = 0 \qquad (2.1/2)$$

Der Verlauf der Funktion $f(t)$ sei gegeben. Für die Konstanten a_1, a_2, a_3, a_4, b_1, b_2, b_3 soll gelten:

$$\left.\begin{matrix} a_1 \\ a_2 \end{matrix}\right\} \text{positiv aber} < 1;\ a_3;\ a_4;\ b_1;\ b_2;\ b_3 > 1$$

Den einzelnen Gliedern der Gleichungen 2.1/1 und 2.1/2 entsprechen beim elektronischen Analogrechner die Spannungen gegen Erde.

Gesucht sind die Lösungen für x und y als Funktion der Zeit.

Die Lösung von Differentialgleichungen und damit auch des vorgegebenen Gleichungssystems könnte man auf dem elektronischen Analogrechner grundsätzlich auf zwei verschiedene Arten vornehmen:

Die eine Lösungsmöglichkeit basiert auf der wiederholt angewandten Differentiation, die andere auf der wiederholt angewandten Integration. Beide Methoden sind vom mathematischen Standpunkt aus völlig gleichwertig und führen zum gleichen Ergebnis.

Beim Verfahren der wiederholt angewandten Differentiation würde man von der niedrigsten Ableitung, in unserem Beispiel von den Größen x und y, ausgehen. Durch zweimaliges Differenzieren erhält man x', x'', y' und y''. Die so erhaltenen Größen müssen mit den betreffenden Konstanten multipliziert und entsprechend den Gleichungen 2.1/1 und 2.1/2 addiert werden.

Beim Verfahren der wiederholt angewandten Integration geht man stets von den höchst vorkommenden Ableitungen aus, hier von $\frac{d^2x}{dt^2}$ und $\frac{d^2y}{dt^2}$. Durch entsprechend oft angewandte Integration kommt man zu den anderen benötigten Ableitungen und zu den Originalfunktionen x und y als Funktion der Zeit selbst. Auch hier hat man jetzt genau so wie beim Verfahren der wiederholt angewandten Differentiation die Rechenschaltung so aufzubauen, wie es die Gleichungen 2.1/1 und 2.1/2 vorschreiben.

Wie schon gesagt, sind vom mathematischen Standpunkt aus beide Methoden gleichwertig. Bei den aufgeführten Symbolen des vorhergehenden Abschnittes wurde nur ein Symbol für die Integration, nicht aber für die Differentiation angegeben. Der Grund hierfür ist, daß bei allen elektronischen Analogrechnern, wie wir sie heute kennen, das Verfahren der wiederholten Integration angewendet wird. Es wird also die für Differentialgleichungen so typische Rechenoperation der Differentiation im Rechner im allgemeinen nicht ausgeführt. Dies ist darin begründet, daß sich vom ingenieurmäßigen Standpunkt aus eine genaue Differentiation mit elektrischen Elementen weit schwieriger gestaltet als die Integration. Bei jeder auszuführenden Rechenoperation treten im elektronischen Analogrechner Schwankungen um den Rechenwert auf. Da andererseits alle elektronischen Geräte in mehr oder weniger großem Maße Rauschspannungen erzeugen, haben wir es mit einem sich ändernden Störpegel zu tun. Den unterschiedlichen Einfluß von Schwankungen (Störungsgrößen) bei mehrfacher Differentiation und Integration wollen wir an zwei einfachen Beispielen ermitteln. Es sei

$$y = a t^4.$$

Nehmen wir an, daß in jede Recheneinheit eine Störung konstanter Frequenz, z.B. 50 Hz, und sehr kleiner Amplitude eingestreut wird, so erhalten wir mit

$\frac{u_{stör}}{V} = 10^{-3} \sin \omega t$ und $\omega = 2\pi f = 314 \sec^{-1}$:

$$y = a t^4 + 10^{-3} \sin \omega t. \qquad (2.1/3)$$

Die Störgröße ist bei Betrachtung einer Recheneinheit im allgemeinen gegenüber dem Nutzsignal vernachlässigbar. Um den prinzipiellen Unterschied zwischen Differentiation und Integration auf den Störungseinfluß zu verdeutlichen, wollen wir die Fortpflanzung einer Störgröße über mehrere Recheneinheiten betrachten. Ausgehend von Gleichung 2.1/3 erhalten wir bei der Differentiation nicht nur $4\,at^3$ wie es sein sollte, sondern

$$y' = 4\,at^3 + \omega \cdot 10^{-3} \cdot \cos \omega t.$$

Durch weiteres Differenzieren ergibt sich

$$\begin{aligned} y'' &= 12\,at^2 - \omega^2 \cdot 10^{-3} \sin \omega t; \\ y''' &= 24\,at - \omega^3 \cdot 10^{-3} \cos \omega t; \\ y^{(IV)} &= 24\,a + \omega^4 \cdot 10^{-3} \sin \omega t. \end{aligned}$$

Nehmen wir an, daß bei einem Zeitbereich $0 < t < 1$ sec a die Größe 1 V/sec^4 hat, so ist der Einfluß der Störgröße bei einmaliger Differentiation schon nicht mehr vernachlässigbar. Bei der zweifachen Differentiation ist die Störgröße etwa von der gleichen Größe wie das Nutzsignal. Bei weiterer Differentiation wird das Ergebnis vollständig durch den Einfluß der Störgröße verfälscht.

Anders aber ist es, wenn wir jetzt die mehrfache Integration durchführen, wobei wir z.B. von $y^{(IV)} = 24\,a$ ausgehen.

Auch hier möge die gleiche Störgröße $\frac{u_{st\ddot{o}r}}{V} = 10^{-3} \sin \omega t$ auf den Eingang des 1. Integrators wirken. Es soll nur die Fortpflanzung dieser Störgröße betrachtet werden. Es gilt

$$y^{(IV)} = 24\,a + 10^{-3} \sin \omega t; \quad y''' = 24\,at - \frac{10^{-3}}{\omega} \cos \omega t.$$

Auf eine Integration der Anfangswerte wollen wir hier verzichten, damit der prinzipielle Unterschied klarer zum Ausdruck kommt. Man erhält:

$$y'' = 12\,at^2 - \frac{10^{-3}}{\omega^2} \sin \omega t; \quad y' = 4\,at^3 + \frac{10^{-3}}{\omega^3} \cos \omega t; \quad y = at^4 + \frac{10^{-3}}{\omega^4} \sin \omega t.$$

Man erkennt, daß der Einfluß der Störung der 1.Stufe ganz erheblich von Stufe zu Stufe abnimmt und vernachlässigbar ist. Es überwiegt die direkt in die jeweilige Stufe eingestreute Störspannung.

Wie man sieht, hat die Differentiation die Eigenschaft, Schwankungen besonders anzuheben. Die Integration als Mittelwertsprozeß aber mildert die Schwankungen. Es ist gleichgültig, ob diese Störgröße aus Schwankungen um das Sollwertverhalten, also aus Fehlern oder Störungen wie Brumm usw. herrührt.

So hat man sich aus rein technischen Überlegungen beim elektronischen Analogrechner für das Prinzip der wiederholt angewandten Integration entschieden.

Vom mathematischen Standpunkt aus liegt kein, vom ingenieurmäßigen aber ein zwingender Grund vor.

Mit der Wahl des Verfahrens liegt der Gang für den Entwurf der Rechenschaltung fest. Wir gehen jetzt so vor, als wären die höchsten Ableitungen von x und y bekannt. Aus Gleichung 2.1/1 und 2.1/2 ergeben sich die Gleichungen 2.1/4 und 2.1/5:

$$\frac{d^2x}{dt^2} = -a_1\frac{d^2y}{dt^2} - a_2\frac{dx}{dt} - a_3\frac{dy}{dt} - a_4 \cdot x + f(t) \qquad (2.1/4)$$

$$\frac{d^2y}{dt^2} = -b_1\frac{d^2x}{dt^2} - b_2\frac{dy}{dt} - b_3\frac{dx}{dt} \cdot y. \qquad (2.1/5)$$

Durch zweimalige Integration bilden wir aus $\frac{d^2x}{dt^2} \Rightarrow \frac{dx}{dt} \Rightarrow x$ und entsprechend aus $\frac{d^2y}{dt^2} \Rightarrow \frac{dy}{dt} \Rightarrow y$.

Dazu sind insgesamt 4 Integratoren erforderlich. Die Ausgänge der Integratoren 2 und 4 im Bild 2.1/2 leitet man zur Aufzeichnung des Funktionsverlaufs von x oder y als Funktion der Zeit an ein schreibendes Meßgerät.

Im Gegensatz zum mechanischen Integrator brauchen wir hier die unabhängige Veränderliche nicht den Integratoren zuführen. Sie ist bei den elektronischen Analogrechnern, wie bereits erwähnt, stets die Zeit, so daß die Integration, die im wesentlichen in der Ladungsänderung eines Kondensators besteht, nach dem Einschalten der Rechenschaltung automatisch abläuft.
Auf den Eingang des Integrators 1 haben wir die Summe gemäß Gleichung 2.1/4 und auf den des Integrators 3 die Summe gemäß Gleichung 2.1/5 zu geben.
Hierzu sind Multiplikationen der Größen x und y selbst und deren Ableitungen mit den vorgegebenen Konstanten erforderlich. Da a_1 und a_2 positive Faktoren < 1 waren, genügt hier ein Potentiometer. Die anderen Konstanten müssen durch Verstärker mit oder ohne Potentiometer erzeugt werden. Die Funktion f(t) soll entweder als Spannung zur Verfügung stehen oder in einem Funktionsgenerator erzeugt werden. In der Gleichung 2.1/5 ist noch eine Multiplikation von $\frac{dx}{dt}$ mit y durchzuführen. Hierzu ist ein Multiplikationsgerät erforderlich. Darin kann gleichzeitig die Multiplikation mit der Konstanten b_3 durchgeführt werden. Berücksichtigen wir noch außerdem die jeweilige Vorzeichenumkehr durch einen Verstärker, so müssen wir in die Summierer (Verstärker 5 und 6) so einspeisen,

daß am Summiererausgang gerade $\frac{d^2x}{dt^2}$ oder $\frac{d^2y}{dt^2}$ vorliegt, d. h. die Rechenschaltung erfüllt damit Gleichung 2.1/4 und 2.1/5 bzw. Gleichung 2.1/1 und 2.1/2.

Für das angeführte Beispiel erhalten wir nun die endgültige Rechenschaltung entsprechend Bild 2.1/2.

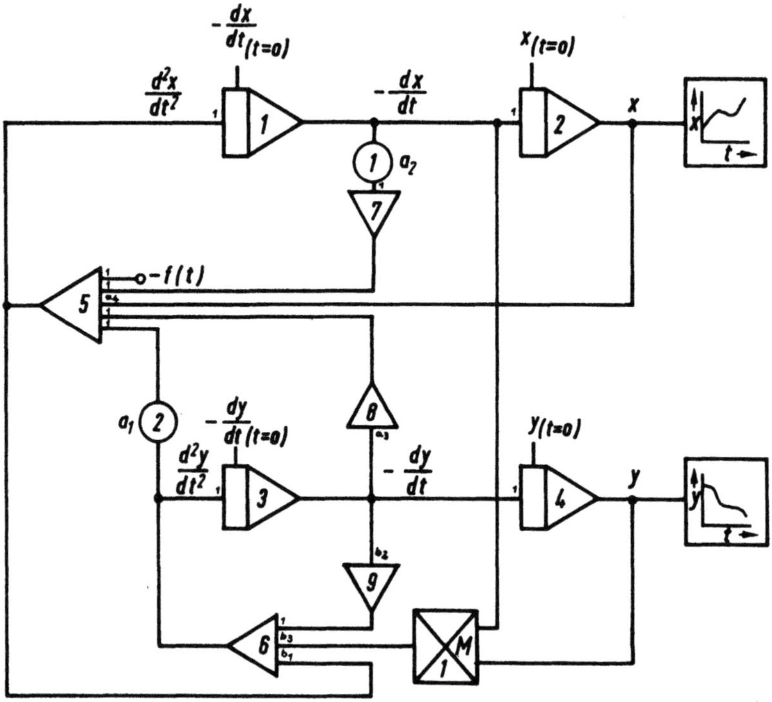

Bild 2.1/2

2.2 Der Rechenverstärker

2.21 Allgemeine Betrachtungen und Anforderungen an den Rechenverstärker

Der wesentlichste Bestandteil des Analogrechners für lineare Rechenoperationen ist der Rechenverstärker. Unter einem Verstärker verstehen wir eine Einheit, die bei Anlegen einer Eingangsspannung e_1 eine Ausgangsspannung

$e_0 = V \cdot e_1$ liefert. Hierin soll $V > 0$ sein. V, d. h. das Verhältnis von e_0 zu e_1 ist der Verstärkungsfaktor. Der ideale Verstärker hat konstante Verstärkung für alle Frequenzen und keinen Phasenfehler. Da der mit R und C beschaltete Rechenverstärker gegengekoppelt sein muß, ist zwischen Eingangs- und Ausgangsgröße eine Vorzeichenumkehr erforderlich. Es soll also bei ein- und mehrstufigen Verstärkern stets $e_0 = -V \cdot e_1$ gelten. Zur Verwendung dieser Verstärker in Rechenschaltungen, wie dies in Abschnitt 2.22 geschieht, wäre ein Verstärker mit dem Verstärkungsfaktor $V \Rightarrow \infty$ wünschenswert. Praktisch aber haben die gebauten Verstärker Verstärkungsfaktoren nicht unter 10^4, sehr gute Verstärker einen Verstärkungsfaktor von 10^6 bis 10^8. An diesen hohen Verstärkungsziffern erkennen wir bereits, daß im allgemeinen mehrstufige Verstärker verwendet werden müssen.

Die gewünschten Rechenoperationen wie Addition, Subtraktion, Integration usw. werden durch die verschiedenartige Beschaltung dieses Grundelementes erzielt.

Die in Frage kommenden Verstärker sind bisher in der Hauptsache Spannungsverstärker mit Elektronenröhren. Die Verwendung von Transistoren bringt als Vorteile geringere Leistungsaufnahme und Baugröße, aber auch einige Nachteile mit sich. Eine wichtige Forderung an die Verstärker ist ein möglichst großer Bereich für die Ausgangsspannung. Dieser beträgt im allgemeinen ± 100 Volt, in Sonderfällen ± 200 Volt. Mit Transistoren sind diese Bereiche nur sehr schwierig zu erreichen. Ausgeführte Transistorrechner arbeiten zur Zeit mit maximalen Ausgangsspannungen von ± 10 Volt.

Im Weiteren sollen zuerst nur Spannungsverstärker mit Elektronenröhren betrachtet werden. Als Verstärkerbauarten kommen sowohl Wechselspannungs- als auch Gleichspannungsverstärker in Frage, von denen jedoch in den meisten Fällen Gleichspannungsverstärker verwendet werden. In der letzten Zeit haben sich aus verschiedenen noch näher zu erläuternden Gründen Verstärkerkombinationen aus Gleich- und Wechselspannungsverstärkern durchgesetzt.

Wechselspannungsverstärker haben stets eine untere Grenzfrequenz, die sich nur unter großem Aufwand sehr tief legen läßt. Da hierdurch bei sehr langsam verlaufenden Rechenprozessen infolge der Frequenzabhängigkeit des Verstärkungsganges die Rechengenauigkeit herabgesetzt wird, ist man gezwungen, zu Gleichspannungsverstärkern überzugehen. Im Gegensatz zu den mit RC-Netzwerken oder Übertragern gekoppelten Wechselspannungsverstärkern sind die Ein- und Ausgänge bei Gleichspannungsverstärkern nicht entkoppelt, sondern galvanisch miteinander verbunden. Die Verwendung von Gleichspannungsverstärkern bringt allerdings erhebliche Nachteile mit sich. Ein wesentlicher Nachteil der schon lange bekannten mehrstufigen Gleichspannungsverstärker war der, daß man nicht mit einer einzigen Versorgungsgleichspannung wie bei Wechselspannungsverstärkern auskam. Die verschiedenen Gleichspannungen mußten aufeinander abgestimmt werden, damit die Lage der Arbeitspunkte der verwendeten Röhren eingehalten wurde.

Das Grundprinzip eines einstufigen Widerstandsverstärkers ist in Bild 2.2/1 dargestellt.

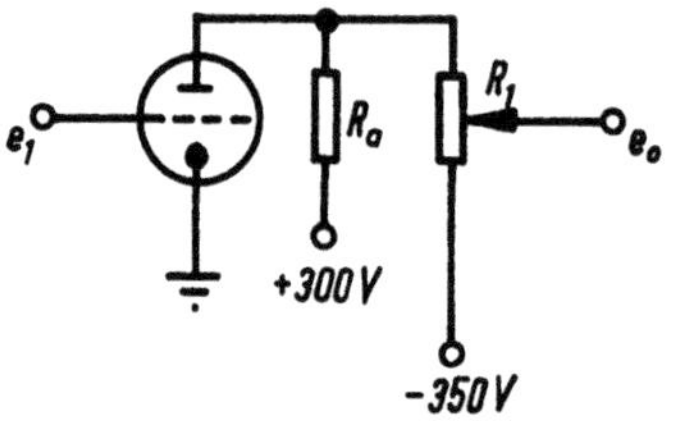

Bild 2.2/1
Prinzip des Gleichspannungsverstärkers

Der Abgriff des als Potentiometer ausgeführten Widerstandes R_1 muß so bemessen sein oder später im Betrieb durch Abgleich so eingestellt werden, daß für eine Eingangsspannung von $e_1 = 0$ Volt auch für die Ausgangsspannung e_0 Null Volt erscheint. Hinter dieser Stufe folgt noch mindestens eine Leistungsstufe. Diese ist im allgemeinen als Kathodenverstärker ausgeführt. Auf die Vorteile werden wir noch eingehen. Ist dieser Verstärker einige Zeit im Betrieb, so stellt man bei einer Eingangsspannung von 0 Volt eine Abweichung der Ausgangsspannung von 0 Volt fest. Diese Nullpunktswanderung, vielfach auch als Drift bezeichnet, ist die unangenehmste Erscheinung bei Gleichspannungsverstärkern. Um zu brauchbaren und einsatzfähigen Gleichspannungsverstärkern zu kommen, mußte die Weiterentwicklung der schon sehr lange bekannten Gleichspannungsverstärker sich im wesentlichen mit den Aufgaben der Nullpunktskonstanz und dem Bau mehrstufiger Verstärker mit möglichst wenig Speisespannungen widmen.

In den zuerst gebauten Gleichspannungsverstärkern wurden als Speisespannungen der Elektronenröhren nur Batterien verwendet, und zwar jeweils eine für Heiz-, Gitter- und Anodenspannung. Dieser große Einsatz von Batterien machte zunächst die Entwicklung mehrstufiger Gleichspannungsverstärker nahzu unmöglich. Will man mehrere Röhren aus einer Batterie versorgen, so sollen die Batterien möglichst einseitig an Masse liegen. Diese Bedingung läßt sich jedoch nicht immer erfüllen. Bei der berühmten Loftin-White Schaltung, Bild 2.2/2, löst man das Problem, indem man das Eingangspotential jeder Stufe heraufsetzt und nicht das Ausgangspotential der vorhergehenden Stufe herabsetzt. Der Nachteil dieser Schaltung ist der, daß die Betriebsspannungen von Stufe zu Stufe höher sein müssen.

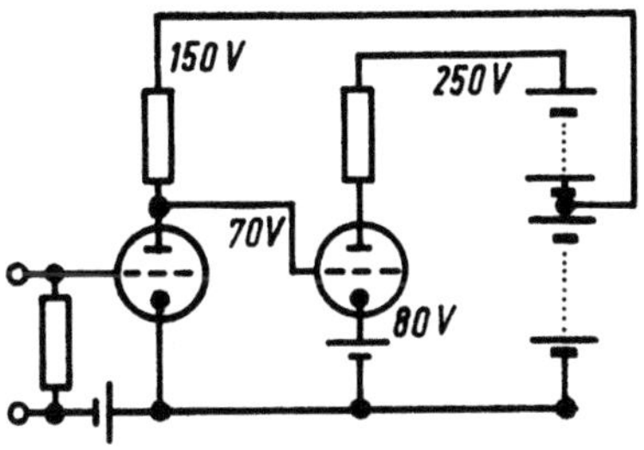

Bild 2.2/2
Loftin-White Schaltung

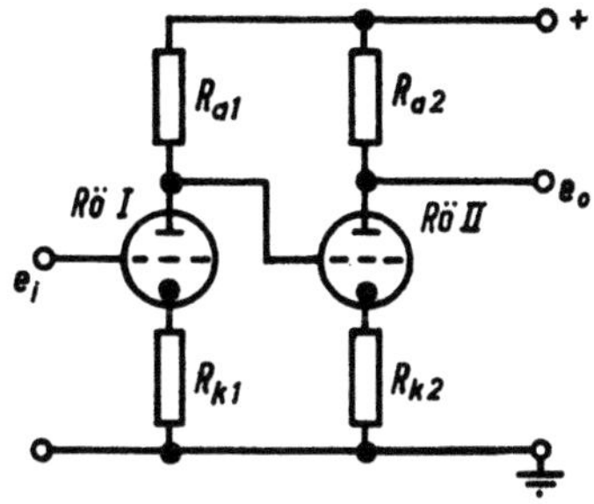

Bild 2.2/3
Gleichspannungsverstärker
in direkter Kopplung

Eine Abwandlung dieser Schaltung ist in Bild 2.2/3 dargestellt. Hier wird durch den Kathodenwiderstand R_{K2} die Kathode der zweiten Röhre so hoch gelegt, daß das Potential dieser Kathode positiv gegenüber dem Potential der Anode von Röhre 1 ist. An Stelle von R_{K2} kann auch eine Glimmstrecke gewählt werden.

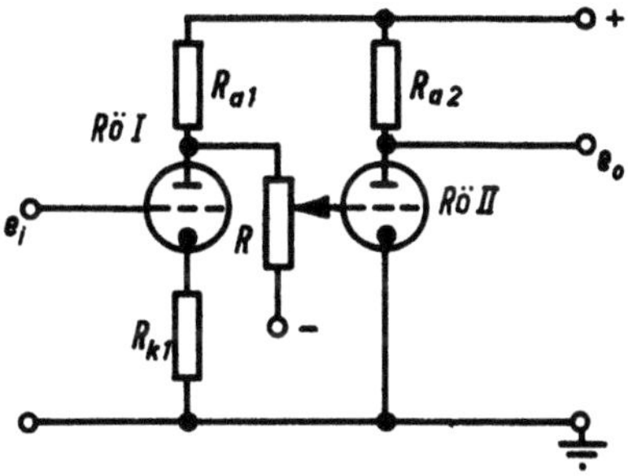

Bild 2.2/4
Spannungsteiler-Kopplung

Ein wesentlicher Nachteil dieses Prinzips ist die hohe Anodenspannung bei mehrstufigen Verstärkern. Weiterhin können die Röhrenheizfäden der einzelnen Stufen nicht mehr parallel geschaltet werden, da die zulässige Spannung Kathode-Heizfaden der normalen Röhren meist überschritten wird.

Eine weitere Kopplungsmöglichkeit stellt der Spannungsteiler dar. Entsprechend Bild 2.2/4 wird ein gegenüber dem Anodenwiderstand R_{a1} hochohmiger Widerstand R an eine hohe negative Spannung gelegt. Infolge der Spannungsteilung wird das Potential des Gitters der nächsten Stufe gesenkt. Bei dieser Schaltung ist jedoch die Stufenverstärkung kleiner als die Verstärkung der Röhre, da der Spannungsteiler auch die Nutzausgangsspannung teilt. Damit die Verstärkung je Stufe durch den Faktor der Spannungsteilung nicht zu sehr vermindert wird, geht man zu relativ hohen negativen Spannungen über. In Bild 2.2/5 wird als Kopplungselement eine Glimmstrecke benutzt. In dieser Schaltung hat man nur einen geringen Verstärkungsverlust im Spannungsteiler. Bei der Verwendung einer Glimmstrecke als oberen Spannungsteilerwiderstand ist man jedoch an eine bestimmte Spannungsdifferenz zwischen Anodenspannung der Röhre I und Gitterspannung der Röhre II gebunden. Diese entspricht dann der Brennspannung der Glimmröhre.

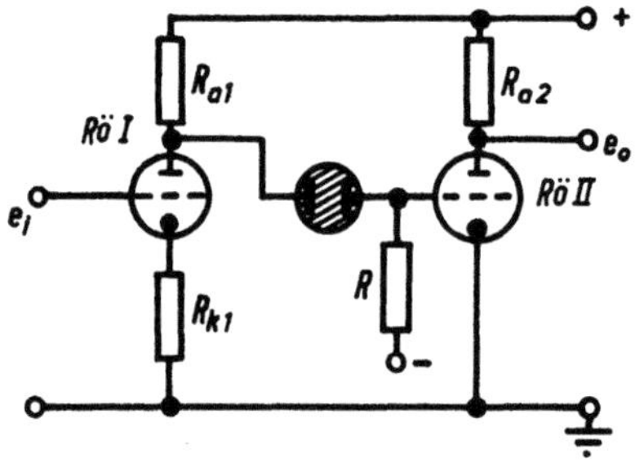

Bild 2.2/5
Spannungsteiler mit Glimmstrecke

An Stelle der Glimmstrecke kann auch eine Zener-Diode verwendet werden. Sie läßt sich als Stabilisierungselement in einem Spannungsbereich von einigen Volt bis 100 Volt verwenden. Da ihr Innenwiderstand wesentlich größer ist als der der Glimmstrecken, bleibt die Belastung der Vorröhre gering. Ein Nachteil ist allerdings der gegenüber Glimmröhren etwa 10fache Temperaturkoeffizient, d. h. Temperaturänderungen treten wesentlich stärker in Erscheinung.

Die oben erwähnten Spannungsteilerstufen für mehrstufige Verstärker haben sich bewährt. Da sämtliche Kathoden an Masse oder über Kathodenwiderstände an Masse gelegt sind, kommt man mit einem Netzgerät für positive und negative Spannungen aus.

In Bild 2.2/6 ist ein mehrstufiger Gleichspannungsverstärker im Prinzip dargestellt.

Nach einer kurzen Behandlung der Aufbaumöglichkeiten mehrstufiger Gleichspannungsverstärker betrachten wir jetzt die Nullpunktskonstanz. Die Abweichung vom Nullpunkt wird durch Störgrößen und Schwankungen von Betriebsgrößen hervorgerufen, wobei also die Änderungen sämtlicher Betriebsspannungen (Heiz-, Gitter-, Schirmgitter- und Anodenspannung) als Ursache der Nullpunktswanderung in Betracht kommen. Die Entladung der früher üblichen Batterien war ein wesentlicher Grund für die Unbrauchbarkeit älterer Schaltungen. Bei den heute verwendeten Schaltungen haben außer den Spannungsschwankungen noch die zeitliche Veränderung der verwendeten Einzelteile, wie Widerstände, Stabilisatoren und Röhren sowie Temperatureinflüsse, Erschütterungen und Emissionsschwankungen Einfluß auf die Nullpunktswanderung. Um diese klein zu halten, muß man entweder die Störungsursache möglichst fernhalten oder durch Kompensation die Wirkungen der Störungen herabsetzen. Da man nicht alle Störungen fernhalten kann, müssen in die Verstärkerschaltungen Kompensationsmöglichkeiten eingebaut werden.

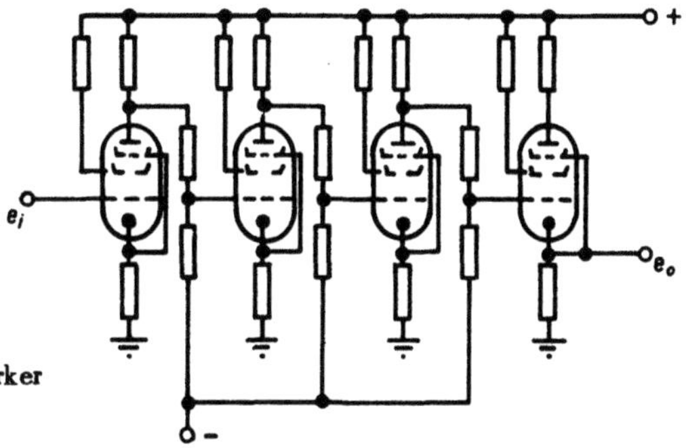

Bild 2.2/6
Mehrstufiger
Gleichspannungsverstärker

Durch Spannungs- und Temperaturkonstanthalter mit elektronischer Regelung, erschütterungsfreiem mechanischem Aufbau, Abschirmung und Verwendung gealterter Röhren und Bauelemente sind einige Störungsursachen ausgeschaltet. Die Berücksichtigung dieser Punkte ist eine wichtige Voraussetzung beim Bau hochwertiger Gleichspannungsverstärker.

Da sich sowohl die Röhren als auch die Widerstandswerte über einen größeren Zeitraum durch Alterung ändern, werden Kompensationswiderstände meist nachstellbar ausgeführt, so daß ein leichter Ausgleich von Änderungen erfolgen kann. Bei mehrstufigen Verstärkern muß besonderer Wert auf die Eingangsstufe gelegt werden. Hier läßt sich der Einfluß von Störgrößen am wirksamsten kompensieren, weil diese ebenso wie das Nutzsignal bereits am Eingang der folgenden Stufe verstärkt in Erscheinung treten.

Eine Schaltung zur erfolgreichen Kompensation von Änderungen der Heizspannungen und der Kathodenemission ist der in Bild 2.2/7 dargestellte Differenzverstärker.

Handelt es sich um gleiche Röhrentypen, so läßt sich zeigen, daß die Ausgangsspannung e_0 bei entsprechend großer Spannungsverstärkung der Röhre und bei genügend großem R_K der Differenz aus den beiden Eingangsspannungen proportional ist.

Gleichsinnige Änderungen der Eingangsspannungen heben sich ebenso wie Heizspannungsschwankungen in etwa auf. Aus diesem Grunde werden vielfach Differenzverstärker für die Eingangsstufe der Gleichspannungsverstärker verwendet. Hierbei wird dann die Eingangsspannung e_i auf das eine Gitter und eine Spannung zum Verstärkerabgleich auf das zweite Gitter gegeben.

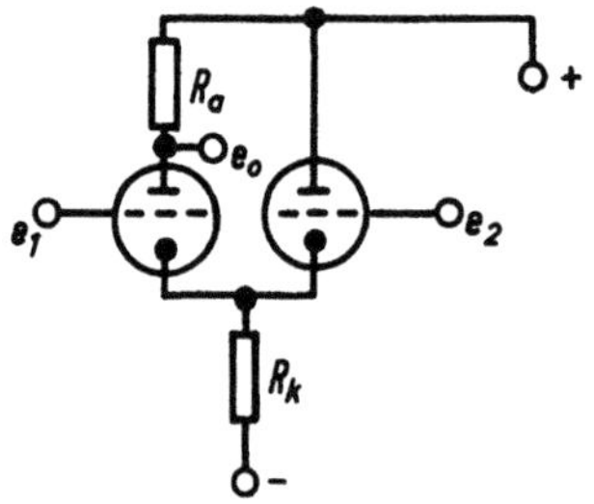

Bild 2.2/7
Differenzverstärker

Diese Möglichkeiten der Nullpunktsstabilisierung reichen bei modernen Rechenverstärkern nicht aus. Der vor jeder Rechnung auszuführende Nullabgleich von Hand ist mühsam und garantiert auch keine einwandfreien Ergebnisse. Bei einfachen Additionen und Subtraktionen ist der Fehler durch die Nullpunktsabweichung im allgemeinen vernachlässigbar. Man kennt das Fehlerband, welches durch die Drift in mV/Minute oder mV/Stunde gegeben ist. Ungünstig wird es nur, wenn die Rechenspannungen selbst mit den Driftspannungen vergleichbar werden. Die hier auftretende Fehlerspannung wird teilweise zur Überlastanzeige benutzt. Von einer bestimmten Größe an sind keine einwandfreien Rechenergebnisse mehr zu erhalten.

Wenn eine kleine Drift bei der Addition kaum in Erscheinung tritt, so wirkt sich diese Fehlerspannung umso schlimmer bei der Integration aus. Eine konstante Eingangsspannung ergibt bei der Integration eine mit der Zeit linear ansteigende Spannung, deren Anstieg proportional der Größe der Fehlerspannung ist. Selbst wenn wir keine Rechenspannung auf den Eingang des Integrierers geben, haben wir nach einer endlichen Zeit völlig unbrauchbare Ergebnisse. Bei der Langzeitintegration spielt die Drift somit eine wesentliche Rolle.

Um bei Analogrechnern zu hohen Genauigkeiten zu kommen, war es unerläßlich, nullpunktskorrigierende Verstärker zu bauen. Das gebräuchlichste Verfahren der Nullpunktskorrektur ist die Verwendung sogenannter Zerhackerverstärker. Das Verfahren nach Goldberg [28], dessen Grundgedanken wir hier kurz besprechen wollen, hat sich sehr bewährt. Entsprechend Bild 2.2/8 kommt zu dem sonst normal beschalteten Verstärker 1 ein zusätzlicher Verstärker mit Zerhacker, Verstärker 2, hinzu. Der Verstärker 1 soll ein mehrstufiger Gleichspannungsverstärker mit einem Differenzverstärker als Eingangsstufe sein. Zur Ausführung sind im wesentlichen zwei Formen der Zerhackerstabilisierung gekommen. Entweder ordnet man jedem Gleichspannungsverstärker entsprechend Bild 2.2/8 einen Zerhackerverstärker zu oder man nimmt für eine größere Anzahl Gleichspannungsverstärker nur einen Zerhackerverstärker, der der Reihe nach in schnellem Wechsel an die verschiedenen Verstärker angeschaltet wird. Vielfach verwendet man auch nur für die 1. Stufe einen driftfreien Verstärker. Hier genügt schon ein Verstärkungsfaktor von 10^3, da in mehrstufigen Verstärkern die Nullpunktswanderung der 1. Stufe durch die Verstärkung in allen folgenden Stufen den größten Einfluß auf die Gesamtdrift hat.

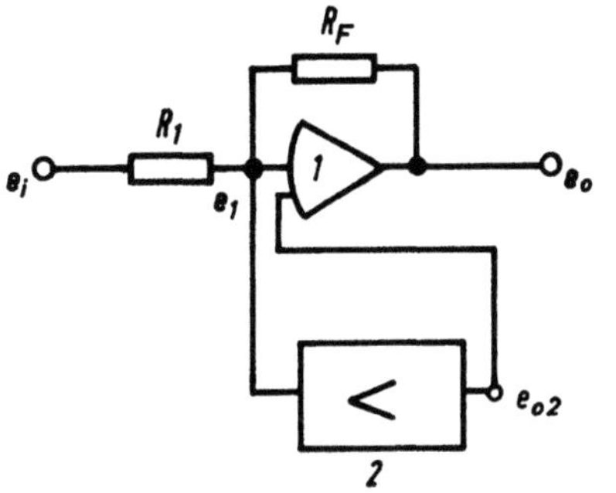

Bild 2.2/8
Prinzip der
Zerhackerstabilisierung

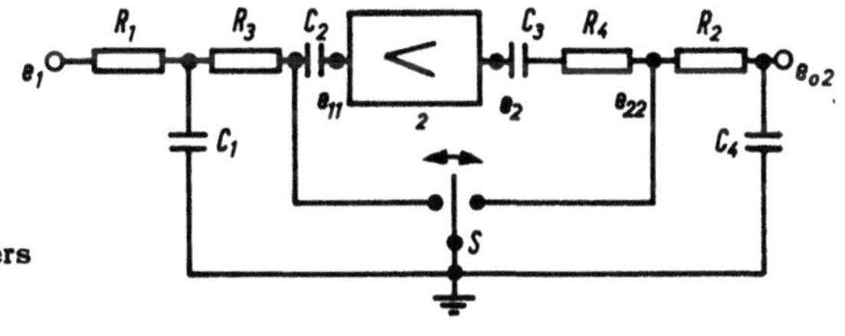

Bild 2.2/9
Prinzip eines
Zerhacker-Verstärkers

In Bild 2.2/9 ist der Aufbau eines einfachen Zerhacker-Verstärkers gezeigt. Der Zerhacker kann ein elektromagnetisch betätigter Umschalter sein, der 50 bis 400mal je Sekunde schaltet. Der Schalter S schließt abwechselnd den Eingang und Ausgang des Verstärkers 2 an Masse. Der mechanische Schalter hat gegenüber Schaltern mit Elektronenröhren oder Transistoren den Vorteil, daß die Forderung an die Nullpunktskonstanz auch der Zusatzeinrichtung von dieser am besten erfüllt wird.

Geben wir auf den Eingang der Zerhackerstufe entsprechend Bild 2.2/9 eine Gleichspannung e_1, die Driftspannung, so erhalten wir am Verstärkereingang ungefähr eine Rechteckspannung e_{11}, deren Grundfrequenz gleich der Zerhakkerfrequenz ist. Während einer Halbperiode ist die Eingangsspannung des Verstärkers proportional e_1 und während der zweiten Halbperiode Null. Verstärker 2 ist ein Wechselspannungsverstärker. Daher werden nur die Wechselkomponenten von e_{11} dieser Spannung verstärkt. In Bild 2.2/10 sind die verschiedenen Spannungen eingezeichnet. Am Ausgang des Verstärkers erhalten wir diese Spannung e_{11} verstärkt mit gewissen Amplituden und Phasenverzerrungen. Da der Zerhacker die Ausgangsspannung über ein RC-Glied in den Zeiten an Masse legt, in denen e_{11} von Null verschieden ist, erhalten wir eine in etwa gleichgerichtete Spannung e_{22}.

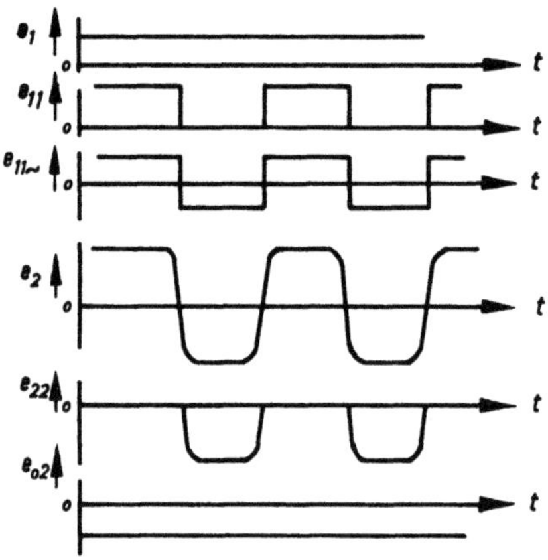

Bild 2.2/10
Spannungsverlauf
im
Zerhackerverstärker

Diese Spannung wird über das Filter aus R_2 und C_4 gegeben und man erhält bei richtiger Dimensionierung eine Gleichspannung, die proportional der Eingangsgleichspannung e_1 ist. Da wir als Eingangsgleichspannung e_1 die Driftspannung angenommen hatten, wird somit eine der Driftspannung entsprechende negative Spannung erzeugt. Wie im Bild 2.2/8 gezeigt, geben wir beide Spannungen auf den Gleichspannungsverstärker 1 mit einem Differenzverstärker als Eingangsstufe und haben damit einen dauernden Fehlerausgleich. Der Verstärkungsfaktor des Zerhackerverstärkers liegt etwa in der Größenordnung von 10^3. Die Verwendung von zerhackerstabilisierten Gleichspannungsverstärkern bringt noch einen weiteren Vorteil mit sich: Eingangsspannungen e_i sehr niedriger Frequenz, d. h. nahezu Null, werden über den Zerhackerverstärker mitverstärkt, so daß als Gesamtverstärkung das Produkt der beiden Verstärkungsfaktoren in Erscheinung tritt. Da man gerade für Langzeitintegrierer auf höchste Verstärkungen angewiesen ist, ist dies ein großer Vorteil. Hat man Verstärkungen von $10^5 \div 10^6$ bei den üblichen Rechenmaschinenverstärkern, so kommt man bei zerhackerstabilisierten Verstärkern immerhin zu Verstärkungsfaktoren von $10^8 \div 10^9$. Die Verstärkungsfaktoren noch höher zu treiben hat keinen Sinn, weil dann andere Einflüsse für die Größe der Fehler wesentlich verantwortlich sind. Ein Nachteil der zerhackerstabilisierten Verstärker gegenüber normalen Gleichspannungsverstärkern ist die größere Empfindlichkeit gegen Übersteuerung. Ist der Kondensator des RC-Netzwerkes erst auf eine hohe Fehlerspannung aufgeladen, so kann er sich nur mit einer relativ großen Zeitkonstanten nach dem Ende der Übersteuerung entladen. Während dieser Zeit wirkt also eine relativ große Fehlerspannung auf den Gleichspannungsverstärker, so daß dieser weiterhin übersteuert bleibt. Die Erholzeit des zerhackerstabilisierten Verstärkers ist um ein Vielfaches größer als die des einfachen Gleichspannungsverstärkers. Um bei repetierendem Betrieb in der Zeit, in der die Anfangsbedingungen wieder aufgeschaltet werden, die Nullpunktstabilisierung durchzuführen und eindeutige Potentialverhältnisse zu erhalten, werden zweckmäßig auch die Kondensatoren in den RC-Netzwerken des Zerhackerverstärkers überbrückt.

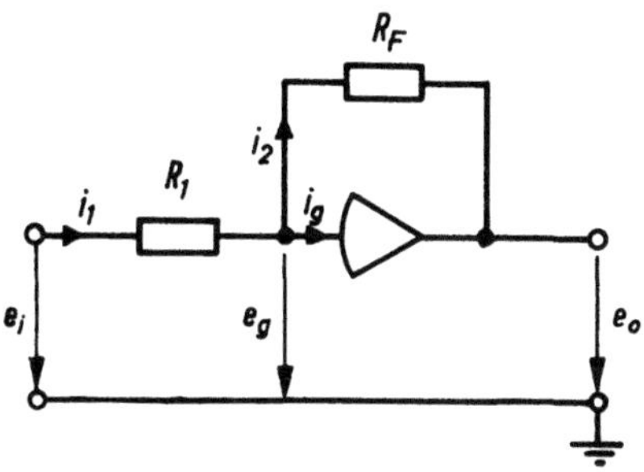

Bild 2.2/11
Beschalteter
Verstärker

Ein unter Umständen nicht zu vernachlässigender Fehler bei Gleichspannungsverstärkern ist der durch Gitterstrom verursachte Fehler, da man stets mit einem Gitterstrom $i_g = 0$ rechnet. In Bild 2.2/11 ist ein rückgekoppelter Gleichspannungsverstärker dargestellt, bei dem auch der Gitterstrom i_g eingetragen ist. Der Gitterstrom bewirkt einen zusätzlichen Spannungsabfall am Eingangswiderstand R_1. Diesen zusätzlichen Strom kann man zwar durch Abgleich kompensieren, nicht aber die Potentialverschiebung. Um den Einfluß der Potentialverschiebung gering zu halten, ist man bestrebt, i_g möglichst klein zu machen. Man verwendet deshalb Röhren mit äußerst kleinen Gitterströmen. Diese liegen in der Größenordnung von $10^{-6} \div 10^{-10}$ A. Elektrometerröhren sind für sehr geringen Gitterstrom, z.B. 10^{-15} A bekannt, verstärken aber nur wenig. Bei den früher besprochenen zerhackerstabilisierten Verstärkern kann man den Gitterstrom des Gleichspannungsverstärkers noch dadurch herabsetzen, daß man zwischen den Widerstand R_1 und den Verstärker 1 in Bild 2.2/8 einen Koppelkondensator legt. Damit gehen sowohl Gleichspannungen als auch langsam veränderliche Vorgänge erst über den Zerhackerverstärker 2 und dann über den Gleichspannungsverstärker 1. Es ist also hier so, daß man die höheren Frequenzen der zu verstärkenden Spannung direkt mit dem Gleichspannungsverstärker verstärkt, während die Gleichspannungen über einen Wechselspannungsverstärker mit Modulator und Demodulator geleitet werden.

Da wir den einzelnen Verstärker im Rechenablauf als Spannungsquelle mit einer der abhängigen Veränderlichen proportionalen Spannung verwenden, fordern wir möglichst niederohmige Spannungsquellen, um Rückwirkungen zu vermeiden. Aus diesem Grunde verwendet man in der Regel bei Gleichspannungsverstärkern in der letzten Stufe einen Kathodenverstärker. Dieser ist wegen seiner Eigenschaft als Impedanzwandler bekannt. Er hat bei hochohmigem Eingang einen niederohmigen Ausgang. Betrachten wir den Gleichspannungsverstärker von der Ausgangsspannungsseite her, so stellt die Ersatzschaltung eine Ersatzspannungsquelle mit kleinem Innenwiderstand (nur einige Ohm) dar.

Nachdem wir die besonderen Schwierigkeiten des Aufbaues von Gleichspannungsverstärkern mit Elektronenröhren kennengelernt haben, wollen wir kurz die Hauptforderungen an die Rechenmaschinenverstärker und die dabei praktisch erzielten Werte zusammenstellen:

1. Großer Verstärkungsfaktor V; $V > 10^4$; vielfach $V = 10^7 \div 10^{10}$.
2. Gitterstrom $i_g \approx 0$; $i_g < 10^{-7}$ A.
3. Sehr kleiner Phasenfehler bei Frequenzen bis 5 kHz, damit keine Schwingneigung; etwa 0,1° bei 100 Hz.
4. Große Belastbarkeit, d. h. kleiner Innenwiderstand der Ersatzspannungsquelle des Verstärkers; etwa 1 Ohm.
5. Großer Ausgangsspannungsbereich; $-100\ V < e_0 < +100\ V$ bzw. $-200\ V < e_0 < 200\ V$.
6. Großer zulässiger Ausgangsstrom; etwa 20 mA.
7. Große Nullpunktskonstanz, d. h. kleine Drift; einige mV/Tag.
8. Nullabgleich möglichst selbständig oder von Hand: 0 Volt Ausgang bei 0 Volt Eingang.
9. Vorzeichenumkehr der Ausgangsspannung gegenüber der Eingangsspannung.
10. Kurze Erholzeit nach Übersteuerung.
11. Kleiner Störpegel; nur wenige mV.

Neben den Gleichspannungsverstärkern mit Elektronenröhren haben in letzter Zeit auch Verstärker mit Transistoren Bedeutung erlangt. Der Zeitpunkt der Erfindung des Transistors im Jahre 1948 durch Bardeen und Brattain fällt in etwa mit der für die Analogrechentechnik so bedeutenden Veröffentlichung von Randall, Ragazzine und Russel im Jahre 1947 zusammen. Wie bei den elektronischen Analogrechnern, so setzte auch bei den Transistoren eine stürmische Entwicklung ein, die als noch keineswegs abgeschlossen bezeichnet werden kann. Sowohl bei der Digitalrechentechnik als auch bei den Analogrechnern sind die Gründe für den Einsatz von Transistoren: 1. geringere Baugröße; 2. wesentlich kleinere Verlustleistung und 3. größere Lebensdauer. Während man bei der Entwicklung volltransistorisierter Digitalrechner sehr bald große Erfolge hatte, blieben sie bei der Verwendung von Transistoren in Analogrechnern aus. Heute bringen aber bereits die führenden Gerätehersteller volltransistorisierte Analogrechner in Tisch- oder Schrankform auf den Markt. Die Berechnung von Schaltungen mit Transistoren weicht von der herkömmlichen Betrachtungsweise bei Elektronenröhren ab. Während die Steuerung eines Verstärkers mit Elektronenröhren sozusagen leistungslos durch eine Spannung erfolgt, ist beim Transistor wegen seines geringen Eingangswiderstandes immer eine Steuerleistung erforderlich. Die so typischen Eigenschaften von Transistoren: Starke Temperaturabhängigkeit, geringer Eingangswiderstand und kleiner Ausgangsspannungsbereich ließen es lange Zeit nicht zu, Transistoren in Rechenverstärkern einzusetzen. Bei Röhrenverstärkern interessieren die auftretenden Temperaturschwankungen unterhalb einer Grenztemperatur von der Röhre her im allgemeinen nur wenig. Bei Transistorschaltungen sind aber die Eigenschaften des Transistors selbst, d. h. des aktiven Elements, auf Grund seines Leitungsmechanismus temperaturabhängig. Mit der Temperatur ändert sich der Arbeitspunkt und mit ihm verschiedene Eigenschaften des Verstärkers, z. B. die Verstärkung. Falls sich bei erhöhter Umgebungstemperatur kein Gleichgewicht zwischen der erzeugten und der nach außen abgeführten Wärmemenge ergibt, erhöht sich die Kristalltemperatur und die Verlustleistung bis zur Zerstörung des Transistors.

Rechenverstärker mit Transistoren sind gegenüber Temperaturschwankungen weit empfindlicher als solche die mit Röhren bestückt sind. Sie werden vielfach in temperaturgeregelten Behältern untergebracht, um Fehlermöglichkeiten auf Grund von Temperaturschwankungen möglichst gering zu halten.

Im Gegensatz zur Arbeitsspannung von ± 100 V bei Verstärkern mit Elektronenröhren arbeiten die z. Z. ausgeführten Analogrechner mit transistorbestückten Verstärkern mit einem Ausgangsspannungsbereich von etwa ± 10 V. Die Leistungsaufnahme etwa gleichbestückter Analogrechner beträgt bei transistorbestückten Geräten nur einige Prozent der Leistung normal verwendeter Rechengeräte mit Elektronenröhren.

An Stelle von Spannungsverstärkern könnte man grundsätzlich wegen der typischen Eigenschaften des Transistors auch Stromverstärker verwenden. Hier würde man vermuten, daß die Einsatzmöglichkeiten für Transistoren wesentlich günstiger liegen, da Transistorverstärker Stromverstärker mit niedrigem Eingangswiderstand und hohem Innenwiderstand sind. Der Einfluß der Verstärkungsabhängigkeit von der Temperatur oder Belastung ist weitgehend unkritisch, wenn die Verstärkung nur genügend hoch ist. Für die Durchführung der verschiedenen Rechenoperationen verwendet man auch hier mit R und C beschaltete, stark gegengekoppelte mehrstufige Verstärker.

Die praktische Ausführung von Stromverstärkern mit Transistoren scheitert allerdings an der Schwierigkeit, daß die Verstärker nicht einseitig geerdet werden können. Das heißt, daß für jeden Verstärker eine eigene gegen Erde isolierte Spannungsquelle erforderlich ist. Aus diesen und anderen Gründen, die in der Literatur über ausgeführte Rechenverstärker mit Transistoren für Analogrechner [22,25] angegeben sind, hat man sich auch bei Transistorverstärkern für die Spannung als analoge Größe entschieden. Praktisch arbeitet man also mit der in Röhrenverstärkern üblichen Schaltungstechnik der Parallel-Gegenkopplung des Rechenverstärkers.

Die Forderungen an den mit Transistoren bestückten Rechenverstärker sind damit grundsätzlich ähnlich denen bei röhrenbestückten Rechenverstärkern. Von den Verstärkern wird gefordert:

1. Verstärkung beliebig tiefer Frequenzen und Gleichspannung.
2. Großer Verstärkungsfaktor.
3. Geringe Nullpunktswanderung.
4. Möglichkeit des beliebigen Zusammenschaltens von Verstärkern.
5. Geringe Phasenfehler innerhalb des erforderlichen Frequenzbereiches für Analogrechner.
6. Hohe Ausgangsspannung.

Die Prinzipschaltung eines mehrstufigen Verstärkers mit Transistoren ist in Bild 2.2/12 dargestellt.

Die Stromverstärkung in einer Stufe beträgt z.B. etwa $30 \div 100$, so daß man grundsätzlich mehrstufige Verstärker verwenden muß. Beim Einsatz in Analogrechnern soll der Betrag der Verstärkung in einem Frequenzbereich von etwa $0 \div 10^3$ Hz möglichst konstant sein. Der Phasenfehler darf nur einige Grad betragen, damit die mit starker Gegenkopplung arbeitenden Rechenverstärker nicht bei Vorgängen mit relativ hohen Frequenzen instabil werden oder völlig unbrauchbare Ergebnisse liefern. Die praktisch mögliche Bandbreite des Verstärkers hängt unter anderem von der Grenzfrequenz des Transistors ab. Da die Bandbreite direkt proportional der Grenzfrequenz ist, verwendet man Transistoren möglichst hoher Grenzfrequenz (einige MHz). Zur Erzeugung eines möglichst langsamen Abfalles des Betrages der Verstärkung versucht man auch bei Verstärkerschaltungen mit Transistoren, die aus den Röhrenschaltungen bekannten Möglichkeiten mit frequenzabhängiger Gegenkopplung und frequenzabhängigen Außenwiderständen. Diese Maßnahmen dürfen aber später beim beschalteten Rechenverstärker keine erheblichen zusätzlichen Fehler liefern.

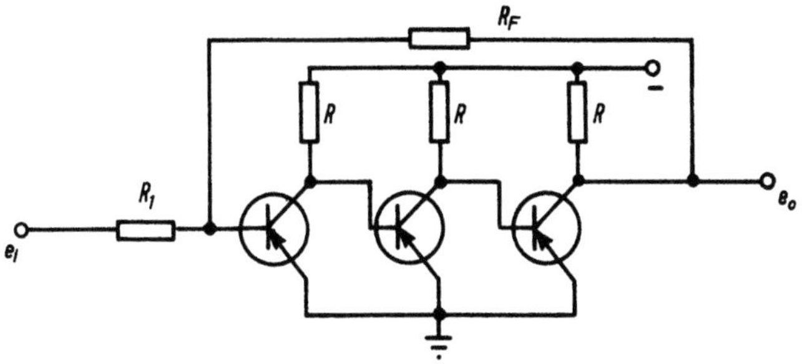

Bild 2.2/12
Schaltung eines mehrstufigen Verstärkers mit Transistoren

Die Folge dieser verschiedenen Bedingungen ist, daß die Bandbreite bei den mit Transistoren bestückten Rechenverstärkern bisher etwa 10^3 Hz beträgt und daß zur Erzielung eines hohen Verstärkungsfaktors mit niederohmigen Rechenimpedanzen gearbeitet wird. Die Werte für die Widerstände R_1 und R_F liegen in der Größenordnung von 10 kΩ und die Größe der Kapazität des Gegenkopplungsnetzwerkes beträgt etwa 10 μF.

Da die Drift, wie bereits erwähnt, die unangenehmste Eigenschaft von Gleichspannungsverstärkern ist, wendet man auch beim Rechenverstärker mit Transistoren erhebliche Mühe auf, um diese möglichst klein zu halten. Für die Größe der Drift beim Transistor sind Änderungen der Umgebungstemperatur von größtem Einfluß. Indem man die Verstärker in temperaturgeregelten Behältern unterbringt, ist der Einfluß weitgehend reduziert. So wie beim Rechenverstärker mit Elektronenröhren versucht man auch hier eine möglichst driftfreie Eingangsstufe zu haben, da die Driftspannung der ersten Stufe verstärkt in die zweite

Stufe eintritt und somit die erste Stufe an der Gesamtdrift am stärksten beteiligt ist. Die in der Eingangsstufe angewendeten Verfahren zur Verringerung der Drift sind die Kompensation durch Differenzverstärker und Nullpunktskorrektur unter Zuhilfenahme eines Zerhackerverstärkers.

Zu den schaltungstechnischen Einzelheiten sei auf die Literatur [25] verwiesen. Beide Verfahren hatten auch bei röhrenbestückten Verstärkern die größte Bedeutung. Für die zusätzlich mit einem mechanischen Zerhacker und mit Wechselspannungsverstärker arbeitenden Verstärker mit Transistoren erzielt man für die Drift bei Umgebungstemperaturen von 15°C bis 35°C einen Wert unter 10 µV/min. Dieser Wert liegt in der Größenordnung guter röhrenbestückter Verstärker. Da der Transistor sehr gut geeignet ist, das Verhalten eines mechanischen Schalters nachzubilden, hat man auch in Verstärkern mit Transistoren versucht, den mechanischen Zerhacker (Schaltung entsprechend Bild 2.2/9) durch eine Transistorschaltung zu ersetzen. Da aber hier abweichend vom idealen Schalter in geschlossenem Zustand nicht die Spannung Null sondern eine kleine von Null verschiedene Spannung und in geöffnetem Zustand nicht der Strom Null sondern ein von Null verschiedener Reststrom vorliegt, wobei beide Größen temperaturabhängig sind, hat der Zerhackerverstärker selbst einen Nullpunktsfehler. Nach Angabe der Hersteller ist dieser Fehler etwa 2 Größenordnungen größer als derjenige bei mechanischen Zerhackerverstärkern. Erachtet man die mit Transistoren erzielte Nullpunktskorrektur als ausreichend, so hat man den Vorteil der größeren Lebensdauer und höheren Schaltfrequenz. Auch hier bringt der Zerhackerverstärker zusätzlich den Vorteil, daß bei einem Verstärkungsfaktor von etwa $10^3 \div 10^4$, für Gleichspannung und sehr niedrige Frequenzen der Gesamtverstärkungsfaktor von etwa 10^5 (Gleichspannungsverstärker allein) auf $10^8 \div 10^9$ steigt.

Mit den zur Zeit vorhandenen Transistoren werden Arbeitsspannungen von ± 10 V bei einer Belastbarkeit des Ausganges von etwa 10 mA erreicht. Die Werte für den Eingangswiderstand und Innenwiderstand liegen etwa bei 200 kΩ und 10 kΩ.

Zusammenfassend ist zu sagen, daß man durch die Entwicklung von Rechenverstärkern mit Transistoren hoher Verstärkung und guter Nullpunktskonstanz bei allgemein ausreichender Bandbreite des Verstärkers heute in der Lage ist, Rechengenauigkeiten zu erreichen, die in der Größenordnung derjenigen von röhrenbestückten Verstärkern liegen (Fehler 1 ‰). Da die Transistoren gegenüber Elektronenröhren einige nicht unerhebliche Vorteile auch für Analogrechner (größere Lebensdauer, kleineres Volumen, wesentlich geringerer Leistungsverbrauch) bieten, wird man trotz der zur Zeit noch niedrigen Ausgangsspannung von 10 V und geringen Belastbarkeit in Zukunft immer mehr zu volltransistorisierten Analogrechnern übergehen.

2.22 Anwendung des Rechenverstärkers zur Multiplikation mit einem konstanten Faktor

Zur Multiplikation einer Spannung mit einem konstanten Faktor k, dessen Betrag größer als 0 ist, verwendet man einen gegengekoppelten Verstärker, dessen Schaltung in Bild 2.2/14 angegeben ist. Als Symbol hatten wir das in Bild 2.2/13 dargestellte Schaltzeichen gewählt.

Bild 2.2/13

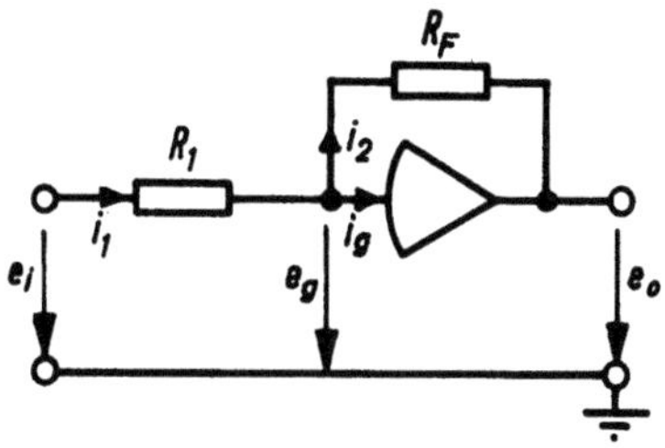

Bild 2.2/14
Beschalteter
Gleichspannungsverstärker

Es soll gelten: $e_0 = -k \cdot e_i$, mit $k > 0$.

Das wesentliche Element ist ein Gleichspannungsverstärker mit hohem Verstärkungsfaktor. Dieser liegt im allgemeinen zwischen 10^4 und 10^8.

Mit V als Verstärkungsfaktor gilt: $e_0 = -V \cdot e_g$ (2.2/1)

Bezeichnen wir mit R_1 den Eingangs-, mit R_F den Rückkopplungswiderstand und mit e_i, e_g und e_0 die Eingangs-, Gitter- und Ausgangsspannung gegen Erde, dann können wir folgende Knoten- und Maschengleichungen aufstellen:

$i_1 = i_2 + i_g$ (2.2/2) $\quad R_1 \cdot i_1 = e_i - e_g$ (2.2/3) $\quad R_F \cdot i_2 = e_g - e_0$ (2.2/4)

Im Abschnitt 2.21 haben wir als wesentliche Bedingung des Verstärkers neben dem hohen Verstärkungsfaktor einen kleinen Gitterstrom verlangt. Da dieser in der Größenordnung von 10^{-8} bis 10^{-10} A liegt, können wir i_g gegen i_1 und i_2 vernachlässigen, d. h.

$$i_g \ll i_1; i_2.$$

Gemäß Gleichung 2.2/2 wird mit dieser Näherung

$$i_1 = i_2$$

bzw. mit den Gleichungen 2.2/3 und 2.2/4

$$\frac{e_i - e_g}{R'_1} = \frac{e_g - e_0}{R_F} \qquad (2.2/5)$$

Führt man Gleichung 2.2/1 in Gleichung 2.2/5 ein, so erhält man:

$$\frac{e_i + \frac{e_0}{V}}{R_1} = \frac{-\frac{e_0}{V} - e_0}{R_F}$$

Durch Umformung ergibt sich:

$$\frac{e_i}{R_1} = -\frac{e_0}{R_F}\left[1 + \frac{1}{V}\left(1 + \frac{R_F}{R_1}\right)\right]$$

oder

$$\frac{e_0}{e_i} = -\frac{R_F}{R_1} \cdot \frac{1}{1 + \frac{1}{V} + \frac{R_F}{V \cdot R_1}} \qquad (2.2/6)$$

Da der Verstärkungsfaktor wesentlich größer als 1 ist, kann man $\frac{1}{V}$ gegenüber der 1 in jedem Fall vernachlässigen. Sorgt man noch dafür, daß

$$\frac{R_F}{V \cdot R_1} \ll 1 \quad (2.2/7) \qquad \text{bzw.} \qquad \frac{V \cdot R_1}{R_F} \gg 1 \quad (2.2/8)$$

ist, so läßt sich Gleichung 2.2/6 wesentlich vereinfachen. Mit den vorgenannten Bedingungen gilt für die Schaltung gemäß Bild 2.2/14:

$$\frac{e_0}{e_i} = -\frac{R_F}{R_1} \quad (2.2/9) \qquad \text{bzw.} \qquad e_0 = -\frac{R_F}{R_1} e_i \quad (2.2/10)$$

oder $$e_0 = -k \cdot e_i \quad (2.2/11) \qquad \text{mit} \qquad k = \frac{R_F}{R_1} \quad (2.2/12)$$

Da unsere Widerstände rein ohmsche Widerstände sein sollen, ergibt sich nach Gleichung 2.2/10 als Ausgangsspannung die mit einem konstanten positiven Faktor k multiplizierte negative Eingangsspannung.

Je nach Wahl der Widerstände R_1 und R_F kann k größer, kleiner oder gleich 1 sein, wobei k stets positiv ist.

$$0 < k < \infty \quad (2.2/13)$$

Von besonderer Wichtigkeit ist der Fall $k = 1$. Hierfür liefert Gleichung 2.2/11:

$$e_0 = -e_i \quad (2.2/14)$$

Wählt man also $R_F = R_1$, dann hat man es mit einem einfachen Vorzeichenumkehrer zu tun.

Die Genauigkeit der Multiplikation wird im wesentlichen bestimmt durch die Genauigkeit und die Konstanz der Widerstände und durch die Größe des Fehlers, der durch die Vernachlässigung des Gliedes $\frac{1}{V}(1 + \frac{R_F}{R_1})$ entsteht. Die Verstärkung erscheint bei Einhaltung der Bedingung Gleichung 2.2/8 im Endergebnis Gleichung 2.2/10 nicht mehr. Sie braucht als Funktion der Frequenz keine Konstante zu sein. Die Verstärkung darf also frequenzabhängig sein; wichtig ist nur, daß V selbst stets groß genug ist, um so Gleichung 2.2/8 zu erfüllen. Eliminieren wir in Gleichung 2.2/5 entsprechend Gleichung 2.2/1 die Ausgangsspannung e_0, so erhalten wir:

$$\frac{e_i - e_g}{R_1} = \frac{e_g + V \cdot e_g}{R_F} \qquad \text{oder} \qquad e_i = e_g \left[\frac{R_1}{R_F}(1 + V) + 1 \right]$$

bzw. $$e_g = \frac{e_i}{1 + \frac{R_1}{R_F}(1 + V)} \quad (2.2/15)$$

Die Spannung e_g hat stets das gleiche Vorzeichen wie die Eingangsspannung e_i, da R_1, R_F und V positive Größen sind. An Gleichung 2.2/15 erkennt man, daß

$$e_g \ll e_i \tag{2.2/16}$$

Wir haben es also bei der in Bild 2.2/14 angegebenen Schaltung mit einer negativen Rückkopplung zu tun.
Da der Verstärkungsfaktor mindestens 10^4 beträgt, können wir in dem Klammerausdruck der Gleichung 2.2/15 die 1 gegenüber V vernachlässigen. Sorgt man jetzt noch dafür, daß die Bedingung

$$\frac{R_1}{R_F} V \gg 1 \tag{2.2/17}$$

erfüllt wird, so ist e_g praktisch gleich 0 Volt, d. h. das Gitter des Verstärkereinganges befindet sich nahezu auf Erdpotential. e_g ist natürlich nicht gleich Null, sondern entsprechend Gleichung 2.2/1 gleich $-\frac{1}{V} e_0$.

Die Ermittlung der Ausgangsspannung als Funktion der Eingangsspannung ist unter der Annahme $e_g \approx 0$ wesentlich schneller durchzuführen. Mit $i_g \approx 0$ und $e_g \approx 0$ erhält man sofort aus Gleichung 2.2/5

$$\frac{e_i}{R_1} = \frac{-e_0}{R_F} \quad \text{oder} \quad e_0 = -\frac{R_F}{R_1} e_i \tag{2.2/18}$$

Die Gleichung 2.2/17 ist mit der früher als Gleichung 2.2/8 abgeleiteten Bedingung identisch.

$$\text{Mit} \quad \frac{R_1}{R_F} V \gg 1 \quad \text{oder} \quad \frac{R_F}{R_1} \ll V \tag{2.2/19}$$

ist man je nach Größe des Verstärkungsfaktors V in der Wahl der Widerstände R_F und R_1 beschränkt. Wenn im praktischen Betrieb für R_F/R_1 Werte von 10^2 bis maximal 10^3 vorkommen, muß der Verstärkungsfaktor V etwa zwei Größenordnungen größer sein. Damit man brauchbare Rechenergebnisse erhält, muß V mindestens $10^3 \div 10^4$ betragen.
Bei dieser einfachen Multiplikationsschaltung ließe sich selbst bei kleinerem V der Fehler beliebig klein halten, wenn man den Koeffizienten durch Eichung einstellen würde. Man legt eine Eichspannung an den Eingangswiderstand R_1

und verändert R_F so lange, bis die Ausgangsspannung $e_0 = - k \cdot e_i$ ist. Damit hat man statt des entsprechend Gleichung 2.2/12 zu bestimmenden Widerstandes

$$R_F = k \cdot R_1 \quad \text{den Widerstand } R_F{}^* = R_F \frac{1}{1 + \frac{1}{V}(1 + \frac{R_F}{R_1})} \qquad (2.2/20)$$

eingestellt und so den sonst bei geringer Verstärkung auftretenden Fehler beseitigt.

2.23 Die Summierschaltung

Es soll jetzt die Summation verschiedener Spannungen bei gleichzeitiger Multiplikation mit einem konstanten Faktor durchgeführt werden. Für die Ausgangsspannung e_0 soll folgender Ausdruck gelten:

$$e_0 = - \sum_{\nu=1}^{n} k_\nu \cdot e_{i\nu} \qquad (2.2/21)$$

Das für die Summierschaltung verwendete Symbol ist in Bild 2.2/15 angegeben.

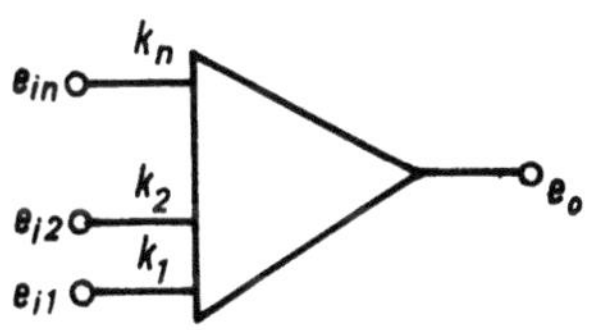

Bild 2.2/15
Symbol des allgemeinen Summierers

Sämtliche Werte k_ν sollen positiv reell sein.

Unter Verwendung eines Gleichspannungsverstärkers ergibt sich die Schaltung nach Bild 2.2/16.

Wir fordern auch hier: $i_g = 0$.

Für die Ausgangsspannung e_0 des Gleichspannungsverstärkers gilt:

$$e_0 = - V \cdot e_g \qquad (2.2/22)$$

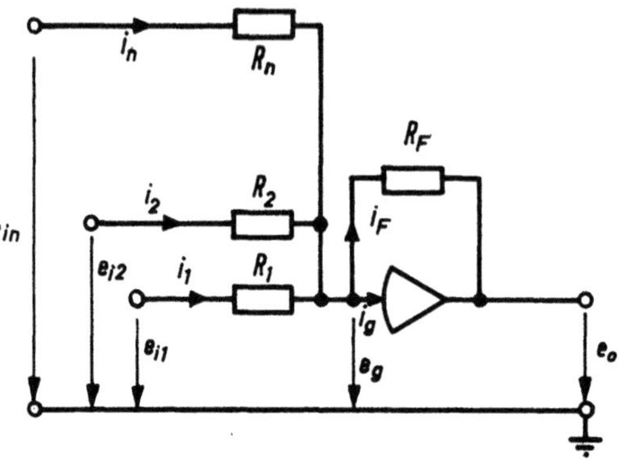

Bild 2.2/16
Schaltung
des allgemeinen
Summierers

Unter der Voraussetzung, daß $i_g = 0$ oder wenigstens vernachlässigbar gegenüber den anderen Strömen ist, ergibt sich für i_F:

$$i_F = i_1 + i_2 + i_3 + \ldots + i_n \qquad \text{bzw.} \qquad i_F = \sum_{\nu=1}^{n} i_\nu \tag{2.2/23}$$

$$\text{Da} \qquad i_\nu = \frac{e_{i\nu} - e_g}{R_\nu} \qquad \text{und} \qquad i_F = \frac{e_g - e_0}{R_F} \tag{2.2/24}$$

ist, können wir mit $e_g = -\frac{e_0}{V}$ bei Berücksichtigung von Gleichung 2.2/23 und Gleichung 2.2/24 schreiben:

$$\frac{-\frac{e_0}{V} - e_0}{R_F} = \sum_{\nu=1}^{n} \frac{e_{i\nu} + \frac{e_0}{V}}{R_\nu} \tag{2.2/25}$$

oder

$$e_0 \left(1 + \frac{1}{V}\right) = - R_F \left[\sum_{\nu=1}^{n} \frac{e_{i\nu}}{R_\nu} + \frac{1}{V} \cdot e_0 \sum_{\nu=1}^{n} \frac{1}{R_\nu}\right]$$

$$e_0 \left[1 + \frac{1}{V}\left(1 + \sum_{\nu=1}^{n} \frac{R_F}{R_\nu}\right)\right] = - R_F \sum_{\nu=1}^{n} \frac{e_{i\nu}}{R_\nu}$$

$$e_0 = - R_F \sum_{\nu=1}^{n} \frac{e_{i\nu}}{R_\nu} \cdot \frac{1}{1 + \frac{1}{V}\left(1 + \sum_{\nu=1}^{n} \frac{R_F}{R_\nu}\right)} \tag{2.2/26}$$

Ähnlich wie im Abschnitt 2.22 erhalten wir mit genügender Genauigkeit

$$e_0 = -R_F \sum_{\nu=1}^{n} \frac{e_{i\nu}}{R_\nu} \qquad (2.2/27)$$

wenn

$$\frac{1}{V} \sum_{\nu=1}^{n} \frac{R_F}{R_\nu} \ll 1 \qquad (2.2/28)$$

ist.

Die Summierschaltung stellt, falls n eine große Zahl ist, schon ganz erhebliche Anforderungen an die Größe des Verstärkungsfaktors V.

Schreiben wir in Gleichung 2.2/27 k_ν an Stelle von R_F/R_ν, dann kommen wir gerade zu dem gewünschten Ausdruck für e_0:

$$e_0 = -\sum_{\nu=1}^{n} k_\nu \cdot e_{i\nu} \qquad (2.2/29) \qquad \text{mit} \qquad k_\nu = \frac{R_F}{R_\nu} \qquad (2.2/30)$$

Wie bereits an anderer Stelle angedeutet, liegt der Arbeitsbereich der heute üblichen Rechenverstärker mit Elektronenröhren zwischen ± 100 Volt. Nur wenige Anlagen haben einen Spannungsbereich von ± 200 Volt. Damit ist praktisch der Variationsbereich der Faktoren k_ν bestimmt. Spannungen unter 0,1 Volt sind mit zu großer Unsicherheit behaftet, so daß man nicht mehr mit ihnen rechnen sollte. Bilden wir das Verhältnis zwischen Ausgangsspannung und Eingangsspannung für den vorgegebenen Höchstwert der Ausgangsspannung und den Kleinstwert der Eingangsspannung, so erhalten wir:

$$\frac{e_{0\,max}}{e_{0\,min}} = \frac{10^2\ V}{0{,}1\ V} = 10^3$$

In der Summierschaltung und auch beim einfachen Verstärker zur Multiplikation mit einer Konstanten muß daher der Faktor k_ν in der Praxis stets kleiner als 10^3 sein.

Die Bedingung

$$\frac{1}{V} \sum_{\nu=1}^{n} \frac{R_F}{R_\nu} \ll 1 \qquad \text{bzw.} \qquad \frac{1}{V} \sum_{\nu=1}^{n} k_\nu \ll 1$$

kann also nur dann erfüllt werden, wenn der Verstärkungsfaktor mindestens in der Größenordnung von 10^6 liegt. Bei den meisten Verstärkern ist für den erforderlichen Frequenzbereich die Verstärkung V größer als 10^6.

An dieser Stelle sei nochmals darauf hingewiesen, daß auf Grund der Bedingung

$$e_0 = - V \cdot e_g$$

die Spannung am Gitter des Verstärkers

$$e_g = - \frac{e_0}{V}$$

bei der geforderten hohen Verstärkung praktisch Null sein muß, da die Ausgangsspannung einen endlichen Wert (z. B. maximal ± 100 Volt) hat. Bei späteren Überlegungen ist es oft nützlich, diese Tatsache zu berücksichtigen. Mit der Summierschaltung sind wir also in der Lage, eine endliche Anzahl beliebig zeitabhängiger Spannungen zu addieren und bei Berücksichtigung der geforderten Bedingungen auch noch eine Multiplikation der gegebenen Größen mit einer Konstanten k_ν durchzuführen. Da wir es praktisch nur mit einem Rückkopplungswiderstand zu tun haben, wählen wir diesen möglichst hochohmig (1 ÷ 10 MΩ) und ermitteln die Eingangswiderstände aus der Bedingung

$$R_\nu = \frac{R_F}{k_\nu} \qquad (2.2/31)$$

Bei vielen Analogrechner-Bauarten kann man über die Wahl der Widerstände nicht frei verfügen, da diese fest in die Geräte mit eingebaut sind. Hier wird sofort der Faktor k_ν durch Wahlschalter eingestellt. Bei diesen Geräten ist die Anzahl der möglichen parallelen Eingänge beschränkt, da die gesamte vorgeschaltete Eingangsimpedanz des Rechenverstärkers einen bestimmten Wert, der von der Lieferfirma angegeben ist, nicht unterschreiten darf.

Im Hinblick auf die unter 2.22 gefundenen Ergebnisse soll noch eine andere Berechnung des allgemeinen Summierers durchgeführt werden: Dazu ersetzen wir das Eingangsnetzwerk mit den verschiedenen Eingangsspannungen und Eingangswiderständen durch seine Ersatzspannungsquelle. Sie ist gekennzeichnet durch die Leerlaufspannung U_0 und den Innenwiderstand R_i. Die so vereinfachte Schaltung für den allgemeinen Summierer entsprechend Bild 2.2/16 ist in Bild 2.2/17 wiedergegeben.

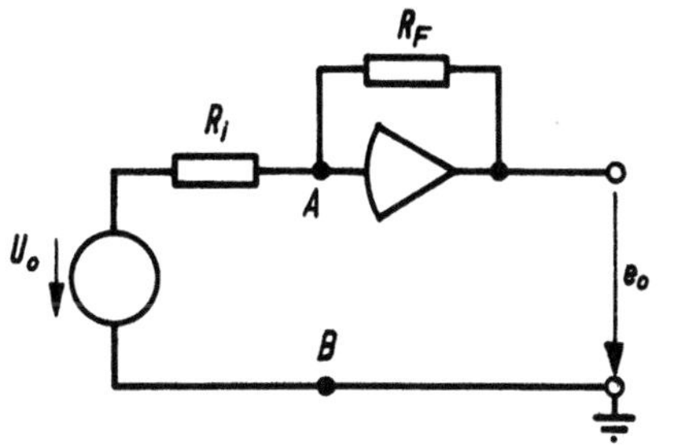

Bild 2.2/17
Vereinfachte Schaltung des allgemeinen Summierers (Eingangsnetzwerk durch Ersatzspannungsquelle dargestellt)

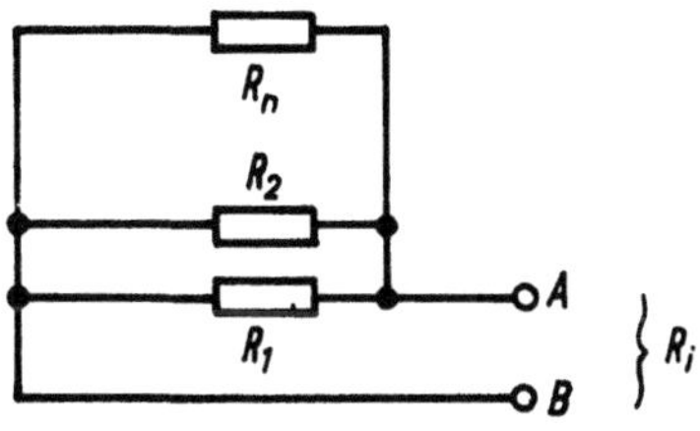

Bild 2.2/18
Innenwiderstand der Ersatzspannungsquelle für das Eingangsnetzwerk des allgemeinen Summierers

Der Innenwiderstand dieses aktiven Zweipols ist der zwischen den Klemmen A – B zu messende Widerstand des in Bild 2.2/16 durch Kurzschließen sämtlicher Eingangsspannungen passiv gemachten Zweipols. Entsprechend Bild 2.2/18 ergibt sich R_i zu:

$$\frac{1}{R_i} = \frac{1}{R_1} + \frac{1}{R_2} + \dots + \frac{1}{R_n} \quad \text{bzw.} \quad R_i = \frac{1}{\sum\limits_{\nu=1}^{n} \frac{1}{R_\nu}} \qquad (2.2/32)$$

Ersetzen wir nunmehr in Gleichung 2.2/7 den Eingangswiderstand R_1 durch den mit Gleichung 2.2/32 gegebenen Eingangswiderstand R_i, so erhalten wir Gleichung 2.2/28.

Wie man aus Gleichung 2.2/28 ersieht, stellt der allgemeine Summierer an die Größe des Verstärkungsfaktors V je nach Anzahl der Eingänge und des Verhältnisses R_F/R_ν höhere Ansprüche. Ist Gleichung 2.2/28 erfüllt, dann ist praktisch $e_g = 0$. Damit gilt entsprechend Gleichung 2.2/23 und 2.2/24

$$\frac{e_0}{R_F} = -\sum_{\nu=1}^{n} \frac{e_{i\nu}}{R_\nu} \quad \text{bzw.} \quad e_0 = -R_F \sum_{\nu=1}^{n} \frac{e_{i\nu}}{R_\nu}$$

Dieses Ergebnis stimmt mit Gleichung 2.2/27 überein.

2.24 Die Integrationsschaltung

2.241 Der einfache Integrator

Gemäß Abschnitt 2.11 soll es sich bei dem durch das untenstehende Symbol charakterisierten Integrator um eine Einheit handeln, die in der Lage ist, das Zeitintegral einer beliebigen Spannung zu liefern. Für den Integrator wird folgende mathematische Verknüpfung der in Bild 2.2/19 angegebenen Größen verlangt:

$$e_0 = -k \int_0^t e_i \, dt + E \qquad (2.2/33)$$

Die praktisch ausgeführte Schaltung ist in Bild 2.2/20 dargestellt.

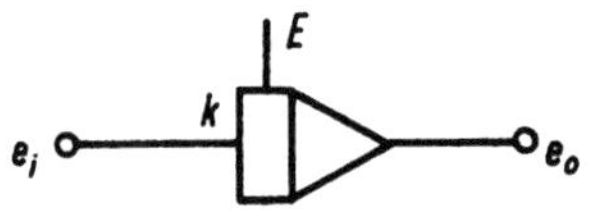

Bild 2.2/19
Symbol des einfachen Integrators

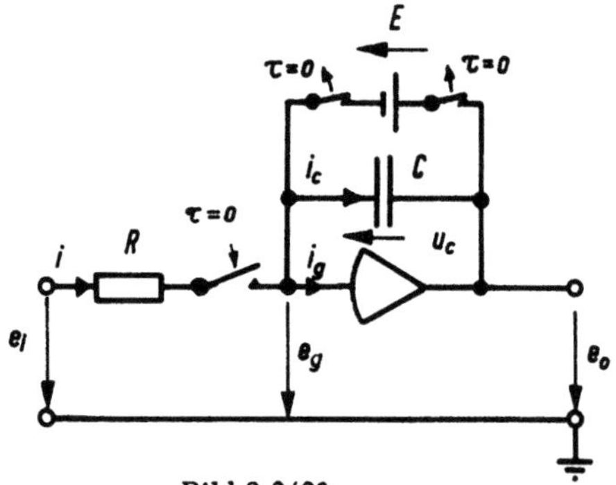

Bild 2.2/20
Schaltung des einfachen Integrators

Als Rückkopplungsglied verwenden wir einen Kondensator. Die Anforderungen, die an ihn zu stellen sind, werden im nächsten Abschnitt ausführlich behandelt.

Um die Abhängigkeit der Ausgangsspannung als Funktion der Zeit zu ermitteln, müssen wir wieder Knotenpunkts- und Maschengleichungen aufstellen. Wir unterscheiden die Zeit vor und die Zeit nach dem Schalten. Für den Schaltaugenblick setzen wir willkürlich $t = 0$.

a.) Für die Zeit vor dem Schalten, d. h. für $t < 0$ gilt:

$$-e_g - E + e_0 = 0 \qquad \text{oder} \qquad e_0 = E + e_g \qquad (2.2/34)$$

Hierin ist E die Spannung, die wir an den Kondensator zur Zeit $t < 0$ zur Aufladung legen.
Für den auch hier benötigten Verstärker hoher Verstärkung gilt:

$$e_0 = -V \cdot e_g \qquad (2.2/35)$$

Da e_0 endlich (im Bereich von ± 100 Volt) ist und V in der Größenordnung von $10^6 \div 10^8$ liegt, ist e_g praktisch gleich Null Volt.
Wir erhalten also für $t < 0$ gemäß Gleichung 2.2/34:

$$e_0 = E \qquad (2.2/36)$$

Die Spannung E, auf die der Kondensator vor dem Schalten aufgeladen worden ist, stellt also die Anfangsbedingung zur Zeit $t = 0$ dar.

Für Zeiten $t > 0$ gilt:

$$i = i_c + i_g \qquad (2.2/37)$$

Bei Vernachlässigung von i_g ($\approx 10^{-10}$ A) ergibt sich mit Gleichung 2.2/37:

$$i = i_c \qquad (2.2/38)$$

Aus $\quad i = \frac{e_i - e_g}{R} \quad (2.2/39) \quad$ und $\quad -e_g + e_0 = u_c \quad (2.2/40)$

ermitteln wir e_0.

Allgemein gilt:

$$u_c = \frac{q}{C}$$

worin q die Ladung des Kondensators bedeutet. Da wir die Ladungsänderung in der Zeiteinheit als Strom bezeichnen, ist:

$$i_c = -\frac{dq}{dt} = -C\frac{du_c}{dt} \qquad (2.2/41)$$

Mit den Gleichungen 2.2/38, 39, 40 erhalten wir bei Berücksichtigung von Gleichung 2.2/35:

$$\frac{e_i - e_g}{R} = -C\frac{d\,(e_0 - e_g)}{dt} = -C\frac{d}{dt}(e_0 + \frac{e_0}{V}) \qquad (2.2/42)$$

$$\frac{e_i}{R} + \frac{e_0}{R \cdot V} = -C\frac{d}{dt}(e_0 + \frac{e_0}{V})$$

$$(1 + \frac{1}{V})\frac{d\,e_0}{dt} + \frac{1}{RCV}\,e_0 + \frac{1}{RC}\,e_i = 0$$

Da $V \gg 1$ ist, ergibt sich folgende Differentialgleichung für e_0:

$$\frac{d\,e_0}{dt} + \frac{1}{RCV} \cdot e_0 + \frac{1}{RC}\,e_i = 0 \qquad (2.2/43)$$

Diese Differentialgleichung beschreibt vollständig das Verhalten der Ausgangsspannung e_0 für $t > 0$. Die Anfangsbedingung lautet nach Gleichung 2.2/36:

$$e_{0\,(t=0)} = E$$

Die Vernachlässigungen, die zur Gleichung 2.2/43 führten, sind in jedem Fall zulässig.

Es waren dies die Annahmen:

1. $V \gg 1$ 2. $e_g \approx 0$ 3. $i_g \approx 0$

Grundsätzlich ist man nicht berechtigt, das Glied

$$\frac{1}{RCV}\,e_0$$

der Differentialgleichung 2.2/43 zu vernachlässigen.

Man kann dieses Glied, da $V \gg 1$ sein soll, nur dann weglassen, wenn die zeitliche Änderung von e_0 nicht sehr klein ist. Mit anderen Worten, e_0 selbst darf sich nicht zu wenig ändern, d. h. die Rechengeschwindigkeit darf nicht zu klein gewählt werden. Wenn wir das zweite Glied vernachlässigen wollen, muß daher der elektronische Analogrechner schnell genug arbeiten. Bei der Zeitskalierung und bei der Fehlerbetrachtung der Integrationsschaltung im nächsten Abschnitt werden wir diesen Punkt noch besonders betrachten.

Eine Forderung kann man aber sofort stellen. Die Verstärkung V muß umso größer sein, je langsamer der Analogrechner arbeitet, je größer die Ausgangsspannung e_0 und je kleiner die Werte des Widerstandes R und des Kondensators C sind.
Nehmen wir an, daß diese Bedingungen erfüllt sind (und das ist im allgemeinen der Fall), dann vereinfacht sich die Differentialgleichung 2.2/43 zu:

$$\frac{d e_0}{d t} = -\frac{1}{RC} e_i \qquad (2.2/44)$$

Durch Trennung der Veränderlichen erhält man:

$$d e_0 = -\frac{1}{RC} e_i \, d t$$

Nach Ausführung der Integration:

$$e_0 = -\frac{1}{RC} \int_0^t e_i \, d t + C_1 \qquad (2.2/45)$$

In Gleichung 2.2/45 bedeutet C_1 die Integrationskonstante. Da sich $e_0 = E$ für $t = 0$ ergeben muß, wird somit $C_1 = E$ und wir erhalten endgültig für die Ausgangsspannung die wichtige Beziehung:

$$e_0 = -\frac{1}{RC} \int_0^t e_i \, d t + E \qquad (2.2/46)$$

Führen wir für $\frac{1}{RC}$ die dimensionsbehaftete Größe k ein, so haben wir die in Gleichung 2.2/33 geforderte Formulierung

$$e_0 = -k \int_0^t e_i \, d t + E \quad (2.2/47) \qquad \text{mit} \qquad k = \frac{1}{RC} \quad (2.2/48)$$

gefunden.

Es ist also bei den gemachten Vernachlässigungen die Ausgangsspannung gleich dem Zeitintegral der Eingangsspannung (diese ist vielfach selbst eine beliebige Funktion der Zeit) multipliziert mit einem konstanten Faktor k.

Als Lösung erhalten wir stets eine partikuläre Lösung, da die Anfangsbedingung bereits vor der Rechnung in das Gerät eingegeben wird.
In Bild 2.2/20 wurde die Aufschaltung der Anfangsbedingung angedeutet; in Abschnitt 2.7 werden wir hierauf noch näher zu sprechen kommen.

2.242 Der allgemeine Integrator

So, wie wir mit dem Summierer eine Addition verschiedener Spannungen bei gleichzeitiger Multiplikation mit einem konstanten Faktor vornehmen, können wir mit dem Integrator gleichzeitig das Integral einer Summe von Spannungen bilden, die im allgemeinen ebenfalls mit verschiedenen Faktoren zu multiplizieren sind. Unter 2.11 hatten wir als Symbol für den verallgemeinerten Integrierer das Zeichen entsprechend Bild 2.2/21 gewählt.

Die vollständige Schaltung ist in Bild 2.2/22 dargestellt.

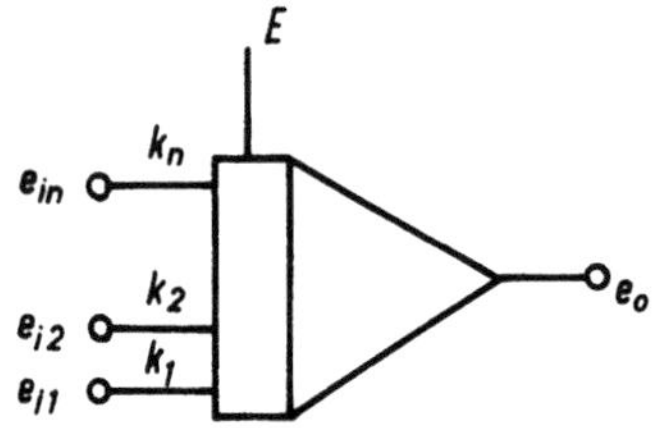

Bild 2.2/21
Symbol des
allgemeinen Integrators

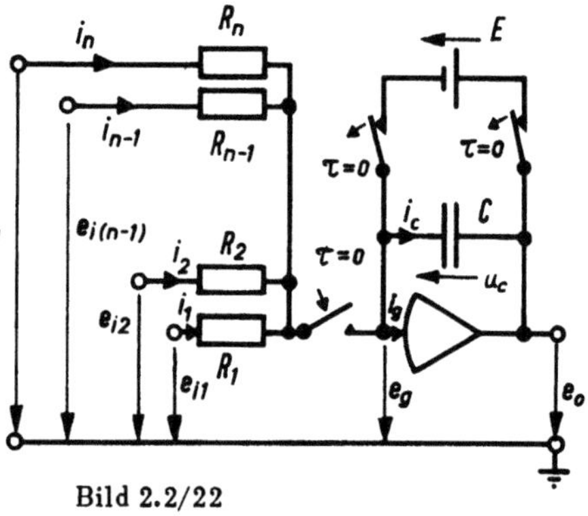

Bild 2.2/22
Schaltung
des allgemeinen Integrators

Diese Einheit soll uns folgende funktionelle Abhängigkeit der Ausgangsspannung als Funktion der Eingangsspannungen liefern:

$$e_0 = -\int_0^t \sum_{\nu=1}^{n} k_\nu \cdot e_{i\nu} \, dt + E \qquad (2.2/49)$$

Es gilt wieder für $t < 0$

$$e_0 = E \tag{2.2/50}$$

für $t > 0$

$$i_1 + i_2 + i_3 + \ldots + i_n = i_c + i_g$$

und bei Vernachlässigung von i_g:

$$\sum_{\nu=1}^{n} i_\nu = i_c \tag{2.2/51}$$

Die Ströme i_ν selbst ergeben sich zu

$$i_\nu = \frac{e_{i\nu} - e_g}{R_\nu} \tag{2.2/52}$$

Entsprechend Gleichung 2.2/42 erhalten wir:

$$\sum_{\nu=1}^{n} \frac{e_{i\nu} - e_g}{R_\nu} = -C \frac{d}{dt}(e_0 - e_g)$$

und mit $e_g = -\frac{e_0}{V}$ (Gleichung 2.2/35)

$$\sum_{\nu=1}^{n} \frac{e_{i\nu} + \frac{e_0}{V}}{R_\nu} = -C \frac{d}{dt}\left(e_0 + \frac{e_0}{V}\right) \qquad \text{bzw.} \qquad \left(1 + \frac{1}{V}\right)\frac{de_0}{dt} + \sum_{\nu=1}^{n} \frac{e_{i\nu} + \frac{e_0}{V}}{R_\nu \cdot C} = 0$$

Mit $V \gg 1$ ergibt sich:

$$\frac{de_0}{dt} + \sum_{\nu=1}^{n} \frac{1}{R_\nu \cdot C \cdot V} \cdot e_0 + \sum_{\nu=1}^{n} \frac{e_{i\nu}}{R_\nu \cdot C} = 0 \tag{2.2/53}$$

Diese Differentialgleichung für e_0 entspricht in ihrem Aufbau völlig Gleichung 2.2/43. Auch hier beschreibt die Differentialgleichung vollständig das Verhalten von e_0 für $t > 0$.

Die Vernachlässigungen, die zur Gleichung 2.2/53 führten, sollen kurz angegeben werden, damit man sich von der Gültigkeit dieser Gleichung im speziellen Fall überzeugen kann:

$$1.\ V \gg 1 \qquad 2.\ e_g \approx 0 \qquad 3.\ i_g \approx 0$$

Diese Bedingungen sind wohl stets erfüllt. Die Lösung der Gleichung 2.2/43 hatten wir uns dadurch wesentlich vereinfacht, daß wir das zweite Glied vernachlässigten. Auch hier können wir wieder die entsprechenden Forderungen, die hier allerdings noch schärfer sind, erheben. Eine Vernachlässigung des zweiten Gliedes ist zulässig, wenn die zeitliche Änderung von e_0 nicht zu klein ist. e_0 selbst darf sich also nicht zu wenig ändern, d. h. die Rechengeschwindigkeit darf nicht zu klein sein. Dieser Forderung ist eine noch größere Bedeutung beizumessen als im vorigen Abschnitt, da jetzt

$$\sum_{\nu=1}^{n} \frac{1}{R_\nu \cdot C \cdot V} e_0$$

vernachlässigt werden muß.

Sind die Forderungen erfüllt, dann gilt also:

$$\frac{de_0}{dt} = -\sum_{\nu=1}^{n} \frac{1}{R_\nu \cdot C} e_{i\nu} \qquad (2.2/54)$$

und damit

$$e_0 = -\int_0^t \sum_{\nu=1}^{n} \frac{1}{R_\nu C} e_{i\nu}\, dt + C_1$$

Auch hier ist $e_0 = E$ für $t = 0$ und damit $C_1 = E$.

Die endgültige Lösung für die Summenintegrationsschaltung lautet also:

$$e_0 = -\int_0^t \sum_{\nu=1}^{n} \frac{1}{R_\nu C} e_{i\nu}\, dt + E \qquad (2.2/55)$$

bzw.

$$e_0 = -\int_0^t \sum_{\nu=1}^{n} k_\nu \cdot e_{i\nu}\, dt + E \qquad (2.2/56)$$

mit

$$k_\nu = \frac{1}{R_\nu C} \qquad (2.2/57)$$

Sind für die verschiedenen $e_{i\nu}$ die Multiplikationskonstanten k_ν gegeben, so ermittelt man bei einem gewählten C die entsprechenden Widerstände R_ν zu:

$$R_\nu = \frac{1}{k_\nu \cdot C} \qquad (2.2/58)$$

Auf die Wahl der Größe des Kondensators C kommen wir noch unter 2.243 und 3 zu sprechen.

2.243 Fehlerbetrachtung zum Integrator.

Für den Integrator entsprechend Bild 2.2/20 erhielten wir mit Gl. 2.2/43 für die Ausgangsspannung e_0 die folgende Differentialgleichung:

$$\frac{de_0}{dt} + \frac{1}{RCV} e_0 + \frac{1}{RC} e_i = 0 \qquad (2.2/59)$$

Diese Gleichung wurde aus den Knotenpunkts- und Maschengleichungen nach Berücksichtigung der folgenden Vernachlässigungen gewonnen:

$$e_g \approx 0; \quad i_g \approx 0; \quad V \gg 1$$

Wie aus den Angaben im Abschnitt 2.21 über industriell gefertigte Rechenverstärker zu ersehen ist, sind diese Vernachlässigungen in jedem Fall zulässig.

Im Abschnitt 2.241 wurde die Lösung der Differentialgleichung 2.2/59 unter Vernachlässigung des Gliedes $\frac{1}{RCV} e_0$ angegeben. Die Zulässigkeit dafür muß aber stets geprüft werden.

Im Weiteren betrachten wir die Gl. 2.2/59 als exakte Beschreibung der zeitlichen Abhängigkeit der Ausgangsspannung e_0 von der Eingangsgröße e_i. Diese Gleichung soll ohne weitere Vernachlässigung gelöst werden. Zur kürzeren Schreibweise führen wir folgende Bezeichnungen ein:

$$\frac{1}{VRC} = a \qquad (2.2/60) \qquad\qquad -\frac{1}{RC} e_i = f(t) \qquad (2.2/61)$$

Die so erhaltene Differentialgleichung

$$\frac{de_0}{dt} + a\ e_0 = f(t) \qquad (2.2/62)$$

versuchen wir mit dem Produktansatz

$$e_0 = u \cdot v \qquad (2.2/63)$$

zu lösen. Hierin sind u und v Funktionen der Zeit.

Gehen wir mit diesem Ansatz in die Differentialgleichung 2.2/62, so erhalten wir:

$$u'\,v + u\,v' + a\,u\,v = f(t) \qquad \text{bzw.} \qquad v\,[u' + a\,u] + u\,v' = f(t) \qquad (2.2/64)$$

Nunmehr wählen wir die Funktion u so, daß für alle Zeiten t

$$u' + a\,u = 0 \qquad (2.2/65)$$

ist.

Durch Trennung der Veränderlichen ergibt sich:

$$\frac{du}{u} = -a\,dt \qquad \text{und} \qquad u = \text{const.} \cdot e^{-at}$$

Hierin ist e = 2,718 die Basis der natürlichen Logarithmen. Die Konstante setzen wir willkürlich gleich 1, da diese zur Erfüllung von Gl. 2.2/65 ohne Bedeutung ist.

Mit

$$u = e^{-at} \qquad (2.2/66)$$

ergibt sich aus Gl. 2.2/64

$$u \cdot v' = f(t) \qquad \text{bzw.} \qquad v' = \frac{1}{u} f(t)$$

$$v' = e^{at}\,f(t)$$

Die Integration nach der Zeit führt auf folgenden Ausdruck:

$$v = \int_0^t f(t) \cdot e^{at}\,dt + b \qquad (2.2/67)$$

Hierin ist b eine noch zu bestimmende Konstante.

Mit den Gl. 2.2/66 und 2.2/67 erhalten wir für e_0 entsprechend Gl. 2.2/63 den folgenden Ausdruck:

$$e_0 = e^{-at}\left[\int_0^t f(t) \cdot e^{at}\, dt + b\right] \qquad (2.2/68)$$

Da die Ausgangsspannung e_0 zur Zeit $t = 0$ die Anfangsspannung E haben sollte, ermitteln wir aus dieser Bedingung die Integrationskonstante b zu:

$$b = E$$

Führen wir für a und f(t) die früheren Bezeichnungen 2.2/60 und 61 wieder ein, so erhalten wir für die Differentialgleichung 2.2/59 die folgende exakte Lösung:

$$e_0 = e^{-\frac{1}{VRC}t}\left[\int_0^t -\frac{1}{RC}\, e_i \cdot e^{\frac{1}{VRC}t}\, dt + E\right]$$

bzw.

$$e_0 = e^{-\frac{1}{VRC}t}\left[-\frac{1}{RC}\int_0^t e_i \cdot e^{\frac{1}{VRC}t}\, dt + E\right] \qquad (2.2/69)$$

Ein Vergleich mit der Näherungslösung Gl. 2.2/46 des Abschnittes 2.241

$$e_0 = -\frac{1}{RC}\int_0^t e_i\, dt + E$$

ergibt gute Übereinstimmung, falls

$$e^{-\frac{1}{VRC}t} \approx e^{\frac{1}{VRC}t} \approx 1 \qquad (2.2/70)$$

ist.

Der Reihenentwicklung für e^x:

$$e^x = 1 + \frac{x}{1!} + \frac{x^2}{2!} + \ldots + \frac{x^n}{n!}$$

sieht man sofort an, daß für einen maximal zulässigen Fehler von 1 $^0/_{00}$ die Näherung $e^x \approx 1$ die folgende Forderung für x ergibt:

$$x \leqq 10^{-3}$$

Für den Integrator bedeutet dies, daß gem. Gl. 2.2/70

$$\frac{1}{VRC} t \leqq 10^{-3} \qquad (2.2/71)$$

sein muß.

Damit ergibt sich für die Verstärkung V die für kleine Langzeitfehler wichtige Bedingung:

$$V \geqq \frac{10^3}{RC} t \qquad (2.2/72)$$

Die Verstärkung V muß also umso größer sein, je größer die Integrationszeit t ist.

Bei den häufig verwendeten R-C-Werten, R = 1 MΩ und C = 1 μF, d.h. RC = 1 sec, erhält man bei einer Integrationszeit t von 10 sec die Bedingung für den Verstärkungsfaktor:

$$V \geqq 10^4$$

und für eine Integrationszeit von 120 sec bei sonst gleichen Bauelementen

$$V \geqq 1{,}2 \cdot 10^5$$

Arbeitet man mit wesentlich kleineren R-C-Werten, z.B. C = 0,1 μF; R = 0,1 MΩ, d.h. $RC = 10^{-2}$ sec, so ergeben sich für t = 10 sec und t = 120 sec die folgenden Bedingungen für die Verstärkungsfaktoren

$$V \geqq 10^6 \qquad \text{und} \qquad V \geqq 1{,}2 \cdot 10^7$$

Für eine Integrationszeit von 1 – 2 Min. sind selbstverständlich kleine R-C-Werte höchst ungünstig. Die heute noch vielfach eingesetzten Rechenverstärker mit einem Verstärkungsfaktor von 10^4 sind also bei einem zulässigen Langzeitfehler von 1 $^0/_{00}$ und einem RC = 1 sec gerade noch für Rechenzeiten von 10 sec brauchbar. Integrationszeiten von 1 Min. erfordern Verstärkungsfaktoren von 10^6, die z.B. mit zerhackerstabilisierten Verstärkern erreicht werden.

Die Nichtberücksichtigung der Ableitungsverluste des Kondensators und der Umladungsverluste im Dielektrikum liefert zusätzliche Verluste, die rechnerisch nur schwer erfaßt werden können. Durch die Wahl hochwertiger Dielektrika für die Kondensatoren, z.B. Polystyrol, können diese Fehler weitgehend unberücksichtigt bleiben.

Zusammenfassend läßt sich sagen, daß für die Beurteilung der Langzeitfehler die Gl. 2.2/72 von größter Wichtigkeit ist.

2.3 Das Potentiometer

2.31 Multiplikation mit einem konstanten Faktor

Für die Multiplikation mit einer Konstanten K, für die $0 < K < 1$ gilt, verwendet man im allgemeinen Potentiometer, um Verstärker einzusparen. Als Symbol für ein Potentiometer hatten wir das in Bild 2.3/1 dargestellte Zeichen gewählt.

Es soll hierfür die folgende Beziehung gelten:

$$e_0 = K \cdot e_i \qquad \text{mit} \qquad 0 < K < 1 \tag{2.3/1}$$

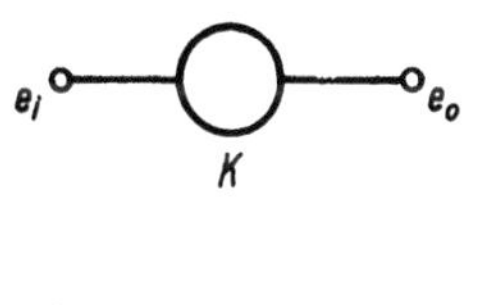

Bild 2.3/1
Symbol für ein Potentiometer

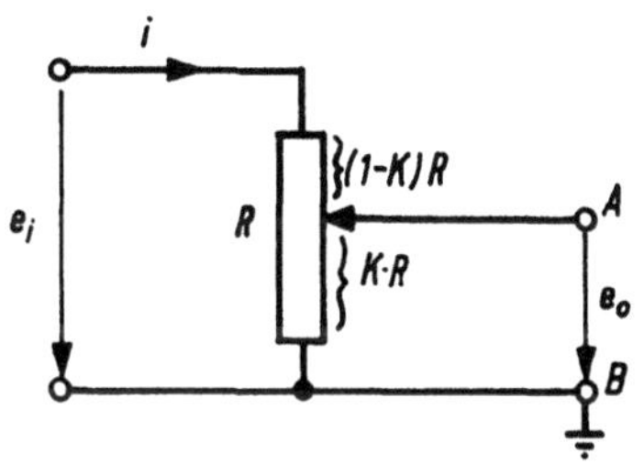

Bild 2.3/2
Unbelasteter Spannungsteiler

Die Potentiometer sind Spannungsteiler. Für die Schaltung gemäß Bild 2.3/2 gilt im Leerlauf:

$$i = \frac{e_i}{R} \;; \qquad e_0 = i\,(K \cdot R) = \frac{e_i}{R} \cdot K \cdot R \;; \qquad e_0 = K \cdot e_i \tag{2.3/2}$$

Die Eingangsspannung e_i wird an das obere Ende des Potentiometers gelegt und die Ausgangsspannung e_0 am Mittelabgriff bei geerdetem unterem Potentiometerende abgegriffen. Wie die Herleitung von Gleichung 2.3/2 zeigt, gilt die Gleichung nur, wenn die Schaltung an den Klemmen A – B unbelastet ist. Jedes Meßgerät hat aber einen endlichen Innenwiderstand. Er muß möglichst hochohmig sein, damit nur eine geringe Verfälschung der Spannungsteilung eintritt.

Die in elektronischen Analogrechnern verwendeten Potentiometer sind Präzisionspotentiometer von hoher Auflösung und gut angenäherter Linearität. Ihr Widerstand liegt in der Größenordnung von 10 – 100 kΩ. Die Einstellung des Potentiometers kann mit einem Feineinsteller sehr genau erfolgen, so daß ohne weiteres 3 Stellen eingestellt werden können. Da aber im normalen Betrieb stets eine Belastung des Potentiometers vorliegt, ist Gleichung 2.3/2 nicht mehr gültig. Verwenden wir z.B. ein Potentiometer im Eingang eines Gleichspannungsverstärkers entsprechend Bild 2.3/3 so ist bei genügend hoher Verstärkung V:

$$e_0 = -V \cdot e_g \qquad \text{oder} \qquad e_g = -\frac{1}{V} e_0 ;$$

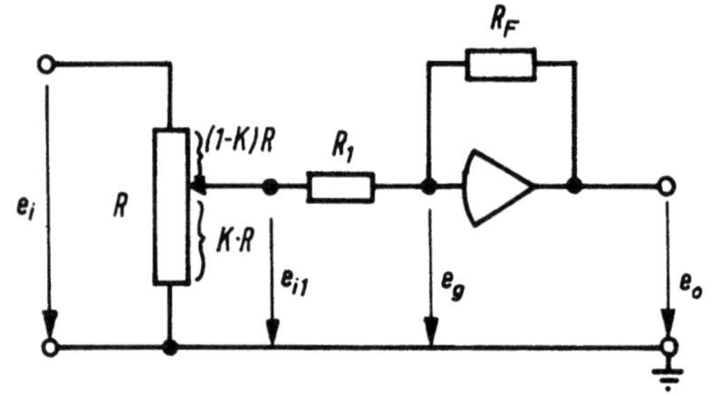

Bild 2.3/3
Verstärker mit Potentiometereingang

d.h. praktisch ist e_g gleich Null. Das bedeutet aber für die Schaltung, daß das Potentiometer R mit dem Widerstand R_1 belastet ist. Je nach Größe von R_1 tritt ein mehr oder weniger starker Belastungseffekt auf, d.h. die Spannung e_{i1} ist von R_1 abhängig.

Entsprechend den früher gemachten Annahmen für den Verstärker gilt dann weiter:

$$e_0 = -\frac{R_F}{R_1} e_{i1} = f(R_1) \tag{2.3/3}$$

e_{i1} selbst ist nur für den Fall $R_1 = \infty$ gleich $K \cdot e_i$.

2.32 Belastungseffekt und Möglichkeiten der Kompensation

Für e_{i1} gilt entsprechend Bild 2.3/4:

$$\frac{e_{i1}}{e_i} = \frac{\dfrac{R_1 \cdot K \cdot R}{R_1 + K \cdot R}}{(1-K)\,R + \dfrac{R_1 \cdot K \cdot R}{R_1 + K \cdot R}} = \frac{R_1 \cdot K \cdot R}{(1-K) \cdot R\,(R_1 + K \cdot R) + R_1 K R}$$

$$\frac{e_{i1}}{e_i} = \frac{K}{1 + K\,(1-K)\dfrac{R}{R_1}} \qquad (2.3/4)$$

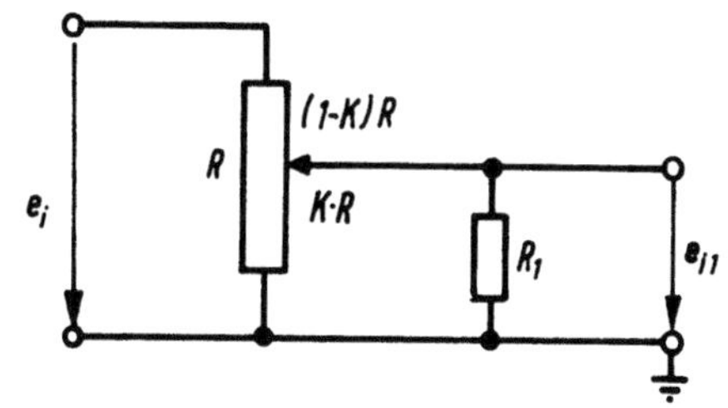

Bild 2.3/4
Belasteter Spannungsteiler

Da das Verhältnis $\dfrac{e_{i1}}{e_i}$ gleich K sein sollte, definieren wir als Fehler im Belastungsfalle die Größe

$$F = K - \frac{e_{i1}}{e_i}$$

Mit Gleichung 2.3/4 sieht der Ausdruck für den Fehler wie folgt aus:

$$F = K - \frac{K}{1 + K\,(1-K)\dfrac{R}{R_1}} \qquad (2.3/5)$$

Der Gleichung 2.3/5 entnehmen wir, daß der Fehler nur dann vernachlässigbar klein ist, wenn

$$K\,(1-K)\frac{R}{R_1} \ll 1$$

d.h. wenn entweder $K \Rightarrow 1$; $K \Rightarrow 0$ oder $\frac{R}{R_1} \ll 1$ ist.

Der Belastungsfehler ist also sowohl von der Potentiometerstellung als auch vom Belastungswiderstand abhängig.

In Bild 2.3/5 ist eine Kurvenschar für den Fehler F als Funktion der Potentiometerstellung aufgetragen. Als Parameter wurde R/R_1 gewählt. Der in der Praxis vorliegende Bereich für R/R_1 liegt, da R normalerweise 100 kΩ beträgt und R_1 zwischen 0,1 und 10 MΩ schwankt, zwischen 1 und 0,01.

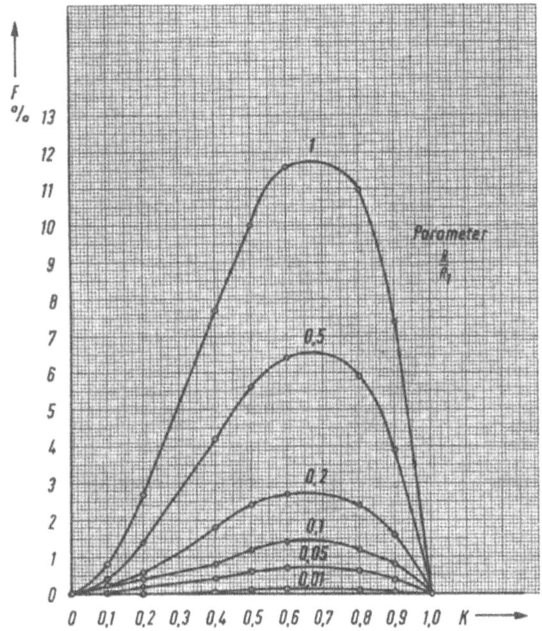

Bild 2.3/5

Fehler F als Funktion der Potentiometerstellung und der Belastung

Potentiometer unter 10 kΩ und über 500 kΩ sind nicht üblich. Die obere Grenze für das Potentiometer R ist erstens durch den Belastungseffekt bedingt. Da $R/R_1 \ll 1$ sein soll, R_1 aber beim Analogrechner in der Größenordnung von MΩ liegt, kann R nur etwa 0,1 MΩ haben. Zweitens ist es auch sehr schwierig, kleine drahtgewickelte Potentiometer zu bauen, die einen größeren Widerstand als den angegebenen Wert haben. Die untere Grenze für den Widerstandswert eines Potentiometers liegt bei etwa 10 kΩ, da sonst die Belastung der Verstärker zu groß werden würde. Auf jeden Fall wird durch den Belastungseffekt grundsätzlich die Ablesung der Skala nicht mit dem tatsächlichen K-Wert übereinstimmen und damit die erwünschte Linearität der Potentiometerskala hinfällig. Entweder muß eine Korrektur nach Fehlertabellen durchgeführt werden, oder es ist ein Abgleich bei der vorhandenen Last erforderlich. Eine Nichtberücksichtigung des Belastungseffektes bringt möglicherweise hier größere Fehler in das Problem als es von seiten anderer Recheneinheiten möglich ist.

In der Praxis haben sich zwei Wege zur Vermeidung von Fehlern dieser Art als günstig erwiesen. Man geht z.B. davon aus, daß man das Potentiometer mit der Last R_1 der tatsächlichen Schaltung an eine Eichspannung von z.B. – 100 Volt legt. Verwendet man zur Rückkopplung des Verstärkers den Widerstand $R_F = R_1$, dann muß man das Potentiometer so lange verändern, bis man am Ausgang gerade

$$e_0 = K \cdot 100 \text{ Volt}$$

erhält. Damit ist der richtige Wert für K bei seiner späteren Belastung eingestellt. Der Rückkopplungswiderstand R_F wird anschließend entsprechend der Aufgabe geändert.

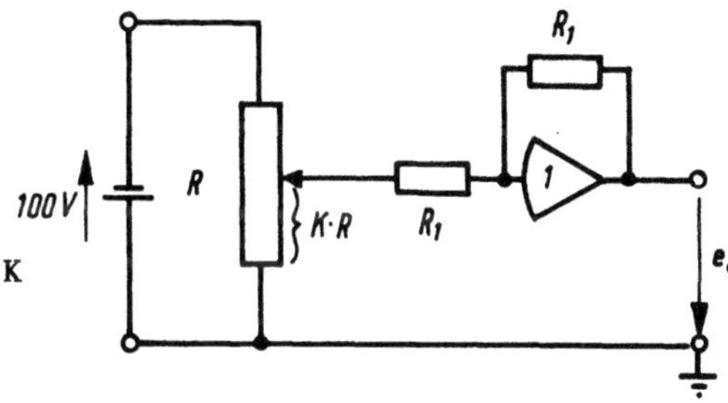

Bild 2.3/6
Einstellen des Faktors K unter Belastung

Bei einer anderen Möglichkeit macht man von der Abgleichmethode Gebrauch. Die hierbei verwendete Schaltung ist in Bild 2.3/7 dargestellt. Das Koeffizientenpotentiometer R liegt mit einem sehr feinstufigen Vergleichspotentiometer R* an der Spannung E; im allgemeinen 100 Volt. An dem Vergleichspotentiometer R* wird mittels Feineinsteller der Faktor K eingestellt und anschließend der Schleifer des mit R_1 belasteten Koeffizientenpotentiometers R soweit verschoben, bis das Nullvoltmeter den Ausschlag Null anzeigt. In diesem Fall ist der Koeffizient des belasteten Koeffizientenpotentiometers auf den Wert K gebracht worden.

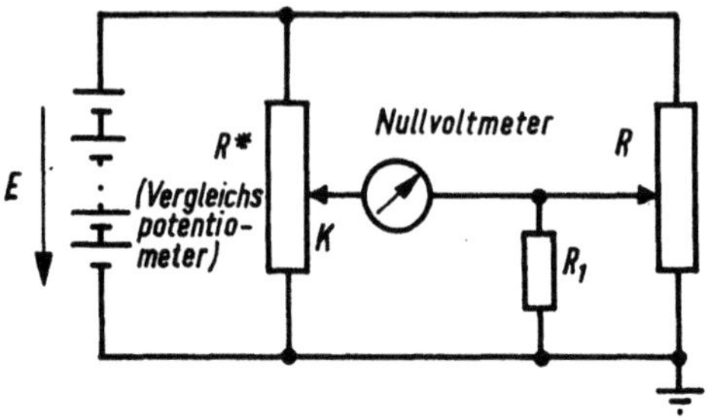

Bild 2.3/7
Einstellen des Faktors K mit dem Nullvoltmeter

Will man umgekehrt den Faktor eines belasteten Koeffizientenpotentiometers feststellen, dann schließt man das Potentiometer ebenfalls nach Bild 2.3/7 an und verändert jetzt die Einstellung des Vergleichspotentiometers R* solange, bis das Nullvoltmeter auch hier den Ausschlag Null anzeigt. Am Vergleichspotentiometer R* ist dann der Faktor K abzulesen.

Nach diesem Verfahren arbeitet man bei vielen industriellen elektronischen Analogrechnern. Hat man eine Schaltung nach Bild 2.3/8 auf dem Analogrechner zu realisieren, so verwendet man Potentiometer mit den erforderlichen Schaltern entsprechend Bild 2.3/9, so daß nur noch eine Durchverbindung der Punkte a, b und c des Nullvoltmeters zu erfolgen hat.

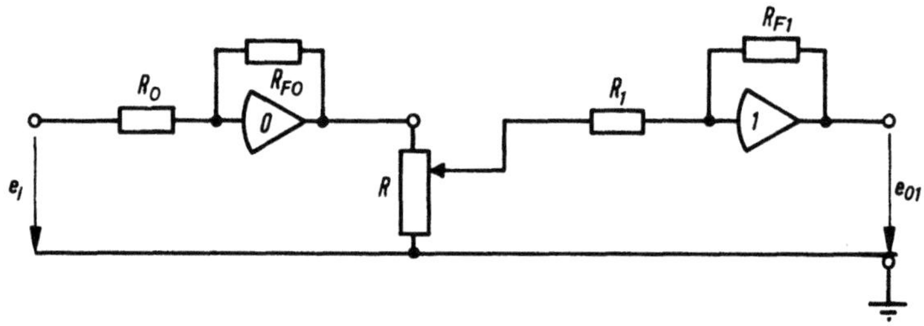

Bild 2.3/8
Rechenschaltung mit Potentiometer

Für einen elektronischen Analogrechner ist im allgemeinen nur eine Vergleichsspannungsquelle mit Nullvoltmeter vorgesehen. Schaltungstechnisch sorgt man nun dafür, daß jedes Potentiometer über einen Schalter oder eine dem einzelnen Potentiometer zugeordnete Drucktaste an das Nullvoltmeter entsprechend Bild 2.3/9 angeschaltet werden kann. Dadurch ist sowohl die Ablesung als auch die Einstellung des Faktors K unter Last am Vergleichspotentiometer R* leicht

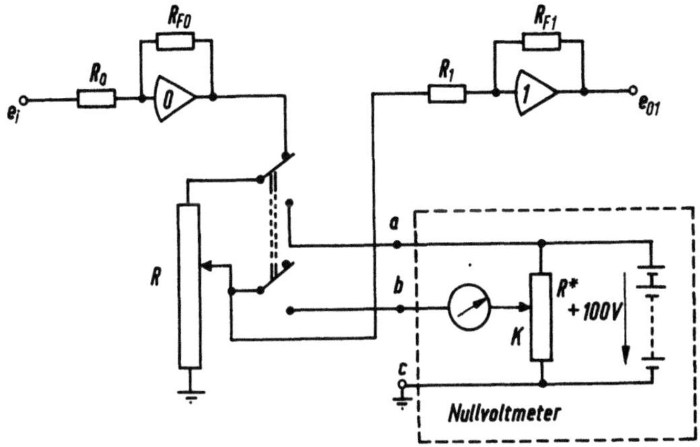

Bild 2.3/9
Rechenschaltung für Koeffizienteneinstellung mit Nullvoltmeter

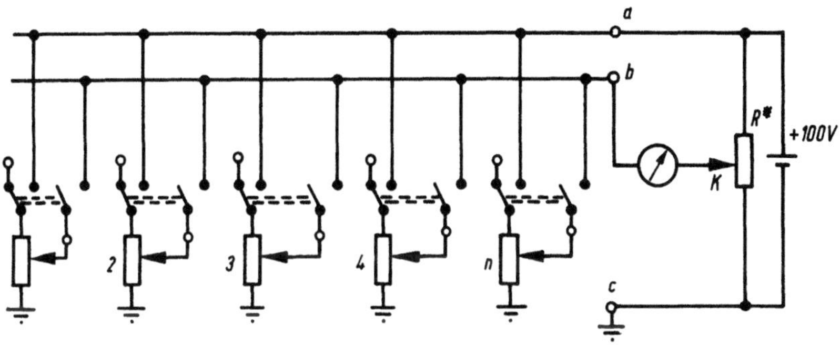

Bild 2.3/10
Potentiometerleiste zum Anschluß an das Nullvoltmeter

möglich. Eine Skala ist nur noch für das Vergleichspotentiometer R* erforderlich. Im Bild 2.3/10 ist die Verdrahtung der verschiedenen Potentiometer angegeben. Für jedes Potentiometer ist ein Umschalt- und ein Arbeitskontakt erforderlich. An Buchsen herausgeführt sind nur das obere Ende und der Mittelabgriff des Potentiometers.

Abschließend ist zu sagen, daß eine Bestimmung der Koeffizienten K mit dem Nullvoltmeter nach Bild 2.3/7 oder 2.3/9 leicht und schnell möglich ist. Eine

Ermittlung der erforderlichen Einstellung für ein gewünschtes K bei vorhandenem Belastungswiderstand R_1 aus Kurvenscharen oder durch Rechnung ist zu umständlich und daher nicht zu empfehlen.

2.4 *Das Multiplikationsgerät*

Die Entwicklung geeigneter Multiplikationsverfahren ist noch in keiner Weise zum Abschluß gekommen. Während die Ausführung der Operationen des Addierens, Subtrahierens, Integrierens und des Multiplizierens mit einer Konstanten bei fast allen elektronischen Analogrechnern durch hochverstärkende Verstärker mit Eingangs- und Rückkopplungswiderständen und die Multiplikation mit einer Konstanten K $(0 < K < 1)$ im allgemeinen mit Potentiometern durchgeführt wird, haben sich je nach Bauart des elektronischen Analogrechners und nach den Anforderungen an Genauigkeit verschiedenartige Verfahren der Multiplikation zeitlich veränderlicher Größen entwickelt, von denen im folgenden einige angeführt werden sollen.

Gerade die Multiplikation zeitlich veränderlicher Größen stellt an die Baueinheiten höchste Anforderungen, wenn die Genauigkeit der Multiplikationseinheit in gleicher Größenordnung wie die der anderen Einheiten liegen soll. Besonders hoch sind hier die Ansprüche, wenn man sich z.B. vorstellt, daß ein errechnetes Produkt nahezu konstant bleiben soll, obwohl sich die einzelnen Faktoren des Produktes von einem Minimum bis zu einem Maximum, z.B. im Bereich 1 : 100 ändern können.

Sehr häufig wird der mechanisch arbeitende Multiplikator verwendet, der hinsichtlich Genauigkeit voll befriedigt, der aber bisher leider einen schnellen Rechenbetrieb nicht zuläßt.

Der repetierende Betrieb eines vielseitigen Analogrechners wurde erst in dem Augenblick möglich, als es gelang, elektronische Baueinheiten herzustellen, die in der Lage sind, zeitlich schnell veränderliche Vorgänge miteinander bei genügender Genauigkeit zu multiplizieren.

Von den zahlreichen Verfahren, die vor allem hinsichtlich Schnelligkeit, Aufwand und Genauigkeit weitgehend allen Ansprüchen genügen, sind einige unter 2.41 – 2.45 angeführt worden. Die nach den dort angegebenen Verfahren arbeitenden Geräte werden je nach Verwendungszweck und Bedeutung dieser Baueinheiten von den verschiedenen Herstellern auf den Markt gebracht.

Auch der bekannte Hall-Generator würde sich von Natur aus als Multiplikationseinheit sehr eignen. Sein Einsatz bei elektronischen Analogrechnern wird noch geprüft. Bei dieser Prüfung geht es in der Hauptsache um eine befriedigende Genauigkeit innerhalb eines vorgeschriebenen Gültigkeitsbereiches.

2.41 Potentiometer mit Servosteuerung

Die Durchführung der Multiplikation zweier zeitlich veränderlicher Größen u und v kann im Prinzip nach Bild 2.4/1 gelöst werden.

Es gilt:

$$i = \frac{e_i}{R} \qquad \text{und} \qquad e_0 = i \cdot R_x$$

oder

$$e_0 = \frac{e_i}{R} \cdot R_x \qquad (2.4/1)$$

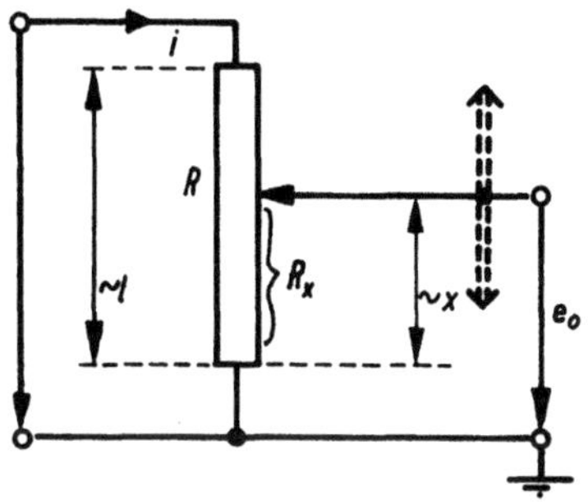

Bild 2.4/1
Anwendung des Potentiometers mit Servosteuerung zur Multiplikation

Hat man es mit einem linear gewickelten Potentiometer zu tun, so entspricht dem Widerstand R_x eine Länge x und dem Gesamtwiderstand R die Gesamtlänge l, da

$$R = \frac{\rho \cdot l}{F}$$

In Gleichung 2.4/1 kürzen sich die Materialkonstanten heraus und man erhält

$$e_0 = \frac{e_i}{l} \cdot x \qquad (2.4/2)$$

Ordnet man jetzt der veränderlichen Größe u die Spannung e_i am Potentiometereingang zu und verstellt man durch einen Folgeregler den Potentiometerabgriff x proportional der Größe v, d.h. setzt man in Gleichung 2.4/2

$e_i = k_1 u$ (2.4/3) und $x = k_2 \cdot v$ (2.4/4)

ein, dann erhält man

$$e_0 = \frac{1}{l} k_1 \cdot k_2 \cdot u \cdot v \qquad (2.4/5)$$

Damit ist e_0 proportional dem Produkt der beiden Größen u und v.

Bei dem hier angegebenen Verfahren des mechanisch arbeitenden Servomultiplikators setzt man vielfach auf die Welle des Servostellmotors die Potentiometerabgriffe mehrerer Potentiometer. Hierdurch kann mit einem Servotrieb eine gleichzeitige, aber unabhängige Multiplikation mehrerer Größen, die selbst zeitlich veränderlich sein dürfen, mit einer zeitlich veränderlichen Größe durchgeführt werden.

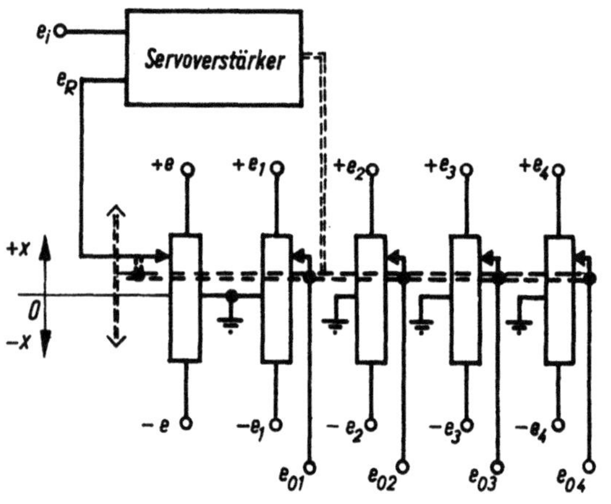

Bild 2.4/2
Potentiometer
mit Servosteuerung zur
Multiplikation

Wie in Bild 2.4/2 ausführlich gezeigt ist, gibt man eine Spannung e_i, die proportional der Größe u sein soll auf den Servomotor. An ein Rückführpotentiometer legen wir eine konstante Spannung ± e. Für uns stellt e die Vergleichsspannung dar. Am Abgriff des Rückführpotentiometers greifen wir jeweils die Spannung e_R ab. Diese führen wir zurück und subtrahieren sie von der Eingangsspannung e_i. Die sich so ergebende Fehlerspannung e_F aus:

$$e_F = e_i - e_R \qquad (2.4/6)$$

wird durch einen Servoverstärker verstärkt und treibt den Servomotor an. Der Motor dreht den Potentiometerabgriff jeweils so in die entsprechende Richtung, daß die Fehlerspannung zu Null wird.

Für den Fall, daß $e_F = 0$ ist, d.h. wenn

$$e_i = e_R \tag{2.4/7}$$

gemacht ist, bleibt der Servomotor stehen. Der Abgriff des Potentiometers, den wir mit x bezeichnet hatten, ist somit proportional e_i und umgekehrt proportional der konstanten Spannung e.

Es ist also x, d.h. die Auswanderung des Potentiometerarmes aus der Nulllage, proportional e_i.

$$x = k_3 \frac{e_i}{e} \tag{2.4/8}$$

Die Mitte sämtlicher Potentiometer ist an Masse gelegt. Legen wir jetzt noch die weiteren Potentiometer an eine Spannung $e_1, e_2 \ldots e_n$, die proportional den Größen x_1, x_2, x_n sind, so greifen wir an den Potentiometerschleifern des betreffenden Potentiometers eine Spannung entsprechend Gleichung 2.4/2 ab.

$$e_{0\nu} = \frac{1}{l} k_3 \frac{e_i}{e} e_\nu \tag{2.4/9}$$

Die Spannung am Potentiometerabgriff ist also, wie gewünscht, proportional dem Produkt aus den Spannungen e_i und e_ν.

Wählt man $\frac{1}{l} k_3 = 1$ und die konstante Spannung e zu + 100 Volt, so ist die Ausgangsspannung

$$e_{0\nu} = \frac{1}{100\,V} \cdot e_i \cdot e_\nu \tag{2.4/10}$$

Die Ausgangsspannung $e_{0\nu}$ kann nie größer als 100 V werden, wenn e_i und e_ν sich im Bereich von $0 \div 100$ V ändern.

Man müßte jetzt noch den Einfluß der Belastung auf die Genauigkeit untersuchen. Richtet man sich aber nach dem unter 2.32 gesagten, so kann der Belastungseffekt klein gehalten werden. Da der Servomultiplikator nicht so weitverbreitet wie die elektronisch arbeitenden Multiplikatoren ist, wollen wir hier keine nähere Fehlerbetrachtung durchführen.

Die Genauigkeit der mechanisch arbeitenden Servomultiplikatoren kann und wird sehr hoch getrieben. Da wir es aber hier mit verhältnismäßig langsam verlaufenden Bewegungsvorgängen zu tun haben, steht die niedrige Rechengeschwindigkeit des Multiplikators im Gegensatz zu der hohen Rechengeschwindigkeit der Rechenverstärker. Die wichtigste Bedingung für diese Art Multiplikatoren ist die, daß die Änderungsgeschwindigkeit der Eingangsgröße e_i klein sein muß im Verhältnis zur Regelgeschwindigkeit des Servoantriebes. Aus dieser Bedingung folgt sofort, daß Servomultiplikatoren für schnell rechnende Analogrechner nicht brauchbar sind. Sie scheiden für eine Verwendung im Betrieb schnell repetierend arbeitender Analogrechner aus. Vorteile sind hohe Genauigkeit und die Möglichkeit der gleichzeitigen Multiplikation mehrerer veränderlicher Spannungen e_ν mit einer veränderlichen Spannung e_i.

2.42 Parabelverfahren

Die praktische Durchführung der Multiplikation mit elektrischen Mitteln bereitet erhebliche schaltungstechnische Schwierigkeiten und erfordert einen nicht unbedeutenden Aufwand.

Bei dem hier erläuterten Parabelverfahren macht man von der folgenden Beziehung Gebrauch:

$$x \cdot y = \frac{1}{4}[(x+y)^2 - (x-y)^2] \qquad (2.4/11)$$

Die Produktbildung zweier unabhängiger Größen x und y gemäß Gleichung 2.4/11 setzt die Möglichkeit voraus, außer Addition, Subtraktion und Multiplikation mit einer Konstanten auch das Quadrat einer Größe bilden zu können.

Nehmen wir an, daß wir einen Quadrierer als Geräteeinheit vorliegen haben, so würde sich entsprechend Gleichung 2.4/11 für unseren Multiplikator auf dem Analogrechner folgende in Bild 2.4/3 dargestellte Rechenschaltung ergeben.

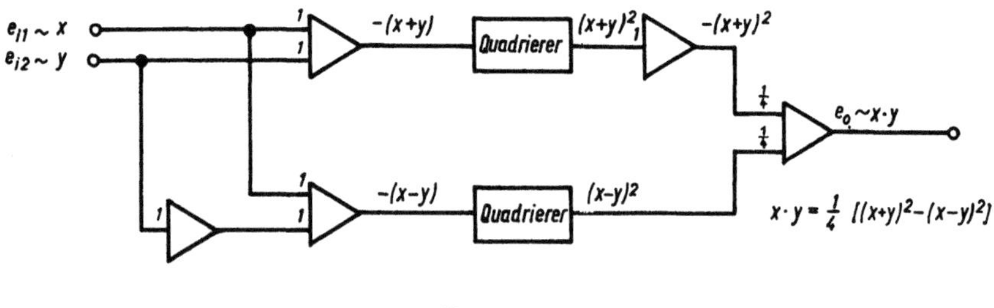

Bild 2.4/3
Prinzipschaltung der Multiplikation mit Quadrierern

Addition, Subtraktion und Multiplikation mit der Konstanten werden mit den normalen Geräteeinheiten des elektronischen Analogrechners durchgeführt. Für die zweimalige Quadrierung sind aber besondere Schaltungen erforderlich.

Um das Quadrat einer Größe, hier einer Spannung, zu erzeugen, kann man sich so helfen, daß man z.B. die weitgehend quadratische Charakteristik eines Gleichrichters ausnützt.

Für einen idealen Gleichrichter gilt unter der Voraussetzung $R \ll R_i$:

$$e_0 = k \cdot e_i^2 \quad \text{für} \quad e_i > 0 \qquad e_0 = 0 \quad \text{für} \quad e_i < 0$$

In Bild 2.4/5 ist der Funktionsverlauf

$$e_0 = f(e_i)$$

graphisch dargestellt.

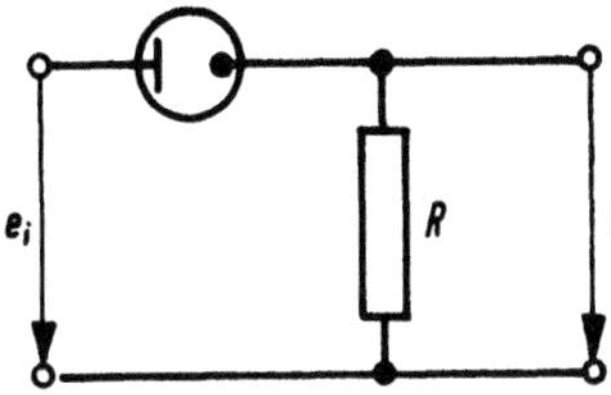

Bild 2.4/4
Gleichrichterschaltung

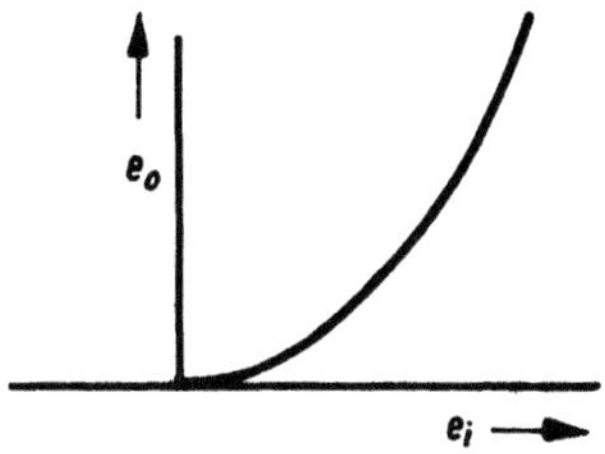

Bild 2.4/5
Kennlinie eines Gleichrichters

Bild 2.4/6
Gleichrichterschaltung zur Erzeugung einer zweiseitigen Parabel

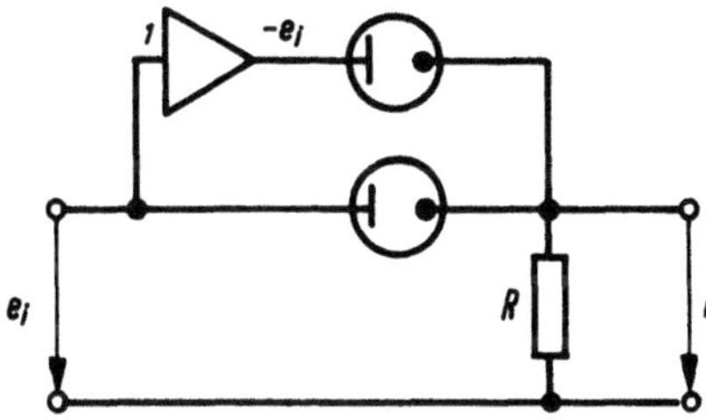

Für unseren Quadrierer müssen wir grundsätzlich auch negative Spannungen als Eingangsspannungen zulassen.

Wir haben also die Schaltung zu vervollständigen. Mit einem normalen Vorzeichenumkehrer kehren wir die Eingangsspannung um und können diese Spannung $-e_i$ auf eine zweite Diode entsprechend Bild 2.4/6 geben. Ist e_i negativ, dann sperrt die untere Diode. An der oberen Diode liegt jetzt aber $-e_i$, d.h. eine positive Spannung und damit arbeitet diese Diode. Man erhält also sowohl für negative als auch positive Spannungen stets als Ausgangsspannung den Wert der Eingangsspannung zum Quadrat.

In den meisten Fällen genügt eine einfache Diode den Anforderungen nicht. Wir müssen also den einseitigen Parabelast auf eine etwas kompliziertere Art und Weise erzeugen.

Für Multiplikationsanlagen in elektronischen Analogrechnern mit etwa 0,1 % Fehler werden 10 und mehr Dioden verwendet, die die Parabeläste relativ genau nachbilden. Das Schaltungsschema sieht wie folgt aus:

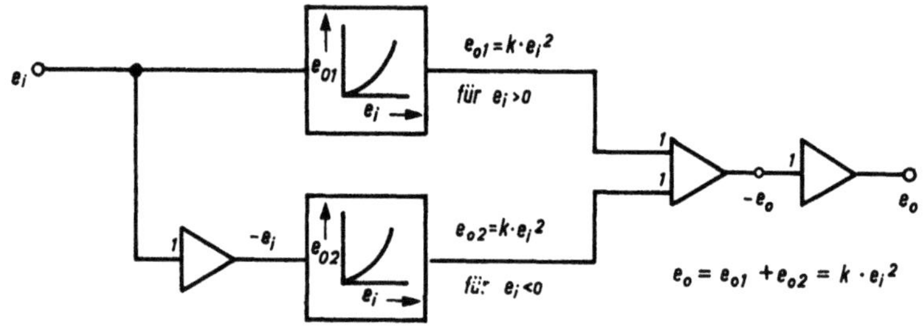

Bild 2.4/7

Schaltungsschema zur Erzeugung einer zweiseitigen Parabel

Eine weitere Möglichkeit zur Erzeugung einer quadratischen Kennlinie für positive und negative Eingangsspannungen ist der Weg über einen allgemeinen Funktionsgenerator, der die zweiseitige Parabel direkt erzeugt. Dieser wird unter 2.5 ausführlich behandelt.

Man sieht jedoch schon hier, daß der Aufwand für einen einzigen Quadrierer ziemlich hoch ist. Für die Multiplikation nach Gleichung 2.4/11 benötigten wir entsprechend Bild 2.4/3 zwei getrennt arbeitende Quadrierer und noch eine Reihe Verstärker. Trotzdem sind sehr viele Fabrikate auf dem Markt, deren Multiplikationseinheiten diesen Ausführungen entsprechen.

Die Arbeitsgeschwindigkeit dieser Multiplikatoren ist so hoch, daß alle bei der praktischen Multiplikation vorkommenden Änderungen der Größen im Analogrechner, auch bei repetierendem Betrieb, mit einer Genauigkeit verarbeitet werden, die in derselben Größenordnung wie die der anderen elektronischen Elemente des Rechners liegt.

2.43 Logarithmusverfahren

Eine weitere Möglichkeit zur Multiplikation zweier zeitlich veränderlicher Größen x und y ist der Weg über den Logarithmus. Da die Multiplikation zweier

Zahlen sich auf die Addition ihrer Logarithmen zurückführen läßt, kann man erwarten, daß dieser Schritt einige Vorteile bringt. Allgemein gilt

$$^{a}\log (x \cdot y) = {}^{a}\log x + {}^{a}\log y \qquad (2.4/12)$$

$$x \cdot y = \text{anti } {}^{a}\log ({}^{a}\log x + {}^{a}\log y) \qquad (2.4/13)$$

Im Prinzip sieht also die Multiplikationsschaltung wie folgt aus:

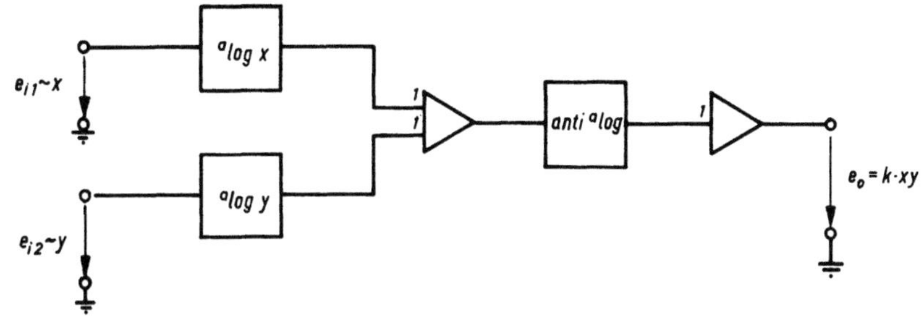

Bild 2.4/8

Prinzipschaltung der Multiplikation nach dem Logarithmusverfahren

Die Größen x und y werden in eine ihrem Logarithmus entsprechende Größe umgewandelt und diese laut Rechenvorschrift in einem Summierer addiert. Die Summe der Logarithmen muß wieder durch den anti $^{a}\log$ nach Gleichung 2.4/13 umgeformt werden. Damit erhalten wir am Ausgang der Schaltung eine Spannung e_0, die proportional dem Produkt $x \cdot y$ ist.

Der Nachteil dieses Verfahrens ist der, daß der Logarithmus nur für Zahlen > 0 definiert ist. Man kann also nur eine Multiplikation positiver Zahlen durchführen. Durch eine Erweiterung der Schaltung lassen sich auch Multiplikationen beliebiger Zahlen vornehmen. Ein weiterer Umstand ist der, daß zur Erzeugung des Produkts allein 3 Funktionsgeneratoren erforderlich sind; zwei für den Logarithmus und einer für den Anti-Logarithmus.

2.44 Multiplikation mit Kathodenstrahlröhren

2.441 Der Kreuzfeldmultiplikator

In diesem Abschnitt wollen wir kurz ein Multiplikationsverfahren besprechen, welches allein wegen seines Grundprinzips bekannt sein sollte. Es ist die Multiplikation mit dem sogenannten Kreuzfeldmultiplikator bzw. einer Abwandlung davon. Kreuzfeldmultiplikatoren finden auf Grund des hohen Preises selten Verwendung. Der Vorteil dieses Verfahrens ist der, daß Multiplikatoren dieser Art bis zu hohen Frequenzen (etwa 50 kHz) mit nur geringem Fehler arbeiten. Sie sind daher für den schnell repetierenden Betrieb bestens geeignet.

Der von Mac Nee entwickelte "Kreuzfeldmultiplikator" beruht auf der Ablenkung eines Elektronenstrahles unter dem Einfluß gekreuzter elektrischer und magnetischer Felder in einer Kathodenstrahlröhre. Bild 2.4/9 zeigt eine Prinzipskizze dieser Ausführung.

Die wesentlichen Elemente sind eine Kathodenstrahlröhre mit elektrostatischer Ablenkung und einer zusätzlichen Ablenkeinheit für die Erzeugung eines Magnetfeldes, zwei Photozellen und ein Differentialverstärker.

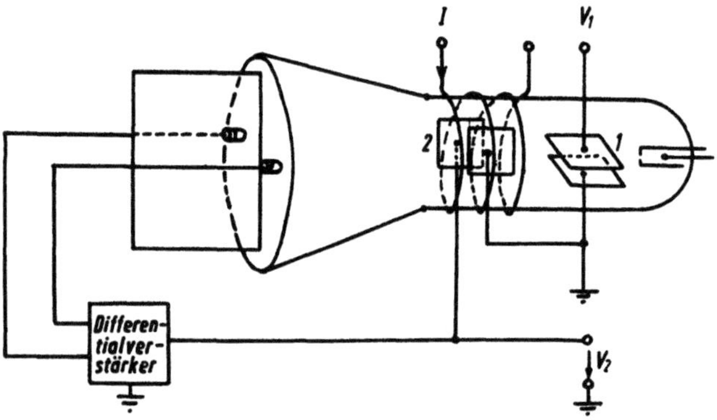

Bild 2.4/9
Aufbau des Kreuzfeldmultiplikators

Die Arbeitsweise ist prinzipiell folgende: Die zwei Größen x und y, die miteinander multipliziert werden sollen, werden in proportionale Größen V_1 und I umgewandelt. Die Spannung V_1 wird an das horizontale Ablenkplattenpaar gelegt und bewirkt eine Ablenkung des Elektronenstrahls in vertikaler Richtung. Die Ablenkgeschwindigkeit in vertikaler Richtung ist proportional der Spannung V_1. Im Raum der Spule wirkt das dem Strom I proportionale axial gerichtete Magnetfeld B. Die der Größe V_1 proportionale Vertikalgeschwindigkeit ergibt mit dem zu I proportionalen Magnetfeld B eine horizontale Ablenkkraft und damit eine horizontale Ablenkung, die dem Produkt aus I und V_1 proportional ist. Wenn wir jetzt noch in der Lage sind, diese Größe in eine Spannung umzuformen, die proportional der horizontalen Auslenkung ist, dann ist diese Größe gerade dem Produkt $V_1 \cdot I$ oder dem Produkt $x \cdot y$ proportional. Damit liegt das

Ergebnis der Multiplikation vor. Diese gewünschte Größe ermitteln wir mit Hilfe der Photozellen, des Differentialverstärkers und des Horizontal-Ablenkplattenpaares 2. Der kurz nachleuchtende Schirm der Kathodenstrahlröhre wird durch einen lichtundurchlässigen Schirm in zwei Hälften geteilt. Jeder Hälfte ist eine Photozelle zugeordnet. Entsprechend der Auslenkung des Elektronenstrahles liegt für eine Photozelle eine größere Lichtintensität vor als für die andere. Ein Differentialverstärker verstärkt die Differenz der Ausgangsströme der Photozellen. Die so erhaltene Spannung V_2 wird an das vertikale Ablenkplattenpaar 2 gelegt. Diese versucht die Auslenkung rückgängig zu machen und den Elektronenstrahl in die neutrale Ebene zu bringen, so daß beide Photozellen gleich stark belichtet werden. In diesem Gleichgewichtszustand ist dann V_2 die gewünschte Größe, die proportional dem Produkt $V_1 \cdot I$ und damit proportional dem Produkt $x \cdot y$ ist. Die Genauigkeit und der Frequenzgang sind auf Grund des verwendeten magnetischen Ablenksystems beschränkt. Der Fehler beträgt etwa 2 % bei einer Frequenz von einigen kHz.

2.442 Multiplikation mit der Hyperbelfeldröhre

Ausgehend von dem Prinzip des Kreuzfeldmultiplikators wurde in Deutschland* eine Kathodenstrahlröhre entwickelt, die nur mit elektrostatischen Ablenksystemen arbeitet, wodurch der angegebene Nachteil des Kreuzfeldmultiplikators entfällt. Die so entwickelte "Hyperbelfeldröhre" und ihre Wirkungsweise soll an der Prinzipskizze Bild 2.4/10 erläutert werden.

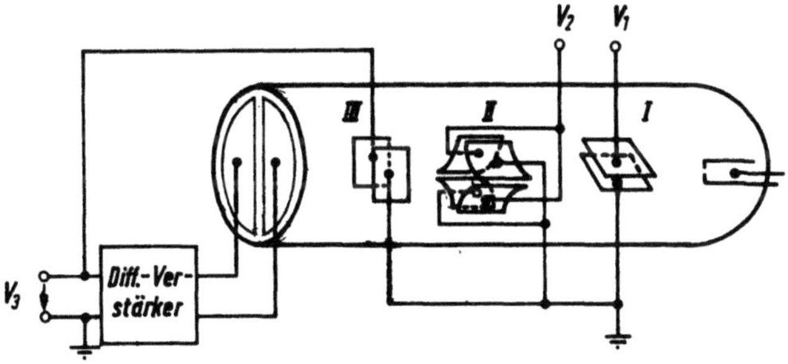

Bild 2.4/10
Aufbau des Hyperbelfeldmultiplikators

Ähnlich wie unter 2.441 werden die Größen des Produktes x und y in proportionale Spannungen V_1 und V_2 umgewandelt. Die Spannung V_1 wird an ein nor-

*) Gundlach, Schmidt

males horizontales Ablenkplattenpaar I gelegt und bewirkt eine Ablenkung des gebündelten Elektronenstrahles in vertikaler Richtung. Die Spannung V_2 wird an das Ablenkplattenpaar II gelegt. Mit einer Auslenkung h, die proportional der Größe V_1 und damit x ist, tritt der Elektronenstrahl in das Ablenksystem II ein. Es besteht aus vier Platten, die im Querschnitt als gleichseitige Hyperbeläste ausgebildet sind. Die einander gegenüberliegenden Plattenpaare sind jeweils miteinander verbunden. Da die Feldstärke in der Längsebene aus Symmetriegründen horizontal gerichtet und proportional $V_2 \cdot h$, h selbst wiederum proportional V_1 ist, ergibt sich somit die Auslenkung des Elektronenstrahles in horizontaler Richtung proportional $V_1 \cdot V_2$ und damit $x \cdot y$.

Ähnlich wie unter 2.441 verwendet man zur Bestimmung des Produktes zwei geteilte Anoden. Die Differenz der Anodenströme wird mit dem Differentialverstärker verstärkt, dessen Ausgang V_3 so mit dem Ablenksystem III verbunden ist, daß die Horizontalauslenkung gemäß dem Produkt $V_1 \cdot V_2$ kompensiert wird. Ist die Verstärkung genügend groß, so verteilt sich schließlich der Elektronenstrom gleichmäßig auf die beiden Anoden und die Spannung V_3 ist proportional dem Produkt $V_1 \cdot V_2$.

Das Ergebnis erscheint vorzeichenmäßig richtig für jede Zahlenkombination x und y, so daß wir es hier mit einer echten Vierquadrantenmultiplikation zu tun haben. Die Genauigkeit der Recheneinheit (bei 80 kHz etwa 5% Fehler) ist wesentlich bedingt durch den mechanischen Aufbau und verlangt höchste Präzision vor allem bei der zweiten Ablenkeinheit. Die Abmessungen der Röhre betragen: Länge 430 mm und Durchmesser 65 mm.

Auf Grund der Genauigkeit und der sehr hohen Grenzfrequenz ist die Röhre für den schnell repetierenden Betrieb geeignet.

2.45 Der elektronische Multiplikator

Grundsätzlich bieten, außer den bisher beschriebenen Verfahren, alle aus der Hochfrequenz- und Nachrichtentechnik bekannten Modulationsarten die Möglichkeit zur Multiplikation zeitlich veränderlicher Größen. Ganz allgemein sind an die Multiplikatoren folgende Forderungen zu stellen:

Multiplikation in allen 4 Quadranten, annehmbare Genauigkeit und große Schnelligkeit.

Die Rechengeschwindigkeit muß in jedem Fall so hoch sein, daß die zu multiplizierenden (zeitlich veränderlichen) Größen während der zur Multiplikation erforderlichen Zeit als zeitlich konstant angesehen werden können. Die erzielbare Genauigkeit wird durch die Rechengeschwindigkeit bestimmt. An die Genauigkeit der Multiplikationseinheiten brauchen keine übertrieben hohen Anforderungen gestellt zu werden. Sie darf sich in der Größenordnung der anderen Recheneinheiten des elektronischen Analogrechners bewegen. Man wird einen Fehler von 0,1 ÷ 1 % zu Grunde legen und dann versuchen, die Rechengeschwindigkeit entsprechend hoch zu treiben.

Eine Multiplikation zeitlich veränderlicher Größen kann z.B. durch eine Kombination von Amplituden- und Frequenzmodulation erfolgen, wobei die eine Größe x die Amplitudenmodulation und die andere Größe y die Frequenzmodulation einer vorgegebenen Hochfrequenzspannung bewirkt.

Ein sehr bekanntes Multiplikationsverfahren, das sogenannte Zeitteilungsverfahren, besteht darin, daß Rechteckimpulse sehr hoher aber konstanter Folgefrequenz nach Höhe und Breite moduliert werden. Bei der Multiplikation zweier zeitlich veränderlicher Größen x und y soll die Impulshöhe dem jeweiligen Augenblickswert x und die Impulsbreite dem jeweiligen Augenblickswert y proportional gemacht werden. Der Größe x ordnen wir die Spannung e_1 und der Größe y die Spannung e_2 (Bild 2.4/11) zu. Schaltungstechnisch wird dafür gesorgt, daß die Impulsdauer Δt durch die Spannung e_2 bestimmt wird. Damit ist Δt proportional der Größe y.

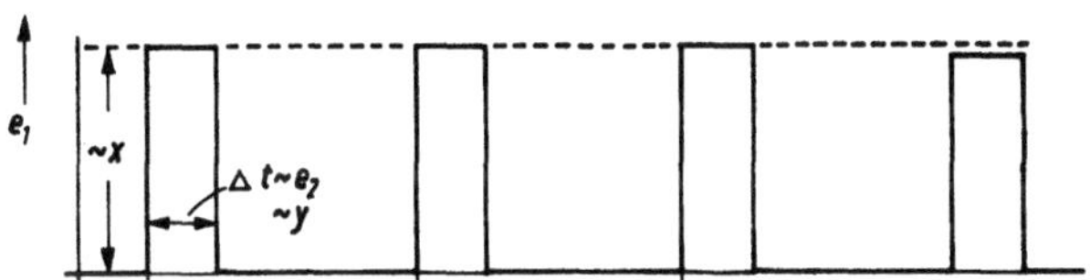

Bild 2.4/11
Impulshöhen-Impulsbreitenmodulation

Die Impulsfolgefrequenz $f = \frac{1}{T}$ muß so hoch gewählt werden, daß in der Zeit T sowohl x als auch y als konstant angesehen werden können.

Das Produkt $x \cdot y$ ist proportional dem als

$$M_i = \frac{1}{T} \int_{t_0}^{t_0 + \Delta t} f(\tau)\, d\tau \qquad (2.4/14)$$

definierten Mittelwert. Gemäß den getroffenen Zuordnungen erhalten wir aus Gleichung 2.4/14:

$$M_i = \frac{1}{T} e_1 \cdot \Delta t \sim \frac{1}{T} e_1 \cdot e_2 = k \cdot x \cdot y \qquad (2.4/15)$$

Da wir der Größe y die Impulsdauer Δt zugeordnet haben, Δt aber stets positiv ist, läßt sich scheinbar mit dieser Methode nur eine Zweiquadrantenmultiplikation durchführen. Es ist jedoch schaltungstechnisch möglich, das Verfahren soweit abzuwandeln, daß x und y sowohl positive als auch negative Werte annehmen können. Zum Aufbau eines solchen elektronischen Multiplikators sind ein Multivibrator zur Erzeugung der konstanten Impulsfolgefrequenz, zwei elektronische Schalter zur Festlegung von e_1 und Δt und ein Integrator zur Mittelwertbildung erforderlich.

Für kleine Werte von e_1 ist die Genauigkeit der Multiplikation sehr schlecht, da eventuell bereits das Rauschen erhebliche Fehler verursacht bzw. das Nutzsignal im Rauschpegel verschwindet. Daher hat man das hier beschriebene allgemeine Zeitteilungsverfahren dahingehend abgewandelt, daß man zu den x und y proportionalen Spannungen e_1 und e_2 konstante Gleichspannungen U_1 und U_2 addiert (Bild 2.4/12).

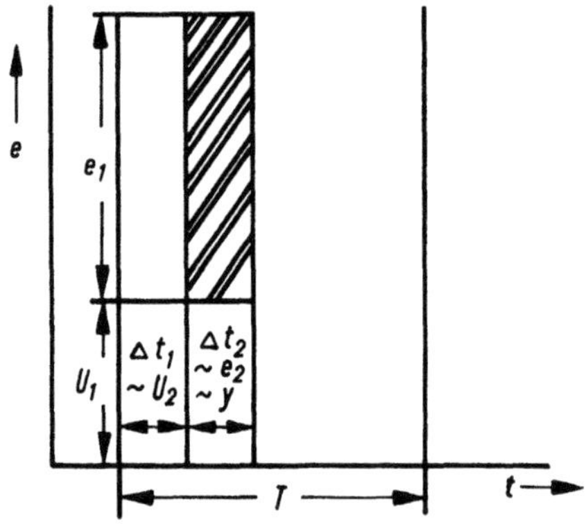

Bild 2.4/12

Es gilt somit:

$$M_i = k\,(e_1 + U_1) \cdot (e_2 + U_2)$$

$$M_i = k\,(e_1 e_2 + e_1 U_2 + e_2 U_1 + U_1 U_2) \qquad (2.4/16)$$

Damit das Ergebnis dem Produkt $x \cdot y$ proportional ist, müssen die letzten drei Summanden zu Null gemacht werden.

Die bisher erwähnten Möglickeiten haben außer dem Zeitteilungsverfahren keine große Bedeutung erlangt. Sie erfordern entweder einen zu großen schaltungstechnischen Aufwand oder bringen Schwierigkeiten bei der Konstanthaltung der Abgleichbedingungen mit sich.

Das häufig angewandte Zeitteilungsverfahren soll nun näher beschrieben werden. Dazu bedienen wir uns der in Bild 2.4/13 angegebenen Prinzipschaltung.

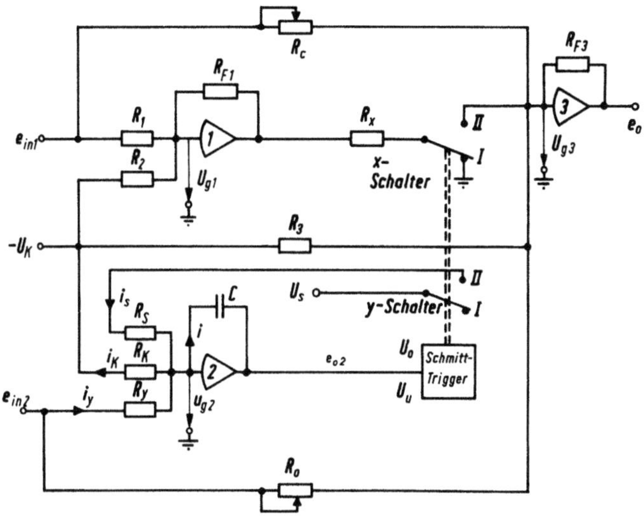

Bild 2.4/13
Prinzipschaltung eines elektr. Multiplizierers

Sie enthält außer den drei beschalteten Gleichspannungsverstärkern noch einen sogenannten Schmitt-Trigger. Der Schmitt-Trigger gehört zur Gruppe der bistabilen Multivibratoren und kann in Abhängigkeit von einer Steuerspannung zwei stabile Arbeitszustände einnehmen. Wird eine bestimmte Ansprechschwelle überschritten, so springt der Arbeitspunkt der Schaltung schlagartig von der einen stabilen in die andere stabile Lage. Das Zurückspringen in die erste stabile Lage erfolgt erst wieder, wenn die Ansprechschwelle unterschritten wird. Die Spannungswerte, die für das Hin- und Zurückkippen verantwortlich sind, weichen etwas voneinander ab. Innerhalb des Gebietes zwischen den Spannungswerten arbeitet der Schmitt-Trigger in unserer Schaltung. Die Ausgangsspannung e_{02} des Verstärkers 2 ist die Steuerspannung für den Schmitt-Trigger. Auf Grund der vorliegenden Kunstschaltung ändert sich die Spannung monoton zwischen der oberen und der unteren Auslösespannung. Der Schmitt-Trigger ist auf Grund der quasi rechteckigen Kurvenform seiner Ausgangsspannung als Funktion der Zeit in der Lage, andere Röhrensysteme über deren Gitter wie einen Schalter zu öffnen oder zu schließen. Die in Bild 2.4/13 dargestellten x- und y-Schalter sollen derartige vom Schmitt-Trigger betätigte Schalter charakterisieren.

Gemäß der Arbeitsweise des Schmitt-Triggers muß die Schaltung des Multiplikators für die Schalterstellung I und II getrennt betrachtet werden. Durch Schaltungszwang ist in Schalterstellung I

$$i_S = 0 \qquad \text{für} \qquad 0 < t < t_1 \tag{2.4/19}$$

Die Rechnung vereinfacht sich unter der Annahme

$$u_{g1} = u_{g2} = u_{g3} = 0 \tag{2.4/20}$$

Bei Erreichen der oberen Integrationsgrenze $e_{02} = U_0$ kippt der Schmitt-Trigger in seine zweite stabile Lage. In der Schalterstellung II wird dafür gesorgt, daß stets

$$i_K > i_y \quad (2.4/21) \text{ ist, und zwar} \quad i_K = \frac{1}{2} i_S \tag{2.4/22}$$

Entsprechend Bild 2.4/14 nimmt die Ausgangsspannung e_{02} bis zum Punkt $e_{02} = U_u$ ab. Anschließend geht der Zyklus in der vorhergehenden Form weiter.

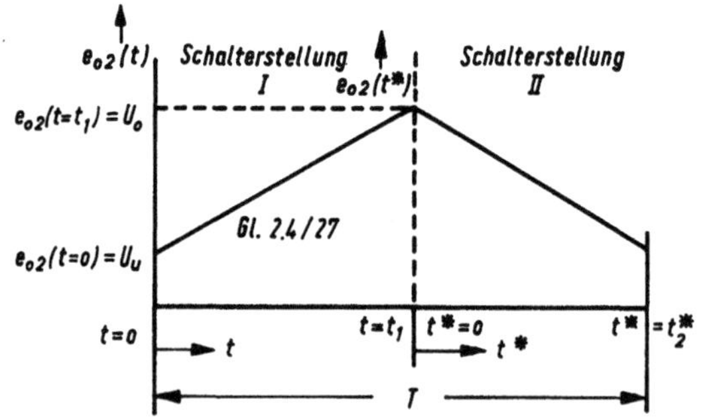

Bild 2.4/14

Die Zeiten t_1 und t_2^* wählt man so klein, daß sich die Eingangsgrößen während dieser Zeit nicht ändern. Die gesamte Periodendauer des Schmitt-Triggers ergibt sich entsprechend Bild 2.4/14 zu

$$T = t_1 + t_2^* \tag{2.4/23}$$

Die Werte für T liegen in der Größenordnung von 20 μ sec. Da wir es mit nicht zu schnell veränderlichen Vorgängen zu tun haben, ist diese Zeitdauer voll ausreichend.

Betrachtet man jetzt den Ausgang des Verstärkers 3 und bildet den folgenden Mittelwert:

$$e_{0\,\mathrm{Mittel}} = \frac{e_{0\mathrm{I}} \cdot t_1 + e_{0\mathrm{II}} \cdot t_2^*}{t_1 + t_2^*} \qquad (2.4/24)$$

so erhält man nachstehenden Ausdruck:

$$e_0 = -R_{F3}\left[e_{in\,1} \cdot \left(\frac{1}{R_C} - \frac{R_{F1}}{2 R_x R_1}\right) + e_{in\,2}\left(\frac{1}{R_0} - \frac{R_{F1} \cdot R_K}{2 R_x R_y R_2}\right) + \right. \qquad (2.4/25)$$

$$\left. + U_K\left(\frac{R_{F1}}{2 R_x R_2} - \frac{1}{R_3}\right) + e_{in\,1} \cdot e_{in\,2} \cdot \frac{R_{F1} \cdot R_K}{2 R_x R_1 R_y U_K}\right]$$

Durch geeignete Widerstandswahl und Abgleich sorgt man dafür, daß die ersten drei Summanden in Gl. 2.4/25 gleich Null sind und nur noch der Summand mit $e_{in\,1} \cdot e_{in\,2}$ übrigbleibt. Um dies zu erreichen, sind folgende Abgleichbedingungen erforderlich:

$$1. \quad R_c = \frac{2 R_x R_1}{R_{F1}} \qquad (2.4/26)$$

$$2. \quad R_0 = \frac{2 R_x R_y \cdot R_2}{R_{F1} R_K} \qquad (2.4/27)$$

$$3. \quad R_3 = \frac{2 R_x R_2}{R_{F1}} \qquad (2.4/28)$$

Mit diesen Bedingungen wird nunmehr der endgültige Ausdruck für die Ausgangsspannung e_0 des Verstärkers sehr einfach und ergibt sich zu:

$$e_0 = -R_{F3} \frac{R_{F1} \cdot R_K}{2 R_x \cdot R_1 \cdot R_y} \cdot \frac{1}{U_K} \cdot e_{in\,1} \cdot e_{in\,2} \qquad (2.4/29)$$

Durch geeignete Wahl von R_{F3} wird erreicht, daß der konstante Faktor in Gl. 2.4/29 zu $10^{-2}\,V^{-1}$ wird.

Es gilt also

$$e_0 = -M \cdot e_{in\,1} \cdot e_{in\,2} \tag{2.4/30}$$

mit

$$M = \frac{R_{F3} \cdot R_{F1} \cdot R_K}{2\,R_x \cdot R_1 \cdot R_y} \cdot \frac{1}{U_K} \tag{2.4/31}$$

Der so aufgebaute Multiplikator ergibt bis auf den Faktor M das Produkt der Augenblickswerte der Eingangsspannungen $e_{in\,1}$ und $e_{in\,2}$ wieder. Jede der beiden Eingangsspannungen darf sowohl positive als auch negative Werte haben. Wie früher schon erwähnt, ist der bei elektronischen Analogrechnern im allgemeinen zugelassene Wertebereich für die Ausgangsspannungen ± 100 Volt.

Aus diesem Grunde ist für den vorliegenden Multiplikator die Konstante M zu $10^{-2}\,V^{-1}$ gewählt, damit der Verstärker 3 für den Fall der höchstzulässigen Eingangsspannungswerte nicht übersteuert wird.

Für den Abgleich des elektronischen Multiplikators hat man sich an die Betriebsanweisungen der Lieferfirmen zu halten. Der Abgleich soll zweckmäßig erst nach genügend langer Einschaltdauer erfolgen, damit sämtliche Rechenkomponenten sich auf ihre konstante Betriebstemperatur eingestellt haben. Von den vier Abgleichbedingungen ist die erste (Gleichung 2.4/22) fest durch die Lieferfirma vorgenommen und braucht beim üblichen Abgleich nicht berücksichtigt zu werden. Die drei weiteren Abgleichbedingungen (Gleichung 2.4/26, 2.4/27, 2.4/28) sind entsprechend der Abgleichvorschrift einzustellen.

Als Vorzüge dieses elektronischen Multiplikators sind seine Brauchbarkeit selbst für sehr schnell veränderliche Frequenzen und seine hohe Genauigkeit zu nennen. Normale Werte für den Produktfehler sind etwa 0,1 ÷ 0,5 %. Wegen der sehr kleinen Periodendauer T des Schmitt-Triggers (etwa 20 usec) ist eine Multiplikation noch für Frequenzen bis 1000 Hz zulässig. Auf Grund eingebauter Filter und der Frequenzgangeigenschaften der eingebauten Gleichspannungsverstärker ist bei etwa 100 Hz eine Phasenverschiebung von einigen Grad vorhanden. Auf diesen Umstand ist bei der Zeittransformation Rücksicht zu nehmen, obwohl die Zeittransformation ansonsten in die Dimensionierung der Multiplikationseinheiten nicht eingeht. Die Amplitudentransformation soll stets so sein, daß beide Eingangsspannungen möglichst die Maximalwerte 100 Volt erreichen.

Die Eingangsimpedanzen des Multiplikators liegen in der Größenordnung von einigen 100 kΩ!

Da sämtliche Werte, $-100\ V < e_{in} < +100\ V$ zugelassen sind, haben wir es hier mit einer echten Vierquadrantenmultiplikation zu tun. Die Konstante M ist im allgemeinen fest vorgegeben, daher können wir nicht frei über die Amplitudenmaßstäbe verfügen. Ein Amplitudenmaßstab ist von den anderen abhängig. Auf diese Abhängigkeit wird im Programmierungsschema noch besonders hingewiesen.

2.5 Der Funktionsgenerator

Bei den mit dem Analogrechner zu lösenden Aufgaben treten häufig Probleme mit nichtlinearen Zusammenhängen zwischen den verschiedenen Größen auf. Es ist also erforderlich, gewünschte und vorgegebene, aber im allgemeinen willkürliche Funktionen von einer beliebigen Veränderlichen zu erzeugen. Die vorkommenden Veränderlichen können sämtliche im Gerät vorliegenden Größen, z.B. $y, y', y'' \ldots y^{(n)}$, sein. Auf die Erzeugung beliebiger Funktionen der Zeit werden wir im Abschnitt 6 zu sprechen kommen. Die oben geforderte Aufgabe wird von den sogenannten Funktionsgeneratoren erfüllt. Es muß allerdings von vornherein der Begriff der willkürlichen Funktionsverläufe eingeengt werden. Nicht möglich ist die Erzeugung von Funktionen, die eine oder mehrere Unendlichkeitsstellen besitzen oder deren Steigung sehr groß oder unendlich groß wird. Zugelassen sind im allgemeinen sowohl positive als auch negative Werte der unabhängigen Veränderlichen.

Im folgenden werden einige Verfahren und Möglichkeiten aufgezeigt, eine möglichst gute Annäherung an die gewünschte Nichtlinearität zu erzielen. Es sei an dieser Stelle noch einmal betont, daß gerade die Erzeugung beliebiger Nichtlinearitäten das Anwendungsgebiet des Analogrechners ganz erheblich erweitert. Schließlich sind Probleme rein linearer Natur mit einem entsprechenden Zeit- und Arbeitsaufwand auch mit den normalen mathematischen Methoden zu lösen; nicht aber nichtlineare Probleme.

In den weiteren Punkten sollen nur die Methoden dargestellt werden, die für den elektronischen Analogrechner geeignet sind, d.h. wir verlangen auch vom Funktionsgenerator Einsatzmöglichkeiten im langsamen oder schnell repetierenden Betrieb. Für den langsamen Betrieb kann man Widerstandskombinationen oder speziell gewickelte Drahtpotentiometer benutzen. Die weitaus häufigsten Funktionsgeneratoren verwenden als nichtlineares Element Schalteinrichtungen oder Dioden. Die nachzubildende Funktion wird durch Geradenstücke angenähert.

Bei Benutzung von Dioden ist der Funktionsgenerator in seinem Frequenzverhalten ebenso gut wie die anderen Grundelemente des Analogrechners und gestattet einen sehr schnellen Repetierbetrieb. Wir unterscheiden zwischen den speziellen- und den allgemein anzuwendenden Funktionsgeneratoren. Spezielle Funktionsgeneratoren dienen z. B. zur Erzeugung von Lose oder Begrenzung, der Betragsbildung einer Größe usw. Diese Nichtlinearitäten treten häufig in der Regelungstechnik auf und sind mit relativ geringem Aufwand zu erzielen. Will man hingegen eine Funktion durch einen Polygonzug nähern, so werden je nach Verlauf der Funktion bis zu 48 Geradenstücke verwendet. Diese universellen Funktionsgeneratoren erlauben im allgemeinen freie Wahl in der Abszissenteilung und sowohl positive als auch negative Steigungsänderungen in jedem gewünschten Punkt der Kurve.

Eine weitere Gruppe von Funktionsgeneratoren bildet einen vorgegebenen geschlossenen Linienzug nach. Hierher gehören sowohl die Funktionsgeneratoren, die mit Kathodenstrahlröhren und Photozellen arbeiten als auch die sogenannten x-y-Schreiber mit Abtastkopf. Das letztgenannte Verfahren besteht im wesentlichen darin, daß der Abtastkopf photoelektrisch oder elektromagnetisch den vorgegebenen Linienzug abtastet, wobei er durch eine Servosteuerung stets auf der vorgezeichneten Kurve läuft. Bewirkt z. B. eine der unabhängigen Veränderlichen proportionale Spannung die Auslenkung in Richtung der x-Achse und ordnet man der jeweiligen Ordinate wieder eine Spannung zu, dann ist diese Spannung proportional dem gewünschten Funktionswert. Diese Art der Abtastung mit Servosteuerung hat sich bei den mechanisch arbeitenden Analogrechnern bestens bewährt. Allerdings entfällt hier der Vorteil des schnellen Repetierbetriebes.

Außerdem sei noch die Lochstreifensteuerung des x-y-Schreibers erwähnt.

2.51 Ausführung als Potentiometer

Zur Erzeugung einfacher nichtlinearer Zusammenhänge können Potentiometer verwendet werden, denen man z. B. durch Formgebung des Wickelkörpers, durch ungleichmäßige Bewicklung oder durch Anzapfen eine nichtlineare Widerstandsverteilung gibt. Vor allem Funktionen monotonen Charakters lassen sich hiermit sehr leicht herstellen. Grundsätzlich ist ein Antrieb erforderlich, bei dem die Verschiebung oder Verdrehung proportional der Veränderlichen ist. Die abgegriffene Spannung zwischen Schleifer und Erde soll dann dem gewünschten Funktionswert entsprechen.

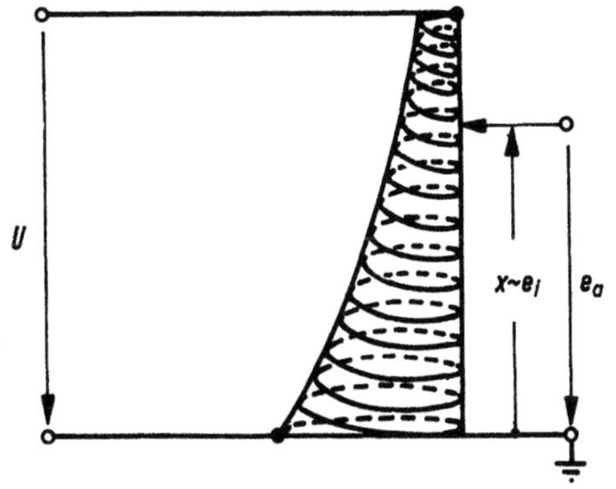

Bild 2.5/1
Potentiometer mit nichtlinearer Widerstandsverteilung

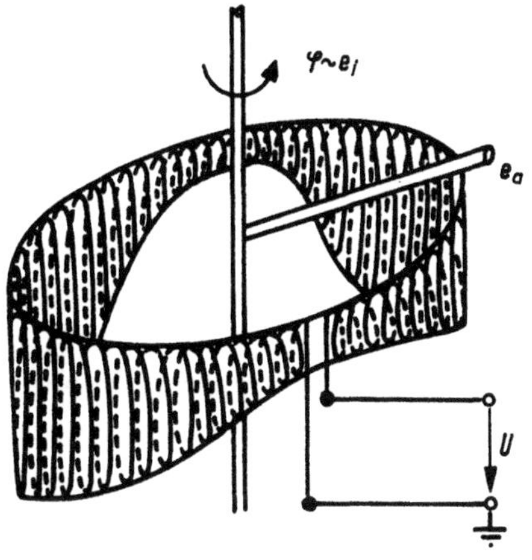

Bild 2.5/2
Potentiometer mit nichtlinearer Widerstandsverteilung

Da die Auslenkung x oder der Verdrehwinkel φ proportional der Veränderlichen e_i ist, andrerseits e_a aber eine Funktion von x oder φ sein soll, hat man dafür zu sorgen, daß die nichtlineare Widerstandsverteilung dem gewünschten nichtlinearen Verhalten proportional ist.

Eine andere häufig angewandte Methode ist in Bild 2.5/3 dargestellt. Die Abbildung stellt ein Potentiometer mit einer Anzahl Anzapfungen dar, die an bestimmte Spannungen e_v angeschlossen worden sind. Das Potentiometer wird aus konstruktiven Gründen zweckmäßig kreisförmig ausgeführt. Zwischen zwei Anzapfungen verändert sich die Spannung in etwa linear mit der Verschiebung x oder im Fall des kreisförmigen Potentiometers mit der Verdrehung φ. Die Unterteilung in x oder φ ist durch die Anzahl der Anzapfungen vorgegeben. Die Stufungen der Geradenstücke sind bestimmt durch die Spannungsdifferenzen

$e_1 - e_2$, $e_2 - e_3$, ... $e_4 - e_5$. Diese können unter Umständen willkürlich verändert werden. Vervollständigen wir Bild 2.5/3 mit einem beschalteten Verstärker entsprechend Bild 2.5/4, dann gilt:

$$\frac{e_{i3} - e_i}{(1-K)\cdot r} + \frac{e_{i2} - e_i}{K \cdot r} = \frac{e_i - e_g}{R_1} \qquad (2.5/1)$$

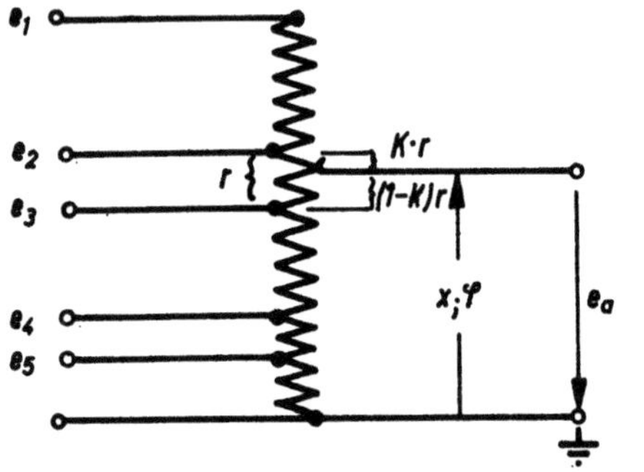

Bild 2.5/3
Potentiometer mit Anzapfungen (Funktionspotentiometer)

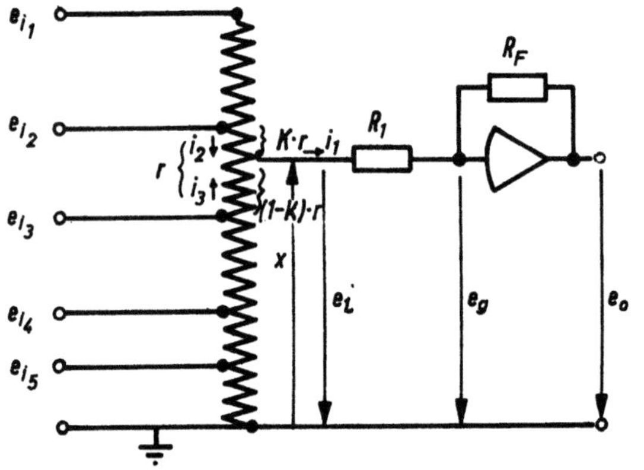

Bild 2.5/4
Verstärkerschaltung mit Funktionspotentiometer

Hierin entspricht r dem Widerstand zwischen zwei Anzapfungen und $K \cdot r$ bzw. $(1-K) \cdot r$ gibt den Widerstand zum Potentiometerabgriff als Funktion der Potentiometerstellung an. Da wir es mit hochverstärkenden Verstärkern zu tun haben, ist e_g praktisch gleich Null und wir erhalten nach Umformung von Gleichung 2.5/1 für e_i folgenden Ausdruck:

$$e_i \left(1 + \frac{R_1}{K \cdot r} + \frac{R_1}{(1-K)\,r}\right) = R_1 \left[\frac{e_{i3}}{(1-K)\,r} + \frac{e_{i2}}{K \cdot r}\right]$$

Nach weiterer Umformung erhält man

$$e_i = \frac{e_{i3} K + e_{i2} (1 - K)}{1 + (1 - K) K \cdot r \cdot \frac{1}{R_1}} \qquad (2.5/2)$$

Die Spannung am Verstärkerausgang wird damit zu:

$$e_0 = - \frac{R_F}{R_1} \cdot \frac{e_{i3} K + e_{i2} (1 - K)}{1 + (1 - K) K \cdot r \cdot \frac{1}{R_1}} \qquad (2.5/3)$$

Für $K = 0$ wird

$$e_{0(0)} = - \frac{R_F}{R_1} e_{i2} \qquad (2.5/4)$$

und für $K = 1$

$$e_{0(1)} = - \frac{R_F}{R_1} e_{i3} \qquad (2.5/5)$$

Die Ausgangsspannung e_0 für andere Werte K ändert sich wegen des Anteils $(1 - K) \cdot K \cdot r \cdot 1/R_1$ nicht linear mit der Verstellung K zwischen den Werten

$$- \frac{R_F}{R_1} e_{i2} \qquad \text{und} \qquad - \frac{R_F}{R_1} e_{i3}$$

Da aber in vielen Fällen r in der Größenordnung von 10 kΩ liegt und R_1 kaum unter 1 MΩ gewählt wird, kann der zweite Summand im Nenner gegenüber der 1 vernachlässigt werden, wodurch sich die Betrachtungsweise vereinfacht.

Da die Spannungswerte von $e_1 \ldots\ldots e_5$ weitgehend beliebig sein können, ist z.B. ein Verlauf nach Bild 2.5/5 ohne weiteres zu erreichen. Die Spannungsquellen sind bei der bisherigen Betrachtung als unendlich ergiebig angenommen worden.

Von den am häufigsten vorkommenden Sonderformen nichtlinearer Potentiometer sollen nur das Logarithmus- und Sinus- Cosinus-Potentiometer besonders erwähnt werden. Logarithmische Potentiometer sind in der Technik, z.B. in der Rundfunktechnik, weit verbreitet. Bei den Potentiometern zur Erzeugung der Sinus-Cosinus-Abhängigkeit kann man verschiedene Wege beschreiten. Einige Möglichkeiten sollen in den folgenden Bildern kurz aufgezeigt werden.

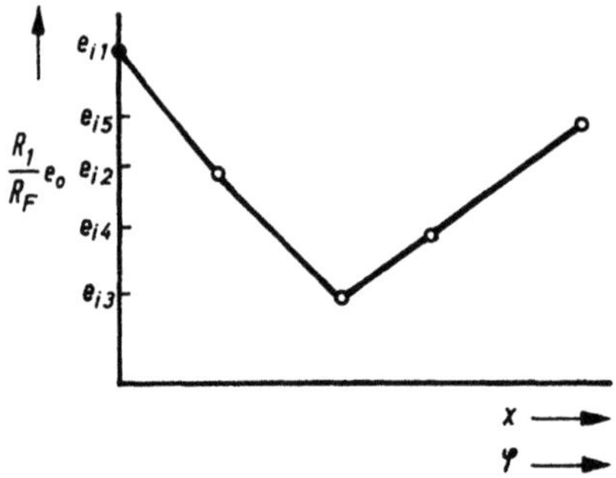

Bild 2.5/5

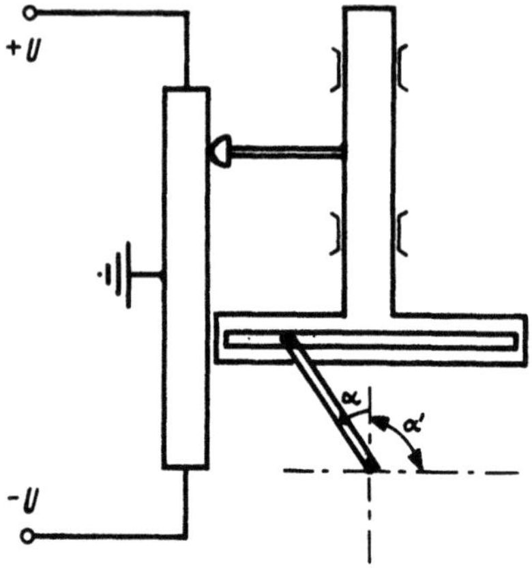

Bild 2.5/6
Sinuspotentiometer
mit linearer
Widerstandsverteilung

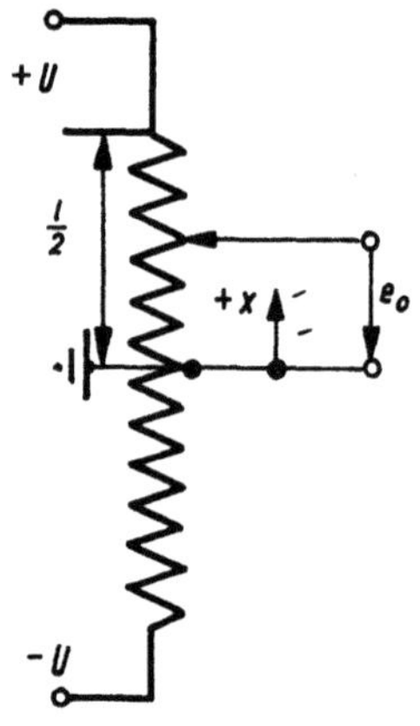

Bild 2.5/7
Sinuspotentiometer
mit
nichtlinearer
Widerstandsverteilung

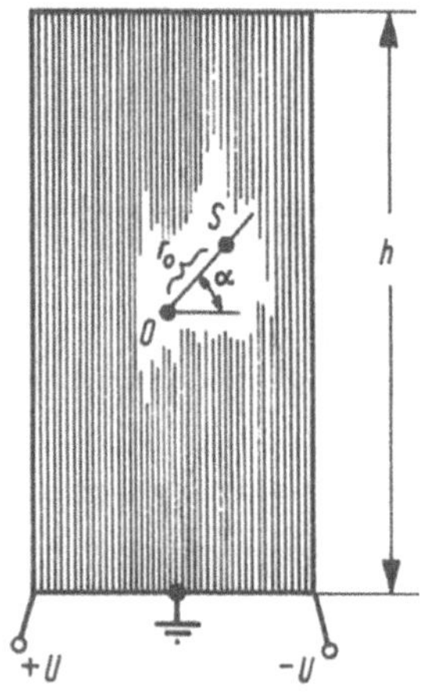

Bild 2.5/8
Sinus-Cosinus-Potentiometer
(flacher Tragekörper)

Das in Bild 2.5/6 gezeigte Potentiometer ist gleichförmig gewickelt. Am Abgriff können wir $U \cdot \sin \alpha'$ oder $U \cdot \cos \alpha$ gegen Erde abgreifen. In Bild 2.5/7 hat das Potentiometer selbst eine sinusförmige Widerstandsverteilung, so daß wir hier bei linearer Auslenkung x am Schleifkontakt $U \cdot \sin \frac{\pi}{T} x$ abgreifen können. In Bild 2.5/8 ist ein sehr dünner Widerstandsdraht gleichmäßig auf einen flachen Tragekörper aus Isoliermaterial aufgewickelt. Anfang und Ende der Wicklung sind an + U und – U gelegt. Der Schleifer sitzt auf einer Achse, die genau senkrecht und in der Mitte auf dem Isolierkörper steht. Wie man der Anordnung ansieht, ist die Anzahl der Windungen zwischen dem Schleifkontakt S und der Mitte 0 proportional dem $\cos \alpha$. Ordnet man noch einen um 90° versetzten Schleifer an, so kann man an ihm eine dem $\sin \alpha$ proportionale Spannung abgreifen. Der auftretende Fehler ist in diesem Fall weitgehend von den geometrischen Abmessungen abhängig. Es ist stets von Vorteil, h viel größer als r_0 zu machen. Diese Abmessung geht insofern ein, als ja bei einer Winkelstellung $\alpha = 90°$ der Schleifer nicht im Nullpunkt 0 des Potentiometers zu stehen kommt. Entsprechend der Länge r_0 und dem Verhältnis h/r_0 wird noch eine von Null verschiedene Spannung abgegeben. Wählt man viele Windungen feinsten Drahtes, so ist auch der Fehlereinfluß durch den Windungssprung relativ klein. Dieser ist vor allem bei $\alpha = 0°$ und 180° ganz erheblich, da in diesen Fällen die Bewegungsrichtung des Schleifers und die Windungsrichtung parallel sind. Die Genauigkeit und Güte derartiger Potentiometer hängt sehr wesentlich von einer sauberen und gleichmäßigen Wicklung und ihrer Befestigung ab.

Für Funktionsgeneratoren auf der Basis von Potentiometern kann man ganz allgemein mit einem Fehler von etwa 1 % rechnen. Sie sind also durchaus brauchbar für langsam veränderliche Größen. Für schnell veränderliche Größen und damit auch für den schnell repetierenden Betrieb sind auf Grund der relativ großen Trägheit der Potentiometer einschließlich Folgeregler diese Art Funktionsgeneratoren nicht brauchbar.

2.52 Möglichkeit des Aufbaus spezieller Funktionen mit Dioden

Viele nichtlineare Zusammenhänge in der Technik werden durch eine geringe Anzahl gebrochener Linien dargestellt. Unter diesen sind Lose oder Unempfindlichkeit (tote Zone), Begrenzer und Hysterese die wichtigsten. All diese Funktionen können leicht nachgebildet werden durch Schaltvorrichtungen, die in der Lage sind, bei bestimmten Funktionswerten Steigungsänderungen einzuleiten. Relais und Dioden erfüllen diese Aufgaben. Vor allem die Funktionsgeneratoren mit Dioden sind in den letzten Jahren sehr bekannt geworden. Die Gründe hierfür sind im wesentlichen leichte Anpassungsfähigkeit und Einstellmöglichkeit, relativ niedrige Kosten und sehr gutes Frequenzverhalten. Gerade der letzte

Punkt ist von ausschlaggebender Bedeutung für das Rechnen mit schnellen Analogrechnern. Die Ergebnisse sind im allgemeinen gut reproduzierbar und die Genauigkeitsforderungen entsprechend einem Fehler von 0,1 + 1% durchaus zu erfüllen.

Unter einer idealen Diode verstehen wir ein Element, welches nur in einer Richtung elektrischen Strom führen kann und in der anderen Richtung absolut sperrt. Die Diode besteht aus einer Kathode und einer Anode und wird nur dann leitend, wenn die Spannung der Anode positiv gegenüber der Kathode ist. Bei der idealen Diode (Innenwiderstand gleich Null) würde der Strom unendlich groß werden. Er wird jedoch durch die Widerstände im Stromkreis der Diode begrenzt. Solange das Potential der Anode negativ gegenüber der Kathode ist, ist der Strom gleich Null und die Diode hat einen unendlich hohen Widerstand. Damit wirkt also die Diode wie ein geöffneter Schalter; d.h. der Stromkreis, in dem die Diode liegt, ist in diesem Fall geöffnet. Die Strom-Spannungscharakteristik der idealen Diode ist im Bild 2.5/9 dargestellt.

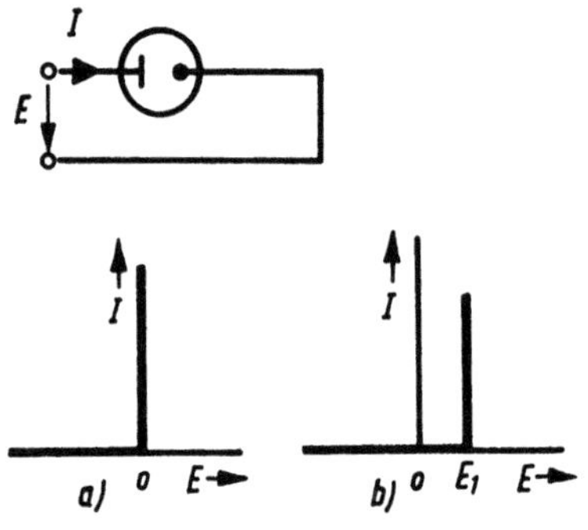

Bild 2.5/9
Strom-Spannungscharakteristik der idealen Diode

Damit eine Diode als ideal angesehen werden kann, braucht die Sprungstelle des Stromes nicht unbedingt bei E = 0 zu liegen. In einem solchen Falle würde sich eine Strom-Spannungscharakteristik entsprechend Bild 2.5/9 b ergeben.

Der Punkt E_1 wird vielfach mit Knickpunkt und die Spannung E_1 als Knickspannung oder Durchbruchspannung bezeichnet. Da für die Wirkungsweise der Diode nur die Spannung Anode gegenüber Kathode maßgebend ist, kann man durch Vorschalten einer Spannung E_v, die zweckmäßig einstellbar ist, den Knickpunkt an jede beliebige Stelle legen. Die entsprechende Schaltung und die Strom-Spannungscharakteristik sind in Bild 2.5/10 und 2.5/11 gezeigt.

In der Praxis haben wir es aber nicht mit diesen idealen Elementen zu tun. Es sollen daher die nichtidealen Schalter näher betrachtet werden. In Frage kom-

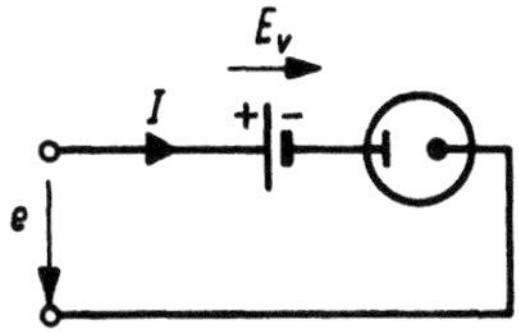

Bild 2.5/10
Schaltung der vorgespannten Diode

Bild 2.5/11
Strom-Spannungscharakteristik einer vorgespannten Diode

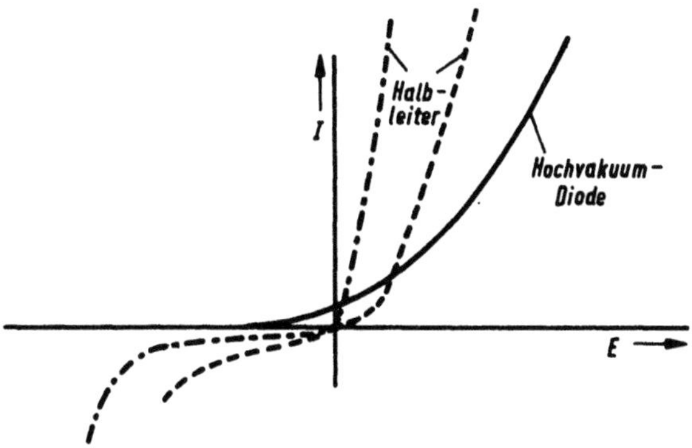

Bild 2.5/12
Strom- und Spannungscharakteristiken verschiedener Diodentypen

men in der Hauptsache die Hoch-Vakuum-Dioden und die verschiedenen Formen der Halbleiter-Dioden.

Die Strom-Spannungscharakteristiken dieser Diodentypen sind in Bild 2.5/12 dargestellt. Sie unterscheiden sich von einem idealen Schalter im wesentlichen in folgenden Punkten:

a) Sie sperren, mit Ausnahme der Hochvakuum-Diode, nicht absolut im Sperrbereich, so daß wir mit ihnen keinen idealen geöffneten Schalter darstellen können.

b) Sie stellen keinen echten Kurzschluß dar wenn sie geöffnet sind, d.h. der geschlossene Schalter ist auch nicht zu realisieren.

c) Es treten verschiedene innere Effekte auf.

Für unsere Zwecke am geeignetsten ist die bekannte Hochvakuumdiode. Eine geheizte Kathode emittiert Elektronen und es fließt beim Anliegen einer positiven Spannung an der Anode gegenüber der Kathode ein Anodenstrom. Bei Vernachlässigung einiger Randeffekte ergibt sich eine Charakteristik entsprechend Bild 2.5/13.

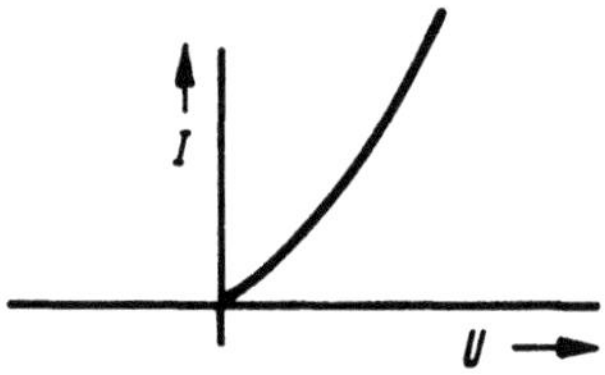

Bild 2.5/13
Idealisierte
Strom-Spannungscharakteristik
einer Hochvakuum-Diode

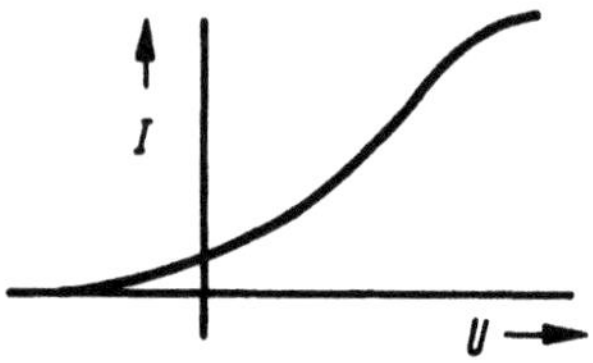

Bild 2.5/14
Strom-Spannungscharakteristik
einer Hochvakuum-Diode

Solange der Strom klein genug ist, so daß die Kathode genügend Elektronen nachliefern kann, gilt folgende Gleichung

$$I = \text{Konst.} \cdot U^{\frac{3}{2}} \quad \text{für} \quad U > 0 \qquad I = 0 \quad \text{für} \quad U < 0$$

Auf Grund anderer Effekte erhält die charakteristische Strom-Spannungsabhängigkeit der Hochvakuum-Diode eine Form entsprechend Bild 2.5/14. Hierfür sind Glühemission und Kontaktspannung maßgebend. Da durch die Heizung der Kathode die Elektronen eine kinetische Energie besitzen, sind einige in der Lage, ohne äußere Hilfe die Kathode zu verlassen und gelangen sogar bei Vorhandensein einer geringen negativen Anodenspannung zur Anode. In den meisten Fällen ist dieser Effekt jedoch vernachlässigbar. In unseren Anwendungen nehmen wir absolute Sperrung der Hochvakuum-Diode an, wenn die Anode negativ gegenüber der Kathode ist. In der Durchlaßrichtung hat die Hochvakuum-Diode einen inneren Widerstand in der Größenordnung von einigen Ohm bis kOhm. In einem Änderungsbereich von ca. 1 V ändert sich der Innenwiderstand von unendlich bis zu einigen kOhm, dabei hängt der Innenwiderstand der Röhre vom gewählten Arbeitspunkt ab. An der Schaltung und der entsprechenden Kennlinie Bild 2.5/15 sei dies gezeigt.

Es ist

$$i = 0 \quad \text{für} \quad E_0 < 0 \qquad e_d = E_0 - iR \quad \text{für} \quad E_0 > 0$$

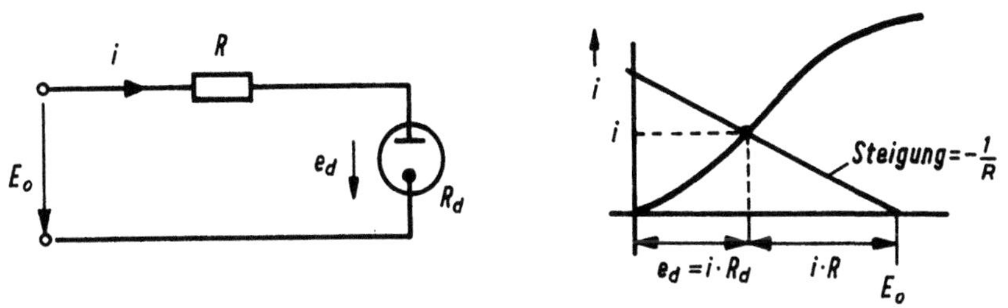

Bild 2.5/15

Zeichnen wir entsprechend der letzten Gleichung die Widerstandsgerade in das Röhrenkennlinienfeld ein, so erhalten wir auf der Abszisse die beiden Spannungen $i \cdot R$ und $R_d \cdot i$.

Es ist aber auch

$$e_d = R_d \cdot i \quad \Rightarrow R_d = \frac{e_d}{i}$$

Auf Grund der nichtlinearen Stromspannungskennlinie der Hochvakuum-Diode hängt somit der Innenwiderstand vom Arbeitspunkt ab. Den Innenwiderstand der Diode können wir stets vernachlässigen, wenn $R \gg R_d$, wenn also der Belastungswiderstand der Diode hochohmig ist. Gemäß der glühelektrischen Elektronenemission müssen wir der Diode eine innere elektromotorische Kraft von ~ 1 V zuordnen. Diese entsteht dadurch, daß die emittierten Elektronen am Innenwiderstand der Röhre einen Spannungsabfall erzeugen. Da die Hochvakuum-Diode ein Frequenzverhalten aufweist, das besser als das der meisten übrigen Rechenelemente ist, sind diese Dioden am häufigsten in Funktionsgeneratoren angewandt. Die Abweichung von der idealen Strom-Spannungscharakteristik ist zwar vorhanden, aber bei den meisten Operationen nicht besonders nachteilig.

Für die Erzeugung nichtlinearer Kennlinien ist folgender Stromkreis von besonderer Wichtigkeit.

Für die Schaltung entsprechend Bild 2.5/16 gilt:

$$-e_1 + R \cdot i + e_d + E_v + e_2 = 0$$

Mit $e_d = i \cdot R_d$ erhält man:

$$i = \frac{e_1 - (E_v + e_2)}{R + R_d} \qquad (2.5/6)$$

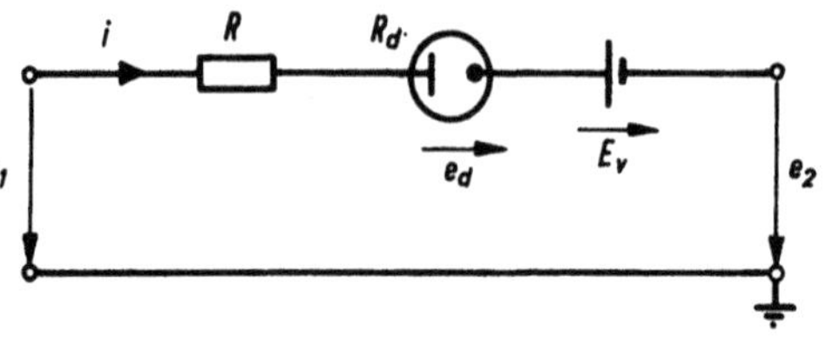

Bild 2.5/16
Stromkreis mit vorgespannter Diode

Da auf Grund der Diodenkennlinie i nicht negativ sein kann, ist der Strom i solange Null, wie $e_1 < E_v + e_2$ ist.

Diese Schaltung kann von beiden Seiten betrieben werden. Vielfach wird noch eine Spannung gleich Null gesetzt, z.B. e_2. In diesem Fall fließt nur ein Strom, falls $e_1 > E_v$ ist. Da E_v positiv angenommen war, muß also e_1 auch positiv sein.

Ergibt sich im Laufe der Rechnung für e_1 eine negative Spannung und soll diese bei einem bestimmten Betrag einen Stromfluß zur Folge haben, so ist eine Schaltungsanordnung entsprechend Bild 2.5/17 erforderlich.

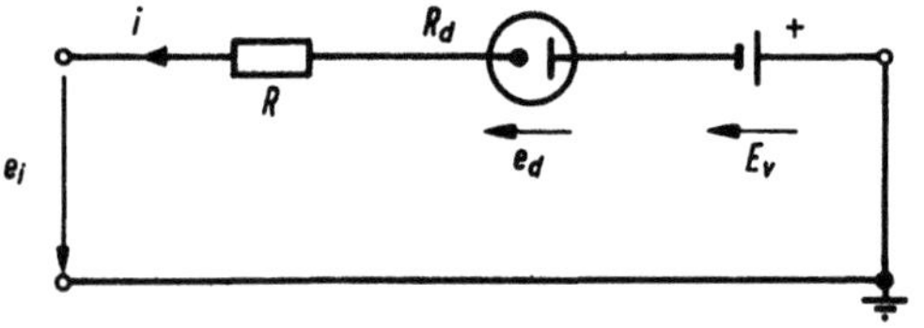

Bild 2.5/17
Stromkreis mit vorgespannter Diode

Es fließt nur ein Strom falls $e_i < - E_v$ ist.

Da E_v positiv war, muß also e_i negativ sein. Mit diesen zwei Stromkreisen werden wir es sehr häufig bei einfach aufgebauten Funktionsgeneratoren zu tun haben.

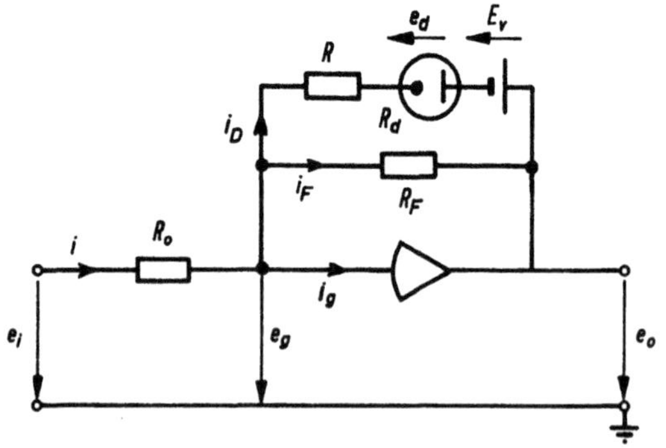

Bild 2.5/18
Beschalteter Rechenverstärker mit vorgespannter Diode im Gegenkopplungszweig

Beschalten wir einen Verstärker entsprechend Bild 2.5/18, so gilt unter den früher gemachten Voraussetzungen:

$$i_g = 0 \qquad V \Rightarrow \infty \qquad \text{d.h.} \quad e_g \approx 0$$

Im Bereich $e_0 < E_v$ erhalten wir:

$$\frac{e_i}{R_0} = -\frac{e_0}{R_F} \qquad \text{oder} \qquad e_0 = -\frac{R_F}{R_0} e_i \tag{2.5/7}$$

und für den Fall $e_0 > E_v$:

$$\frac{e_i}{R_0} = -\frac{e_0}{R_F} - \frac{e_0 - E_v}{R + R_d}$$

$$e_0 = \frac{R_F}{R + R_d + R_F} \cdot E_v - \frac{R_F (R + R_d)}{R_0 (R + R_d + R_F)} \cdot e_i \tag{2.5/8}$$

Stellen wir Gleichung 2.5/7 oder 2.5/8 graphisch dar, so ergibt sich entsprechend Bild 2.5/19 die Knickstelle der Geraden bei $e_0 = E_v$.

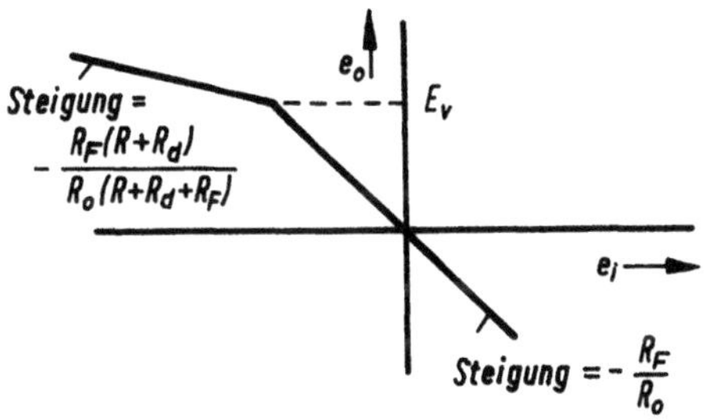

Bild 2.5/19
Funktionsverlauf für Verstärkerschaltung nach Bild 2.5/18

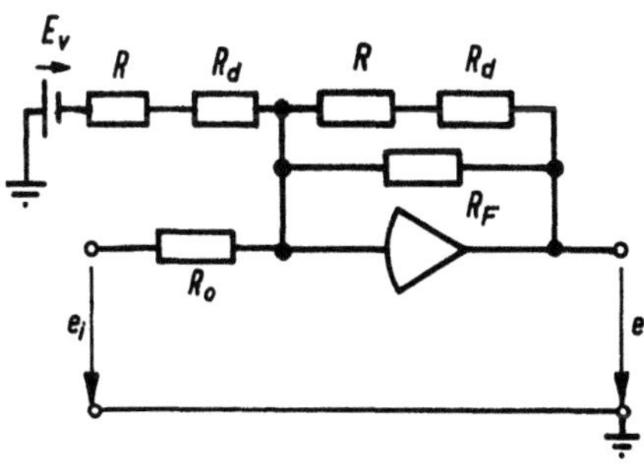

Bild 2.5/20
Ersatzschaltung des beschalteten Verstärkers nach dem Ansprechen der Diode

Die Steigung für den Fall $e_0 > E_v$ kann man auch leicht auf anderem Wege ermitteln. Sobald die Diode leitend ist, besteht im Rückkopplungszweig die Parallelschaltung von $R + R_d$ und R_F (siehe Bild 2.5/20). Bei dieser Schaltung gilt:

Für $e_0 > E_v$:

$$\frac{\dfrac{R_F\,(R + R_d)}{R_F + R + R_d}}{R_0} = \frac{R_F\,(R + R_d)}{R_0\,(R_F + R + R_d)}$$

bzw.

$$e_0 = -\frac{R_F\,(R + R_d)}{R_0\,(R_F + R + R_d)} \cdot e_i + \text{konst.} \qquad (2.5/9)$$

Benutzen wir eine Schaltung entsprechend Bild 2.5/21, so ist für $e_0 > 0$ und $e_0 > -\overline{E}_v$ die Diode gesperrt.

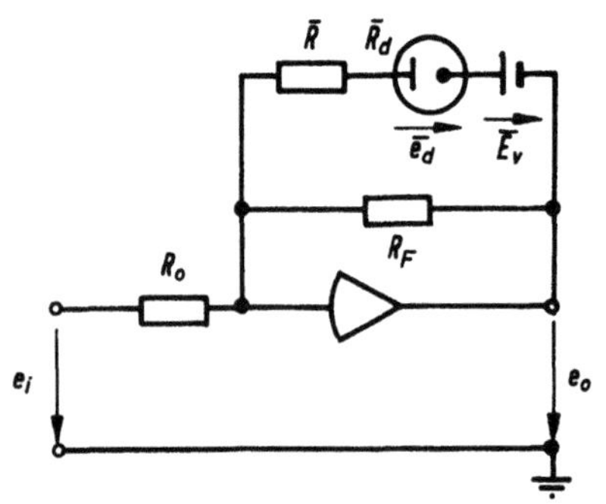

Bild 2.5/21
Beschalteter Rechenverstärker mit vorgespannter Diode im Gegenkopplungszweig

In diesem Bereich gilt:

$$e_0 = -\frac{R_F}{R_0} \cdot e_i$$

Für $e_0 = -\overline{E}_v$ wird die Diode leitend und wir haben im Bereich $e_0 < -\overline{E}_v$ im Rückkopplungszweig wieder die Parallelschaltung von $\overline{R} + \overline{R}_d$ mit R_F und damit entsprechend dem vorherigen Beispiel:

$$e_0 = -\frac{R_F}{R_0} \cdot \frac{(\overline{R} + \overline{R}_d)}{(R_F + \overline{R} + \overline{R}_d)} \cdot e_i + \text{konst.} \qquad (2.5/10)$$

Die graphische Darstellung dieses Falles ist in Bild 2.5/22 gezeigt.

Durch Kombination der Schaltungen Bild 2.5/18 und 2.5/21 können wir entsprechend Bild 2.5/23 einen Funktionsverlauf gemäß Bild 2.5/24 erhalten.

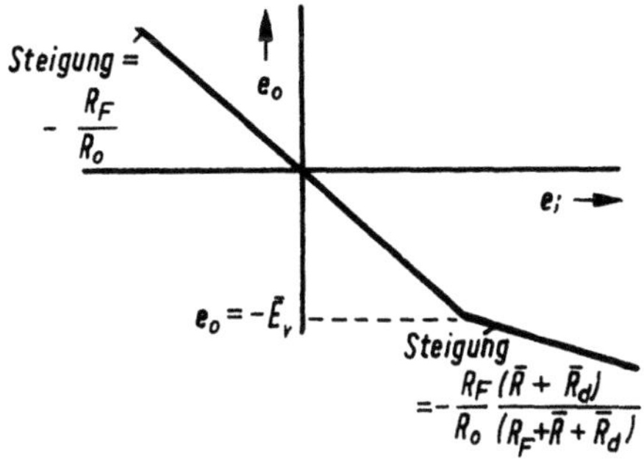

Bild 2.5/22
Funktionsverlauf
für Verstärkerschaltung
nach Bild 2.5/21

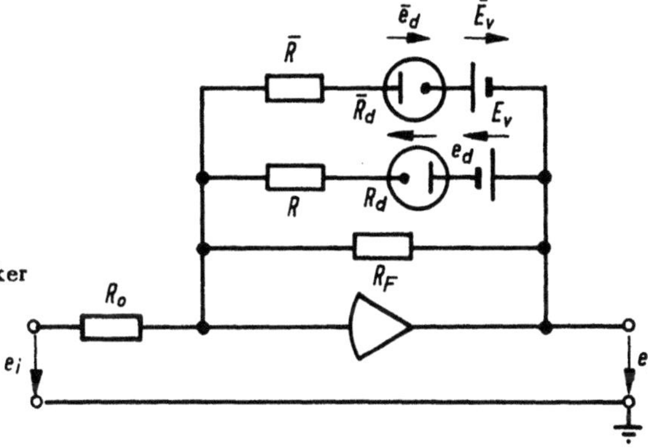

Bild 2.5/23
Beschalteter Rechenverstärker
mit 2 vorgespannten Dioden
im Gegenkopplungskreis

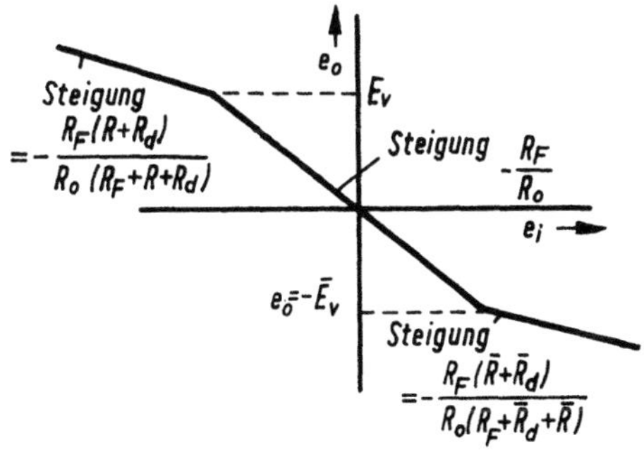

Bild 2.5/24
Funktionsverlauf
für Verstärkerschaltung
nach Bild 2.5/23

Die Unsymmetrie in Bild 2.5/24 ist absichtlich gewählt. Sie kommt zustande durch die Ungleichheit von E_v und $\bar{E}_v$, R und $\bar{R}$ sowie R_d und $\bar{R}_d$.

Durch geeignete Wahl bestimmter Werte erreicht man sowohl einen gewünschten symmetrischen als auch einen unsymmetrischen Kurvenverlauf. Durch weiteres Parallelschalten gleichartiger Stromkreise kann die Steigung grundsätzlich nur verringert werden. Die in Bild 2.5/25 dargestellte nichtlineare Funktion läßt sich z. B. durch einen Polygonzug aus 9 Geradenstücken entsprechend Bild 2.5/26 nachbilden.

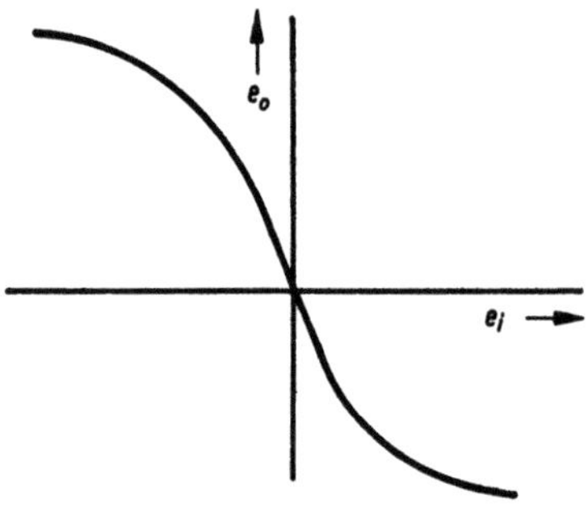

Bild 2.5/25

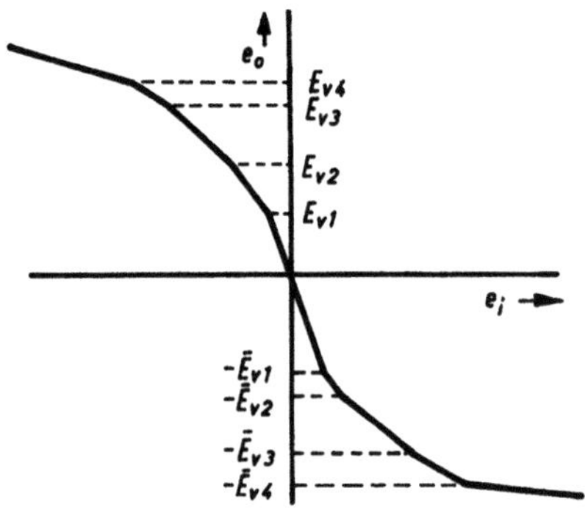

Bild 2.5/26
Funktionsverlauf zur Annäherung der Funktion Bild 2.5/25 durch einen Polygonzug

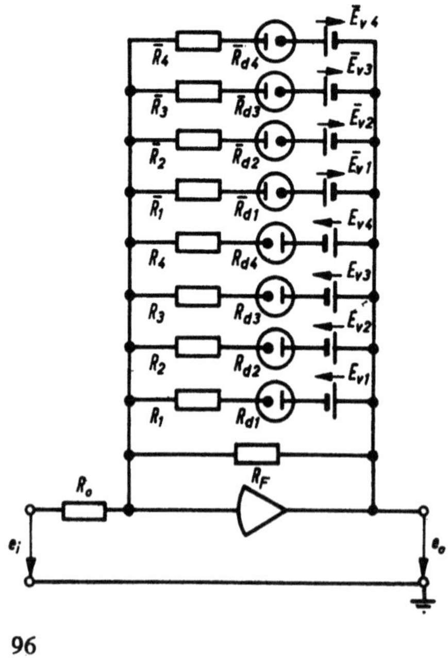

Bild 2.5/27
Dioden-Funktionsgenerator

Durch geeignete Wahl der Widerstände im Rückkopplungsnetzwerk ist dies ohne weiteres möglich. Die Knickstellen erscheinen bei den Spannungen E_{v1}; E_{v2}; E_{v3}; E_{v4} ...... und $\bar{E}_{v1}$; $\bar{E}_{v2}$; $\bar{E}_{v3}$; $\bar{E}_{v4}$ ....

Nur bei einer absolut symmetrischen Kurve ist es zweckmäßig, die Spannungswerte von E_v und $\bar{E}_v$ gleich groß zu wählen. Eine rechnerische Ermittlung der Widerstände ist in diesem Fall noch leicht möglich. Zweckmäßiger ist aber eine Einstellung mit Hilfe von Potentiometern R und $\bar{R}$ bei vorgegebener Eingangsspannung e_i. Die Potentiometereinstellung wird jeweils solange geändert, bis der gewünschte Wert der Ausgangsspannung erreicht ist.

Bei den bisher behandelten Beispielen erreichte man eine Änderung der Steigung bei beliebigen festen Werten der Ausgangsspannung e_0. Entsprechend bewirkt man eine Steigungsänderung in Abhängigkeit von der Eingangsspannung e_i, wenn man die vorgespannten Dioden in den Eingangskreis des Verstärkers legt und den Rückkopplungswiderstand konstant hält.

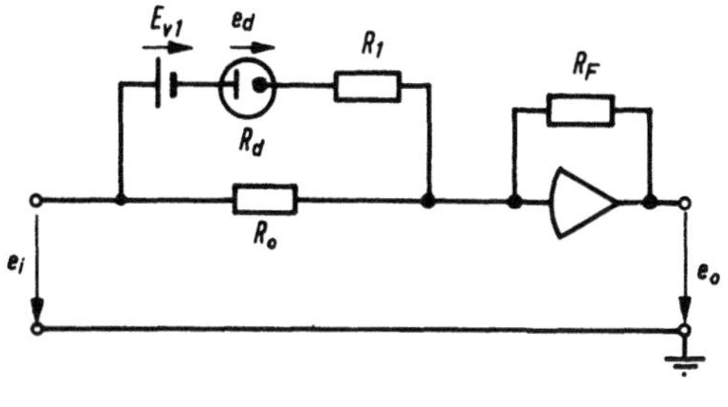

Bild 2.5/28
Beschalteter Rechenverstärker mit vorgespannter Diode im Eingangskreis

Solange $e_i < E_{v1}$ ist, gilt

$$e_0 = -\frac{R_F}{R_0} \cdot e_i$$

Im Falle $e_i = E_{v1}$ wird die Röhre leitend und für alle Werte $e_i > E_{v1}$ haben wir im Eingangskreis die Parallelschaltung von R_0 und $R_1 + R_d$ als Teil der Ersatzschaltung.

Damit gilt:

$$e_0 = -\frac{R_d + R_1 + R_0}{(R_d + R_1) \cdot R_0} R_F \cdot e_i + \text{konst.} \qquad (2.5/11)$$

Grundsätzlich können wir bei diesem Schaltungsaufbau durch weiteres Parallelschalten ähnlicher Stromkreise zum Eingangswiderstand R_0 die Steigung nur vergrößern, da der Widerstand der Parallelschaltung stets kleiner als der kleinste der beiden parallel zu schaltenden Widerstände ist. Durch weitere Parallelschaltung der Widerstände R_2, R_3 .... mit den vorgespannten Dioden der Vorspannung E_{v2}; E_{v3}; E_{v4} ... kann man also monoton ansteigende Funktionen gut darstellen.

Ergibt sich im Laufe der Rechnung für e_i eine negative Spannung und soll diese bei einem bestimmten Betrag einen Stromfluß zur Folge haben, so ist eine Schaltungsanordnung entsprechend Bild 2.5/29 erforderlich.

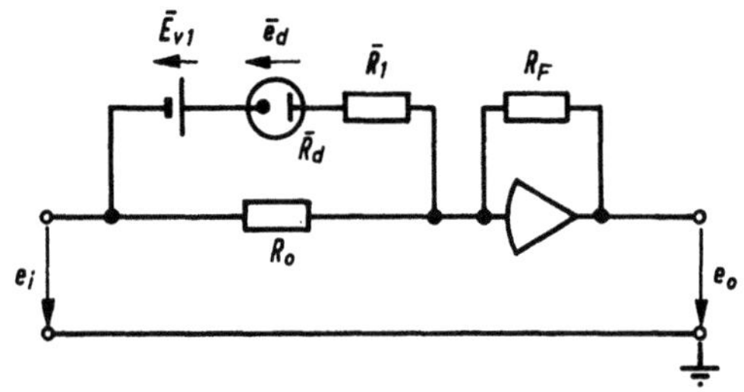

Bild 2.5/29
Beschalteter Rechenverstärker mit vorgespannter Diode im Eingangskreis

Für $e_i > -\overline{E}_{v1}$ ist die Diode gesperrt und es gilt:

$$e_0 = -\frac{R_F}{R_0}\, e_i$$

Im Falle $e_i = -\overline{E}_{v1}$ wird die Röhre leitend und für alle $e_i < -\overline{E}_{v1}$ haben wir im Eingangsbereich die Parallelschaltung von $R_0 + \overline{R}_1 + \overline{R}_\alpha$ als Teil der Ersatzschaltung.

Somit erhalten wir:

$$e_0 = -\frac{\overline{R}_d + \overline{R}_1 + R_0}{(\overline{R}_d + \overline{R}_1) \cdot R_0} \cdot R_F \cdot e_i + \text{konst.} \qquad (2.5/12)$$

Für die in Bild 2.5/30 gezeigte Schaltung ergibt sich damit die in Bild 2.5/31 gezeigte nichtlineare Abhängigkeit zwischen e_0 und e_i.

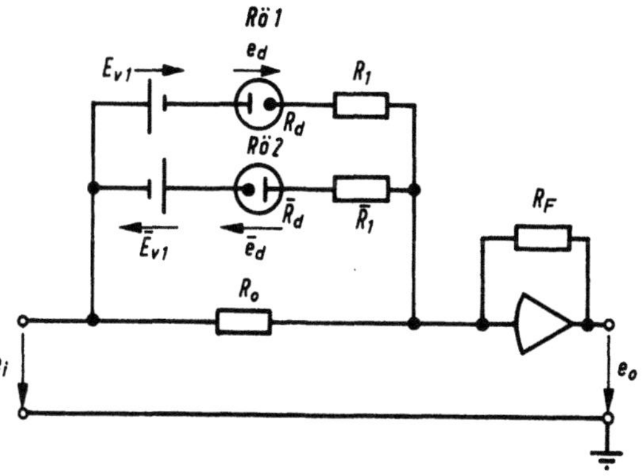

Bild 2.5/30
Beschalteter Rechenverstärker mit 2 Dioden im Eingangskreis

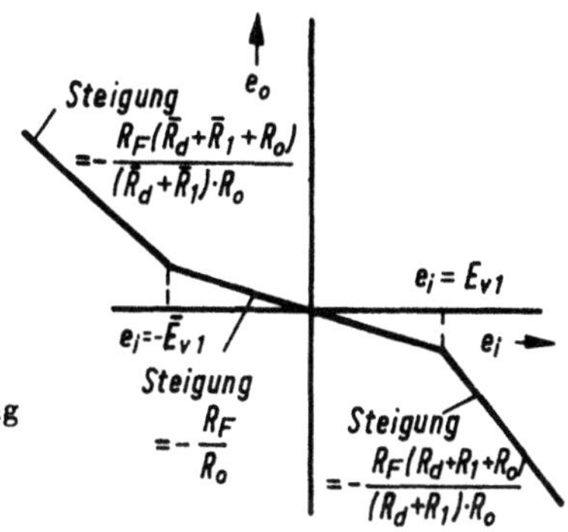

Bild 2.5/31
Funktionsverlauf für Verstärkerschaltung nach Bild 2.5/30

Haben wir es im allgemeinen mit verschiedenen Werten E_{v1}; $\bar{E}_{v1}$; R_1; $\bar{R}_1$; R_d; $\bar{R}_d$ zu tun, so ist der Funktionsverlauf

$$e_0 = f(+e_i) \neq -f(-e_i)$$

Durch Hinzunahme weiterer vorgespannter Dioden sind wir in der Lage, bei anderen Werten sowohl von $e_i < -\bar{E}_v$ als auch von $e_i > E_v$ neue Knickstellen hinzuzufügen.

Schon mit diesen relativ einfachen Verstärkerbeschaltungen können wir eine ganze Anzahl praktisch vorkommender Nichtlinearitäten darstellen.

In Bild 2.5/32 sind die tote Zone und der Begrenzer durch geeignete Dimensionierung angenähert worden.

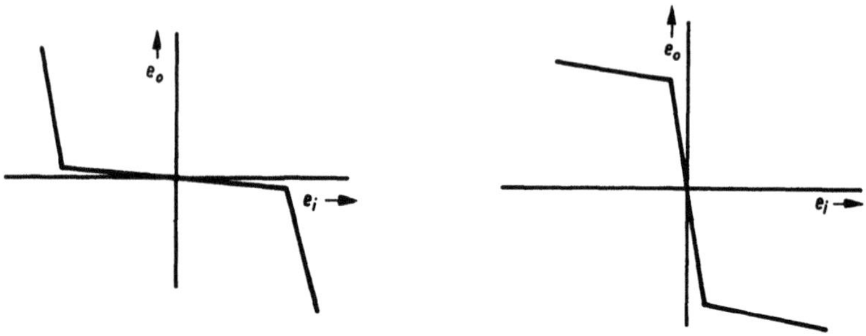

Bild 2.5/32

Angenäherte tote Zone — **Angenäherter Begrenzer**

Die Schwierigkeit, eine bessere Annäherung zu erzielen, liegt ganz eindeutig bei den hier auftretenden sehr flachen bzw. sehr steilen Anstiegen. Die bisher betrachteten Fälle der Beschaltung des Eingangs- und Rückkopplungswiderstandes mit vorgespannten Dioden hat praktisch nur Sinn bei monoton wachsender oder monoton kleiner werdender Steigung. Voraussetzung ist, daß die Beträge der Steigungen weder zu klein noch zu groß werden. Die Genauigkeit der Annäherung von Funktionen, die diesen Forderungen entsprechen, durch einen Polygonzug ist eine Frage des Aufwandes und kann sehr hoch getrieben werden.

Wie wir gesehen haben bewirkt die Beschaltung des Eingangswiderstandes mit vorgespannten Dioden eine Vergrößerung und die des Rückkopplungswiderstandes eine Verringerung der Steigung. Durch die Kombination beider Verfahren kann man sowohl die Steigung vergrößern als auch verringern. Hiermit läßt sich

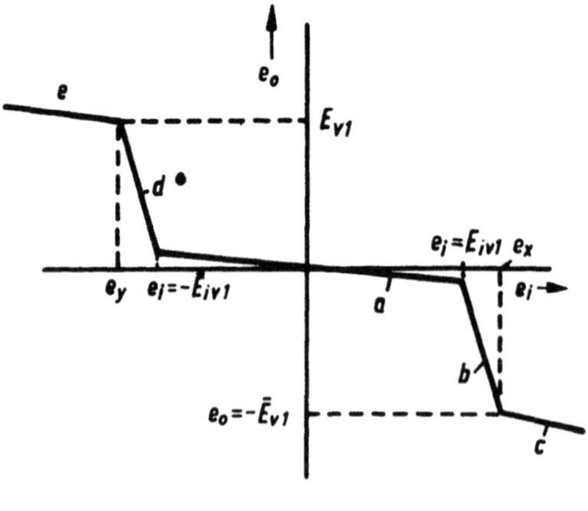

Bild 2.5/33
Funktionsverlauf für Verstärkerschaltung nach Bild 2.5/34

z. B. eine Nichtlinearität entsprechend Bild 2.5/33 bereits mit geringem Aufwand erreichen. Sie entspricht annähernd einem Relais mit toter Zone.

Die zu Bild 2.5/33 gehörige Schaltung ist in Bild 2.5/34 dargestellt.

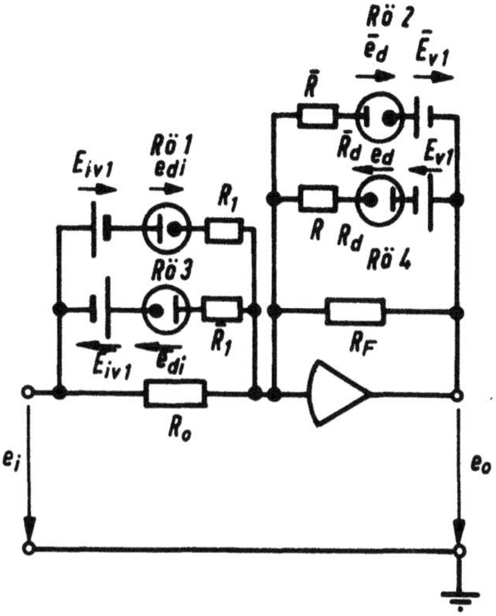

Bild 2.5/34
Beschalteter Rechenverstärker
mit vorgespannten Dioden
im Eingangs- und Gegenkopplungskreis

Die Steigungen ergeben sich gemäß der Formel:

$$e_0 = -\frac{R_{F\,ges.}}{R_{0\,ges.}} \cdot e_i \qquad \text{bzw.} \qquad \frac{e_0}{e_i} = -\frac{R_{F\,ges.}}{R_{i\,ges.}} \tag{2.5/13}$$

Im Bereich $-\bar{E}_{iv1} < e_i < E_{iv1}$ spricht keine der Dioden an. Somit erhalten wir für die Steigung a:

$$a = -\frac{R_F}{R_0}$$

Bei $e_i = E_{iv1}$ wird die Diode 1 leitend. Hierfür ist die zugehörige Ausgangsspannung:

$$e_0 = -\frac{R_F}{R_0} E_{iv1}$$

Für $e_i > E_{iv1}$ schalten sich dem Widerstand R_0 die Widerstände R_1 und R_{di} parallel und es ergibt sich als Steigung b:

$$b = -\frac{R_{F\,ges.}}{R_{0\,ges.}} = -\frac{R_0 + R_{di} + R_1}{R_0\,(R_{di} + R_1)}\,R_F$$

Ist die Ausgangsspannung $e_0 = -E_{v1}$ erreicht, so soll die Steigung gemäß Bild 2.5/33 verringert werden. Den dazu gehörigen Wert der Eingangsspannung bezeichnen wir mit e_x. Für $e_0 < -\bar{\bar{E}}_{v1}$ muß, damit sich die Steigung verringert, die Diode 2 leitend werden. Wir erhalten somit für $e_i > e_x$ als

$$R_{F\,ges.} = \frac{R_F\,(\bar{R}_d + \bar{R})}{R_F + \bar{R}_d + \bar{R}}$$

und für die Steigung c:

$$c = -\frac{R_0 + R_{di} + R_1}{R_0\,(R_{di} + R_1)} \cdot \frac{R_F\,(\bar{R}_d + \bar{R})}{R_F + \bar{R}_d + \bar{R}}$$

Entsprechend ergeben sich die Steigungen d und e zu:

$$d = -\frac{R_0 + \bar{R}_{di} + \bar{R}_1}{R_0 \cdot (\bar{R}_{di} + \bar{R}_1)} \cdot R_F \qquad \text{und} \qquad e = -\frac{R_0 + \bar{R}_{di} + \bar{R}_1}{R_0\,(\bar{R}_{di} + \bar{R}_1)} \cdot \frac{R_F\,(R + R_d)}{R_F + R + R_d}$$

Man wird zweckmäßig stets die Schaltelemente für den Funktionsverlauf bei Null beginnend nach jeder Seite aufbauen. Für komplizierte Schaltungen und Funktionsverläufe würde man im Prinzip ganz ähnlich verfahren, jedoch ist es dann sinnvoller, einen allgemeinen Funktionsgenerator gemäß Abschnitt 2.6 zu verwenden.

2.521 Erzeugung des Unempfindlichkeitsbereiches (tote Zone)

Der Unempfindlichkeitsbereich, die sogenannte "tote Zone", tritt bei vielen mechanischen und elektromagnetischen Wandlern und Meßinstrumenten auf. Seine Kennlinie ist in Bild 2.5/35 dargestellt.

Bild 2.5/35
Tote Zone oder
Unempfindlichkeitsbereich

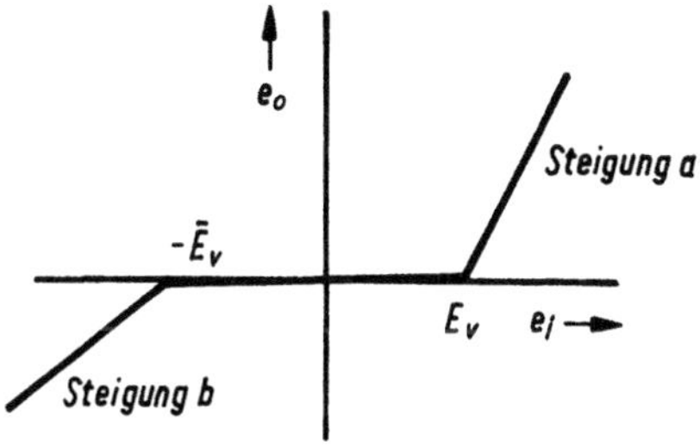

Diese Nichtlinearität bezeichnet man mit Unempfindlichkeitsbereich, weil in dem Bereich $-\bar{E}_v \leq e_i \leq E_v$ die Eingangsgröße e_i keinen Einfluß auf die Ausgangsgröße e_0 hat.

Ihre mathematische Formulierung lautet wie folgt:

$$e_0 = \begin{cases} a \cdot (e_i - E_v) & \text{für} \quad e_i \geq E_v \\ 0 & \quad -\bar{E}_v \leq e_i \leq E_v \\ b \cdot (e_i + \bar{E}_v) & \quad e_i \leq -\bar{E}_v \end{cases} \qquad (2.5/14)$$

Sie läßt sich durch die in Bild 2.5/36 dargestellte Schaltung realisieren.

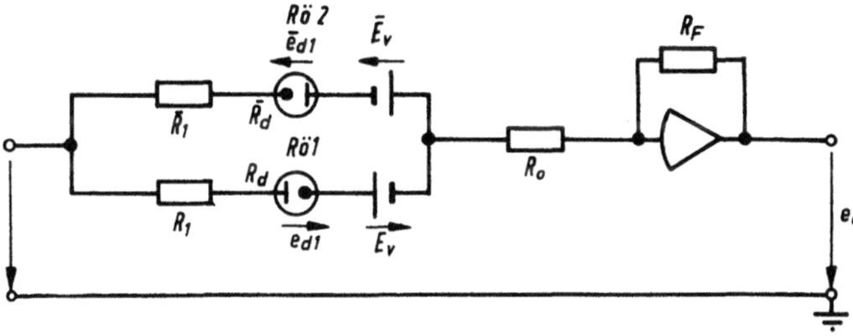

Bild 2.5/36
Schaltung zur Erzeugung des Unempfindlichkeitsbereiches

Gemäß der gestellten Forderung Gl. 2.5/14 schalten wir die vorgespannten Dioden vor den Eingangswiderstand. Wir benötigen zwei vorgespannte Dioden. Mit der einen erreichen wir den gewünschten Kennlinienverlauf für $e_i \geq 0$ (Diode 1) und mit der anderen für $e_i \leq 0$ (Diode 2).

Zunächst nehmen wir eine positive Eingangsspannung e_i an. Solange $e_i < E_v$ ist, ist die Diode 1 gesperrt. In diesem Bereich gilt für die Ausgangsspannung: $e_0 = 0$, d.h. es erfolgt absolut keine Wirkung der Eingangsspannung e_i auf die Ausgangsspannung e_0. Im Falle $e_i = E_v$ wird Diode 1 leitend und für alle Spannungen $e_i \geq E_v$ gilt:

$$e_0 = -\frac{R_F}{R_1 + R_d + R_0}(e_i - E_v) \qquad (2.5/15)$$

Für eine negative Spannung e_i erhalten wir im Bereich $-\overline{E}_v < e_i < 0$ die Ausgangsspannung $e_0 = 0$. Im Falle $e_i = -\overline{E}_v$ wird Diode 2 leitend und für $e_i < -\overline{E}_v$ gilt:

$$e_0 = -\frac{R_F}{\overline{R}_1 + \overline{R}_d + R_0}(e_i + \overline{E}_v) \qquad (2.5/16)$$

Ein Vergleich der Formel 2.5/14 und 2.5/15 bzw. 2.5/16 ergibt, daß wir zur Erzeugung der Kennlinie Bild 2.5/35 die Schaltung Bild 2.5/36 durch einen Vorzeichenumkehrer vervollständigen müssen, da wir in Gl. 2.5/15 bzw. 2.5/16 die Steigung $-a$ bzw. $-b$ erhalten.

Mit der Schaltungsanordnung gemäß Bild 2.5/36 gewinnen wir den in Bild 2.5/37 dargestellten Funktionsverlauf.

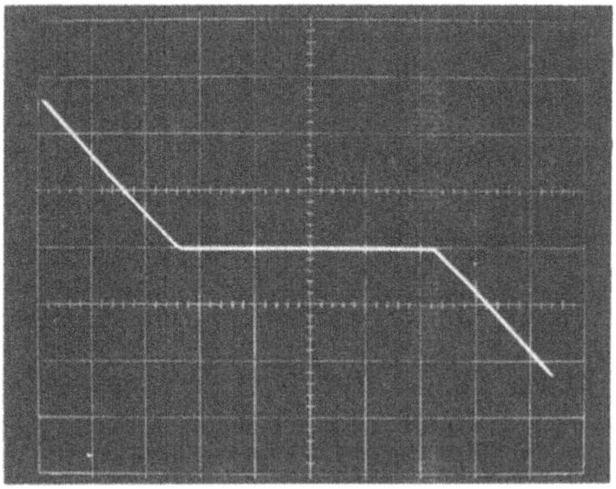

Bild 2.5/37
Tote Zone oder Unempfindlichkeitsbereich

Wählen wir $E_v = \overline{E}_v$, $R_1 = \overline{R}_1$ und $R_d = \overline{R}_d$, so erhalten wir sowohl für Bild 2.5/35 als auch für Bild 2.5/37 eine symmetrische Kennlinie, d.h.

$$e_0 = f(e_i) = -f(-e_i)$$

In Bild 2.5/38 soll eine weitere schaltungstechnische Möglichkeit für den Unempfindlichkeitsbereich angegeben werden. Um möglichst leichte Einstellmöglichkeiten zu erhalten, haben wir zusätzlich Potentiometer mit in die Schaltung einbezogen.

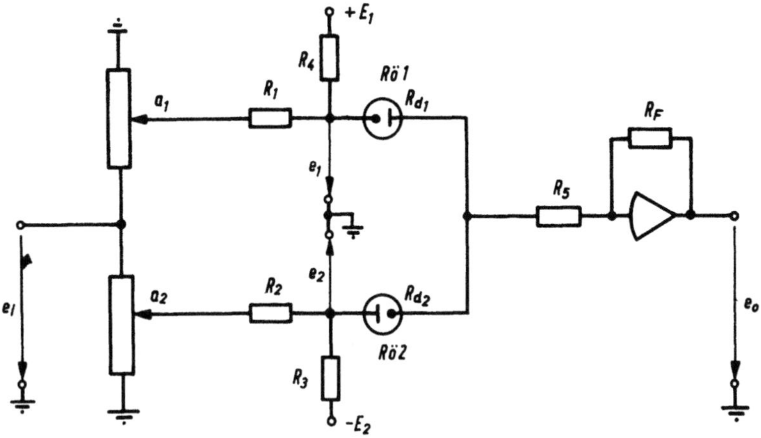

Bild 2.5/38
Schaltung für tote Zone (Unempfindlichkeitsbereich)

Da vor dem Eingang des Verstärkers vorgespannte Dioden liegen, erhalten wir in einem bestimmten Spannungsbereich für e_i am Ausgang des Verstärkers die Spannung Null.

Dieser Bereich hängt von E_1 und von E_2 ab. Die mathematische Formulierung der Abhängigkeit der Ausgangsspannung e_0 als Funktion von e_i, E_1, E_2 und der übrigen Schaltelemente ist nicht so leicht zu überblicken und sei deshalb abgeleitet.

Die Dioden sollen ideale Schalter sein. Sie öffnen, sobald die Anode vom negativen zum positiven Potential gegenüber der Kathode wechselt und haben dann den Innenwiderstand Null. Wir wollen zuerst die Bedingungen für den Unempfindlichkeitsbereich aufstellen.

Es wird $e_1 = 0$ wenn:

$$-\frac{a_1 \cdot e_i}{R_1} = \frac{E_1}{R_4} \qquad \text{ist.}$$

Damit ergibt sich $e_0 = 0$ für

$$0 > e_i \geqq -\frac{1}{a_1} \cdot \frac{R_1}{R_4} \cdot E_1 \qquad (2.5/17)$$

Entsprechend wird e_2 zu Null für

$$a_2 \frac{e_i}{R_2} = \frac{E_2}{R_3}$$

oder anders geschrieben, für

$$0 < e_i \leqq \frac{1}{a_2} \cdot \frac{R_2}{R_3} E_2 \qquad (2.5/18)$$

Durch geeignete Dimensionierung der Schaltelemente und der Spannungen E_1 und E_2 sind wir in der Lage, den Unempfindlichkeitsbereich in einem relativ großen Bereich zu verändern. Die Verwendung von Potentiometern erweist sich als äußerst zweckmäßig zur bequemen und genauen Einstellung und zum Ausgleich der Toleranzen der Bauelemente.

Damit haben wir also:

$$e_0 = 0 \qquad \text{für} \qquad -\frac{1}{a_1} \cdot \frac{R_1}{R_4} E_1 \leqq e_i \leqq \frac{1}{a_2} \cdot \frac{R_2}{R_3} E_2 \qquad (2.5/19)$$

Es soll jetzt noch die Abhängigkeit von e_0 für e_i-Werte außerhalb dieses Unempfindlichkeitsbereiches ermittelt werden.

1. $$e_i < -\frac{1}{a_1} \cdot \frac{R_1}{R_4} \cdot E_1$$

Wir zeichnen uns die für diesen Fall an der Rechnung beteiligten Schaltelemente heraus (Bild 2.5/39) und stellen die Knotenpunkts- und Maschengleichungen auf:

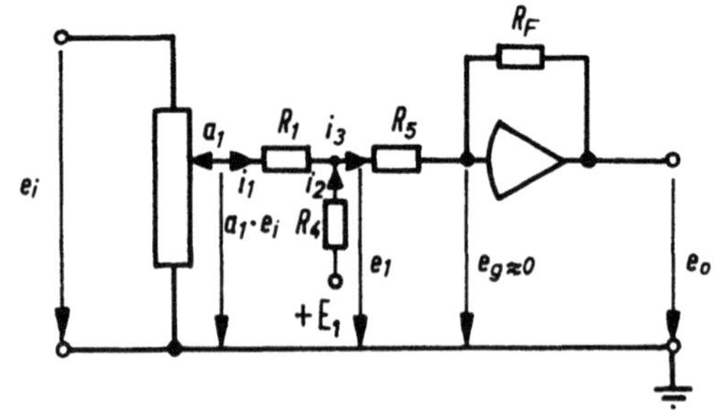

Bild 2.5/39

Es gilt:

$$i_3 = i_1 + i_2$$

$$-a_1 \cdot e_i + i_1 R_1 + (i_1 + i_2) R_5 = 0$$

$$-E_1 + i_2 R_4 + (i_1 + i_2) R_5 = 0$$

$$i_1 (R_1 + R_5) + i_2 R_5 = a_1 \cdot e_i$$

$$i_1 R_5 + i_2 (R_4 + R_5) = E_1$$

Damit

$$i_1 = \frac{a_1 \cdot e_i (R_4 + R_5) - E_1 \cdot R_5}{R_1 R_4 + (R_1 + R_4) R_5} \qquad i_2 = \frac{(R_1 + R_5) \cdot E_1 - a_1 e_i R_5}{R_1 R_4 + (R_1 + R_4) R_5}$$

Da

$$e_1 = (i_1 + i_2) R_5 \qquad \text{und} \qquad e_0 = -\frac{R_F}{R_5} \cdot e_1 = -R_F (i_1 + i_2)$$

ist, erhalten wir endgültig:

$$e_0 = -R_F \frac{a_1 \cdot e_i (R_4 + R_5) - E_1 R_5 + (R_1 + R_5) E_1 - a_1 e_i R_5}{R_1 R_4 + (R_1 + R_4) R_5}$$

$$e_0 = -\frac{R_F}{R_1 + R_5 + \frac{R_1 R_5}{R_4}} \left(a_1 e_i + \frac{R_1}{R_4} E_1\right) \quad \text{für} \quad e_i \leq -\frac{1}{a_1} \frac{R_1}{R_4} E_1 \qquad (2.5/20)$$

Ganz entsprechend ergibt sich wegen des symmetrischen Aufbaues der Schaltung für den Fall, daß die Diode 2 leitend wird, durch Vertauschung der Indizes:

$$e_0 = -\frac{R_F}{R_2 + R_5 + \frac{R_2 R_5}{R_3}} \left(a_2 e_i + \frac{R_2}{R_3} E_2\right) \quad \text{für} \quad e_i \geq \frac{1}{a_2} \cdot \frac{R_2}{R_3} E_2 \qquad (2.5/21)$$

Der Funktionsverlauf $e_0 = f(e_i)$ mit $E_v = \frac{1}{a_2} \cdot \frac{R_2}{R_3} \cdot E_2$ ist in Bild 2.5/37 dargestellt. Die Vorteile der Schaltung entsprechend Bild 2.5/38 gegenüber der Schaltung Bild 2.5/36 sind folgende:

1. Leichter Ausgleich der Bauelementtoleranzen durch Anwendung der Potentiometer.

2. Vermeidung isolierter Spannungsquellen (Die Spannungen E_1 und E_2 liegen einseitig an Erde).

2.522 Die Begrenzerschaltung

Als weitere, sehr häufig vorkommende Nichtlinearität soll der Begrenzer betrachtet werden. Hierbei handelt es sich um den in Bild 2.5/40 gezeigten nichtlinearen Zusammenhang zwischen e_0 und e_i.

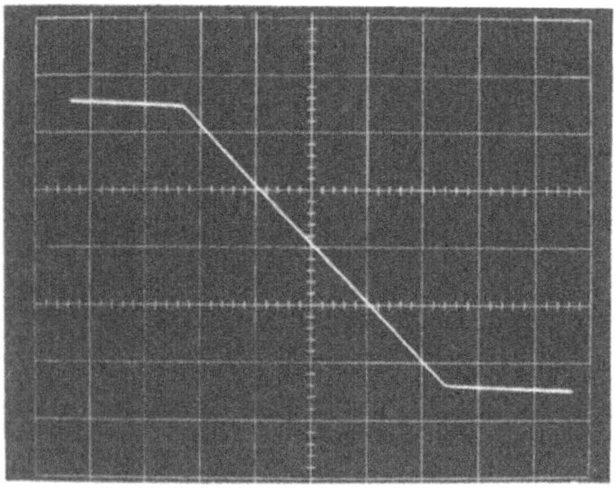

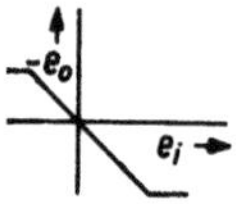

Bild 2.5/40
Begrenzerkennlinie

Über einen bestimmten Bereich von e_i oder e_0 haben wir einen linearen Zusammenhang zwischen e_0 und e_i. Werden diese vorher bestimmten Wertebereiche überschritten, so haben wir theoretisch eine plötzliche Steigungsänderung (Knick in der Darstellung).

Eine weitere Änderung von e_i über die Grenzwerte hinaus bewirkt keine weitere Änderung von e_0. Die praktisch mit einem Funktionsgenerator erreichbare Abhängigkeit läßt leider wegen der nichtidealen Bauelemente keinen scharfen Knick zu. Es gibt eine große Anzahl von Diodenschaltungen, die ein derartiges Verhalten mehr oder weniger gut realisieren. Wir wollen hier die Schaltungen betrachten, die in Verbindung mit Rechenverstärkern häufig angewendet werden. Wir können zumindest zwei Arten von Begrenzerschaltungen angeben; entweder kann die Eingangsspannung oder die Ausgangsspannung begrenzt werden. Durch die Begrenzung der Eingangsspannung wird dann automatisch die Ausgangsspannung mit begrenzt.

Bild 2.5/41 zeigt eine Schaltungsmöglichkeit zur Eingangsspannungsbegrenzung. Den üblichen Eingangswiderstand des Verstärkers teilen wir in zwei Widerstände auf. An den Verbindungspunkt dieser Widerstände R_1 und R_2 schalten wir zwei Dioden, die über ein Potentiometer in einem durch E_1 und E_2 vorgegebenen Spannungsbereich vorgespannt werden können. Auch hier soll wieder für die Dioden 1 und 2 gelten: Absolute Sperrung, falls die Anode negativ gegenüber der Kathode ist und vollständige Öffnung der Diode mit angenommenem Innenwiderstand Null, falls das Anodenpotential positiv gegenüber dem Kathodenpotential ist.

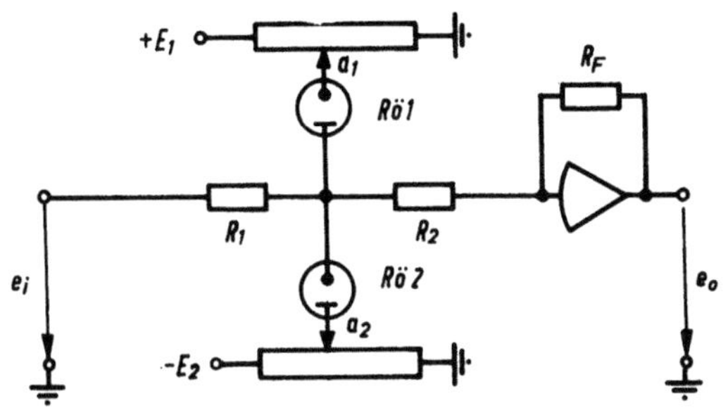

Bild 2.5/41
Schaltung zur Eingangsspannungsbegrenzung

Solange keine der beiden Dioden angesprochen hat gilt:

$$e_0 = -\frac{R_F}{R_1 + R_2} \cdot e_i \tag{2.5/22}$$

Hat z.B. die Diode 1 angesprochen, so liegt am Widerstand R_2 unabhängig von e_i die Spannung $a_1 \cdot E_1$ an. Damit wird die Ausgangsspannung e_0 begrenzt auf den Wert:

$$e_0 = -\frac{R_F}{R_2} a_1 \cdot E_1 \tag{2.5/23}$$

Für den Fall, daß die Diode 2 anspricht, gilt ganz entsprechend:

$$e_0 = -\frac{R_F}{R_2} \cdot a_2 \cdot (-E_2) \tag{2.5/24}$$

Die Ausgangsspannung e_0 wird somit durch die wirksame Eingangsspannung begrenzt. Wollen wir den Kurvenverlauf von Bild 2.5/40 erhalten, so müssen wir auch hier die Schaltung Bild 2.5/41 durch einen Vorzeichenumkehrer vervollständigen.

Eine Berücksichtigung des Innenwiderstandes der Dioden und des Belastungseffektes der Potentiometer verändert und kompliziert zwar den Ausdruck für die Ausgangsspannung e_0, bringt aber prinzipiell keine neuen Erkenntnisse. Besonders die Erfassung des Innenwiderstandes der Dioden, welcher selbst eine Funktion des Diodenstromes ist, und die zweckmäßige Wahl sowohl des Eingangswiderstandes R_1 als auch des Spannungsteilers, gestaltet sich nicht sehr einfach und verlangt einige praktische Erfahrung mit Diodenschaltungen. Als durchaus brauchbar haben sich folgende Werte ergeben:

$R_1 \approx R_2 \approx 1\,M\Omega$; Potentiometer etwa 0,1 MΩ; $R_F < R_1 + R_2$.

Auf Grund all dieser Einflüsse ist das Verhalten entsprechend Bild 2.5/40 an dem Begrenzungspunkt nicht so scharfkantig, die Steigungsänderung der Geraden ist stetig, die Geraden gehen langsam ineinander über.

Eine andere Möglichkeit der Begrenzung ist die Anschaltung der Dioden an die Ausgangsspannung des Rechenverstärkers entsprechend Bild 2.5/42. Der Rechenverstärker wird über die vorgespannten Dioden zusätzlich zum Widerstand R_F gegengekoppelt.

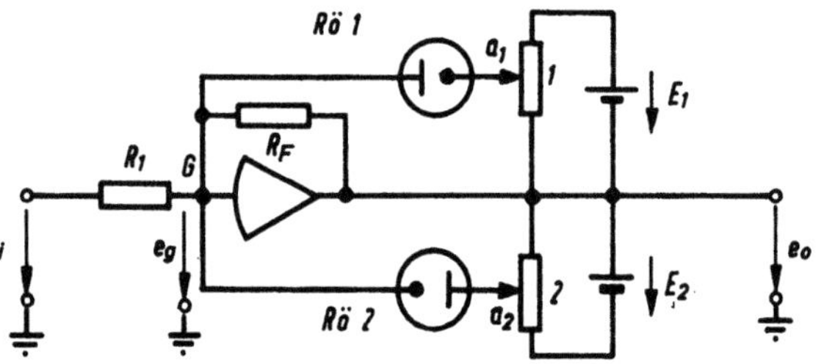

Bild 2.5/42
Schaltung zur Ausgangsspannungsbegrenzung

Die Potentiometer 1 und 2 haben Werte von etwa 100 kΩ.. Sowohl die Potentiometerstellungen a_1 und a_2 als auch die Größe der Spannungen E_1 und E_2 bestimmen den Öffnungswert der Dioden. Unter den schon früher gemachten zulässigen Vernachlässigungen befindet sich der Punkt G praktisch auf Nullpotential:

$$e_g \approx 0 \tag{2.5/25}$$

Die Dioden sollen als ideale Schalter betrachtet werden. Hat keine der Dioden angesprochen, so gilt:

$$e_0 = -\frac{R_F}{R_1} e_i \qquad (2.5/26)$$

Die Diode 1 wird in dem Augenblick leitend, in dem der Punkt a_1 potentialmäßig zu Null wird. Dies tritt gemäß Bild 2.5/42 bei einem bestimmten negativen e_0 und damit bei einem entsprechend großen positiven e_i ein. Hat der Punkt a_1 die Spannung $a_1 E_1$ gegenüber dem Ausgang des Verstärkers, so spricht die Diode 1 bei

$$e_0 = -a_1 \cdot E_1 \qquad (2.5/27)$$

an. Die zu dieser Ausgangsspannung gehörende Eingangsspannung e_i ergibt sich durch Einsetzen von Gleichung 2.5/27 in Gleichung 2.5/26. Es gilt:

$$e_i = \frac{R_1}{R_F} a_1 E_1 \qquad (2.5/28)$$

Für alle Eingangsspannungen

$$e_i \geqq \frac{R_1}{R_F} a_1 E_1 \qquad (2.5/29)$$

begrenzt die Diode 1 auf:

$$e_{0\ \mathrm{Begr.}\ 1} = -a_1 E_1 \qquad (2.5/30)$$

Die Verhältnisse beim Ansprechen der Diode 2 erhalten wir ganz entsprechend. Diode 2 wird leitend, falls:

$$e_0 = a_2 E_2 \qquad (2.5/31)$$

Die zugehörige Eingangsspannung ergibt sich zu:

$$e_i = -\frac{R_1}{R_F} \cdot a_2 E_2 \qquad (2.5/32)$$

Für alle Eingangsspannungen

$$e_i \leqq -\frac{R_1}{R_F} \cdot a_2 E_2 \qquad (2.5/33)$$

begrenzt die Diode 2 auf

$$e_{0\ \mathrm{Begr.}\ 2} = a_2 E_2 \qquad (2.5/34)$$

Eine Begrenzung auf die in Gleichung 2.5/30 und 2.5/34 angegebenen Werte können wir nur durch eine günstige Wahl der Widerstände erreichen. Da die Dioden nicht den Innenwiderstand Null haben, ist je nach Größe des Eingangswiderstandes R_1 mit einem sehr leichten Anstieg der Ausgangsspannung zu rechnen. Zweckmäßig wählt man den Eingangswiderstand möglichst hochohmig, z.B. $R_1 = 10$ MΩ. Man erhält vollständige Symmetrie der Begrenzerschaltung, wenn $E_1 = E_2$ und $a_1 = a_2$ wird.

2.523 Erzeugung eines Hystereseverhaltens

Eine weitere in der Technik häufig vorkommende Nichtlinearität ist die Hysterese oder Lose. Dem technischen Sprachgebrauch entsprechend wird ein Verhalten mit Hysterese bezeichnet, wenn bei der Abhängigkeit einer Größe von einer anderen der momentane Zustand von der Vorgeschichte abhängig ist. Sie tritt z.B. bei Zahnrad- und Gestängeübersetzungen und bei der magnetischen Sättigung des Eisens auf. An dem mechanischen Beispiel entsprechend Bild 2.5/43 und 2.5/44 soll das Hystereseverhalten kurz erläutert werden. Eine Gestängeübertragung habe das Spiel $\pm x_0$. Setzt sich das Gestänge A in Richtung

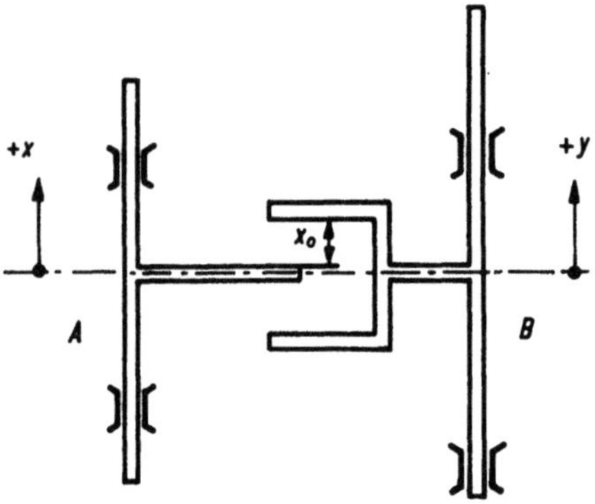

Bild 2.5/43
Gestängeübersetzung

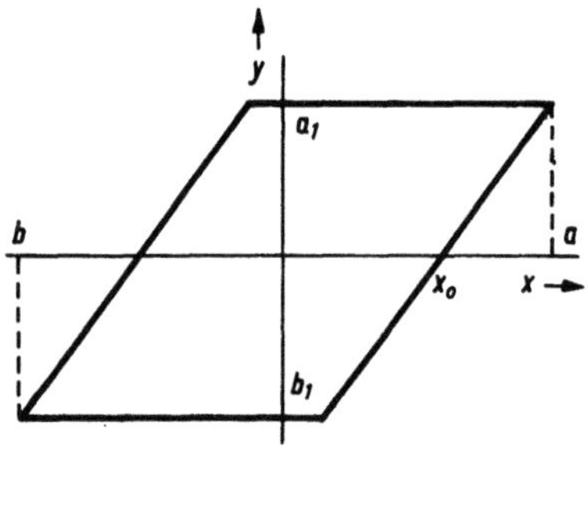

Bild 2.5/44
Funktionsverlauf für Anordnung nach Bild 2.5/43

positiver x-Werte in Bewegung, so bleibt das Gestänge B in Ruhe, bis Gestänge A den Weg x_0 zurückgelegt hat. Anschließend folgt Gestänge B dem Gestänge A. Wir nehmen an, daß die Auslenkung in + x-Richtung am Punkt a und in – x-Richtung am Punkt b begrenzt ist. Geht jetzt das Gestänge A zurück, so bleibt das Gestänge B am Ort seiner größten Auslenkung $y = a_1$. Gestänge A geht um $2\,x_0$ zurück, ehe sich Gestänge B proportional Gestänge A bewegt. Der Vorgang in dieser Bewegungsrichtung sei bei $x = b$ beendet.

Bewegt sich Gestänge A wieder in Richtung wachsender x-Werte, so bleibt Gestänge B in $y = b_1$, bis nach $2\,x_0$ Gestänge B erneut mitgenommen wird. Entsprechend Bild 2.5/44 haben wir also zu einem x-Wert im allgemeinen zwei y-Werte. Im Bild 2.5/45 ist noch das bekannte Hystereseverhalten in der Elektrotechnik gezeigt. Hier besteht eine gewisse Abweichung gegenüber dem vorher erläuterten Beispiel bei Auslenkung in x-Richtung für $x > a$ und $x < b$. Ein beliebig weiter anwachsendes H(x) hat keine Zunahme von B(y) mehr zur Folge. Dem physikalischen Sachverhalt entspräche bei der schaltungstechnischen Realisierung die Anwendung einer zusätzlichen Begrenzerschaltung, die schon unter 2.522 angegeben wurde.

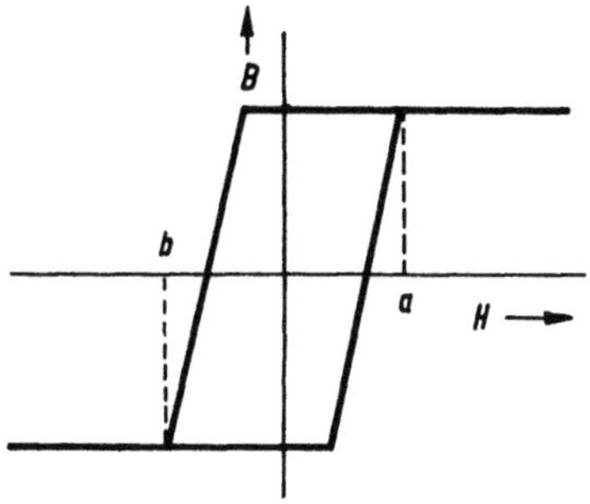

Bild 2.5/45
Idealisierte Hysteresisschleife der Elektrotechnik

Die Nachbildung eines Hysterese-Verhaltens auf dem elektronischen Analogrechner ist grundsätzlich nur in Verbindung mit einem Bauelement möglich, welches als "Gedächtnis" arbeitet, sich also stets an den vorhergegangenen Zustand "erinnert". Wir wollen hier zwei von vielen Schaltungsmöglichkeiten auswählen.

Eine einfache und übersichtliche Möglichkeit ist in Bild 2.5/46 angegeben. Wir haben es mit einer Eingangsspannung e_x und einer Ausgangsspannung e_y zu tun. Es werden zwei vorgespannte Dioden und ein möglichst verlustfreier Kondensator verwendet. Der Gedächtnis-Baustein wird durch einen Kondensator dargestellt. Wir gehen von einem Betriebszustand aus, in dem e_x und e_y gleich Null Volt sind. Wächst e_x, so wächst auch e_{02}; C bleibt aber spannungslos, solange keine der Dioden geöffnet ist. Das Anodenpotential muß positiv gegenüber dem Kathodenpotential sein, damit die Dioden in den leitenden Zustand übergehen können. Solange e_x und bei 1 : 1 Verstärkern auch e_{02} kleiner als E_a ist, bleibt die Diode I gesperrt. Für $e_x = E_a$ wird sie leitend; ihr Innenwiderstand sei Null. Damit erscheint die Eingangsspannung e_x vorzeichenrichtig am Ausgang des 2. Verstärkers und lädt über die Diode I den Kondensa-

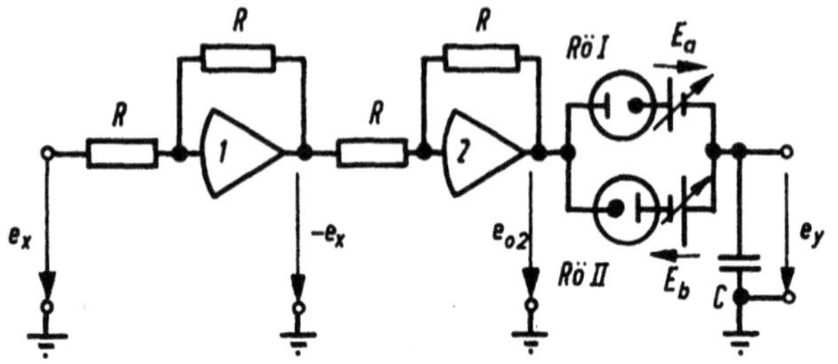

Bild 2.5/46
Schaltung zur Nachbildung eines Hysterese-Verhaltens

tor auf die entsprechende Spannung auf. Die beiden Verstärker sind nur erforderlich, um den Kondensator über eine sehr niederohmige Spannungsquelle vorzeichenrichtig aufzuladen, damit keine allzugroße Zeitverzögerung durch die Zeitkonstante (gebildet aus Kondensator, Innenwiderstand der Spannungsquelle und der Diode) entsteht. Bei dieser Anordnung und nicht zu großen Kapazitäten, kann die Zeitkonstante weitgehend unberücksichtigt bleiben. Vernachlässigen wir den äußerst geringen Spannungsabfall an der Diode, dann gilt:

$$e_x = e_y + E_a \qquad \text{oder} \qquad e_y = e_x - E_a \tag{2.5/35}$$

Sie ist solange gültig, wie e_x zunimmt. Sobald e_x seinen Maximalwert $e_{x\,Max}$ erreicht hat, soll ein Begrenzer zur Wirkung kommen. Wird e_x kleiner als $e_{x\,Max}$, so sperrt die Diode I. Es besteht keine Möglichkeit, daß Ladung vom Kondensator abfließen kann. Die Ausgangsspannung e_y behält den Wert $e_{y\,Max}$. Erst wenn die Spannung e_x um $E_a + E_b$ gefallen ist, wird die Diode II leitend und bei weiterem Fallen von e_x sinkt auch e_y entsprechend der Beziehung:

$$e_y = e_x + E_b \tag{2.5/36}$$

Dieser Vorgang läuft z. B. bis zum Punkt $e_{x\,Min}$. Sobald e_x wieder größer als $e_{x\,Min}$ ist, ist auch Diode II gesperrt. Wächst e_x um $E_a + E_b$, so wird Diode I wieder leitend. Normalerweise ist $E_a = E_b$. Wenn es absolut verlustfreie Verstärker und Kondensatoren gäbe, würde eine Funktion entsprechend Bild 2.5/47 möglich sein. Durch die nichtidealen Bauelemente erhalten wir jedoch nur abgerundete Funktionsverläufe und keine absolute Linearität.

Zweckmäßig wählt man eine Schaltungsanordnung entsprechend Bild 2.5/48.

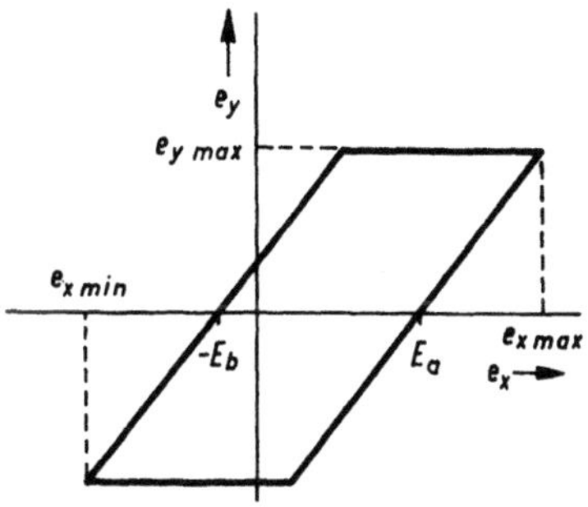

Bild 2.5/47
Funktionsverlauf für Schaltung nach Bild 2.5/46

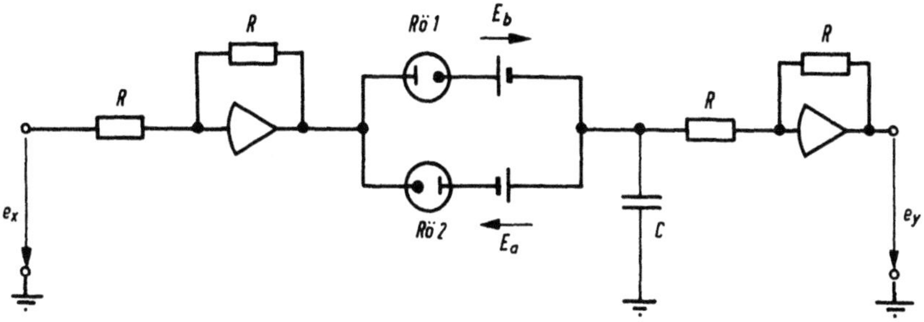

Bild 2.5/48
Schaltung zur Nachbildung von Hysterese-Verhalten

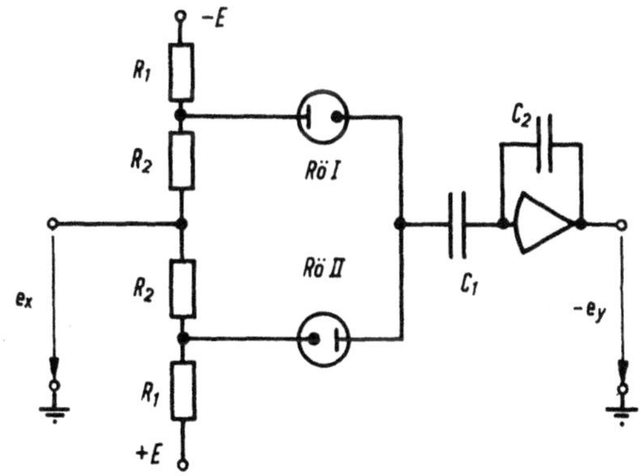

Bild 2.5/49
Schaltung zur Nachbildung von Hysterese-Verhalten

Als zweite Möglichkeit sei eine Schaltung mit nur einem Verstärker angegeben. Hier erhalten wir allerdings $-e_y$ am Ausgang des Verstärkers. Bild 2.5/49 zeigt die Schaltung und Bild 2.5/50 das gewünschte nichtlineare Verhalten.

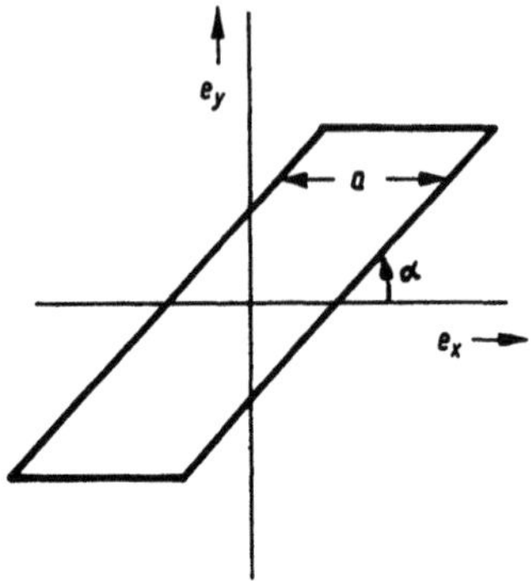

Bild 2.5/50
Funktionsverlauf für Schaltung nach Bild 2.5/49

Zu Beginn des betrachteten Vorganges sollen die Kondensatoren C_1 und C_2 ladungslos sein. Solange $e_x < \frac{R_2}{R_1} E$ ist, ist die Diode I gesperrt. Bei $e_x = \frac{R_2}{R_1} E$ öffnet die Diode I. Wir benutzen zur Berechnung die vereinfachte Schaltung nach Bild 2.5/51. Sie läßt lediglich den Innenwiderstand der Diode I unberücksichtigt.

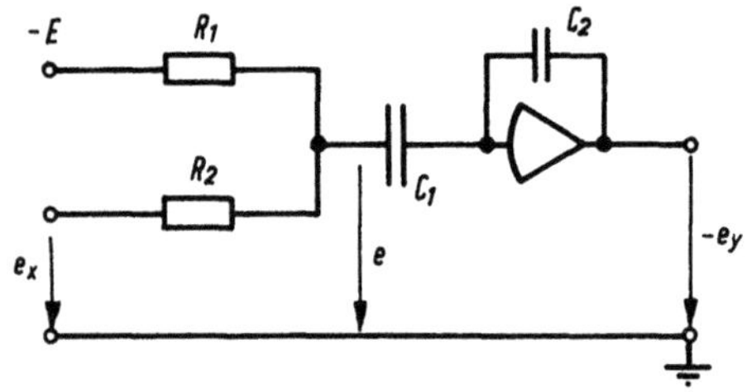

Bild 2.5/51

Wir ermitteln den Wert der Spannung e. Unter der Annahme, daß die Spannungsquellen an R_1 und R_2 niederohmig sind, lädt sich der Kondensator C_2 mit einer kleinen Zeitkonstanten auf die Spannung e auf. Wir berechnen die Spannung e, indem wir e als die Leerlaufspannung der Spannungsersatzquelle von Bild 2.5/52 betrachten.

Danach gilt:

$$e = i_K \cdot R_i \qquad i_K = \frac{e_x}{R_2} - \frac{E}{R_1} = \frac{e_x R_1 - E R_2}{R_1 \cdot R_2}$$

und

$$R_i = \frac{R_1 \cdot R_2}{R_1 + R_2} \tag{2.5/37}$$

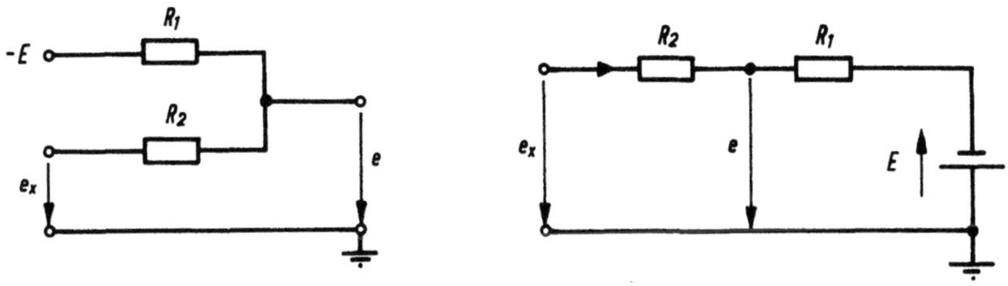

Bild 2.5/52

Daraus folgt durch Einsetzen von R_i und i_K:

$$e = \frac{R_1}{R_1 + R_2} e_x - \frac{R_2}{R_1 + R_2} E \qquad (2.5/38)$$

Diese Gleichung für e gilt nur bei geöffneter Diode I. Die Öffnung erfolgte bei $e = 0$ oder bei

$$e_x = \frac{R_2}{R_1} E$$

wie aus Gleichung 2.5/38 leicht zu ermitteln ist.

Mit der Spannung e kennen wir gleichzeitig auch durch die Beziehung

$$e_y = -\frac{C_1}{C_2} e \qquad (2.5/39)$$

die Ausgangsspannung des Verstärkers e_y. Wählen wir $C_1 = C_2 = C$, so erhalten wir:

$$e_y = -e \qquad (2.5/40)$$

Für e aber ergibt sich wieder das durch die vorgespannten Dioden bestimmte Hysterese-Verhalten. Solange e_x wächst, steigt auch e entsprechend Gleichung 2.5/38 proportional an. Im gleichen Augenblick, wo e_x abnimmt, sperrt Diode I und da die Ladung den verlustlos angenommenen Kondensator nicht verlassen kann, bleibt e_y auf dem zuletzt erreichten Wert stehen. Erst wenn die Spannung e_x um $a = 2 \cdot \frac{R_2}{R_1} \cdot E$ abgesunken ist, wird die Diode II leitend und es setzt im weiteren eine Abnahme der Ladung von C_1 ein. Die Ausgangsspannung e_y ändert sich entsprechend Bild 2.5/50. Der Einfluß der geringen zeitlichen Verzögerung kann durch verschiedenartige Schaltungsänderungen (z.B. Serienschaltung von R oder C im Rückkopplungskreis) vermindert werden. Durch die Wahl von C_1 und C_2 hat man es in der Hand, die Steigung der Geraden zu beeinflussen, da e_y nach Gl. 2.5/39 proportional dem Verhältnis C_1/C_2 ist. Für nicht zu schnell veränderliche Eingangsspannungen ist die Schaltung entsprechend Bild 2.5/49 gut geeignet.

In Bild 2.5/53 ist als Schaltung ein geschlossener Kreis mit dem gleichen Verhalten von e_x zu e_y gezeichnet.

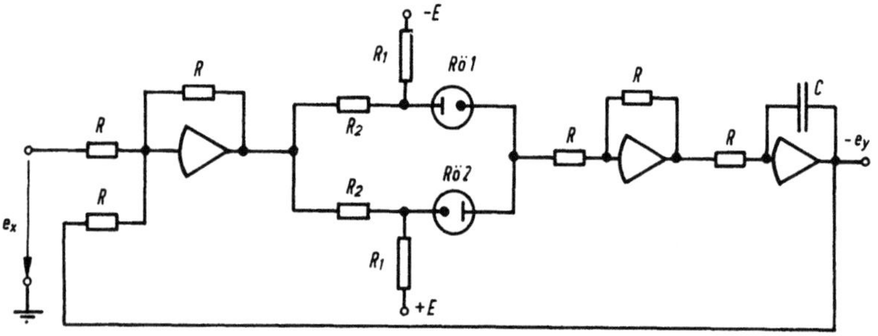

Bild 2.5/53
Schaltung zur Nachbildung von Hysterese-Verhalten

Der größere Aufwand in Bild 2.5/53 wird mit der Tatsache begründet, daß bei langsamen Vorgängen die Schaltung Bild 2.5/49 durch Streuspannungen und Nullpunktsverschiebungen Abweichungen des Ergebnisses zeigen kann. Diese Abweichungen sind nach Schaltung 2.5/53 mit Ausnahme in der toten Zone, in der keine Diode angesprochen hat, nicht mehr vorhanden. Allerdings ist der Aufwand um einiges gestiegen und es ist daher stets zu überlegen, welche Voraussetzungen von seiten der Variablen e_x und e_y erfüllt werden oder erfüllt werden müssen.

2.524 Bestimmung des absoluten Betrages einer Größe

Bei verschiedenartigen Problemen, vor allem aus der Regelungstechnik, interessiert oft nicht die Größe selbst, sondern allein der Betrag der Größe. Die mathematische Formulierung dieser Aufgabe lautet wie folgt:

$$|x| = +x \quad \text{für} \quad x > 0$$
$$|x| = -x \quad \text{für} \quad x < 0$$

Da der Betrag einer gewünschten Größe am Ausgang unserer Verstärkerschaltung anliegen soll, führen wir $e_i = x$ und $e_0 = |x|$ ein. Der mathematischen Formulierung entspricht die graphische Darstellung in Bild 2.5/54.

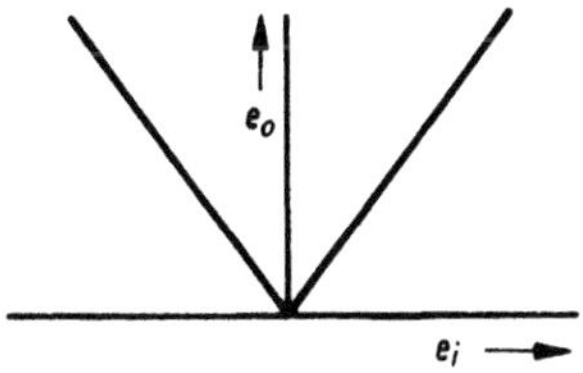

Bild 2.5/54
Kennlinie des Betrages

Bei geringem, etwa gleich großem Aufwand erfüllen die folgenden drei Schaltungen diesen Zweck.

In der ersten Schaltung Bild 2.5/55a wird eine Diode eingespart. Der als Summierer arbeitende Verstärker Nr. 1 erhält über einen Eingang stets die Größe e_i zugeführt. Für $e_i < 0$ ist der zweite Eingang wegen der in Serie liegenden Diode spannungslos. Nehmen wir wieder den Fall der idealen Diode an, so ist die Diode für $e_i \geqq 0$ geöffnet und auch der zweite Eingang des Summierers erhält über einen zwischengeschalteten Vorzeichenumkehrer Spannung, und zwar $-e_i$. Da in diesem Fall der Einfluß der Spannung des ersten Zweiges zunichte gemacht werden muß, ist die Spannung des zweiten Einganges doppelt stark zur Wirkung zu bringen. Aus diesem Grund wird der Eingangswiderstand genau halb so groß gewählt. Zu beachten ist, daß die Löschung des Einflusses des 1. Eingangs eingehalten wird.

Die Schaltung 2.5/55b umgeht diese Schwierigkeit, indem in jeden Eingang des Summierers eine Diode gelegt wird. Der Eingang (1) spricht nur an für $e_i < 0$, wir erhalten also in diesem Fall $e_0 = e_i$. Eingang (2) liegt nur an Spannung für $e_i > 0$. Die Zwischenschaltung eines Vorzeichenumkehrers bezweckt auch hier, daß für $e_i > 0$ die Spannung am Ausgang $e_0 = +e_i$ ist. Durch die Anwendung zweier Dioden ist also stets nur ein Eingang der Summierschaltung mit Spannung beaufschlagt. Die Schaltungen sind beide brauchbar und lassen sich mit Vorteil verwenden.

Um den Fehler bei $e_i \approx \pm 0$ möglichst klein zu halten, ist es zweckmäßig, eine zusätzliche Diodenvorspannung entsprechend dem Bild 2.5/55c zu verwenden. Diese dient zur Kompensation der Anlaufspannung der Dioden und liegt in der Größe von 1,5 ÷ 2,5 V bei handelsüblichen Elektronenröhren.

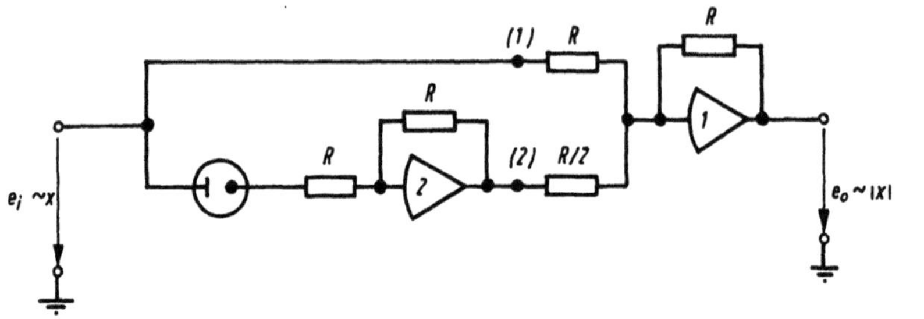

Bild 2.5/55 a
Schaltung zur Bildung des Betrages

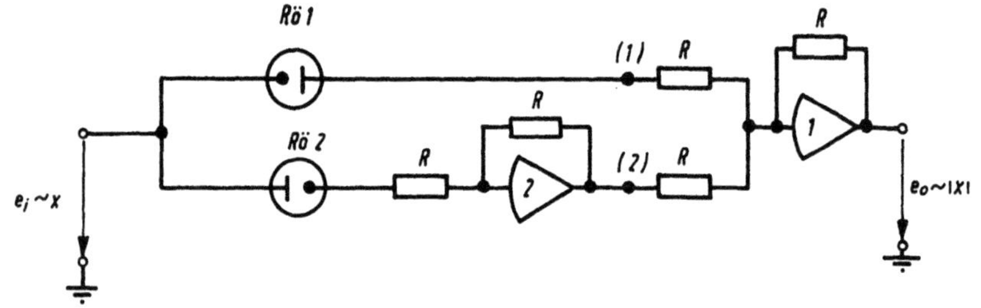

Bild 2.5/55 b
Schaltung zur Bildung des Betrages

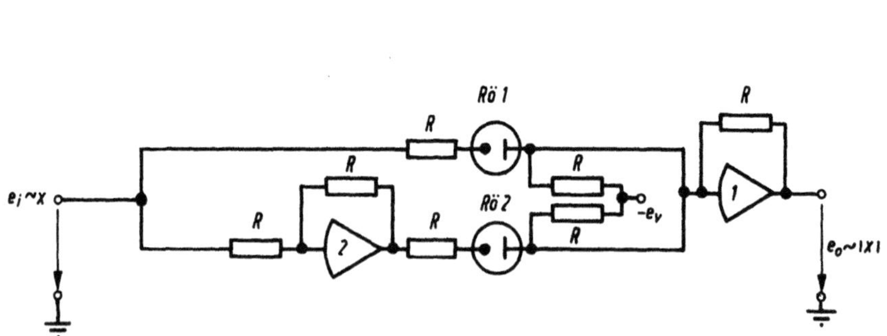

Bild 2.5/55 c
Schaltung zur Bildung des Betrages

2.53 Erzeugung spezieller Nichtlinearitäten mit Relais-Schaltkreisen

In diesem Abschnitt soll kurz auf die Anwendungsmöglichkeit von Relais zur Erzeugung von Nichtlinearitäten in Analogrechnern eingegangen werden. Relais in Verbindung mit Differentialverstärkern eignen sich in vielen Fällen ebensogut zur Darstellung spezieller Nichtlinearitäten wie Dioden. Ein Relais stellt ein elektromagnetisches System dar. Die Änderung der Größe des Stromes in einem elektrischen Stromkreis wird zur Schaltwirkung in anderen Stromkreisen ausgenutzt. So wie die vorgespannte Diode der wichtigste rein elektronische Schalter ist, ist das Relais mit Differentialverstärker das wichtigste Grundelement der elektromechanischen Schalter in Analogrechnern. Als Symbol des Differentialverstärkers oder Differentialrelais wollen wir das in Bild 2.5/56 dargestellte Zeichen verwenden. Die Arbeitsweise soll folgende sein: Falls G positiv gegenüber G' ist, arbeitet das Differentialrelais und der Schalter A–K wird geschlossen. Je nach Ansprechempfindlichkeit verwendet man entweder Differentialrelais oder Differentialverstärker. Eine Prinzipschaltung für einen Differentialverstärker mit Relais zeigt das Bild 2.5/57.

Bild. 2.5/56
Symbol eines Differentialverstärkers mit Relais

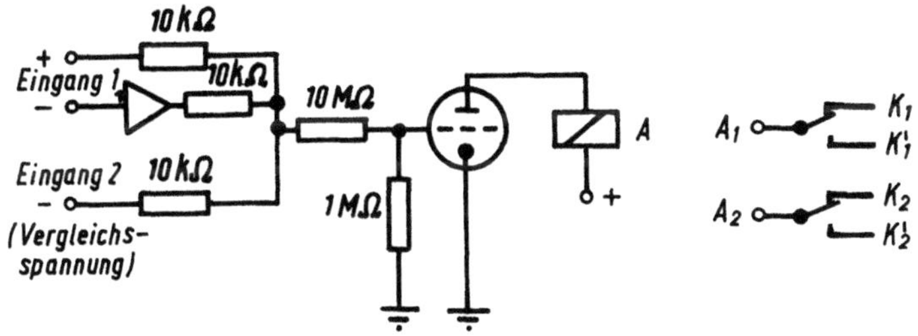

Bild 2.5/57
Prinzipschaltung eines Differentialverstärkers mit Relais

Im Anodenkreis der Röhre liegt die Wicklung des Relais A. Die beiden Spannungen des Einganges 1 und 2 werden verglichen, wobei vielfach eine der beiden als konstante, einstellbare Vergleichsspannung vorliegt. Die beiden Schaltzustände sind durch den stromführenden oder stromlosen Zustand der Relais gegeben. Solange das Gitter der Röhre negativ ist, bleibt das Relais A stromlos. Sobald das Gitter jedoch Null oder positiv ist, führt die Röhre Strom; das Relais zieht an und legt die Kontakte um. Eine andere Möglichkeit wäre die Kombination von Relais mit normalen Rechenverstärkern.

Zur Erzeugung von Nichtlinearitäten ist der Einsatz von Relais in Verbindung mit Differentialverstärkern längst nicht so verbreitet wie der von Dioden. Vom Relais mit Differentialverstärker sind zwei wesentliche Forderungen zu erfüllen. Als erstes müssen sich die Relais für sehr hohe Rechengeschwindigkeiten eignen, damit die Schaltzeit vernachlässigbar gegenüber den Änderungszeiten des Problems ist. Da die Relais nur für sehr geringe Schaltleistungen ausgelegt werden brauchen und die Schaltungen/Minute sehr niedrig sein können, liegen die Schaltzeiten im allgemeinen unterhalb 1 msec. Durch geeignete Wahl des frei verfügbaren Zeitmaßstabes kann in den meisten Fällen diese Bedingung erfüllt werden. Zum zweiten müssen wir von der Baueinheit Relais und Differentialverstärker eine hohe Ansprechempfindlichkeit verlangen. Als Mindestforderung zum Schalten des Relais sollte eine Spannungsdifferenz von 10 mV gelten. Diese reicht für normalen Rechenbetrieb stets aus.

Der Unterschied zwischen den Schaltvorgängen durch Dioden und Relais ist sehr wesentlich. Da die Diode kein echter Schalter ist, erfolgt der Übergang von einem Zustand in den anderen kontinuierlich. Echte Knicke der Kennlinien sind nicht zu erreichen, weil die Leitfähigkeit von Null zu sehr hohen Werten einen Übergangsbereich erfordert. Bei Relais hingegen haben wir ein echtes Schalten, da nur die Zustände des geöffneten oder geschlossenen Schalters vorliegen. Zwischen beiden Zuständen liegt noch die Umschlagszeit des Relais. Für die Nachbildung von Nichtlinearitäten mit scharfen Knicken wie Lose, Begrenzung und Hysterese eignen sich, wenn die beiden oben genannten Forderungen eingehalten werden, Differentialverstärker mit Relais besser als Dioden. Allerdings ist der Aufwand größer, zumal man zur Einhaltung einer möglichst großen Empfindlichkeit kaum ohne stabilisierte Verstärker auskommt. Grundsätzlich läßt sich die Empfindlichkeit, die ein Maß der zum Arbeiten des Relais erforderlichen Eingangsspannungsdifferenz ist, recht hoch treiben. Eine obere Grenze stellt allerdings der immer vorhandene Rauschpegel dar, da im Falle der Überschreitung bei sehr empfindlich gebauten Einheiten das Relais auf Grund von Rauschspannungen, Schalthandlungen usw. arbeiten würde, d.h. es würde dauernd flattern. Damit wäre ein sicheres Arbeiten nicht mehr gewährleistet.

Zusammenfassend ist zu sagen, daß sich der Differentialverstärker in Verbindung mit Relais zur Nachbildung scharfkantiger Nichtlinearitäten eignet, wenn

Ansprechempfindlichkeit und Schaltzeit den Forderungen des Rechenprozesses genügen. Überall da, wo mit sehr kurzen Schaltzeiten und einem hohen Störpegel gerechnet werden muß und abgerundete Übergänge an Stelle von Knicken bei den Nichtlinearitäten erlaubt sind, sollte man wegen des Flatterns der Relais nur mit Dioden arbeiten. Den weitaus größten Marktanteil an Funktionsgeneratoren stellen die mit Dioden ausgerüsteten dar. Nur aus Gründen der Vollständigkeit sollte auf die Einsatzmöglichkeiten von Relais mit Differentialverstärkern hingewiesen werden.

2.54 Universeller Funktionsgenerator mit Dioden

Nachdem wir uns in Abschnitt 2.52 mit der Einsatzmöglichkeit von Dioden in Rechenschaltungen für spezielle Nichtlinearitäten vertraut gemacht haben, wollen wir jetzt zu dem am häufigsten verwendeten allgemeinen Funktionsgenerator übergehen. Der wesentliche Vorteil dieses Funktionsgenerators gegenüber den unter 2.51 – 2.56 aufgeführten Verfahrensmöglichkeiten ist der Einsatz beim repetierenden Betrieb und gegenüber der unter 2.55 aufgeführten Bauart seine größere Genauigkeit, sein niedrigerer Preis und seine größere Vielseitigkeit.

Von den vielfältigen Ausführungsformen der Schaltungen wollen wir uns auf zwei sehr häufig angewandte beschränken und diese ausführlicher behandeln. Die Verwendung von Dioden als schnelle, spannungsempfindliche Schalter hat sich auch hier bestens bewährt. Die Darstellung der gewünschten Nichtlinearität $e_0 = f(e_i)$ geschieht durch einen Polygonzug. Für die Genauigkeit der Näherung durch den Polygonzug ist die Anzahl der zur Verfügung stehenden Segmente von großer Bedeutung. Diese schwankt bei ausgeführten Geräten zwischen 6 und $\approx$ 50. Für die Geräte wird eine möglichst leichte Einstellstellbarkeit der einzelnen Segmente gefordert. Selbstverständlich wird auch hier wieder eine sehr große Steigung nicht ohne erheblichen Aufwand zu überschreiten sein. Bei den Bauformen der Geräte können wir jetzt noch entsprechend Bild 2.5/58 die folgenden Ausführungsformen unterscheiden:

a) Beliebig einstellbare Knickpunkte
b) Fest vorgegebene Knickpunkte

Da wir mit der zuerst genannten Art im allgemeinen die bessere Möglichkeit der Näherung einer vorgegebenen Funktion haben, soll dieser Fall im weiteren untersucht werden.

Für die veränderliche Eingangsgröße e_i sind sowohl positive als auch negative Werte zugelassen. Eine Möglichkeit für die Schaltung eines allgemeinen

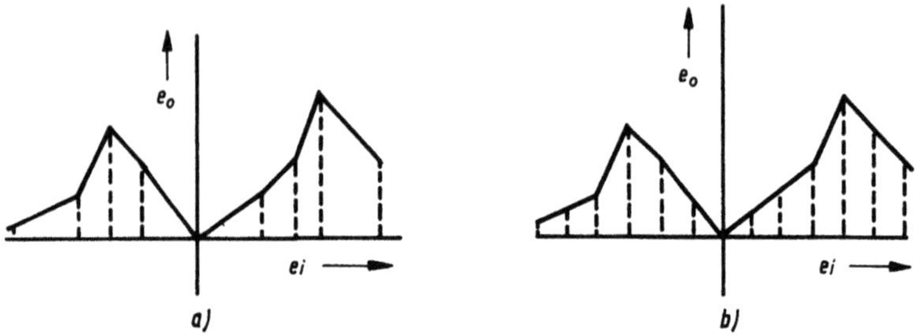

Bild 2.5/58

Funktionsgenerators, der den gewünschten Bedingungen entspricht, ist in Bild 2.5/59 dargestellt. Insgesamt sollen dem ersten ausführlich gezeichneten Kreis entsprechende n Kreise auf die aus Verstärker 1 und 2 bestehende Verstärkerschaltung geschaltet werden. Wir haben also insgesamt 2n Geradenstücke eines Polygonzuges zur Näherung einer vorgegebenen Funktion zur Verfügung. Das Verhalten der aus gleichartigen Kreisen aufgebauten Schaltung wollen wir an der in Bild 2.5/60 herausgezeichneten Schaltung eines Kreises näher betrachten.

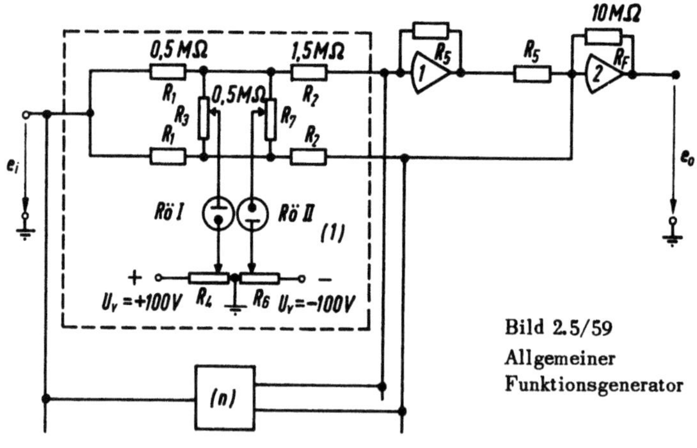

Bild 2.5/59
Allgemeiner
Funktionsgenerator

Da der Funktionsgenerator den normal verwendeten elektronischen Analogrechnern angepaßt sein soll, ist er für maximale Eingangsspannungen von ± 100 V vorgesehen. Die Ausgangsspannung darf für keine Eingangsspannung mehr als ± 100 V betragen, da sonst Übersteuerungen der Verstärker eintreten würden. Diese Bedingung ist bei der Wahl des Maßstabsfaktors zu berücksichtigen. Die

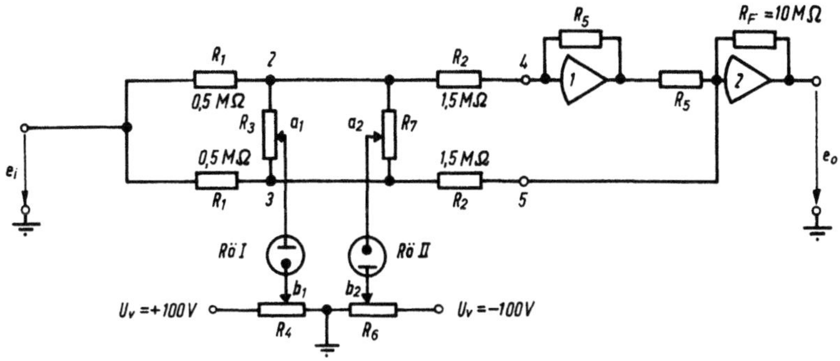

Bild 2.5/60
Prinzipschaltung eines allgemeinen Funktionsgenerators

Eingangsimpedanz ist von der Anzahl der Kreise, die an der Funktionserzeugung beteiligt sind, abhängig. Als Ausgangsimpedanz eines Verstärkers können wir mit etwa 1 Ω rechnen.

Mit den in Bild 2.5/60 gezeichneten Potentiometern R_3 und R_4, bzw. R_7 und R_6 erfolgt die Steigungs- und Knickpunktseinstellung. Über das Potentiometer R_4 wird die Kathode der Diode I an positives Potential gelegt und über das Potentiometer R_6 die Anode von Diode II an negatives Potential. Diese Potentialwerte sind bis zu 100 V stetig einstellbar. Solange das Anodenpotential der Dioden negativ gegenüber der Kathode ist, sind die Dioden gesperrt; es fließt somit kein Strom, der Innenwiderstand der Dioden ist in diesem Fall unendlich. Für den Spannungsbereich, in welchem keine Diode angesprochen hat, vereinfacht sich die Schaltung und wir können leicht die Spannungsabhängigkeit $e_0 = f(e_i)$ vor dem Knickpunkt ermitteln.

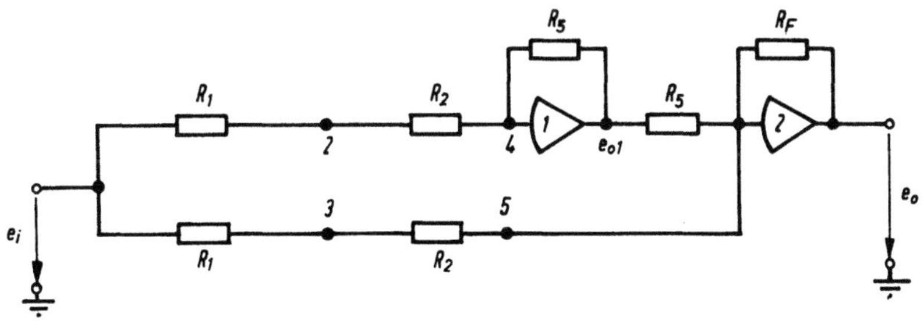

Bild 2.5/61
Vereinfachtes Ersatzbild für Bild 2.5/60 bei nicht angesprochenen Dioden

Am Ausgang des Verstärkers 1 haben wir die Spannung:

$$e_{01} = -\frac{R_5}{R_1 + R_2} e_i$$

Der Verstärker 2 arbeitet als Summierer, somit gilt:

$$e_0 = -\frac{R_F}{R_5} e_{01} - \frac{R_F}{R_1 + R_2} e_i$$

oder

$$e_0 = \frac{R_F}{R_5} \cdot \frac{R_5}{R_1 + R_2} e_i - \frac{R_F}{R_1 + R_2} e_i = 0 \qquad (2.5/41)$$

Da die Zweige des Kreises völlig gleichartig aufgebaut sind, müßte $e_0 = 0$ sein. Praktisch wird jedoch sehr häufig (wegen der nicht vollständigen Symmetrie) eine von Null verschiedene Ausgangsspannung e_0 für eine Eingangsspannung e_i vorliegen. Man kann hier leicht Abhilfe schaffen, indem man einen der Widerstände als Potentiometer ausführt und hier für den entsprechenden Ausgleich sorgt. An dieser Schaltung, die alle vor dem Knicken beteiligten Schaltelemente enthält, können wir auch noch eine einfache Beziehung für die Spannung an den Dioden gegen Erde ableiten. Die Punkte 2 und 3 haben gleiches Potential, so daß wir sie miteinander verbinden dürfen. Dieser Punkt 2, 3 hat gleichsam das gesuchte Potential Diode gegen Erde. Da wir es mit hochverstärkenden Gleichspannungsverstärkern zu tun haben, ist die Spannung der Punkte 4 und 5 gegen Erde Null Volt. Man erhält das vereinfachte Schaltbild entsprechend Bild 2.5/62 und damit für die Diodenspannung gegen Erde $U_{D,E}$:

$$U_{D,E} = \frac{\frac{R_2}{2}}{\frac{R_1}{2} + \frac{R_2}{2}} e_i = \frac{R_2}{R_1 + R_2} e_i \qquad (2.5/42)$$

oder

$$e_i = \frac{R_1 + R_2}{R_2} U_{D,E} \qquad (2.5/43)$$

Mit folgenden, in ausgeführten Analogrechnern eingebauten Widerstandswerten für R_1 und R_2 von 0,5 und 1,5 MΩ, erhält man somit:

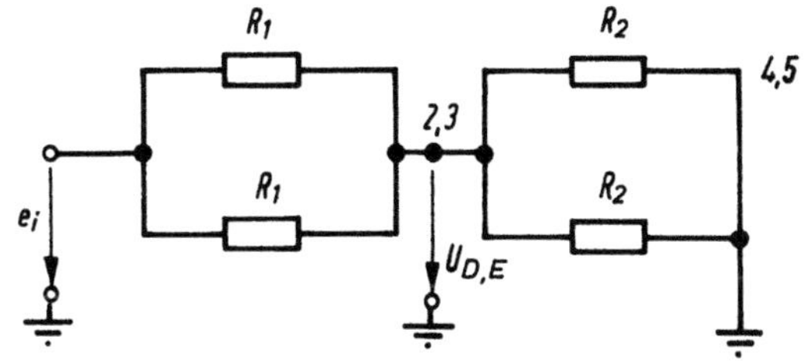

Bild 2.5/62

$$U_{D,E} = \frac{3}{4} e_i = 0{,}75\ e_i \qquad (2.5/44)$$

oder nach e_i aufgelöst:

$$e_i = 1{,}33 \cdot U_{D,E} \qquad (2.5/45)$$

Dieser für die praktische Einstellung der Knickspannung sehr wichtige Ausdruck bedeutet folgendes: Die Diode spricht an, wenn das Anodenpotential größer oder gleich dem Kathodenpotential ist. Wir wollen mit einer möglichst idealen Diode rechnen. Falls die Diode bei einer bestimmten Eingangsspannung e_i ansprechen soll, darf die Diode nur auf 0,75 e_i vorgespannt sein. Wir können auch umgekehrt sagen: falls mit den Potentiometern R_4 und R_6 die Dioden I oder II auf einen bestimmten Wert U_{D,E_v} vorgespannt sind, sprechen sie erst bei einer Eingangsspannung e_i von 1,33 U_{D,E_v} an. Leider wird an diesen Tatbestand vielfach nicht gedacht. Da man andererseits die Knickspannungswerte der Näherungsfunktion nicht gerne in Knickspannungswerte, die an den Potentiometern eingestellt werden müssen, umrechnet, empfiehlt sich folgender einfache Weg. Um möglichst schnell die Knickspannungen an den Potentiometern R_4 und R_6 in den n Kreisen einstellen zu können, sind die Abgriffe der Potentiometer $b_1 \cdot R_4$ und $b_2 \cdot R_6$ sehr häufig über Wahlschalter an eine Buchse geführt. Um nun keine Umrechnung durchführen zu müssen, gehen wir von dieser Buchse über einen Verstärker, dessen Ausgangsspannung 4/3 mal so groß ist wie seine Eingangsspannung. Damit lesen wir am Instrument, wie gewünscht, den Spannungswert e_i ab, bei dem die jeweilige Diode ansprechen soll. Tatsächlich jedoch wurde der Faktor $0{,}75 \cdot e_i$ eingestellt. Der Verstärker wird nur für die kurze Zeit des Einstellens dieser Potentiometer benötigt und kann anschließend als Rechenverstärker 1 oder 2 des Funktionsgenerators eingesetzt werden. Diese Art der Knickpunktseinstellung hat sich bestens bewährt und kann ohne Verschaltung eines Funktionsgenerators vorgenommen werden. Die Einstellung der Knickspannungswerte ist äußerst zuverlässig und wesentlich genauer als die Einstellung im repetierenden Betrieb, auf die wir noch zurückkommen. Es sei hier kurz darauf hingewiesen, daß die Ausgangsspannung des Funktionsgenerators nicht nur im nichtangesprochenen Zustand der Dioden Null ist, sondern auch im Fall des stromführenden Zustandes mit Mittelstellung der Potentiometerabgriffe an R_3 und R_7, d.h. für $a_1 = a_2 = 0{,}5$. Für den jetzt näher zu betrachtenden Zustand der Spannungsabhängigkeit $e_Q = f(e_i)$ nach dem Ansprechen einer Diode wollen wir belastungsunabhängige Spannungsquellen U_v annehmen. Der Innenwiderstand der Diode sei mit R_d bezeichnet. Das vereinfachte Schaltbild entsprechend Bild 2.5/63 gilt für den Fall, daß Diode I leitend ist. Durch Aufstellen der Maschengleichungen, Ordnen nach den 5 unbekannten Strömen und Auflösen der linearen Gleichungen sind wir in der Lage, die Spannungen $U_{2,4}$ und $U_{3,5}$ zu ermitteln. Diese Spannungen werden auf den Summierer gegeben, wobei $U_{2,4}$ über einen Vorzeichenumkehrer geführt wird.

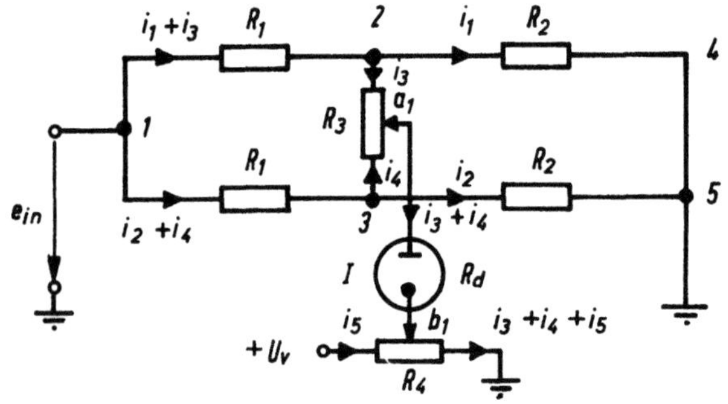

Bild 2.5/63
Schaltbild bei angesprochener Diode

Es gelten folgende Beziehungen:

1. $(i_1 + i_3) \cdot R_1 + i_1 \cdot R_2 = e_{in}$

2. $(i_2 + i_4) \cdot R_1 + i_2 \cdot R_2 = e_{in}$

3. $(i_1 + i_3) R_1 + i_3 (1 - a_1) R_3 - i_4 \cdot a_1 R_3 - (i_2 + i_4) R_1 = 0$

4. $i_5 (1 - b_1) R_4 + b_1 R_4 (i_3 + i_4 + i_5) = U_v$

5. $i_2 R_2 - (i_3 + i_4 + i_5) b_1 R_4 - (i_3 + i_4) R_d - a_1 R_3 i_4 \quad = 0$

Hieraus ermittelt man i_1 und i_2. Entsprechend dem Bild 2.5/60 gilt:

$$e_0 = \frac{R_F}{R_2} (U_{2,4} - U_{3,5}) \qquad (2.5/46)$$

Da $\quad U_{2,4} = i_1 \cdot R_2 \quad$ (2.5/47) und $\quad U_{3,5} = i_2 \cdot R_2 \quad$ (2.5/48)

ist, erhält man die Spannung e_0 am Ausgang des Summierers zu:

$$e_0 = R_F \, (i_1 - i_2) \tag{2.5/49}$$

Es ergibt sich:

$$e_0 = \frac{R_F}{R_1} \cdot \frac{-\left[\frac{R_3}{R_1}\left\langle\frac{R_2}{R_1} e_{in} - b_1 U_v \left(\frac{R_2}{R_1} + 1\right)\right\rangle\right] \cdot (2 a_1 - 1)}{\left(\frac{R_2}{R_1}\right)^2 + \left(1 + \frac{R_2}{R_1}\right) \frac{R_2}{R_1}\left(\frac{R_3}{R_1} + 2 A\right) + \left(1 + \frac{R_2}{R_1}\right)^2 \cdot \frac{R_3}{R_1}\left[A + \frac{R_3}{R_1}\left\langle a_1 (1 - a_1)\right\rangle\right]} \tag{2.5/50}$$

mit

$$A = b_1 \frac{R_4}{R_1} + \frac{R_d}{R_1} - b_1{}^2 \frac{R_4}{R_1} \tag{2.5/51}$$

Für eine bestimmte Wertekombination $\frac{R_2}{R_1}, \frac{R_3}{R_1}$, a_1, b_1 und A haben wir die gewünschte lineare Abhängigkeit zwischen der Ausgangsspannung e_0 und der Eingangsspannung e_i. Dieser allgemeingültige Ausdruck (Gl. 2.5/50) läßt sich nun hinsichtlich der Größe des Einflusses der verschiedenen Parameter untersuchen.

Da andererseits für die Widerstände als Eingangswiderstände hochverstärkender Gleichspannungsverstärker eine untere Grenze vorgegeben ist, ist der praktisch auszunutzende Bereich der verschiedenen Parameter nicht groß. Als zweckmäßig haben sich für den praktischen Betrieb folgende Werte erwiesen:

$R_1 = 0{,}5\,M\Omega$; $R_2 = 1{,}5\,M\Omega$; $R_3 = 0{,}5\,M\Omega$; $R_F = 10\,M\Omega$; $R_5 = 0{,}2\,M\Omega$; $R_4 = 0{,}1\,M\Omega$.

Mit diesen Werten erhalten wir folgenden Ausdruck für e_0:

$$e_0 = -\frac{R_F}{R_1} \cdot \frac{(3\, e_{in} - b_1 U_v\, 4)\,(2 a_1 - 1)}{21 + 40 A + 16 a_1 (1 - a_1)} \tag{2.5/52}$$

mit

$$A = \frac{b_1}{5} (1 - b_1) + \frac{R_d}{0{,}5\, M\Omega} \tag{2.5/53}$$

Es ergibt sich e_0 gleich 0 für:

$$1.\ a_1 = \frac{1}{2} \qquad 2\ e_{in} = \frac{4}{3} \cdot b_1 \cdot U_v \qquad 3.\ A = \infty$$

Die Mittelstellung des Steigungspotentiometers führt also stets zur Ausgangsspannung $e_0 = 0$. Solange $e_i \leqq \frac{4}{3} b_1 U_v$ ist, ist die Diode gesperrt, d.h. $A = \infty$. Für den Fall, daß $e_i = \frac{4}{3} b_1 \cdot U_v$ ist, wird, wie schon früher ermittelt, die Röhre leitend. Für konstante Werte a_1, b_1, A und U_v ist eine lineare Abhängigkeit für e_0 als Funktion von e_{in} gegeben.

Eine gewisse Nichtlinearität ist in A begründet, da A selbst durch den Röhreninnenwiderstand R_d stromabhängig ist. Durch die Wahl einer geeigneten Röhre kann man jedoch erreichen, daß die Änderung von R_d auf A nur von sehr geringem Einfluß ist. Bei den oben gewählten Widerstandswerten erhalten wir etwa

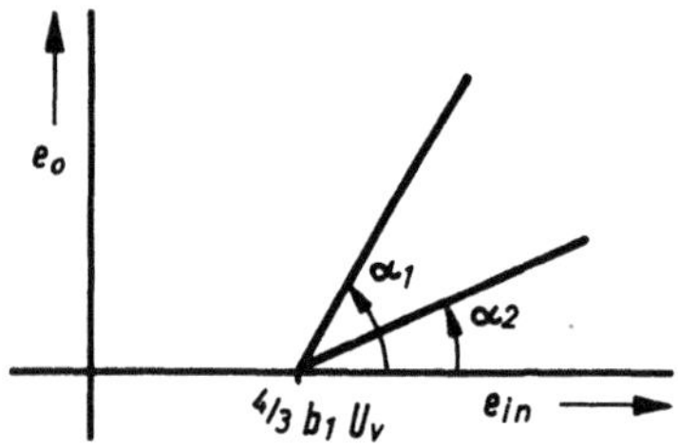

Bild 2.5/64
Kennlinien von zwei Diodenkreisen mit gleicher Knickpunkteinstellung und verschiedener Steigung

eine Steigungsänderung von maximal $2 \frac{\text{Volt}}{\text{Volt}}$. Für $e_{in} < \frac{4}{3} b_1 U_v$ ist $e_0 = 0$; für $e_{in} > \frac{4}{3} b_1 U_v$ haben wir die lineare Abhängigkeit zwischen e_0 und e_{in}. Genügt die maximale Steigungsänderung von $2 \frac{\text{Volt}}{\text{Volt}}$ nicht, so müssen wir zur Erzeugung einer größeren Steigung mehrere Dioden bei der gleichen Knickspannung ansprechen lassen. Der Aufwand für sehr steile Funktionen ist ganz erheblich. Da die einzelnen Kreise völlig gleichwertig zum Gesamtergebnis beitragen, addieren sich die jeweiligen tg α-Werte der einzelnen Kreise. Bei gleicher maximaler Steigung ergeben n Kreise eine Gesamtsteigung von $n \cdot 2 \frac{\text{Volt}}{\text{Volt}}$.

Damit gilt:

$$\alpha_{ges} = \operatorname{arc\,tg}\left(n \frac{2\ V}{V}\right) \qquad (2.5/54)$$

Für n = 3 ergibt sich z. B. ein maximaler Winkel α von:

$$\alpha = \operatorname{arc\,tg} 3 \cdot \frac{2\,V}{V} = \operatorname{arc\,tg} 6$$
$$\alpha = 80{,}5^\circ$$

Eine Erhöhung der Anzahl gleichzeitig ansprechender Dioden über 3 ist unzweckmäßig, da sich das Einstellen des gleichzeitigen Ansprechens meßtechnisch schwierig gestaltet. Ein weiterer Gesichtspunkt ist noch zu berücksichtigen. Hat man nicht monoton ansteigende Funktionen, sondern z. B. einen Kurvenverlauf entsprechend Bild 2.5/65, so muß man an der Stelle 1, falls man 3 Dioden für die Steigung der Geraden I benötigt, 3 Dioden ansprechen lassen, um die Steigung auf Null zu bringen, und 3 weitere, um den Geradenverlauf II zu erreichen.

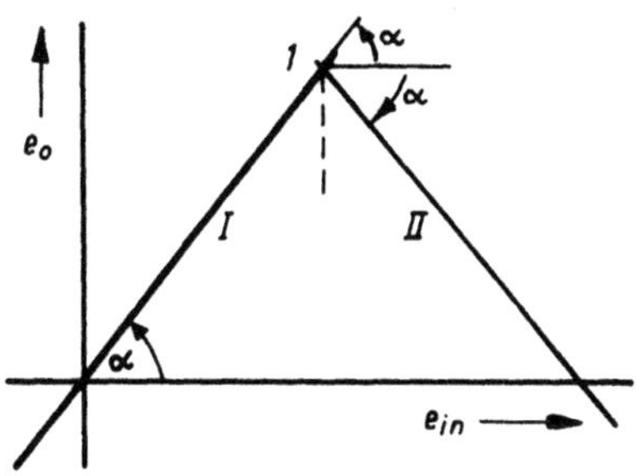

Bild 2.5/65

Will man bei negativen Eingangsspannungen Knicke im Funktionsverlauf erzeugen, so hat man nur negative U_v-Werte zu nehmen, damit die Dioden II der verschiedenen Kreise in Bild 2.5/60 ansprechen. Mit diesem hier näher erläuterten Funktionsgenerator sind wir in der Lage, bei beliebigen Spannungswerten e_{in} zwischen ± 100 V Knickstellen mit dem gewünschten Steigungsmaß zu erreichen. Die Einstellung erfolgt zweckmäßig in folgender Reihenfolge:

1. Einstellen der gewünschten Knickspannungen unter Berücksichtigung von Gleichung 2.5/44.

2. Einstellen der verschiedenen Steigungspotentiometer, so daß die gewünschten Ausgangsspannungswerte bei den vorgegebenen Eingangsspannungswerten anliegen.

Eine andere Möglichkeit der Einstellung der gewünschten Nichtlinearität ist die mittels des Elektronenstrahl-Oszillographen. Legen wir an den Eingang des Funktionsgenerators eine wiederholt von – 100 V linear ansteigende Spannung und an den Eingang des synchron arbeitenden Oszillographen die Ausgangsspannung e_0, so können wir auf dem Schirm des Oszillographen leicht den Einfluß der verschiedenen Potentiometereinstellungen kontrollieren. Mit einer entsprechenden Maske läßt sich der Funktionsverlauf nachbilden. Bei einer großen Einstellfertigkeit mag dieses Verfahren sogar schneller zum Ziel führen. Die Genauigkeit der so ermittelten Funktion ist wegen der nur schlecht feststellbaren Knickpunkte bei geringen Steigungsänderungen nicht ausreichend. Die Einstellung im statischen Betrieb ist deshalb vorzuziehen.

Auf einige schaltungstechnische Besonderheiten in Verbindung mit dem Funktionsgenerator soll noch kurz hingewiesen werden. Liegt der Fall vor, daß wir bei einer Eingangsspannung $e_{in} = 0$ Volt eine Ausgangsspannung ungleich Null Volt wünschen, so müssen wir dem Summierer entsprechend Bild 2.5/66 eine zusätzliche Gleichspannung $U_0 = -e_0(0)$ vorgeben. Da der Widerstand R_F in praktischen Schaltungen einen sehr hohen Wert (etwa 10 MΩ) hat, können wir durch geeignete Wahl der Größe des Widerstandes R Einfluß auf die Größe der Spannung U_0 nehmen.

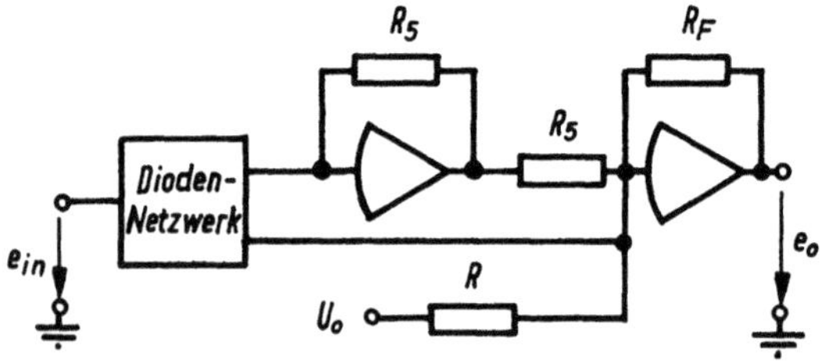

Bild 2.5/66

Es gilt:

$$U_0 = -\frac{R}{R_F} e_0 (0) \qquad (2.5/55)$$

Eine Variation der Spannung U_0 entspricht einer x-Achsen-Transformation.

Wie wir der Schaltung Bild 2.5/59 eines allgemeinen Funktionsgenerators entnehmen können, sind wir bei n Kreisen in der Lage, sowohl für positive als auch für negative e_{in}-Werte jeweils n Dioden zum Ansprechen kommen zu lassen. Nun haben wir es aber bei vielen Problemen stets nur mit positiven Größen, denen auch positive e_{in}-Werte zugeordnet werden, zu tun. Das würde bedeuten, daß wir nur n statt 2n Dioden verwenden. Andererseits ist man gerade bestrebt, den Polygonzug aus möglichst vielen Geradenstücken anzunähern. Aus diesem Grunde soll hier eine Möglichkeit erläutert werden, um sämtliche verfügbaren Dioden (positiv und negativ vorgespannt) verwenden zu können. Die dazugehörige Schaltung ist in Bild 2.5/67 dargestellt.

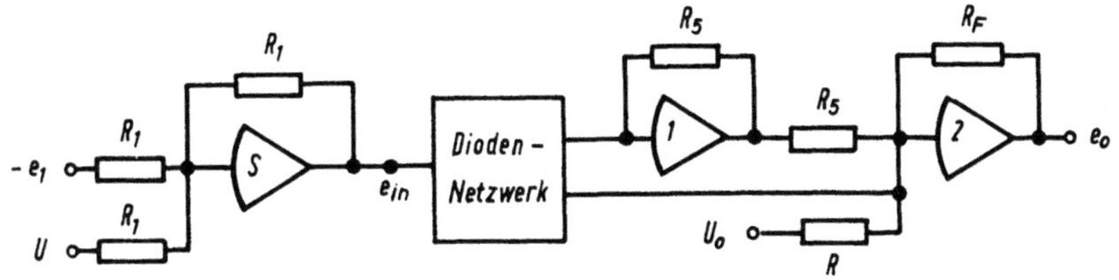

Bild 2.5/67

Die sich zwischen 0 V und + 100 V ändernde Größe e_1 geben wir über einen Vorzeichenumkehrer zusammen mit einer Spannung U von z.B. + 50 V auf den Eingangssummierer. Die Spannung am Funktionsgeneratoreingang e_{in} beträgt dann für:

$e_1 = 0$ V	$e_{in} = -50$ V
$e_1 = 50$ V	$e_{in} = 0$ V
$e_1 = 100$ V	$e_{in} = +50$ V

Die Dioden II stellen den Bereich $0 < e_1 < 50$ V und die bei positiven e_{in}-Werten ansprechenden Dioden I den Bereich 50 V $< e_1 <$ 100 V dar. Selbstverständlich können die Spannungswerte auch beliebig anders gewählt werden. Bei diesem Verfahren muß der U_0-Wert des Endsummierers 2 nicht auf den Wert e_0 für $e_1 = 0$, sondern auf den Wert e_0 für $e_1 = 50$ V gebracht werden. Zur Einstellung der verschiedenen Knickpunkte auf dem Funktionsgenerator gehen wir stets vom Nullpunkt am Funktionsgeneratoreingang aus.

Wir wollen jetzt noch zur genauen Einstellung der Knickpunkte die Abszisse dehnen. Dabei machen wir von der Schaltung entsprechend Bild 2.5/68 Gebrauch.

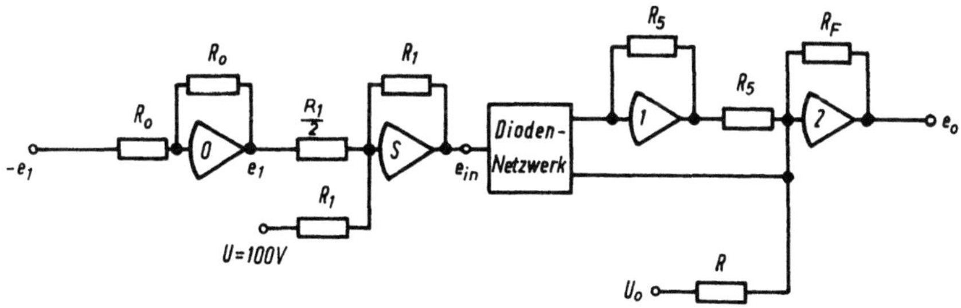

Bild 2.5/68

Wählen wir die Spannung U am Eingangssummierer S zu 100 V, so erhalten wir bei den angegebenen Widerstandswerten des Eingangssummierers $e_{in} = 2\,e_1 - 100$ V. Ist, wie vorausgesetzt, e_1 auf den Bereich $0 < e_1 < 100$ V beschränkt, so haben wir am Eingang des Funktionsgenerators folgende Spannungen anliegen:

$e_1 = 0$ V	$e_{in} = -100$ V
$e_1 = 50$ V	$e_{in} = 0$ V
$e_1 = 100$ V	$e_{in} = 100$ V

Wir sind also in der Lage, die Abszisse auf das Doppelte zu dehnen. Der e_1-Bereich wird genau halbiert und jede Hälfte erhält die gleiche Anzahl Dioden, da im Bereich $0 < e_1 < 50$ V nur die Dioden II (negativ vorgespannt) und im Bereich $50\text{ V} < e_1 < 100$ V nur die Dioden I ansprechen.

Kommt man zur genauen Darstellung nicht mit einem Funktionsgenerator aus, so muß man zwei oder mehrere parallel schalten. Dies ist vor allem bei sehr großen Steigungsänderungen und bei sehr großen Steigungen erforderlich. Bei der Parallelschaltung geht man zweckmäßig jeweils über einen Eingangsverstärker, damit die Eingangsspannungsquelle nicht überlastet wird. Der Größe des Vorzeichenumkehrwiderstandes R_5 muß man besondere Beachtung schenken. Normalerweise liegt er bei etwa 200 kΩ. Bei der Parallelschaltung von 2 Funktionsgeneratoren müßte man etwa 100 kΩ wählen, damit keine Übersteuerungen eintreten.

Die Möglichkeiten dieses allgemeinen Funktionsgenerators sind ziemlich groß. Sein wesentlicher Vorteil gegenüber anderen Funktionsgeneratoren besteht darin, daß er selbst bei hohen Wiederholungsfrequenzen noch verwendungsfähig bleibt. Die Herstellerfirmen geben einen linearen Frequenzgang bis 2000 Hz an. Bei normalen Wiederholfrequenzen wird man also einen zusätzlichen Fehler durch den Funktionsgenerator nicht zu beachten brauchen.

Bei verschiedenen Fabrikaten möchte man durch zusätzlichen Einbau eines Hochfrequenz-Generators eine Abrundung der Knickstellen erreichen. Hierzu überlagert man der Eingangsspannung eine HF-Spannung. Diese Summenspannung gibt man auf den Funktionsgenerator. Durch die Überlagerung wird erreicht, daß die Dioden durch die Spitzen der HF-Spannung schon vor dem eigentlichen Knickpunkt kurzzeitig leitend werden. Diese Zeitdauer wird umso größer, je mehr sich der Gleichspannungswert der Knickspannung nähert. Hinter dem Funktionsgenerator wird eine Siebschaltung zur anschließenden Heraussiebung des HF-Anteils erforderlich.

Neben dieser sehr häufig verwendeten Dioden-Brückenschaltung als universeller Funktionsgenerator wird gern mit leichter überblickbaren Stromkreisen gearbeitet. Die Funktion selbst wird wieder durch einen Polygonzug angenähert. Die Höhe der Diodenvorspannung kann fest eingestellt sein oder von außen geändert werden. Für Spannungswerte oberhalb der Vorspannung ist die Diode leitend und trägt mit einem bestimmten, über ein Potentiometer einstellbaren Anteil zu der Ausgangsspannung des Funktionsgenerators bei. Schaltet man auch noch einen Vorzeichenumkehrer in den Stromkreis ein, so erreicht man positive und negative Anstiege der Ausgangsfunktion sowohl für positive als auch für negative Eingangsspannungen, falls man die Vorspannung der Dioden in der Polarität über Schalter ändert und die Dioden selbst umpolbar schaltet. Im Bild 2.5/69 ist der Aufbau für zwei Knickpunkte dargestellt.

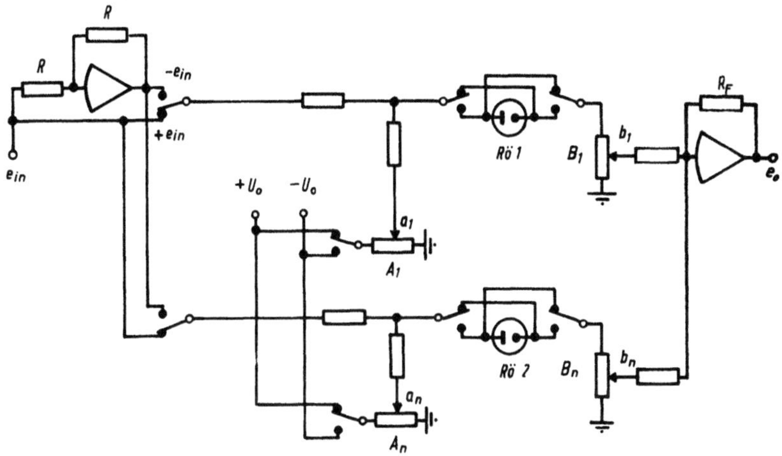

Bild 2.5/69
Universeller Funktionsgenerator

Bei einer Reihe von ausgeführten Anlagen verzichtet man auf die beliebig einstellbare Vorspannung mittels der von außen zugänglichen Potentiometer $A_1 \div A_n$ und sieht z. B. für positive und negative Eingangsspannungen je 10 Dioden vor. Die Stufung beträgt dann 10 V bei einem üblichen Arbeitsbereich der Eingangsspannungen von ± 100 V.

Abschließend sei noch auf einige Gesichtspunkte hingewiesen, die man sich vor der praktisch durchzuführenden Näherung einer Funktion durch einen Polygonzug überlegen sollte. Von einer besonders einfachen Approximation einer beliebigen Funktion macht man bei der Interpolation Gebrauch. Unter Interpolation versteht man allgemein die Abschätzung des Wertes einer Funktion y von x für irgend einen Wert von x, wenn die Funktionswerte für bestimmte x_1, x_2 ... x_n der unabhängigen Veränderlichen gegeben sind. x muß innerhalb des Bereichs der gegebenen Punkte liegen.

Sind nur 2 Funktionswerte gegeben, so nähern wir z.B. die Funktion durch eine ganze lineare Funktion von x. Diese Näherungsfunktion wird so gewählt, daß sie für die Werte x_1 und x_2 die gegebenen Werte y_1 und y_2 liefert.

Bei einer Näherung kommt es aber im allgemeinen weniger darauf an, daß in bestimmten Punkten eine Übereinstimmung herrscht als vielmehr darauf, daß im ganzen betrachteten Intervall die Funktion möglichst gut durch die Näherungsfunktion beschrieben wird. Bei der lineraren Interpolation nach Bild 2.5/70 würde das z.B. heißen, diejenige Gerade zu bestimmen, bei der im betrachteten Intervall der Fehler im Mittel möglichst klein ist.

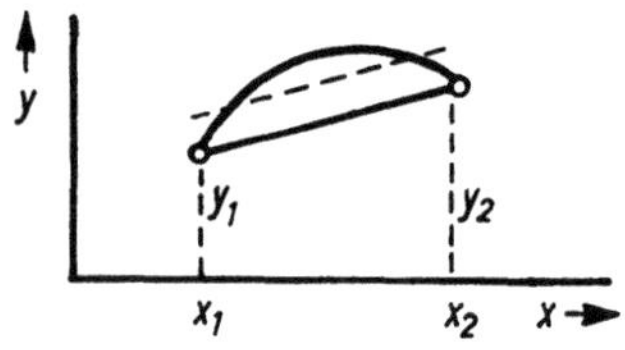

Bild 2.5/70
Lineare Interpolation

Der mittlere Fehler ist aber kein gutes Maß für die Annäherung, da positive und negative Fehler jeder für sich groß sein können, sich aber im Mittel aufheben. Der Mittelwert des Fehlerbetrages wäre besser, ist aber analytisch schlechter zu fassen. Bei der rein zeichnerischen Wahl des Näherungspolygons ist dieses Verfahren gut brauchbar. Da das Fehlerquadrat eine positive Größe ist, wäre die Bildung des mittleren Fehlerquadrates, welches auch analytisch gut auswertbar ist, eine zweckmäßige Grundlage der Näherungsmethode.

Aus all diesen Betrachtungen, die stets einen zusätzlichen Aufwand bedeuten, ersieht man, daß das Verfahren mit äquidistanten Abschnitten (fest vorgegebenen Knickpunktstellen) ungünstig ist. Grundsätzlich muß man davon ausgehen, daß nur dort weitere Dioden zum Ansprechen gebracht werden, wo Steigungsänderungen vorliegen. Da die Steigungsänderung durch einen Kreis z.B. auf $2\,\frac{\text{Volt}}{\text{Volt}}$ beschränkt ist, ist eine Funktion f(x) in einem bestimmten Bereich nur dann darzustellen, wenn die Summe der Steigungsanderungen kleiner als $n \cdot 2\,\frac{\text{Volt}}{\text{Volt}}$ beträgt. Hierin bedeutet n die Anzahl der verfügbaren Kreise. Bei zu großer Steigungsänderung kann man durch geeignete Wahl von Maßstabsfaktoren die Steigungsänderung geringer machen. Eine überschlägige Bestimmung der gesamten Steigungsänderung, z.B. durch graphische Differentiation, sollte aber stets durchgeführt werden. Für besonders häufig vorkommende Funktionen empfiehlt es sich, diesen Aufwand einmalig zu leisten und die so ermittelten günstigen Einstellwerte in der Form einer Programmierungsbibliothek aufzubewahren. Eine anschließende Fehlerbetrachtung sollte davon überzeugen, daß die Genauigkeit ausreichend ist.

2.55 Verwendung des Elektronenstrahloszillographen als Funktionsgenerator

Eine weitere Möglichkeit zur Nachbildung eines nichtlinearen Zusammenhanges ist die Anwendung der im folgenden näher beschriebenen Einrichtung. Sie besteht laut Bild 2.5/71 im wesentlichen aus einem Elektronenstrahloszillographen, einer Maske (dem gewünschten Funktionsverlauf entsprechend), einer Photozelle und einem Summierer.

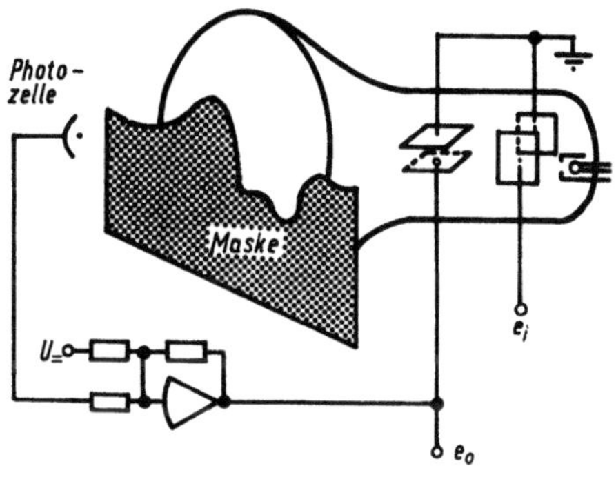

Bild 2.5/71
Prinzipschaltung
des Photoumformers

Die Funktion $y = f(x)$ wird zuerst auf undurchsichtiges Material aufgetragen und anschließend wird das Material oberhalb der Kurve abgeschnitten, so daß eine Maske, die Silhouette der Funktion, entsteht. Diese wird nahe vor dem Schirm des Oszillographen befestigt. Vor der Maske wird eine Photozelle angebracht. Befindet sich der Elektronenstrahl oberhalb der Maske, so wird die Photozelle belichtet, befindet sich dagegen der Elektronenstrahl unterhalb des Maskenrandes, so ist die Zelle unbelichtet. Die Eingangsspannung e_i legen wir an das Horizontal-Ablenkplattenpaar. Die Funktion $e_0 = f(e_i)$, siehe Bild 2.5/72, wurde auf die Maske übertragen. Es soll Proportionalität zwischen x, y und e_i bzw. e_0 bestehen.

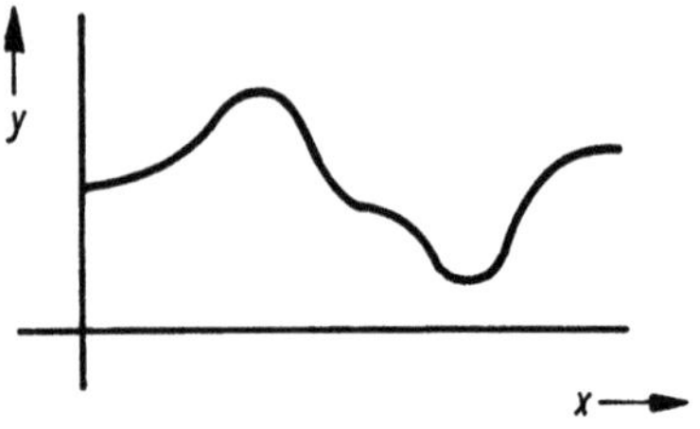

Bild 2.5/72
Nachzubildende
nichtlineare Kennlinie

Es möge gelten:

$$x = k_1 \cdot e_i$$
$$y = k_2 \cdot e_0 = f(x).$$

Da

$$y = f(x)$$

sein soll, gilt nunmehr für die Ausgangsspannung e_0:

$$e_0 = \frac{1}{k_2} \cdot f(k_1 \cdot e_i)$$

Es muß durch unsere Rückkopplungsanordnung bewirkt werden, daß diese Ausgangsspannung tatsächlich die gewünschte Abhängigkeit von e_i hat. Wenn man erreicht, daß der Elektronenstrahl in vertikaler Richtung, unabhängig von x, jeweils gerade bis zum Maskenrand ausgelenkt wird, ist die gewünschte Abhängigkeit vorhanden. Hierzu gelangt man wie folgt: An den Summierer geben wir eine Gleichspannung derart, daß der Elektronenstrahl bis zum oberen Rand des Oszillographenschirmes ausgelenkt wird. Fällt jetzt Licht auf die Photozelle, so wird die erzeugte Spannung so über den Summierer an das Vertikal-Ablenkplattenpaar gegeben, daß der Elektronenstrahl zur Ausgangslage (Nulllage) zurückgetrieben wird. Die resultierende Stellung des Elektronenstrahles ist durch die Maske bestimmt. Diese Fehlerspannung, die stets bei Überschreiten des Maskenrandes erzeugt wird, ist gerade entgegengesetzt gleich der Ablenkspannung bis zum Rand. Es kann die Eingangsspannung e_i beliebig variiert werden, die Ausgangsspannung e_0 wird durch die Maske immer wieder zur gewünschten Funktion der Eingangsspannung.

Aus verschiedenen Gründen ist die Genauigkeit dieses Funktionsgenerators nicht sehr hoch zu treiben. Besonders fallen Ungleichmäßigkeiten des Schirmes und die Fertigungsungenauigkeiten der Maskenherstellung bei normaler Schirmgröße von 130 mm ø ins Gewicht. Ein weiterer nicht zu unterschätzender Fehler entsteht durch die Ablenksysteme. Es ist äußerst selten, daß die Horizontal-

und die Vertikalablenksysteme überall unverfälschte rechte Winkel ergeben. Dies bewirkt eine nur schwer oder gar nicht zu korrigierende Verzerrung. Eine Möglichkeit zur Ausschaltung dieses Fehlers ist folgende (bei elektrostatischer Ablenkung): Man benützt den Kathodenstrahloszillographen selbst zur Maskenherstellung, indem man an die Horizontalablenkplatten die Größe e_i und an das Vertikalablenksystem die Spannung e_0 legt. Die Größe e_0 müßte von einem genauen Funktionsgenerator geliefert werden. Durch die Phototechnik ist man dann in der Lage, eine Maske herzustellen, die der Nicht-Orthogonalität des jeweiligen Oszillographen bei elektrostatischer Ablenkung Rechnung trägt. Im allgemeinen ist eine Verringerung des Gesamtfehlers unter 1 – 2 %, da die verschiedenen Einflüsse nicht leicht zu überblicken sind, kaum möglich. Ein weiterer Nachteil ist der, daß Steigungen von etwa 75° – 80° ganz erheblich größere Fehler bedingen. Als Vorteile dieser Methode sind die leichte Auswechselbarkeit einmal angefertigter Masken und ihre Einsatzmöglichkeit im repetierenden Betrieb zu nennen. Für die Maskenherstellung sind die verschiedensten Verfahren, die alle unter bestimmten Umständen gewisse Vorteile bringen, entwickelt worden. Bei einer anderen Konstruktion erfolgt die Ablenkung in vertikaler Richtung durch eine Sägezahnspannung. Bei Überschreitung des Maskenrandes gibt die Photozelle jeweils einen Impuls ab. Im Startaugenblick des Sägezahnes wird ebenfalls ein Impuls abgegeben. Erfolgt jetzt eine Zeitmessung für den Abstand der Impulse, so ist diese Zeit direkt proportional der Ordinate y der Maske. Durch Umformung in eine Spannung erreicht man die gewünschte Funktion $e_0 = f(e_i)$. Ein Vorteil dieser Einrichtung besteht darin, daß selbst große Steigungsänderungen wie bei Sprungfunktionen gut erfaßt werden.

Abschließend ist zu sagen, daß Funktionsgeneratoren mit dem Elektronenstrahloszillographen als Bauelement auf Grund seiner Genauigkeit, der leichten Auswechselbarkeit gewünschter Funktionsverläufe und seines Frequenzverhaltens für den Einsatz im Repetierbetrieb elektronischer Analogrechner durchaus geeignet sind. Allerdings ist der prozentuale Anteil dieser Bauform an der Gesamtheit der Funktionsgeneratoren aus preislichen Gründen nur sehr gering.

2.56 Verwendung eines x-y-Schreibers als Funktionsgenerator

Unter einem x-y-Schreiber versteht man ein schreibendes Meßgerät, bei dem zwei voneinander unabhängige Größen auf das schreibende Meßorgan einwirken und die Stellung des Schreibstiftes bestimmen. Im allgemeinen wird zur Aufzeichnung der Meßgrößen das kartesische Koordinatensystem gewählt, so daß die Abszisse und die Ordinate des Koordinatensystems den Größen x und y zugeordnet sind. Die am häufigsten verwendeten x-y-Schreiber sind der x-y-Elektronenstrahloszillograph und der servomotorisch angetriebene x-y-Papierschreiber. Beim x-y-Elektronenstrahloszillographen wird jeweils eine den Größen x und y proportionale Spannung auf die Horizontal- und Vertikalablenkungsysteme gegeben. Diese Aufzeichnungsart in Verbindung mit dem Photozusatz zur Registrierung eignet sich für sehr schnell veränderliche Vorgänge und erfüllt die Genauigkeitsforderungen. Die Verwendung als Funktionsgenerator ist nur mit umfangreichen Hilfseinrichtungen möglich.

Beim servomotorisch angetriebenen x-y-Papierschreiber wird sowohl der Größe x als auch der Größe y ein Servoantrieb zugeordnet. Die Schreibfläche besteht üblicherweise aus einem flach aufzuspannenden Papierbogen. Die Papierformate sind entsprechend dem Preis verschieden. Um die Unsicherheit des Verschiebens oder Lösens des Registrierpapieres aus der Verklammerung beim Schreibvorgang zu vermeiden, ist man in den letzten Jahren dazu übergegangen, durch eine Vakuumpumpe einen festen Sitz des Papiers auf der Schreibfläche zu erreichen. Ein unter der ganzen Schreibfläche verteiltes Röhrensystem wird durch eine Vakuumpumpe, die dauernd in Betrieb ist, evakuiert und garantiert so einen festen, unverschiebbaren Sitz. Die nutzbare Schreibfläche der normalen Ausführung liegt bei etwa 250 mm × 350 mm. Die Genauigkeit ist selbstverständlich eine Frage der Schreibgeschwindigkeit. Typische Werte für den Fehler in den normal vorkommenden Geschwindigkeitsbereichen von 25 – 40 cm/sec sind etwa 0,1 – 0,2 %. Die erlaubten Höchstbeschleunigungswerte für die Schreibvorrichtung werden ebenfalls firmenseitig angegeben. Eine Überschreitung dieser Werte ist unzulässig. Bei der Wahl der geeigneten Maßstabsfaktoren ist diesen Bedingungen Rechnung zu tragen, damit die Genauigkeit eingehalten werden kann. Diese besondere Art schreibender Meßgeräte wird im allgemeinen zur Aufzeichnung von Ergebnissen der Form $y = f(x)$ verwendet. Für den von uns gewünschten Zweck als Funktionsgenerator muß dieses Gerät in der Lage sein, beliebig vorgegebene Funktionen selbsttätig abzutasten. Hierzu wird das Gerät mit einem zusätzlichen Abtastkopf ausgerüstet, der an Stelle der Schreibfeder angebracht wird. Erfolgt diese Aufzeichnung mit normaler Schreibertinte, so ist eine photoelektrische Abtastung erforderlich. Bei Verwendung leitender Tinte macht man vielfach von der magnetischen Abtastung Gebrauch. Im Prinzip geschieht beim photoelektrischen Abtastkopf folgendes: Der Abtastkopf besteht aus einem Linsensystem und einer Photozelle. Das jeweilige Kurvenstück wird von einer starken Lichtquelle beleuchtet und erzeugt einen bestimmten Photostrom. Wird nun durch Abszissenänderung der Abtastkopf von dem Linienzug entfernt, so verändert sich der Photostrom. Diese Änderung bewirkt über einen Steuermotor mit vorgeschaltetem, in Differentialschaltung nach dem Kompensationsprinzip arbeitenden Verstärker eine Verstellung des Abtastkopfes derart, daß der Abtastkopf wieder genau über der Linie steht. Geben wir also an den Abszissenantrieb eine der Eingangsspannung e_i proportionale Spannung und steuern wir die Abtastvorrichtung servomotorisch so, daß sie der vorgegebenen Funktion $e_0 = f(e_i)$ nach Bild 2.5/73 folgt, dann ist die jeweilige Ordinatenstellung ein Maß für die Größe e_0 und dieser proportional.

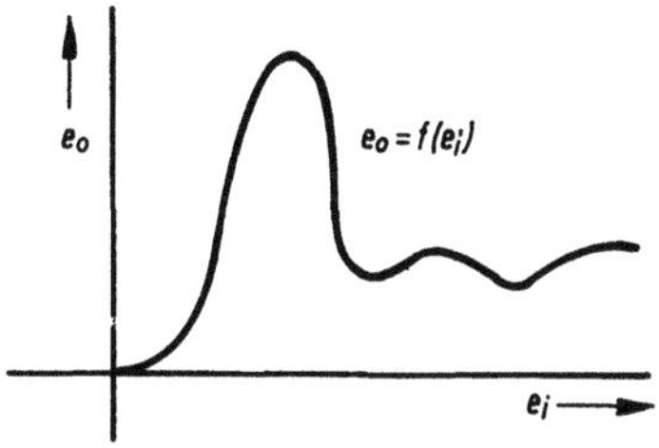

Bild 2.5/73

Über ein Potentiometer könnte man z. B. dieser Stellung eine Spannung zuordnen. Damit ist die Aufgabe gelöst. Wir sind also in der Lage, beliebige, von irgendwelchen Schreibern aufgezeichnete Kurven zur Abtastung ohne Umzeichnen usw. verwenden zu können. Für den langsamen Betrieb ist diese Anordnung an Einfachheit, Genauigkeit und Übersichtlichkeit nicht zu übertreffen. Für den langsam repetierenden Betrieb hat man dafür zu sorgen, daß der Abtastkopf stets wieder in der Rechenpause in die Ausgangsstellung geführt wird. Die höchste Vorschubgeschwindigkeit in Verbindung mit dem Papierformat bestimmt somit die untere Grenze der Pausendauer. Bei mechanischen Integrieranlagen arbeitet man fast ausschließlich mit derartigen Funktionsgeneratoren. Diese sogenannten Funktionstische haben teilweise eine ausnutzbare Schreibfläche von 600 mm × 1000 mm. Die Fehlergrößen liegen hier etwa bei ± 0,05 %, bei Kurvensteigungen bis zu 80° gegen die Abszissenachse und einer Folgegeschwindigkeit von 5 mm/sec. Hieran erkennt man, bis zu welchen Genauigkeiten Funktionsgeneratoren für den langsamen Betrieb erstellt werden können. Da für den elektronischen Analogrechner die Fehler der verschiedenen Recheneinheiten bei 0,1 ÷ 1 % liegen, braucht der Funktionsgenerator auch keine höhere Genauigkeit zu haben. Diese Genauigkeit wird von den oben beschriebenen x-y-Schreibern mit Abtastkopf erreicht. Leider ist dieses Gerät für den repetierenden Betrieb nicht geeignet. Abgesehen vom Preis wäre dieser Punkt als einziger Nachteil eines solchen Funktionsgenerators anzusehen.

2.6 Das Registriergerät

Die Lösungen der Mehrzahl von Problemen, die mit dem elektronischen Analogrechner vorgenommen werden, sind fast ausschließlich Funktionen der Zeit. Einige Ausnahmen werden noch im Abschnitt 10 behandelt. Die jeweiligen Funktionswerte der Lösungen stehen als Spannungen am Ausgang der betreffenden Verstärker zur Verfügung. Sie können von jedem Spannungsmesser gemessen werden, dessen Innenwiderstand hochohmig genug ist, um eine Belastung des Verstärkers zu vermeiden und dessen System empfindlich genug ist, um genügend kleinen Spannungsänderungen zu folgen. Für Lösungen, die einem stationären Endwert zustreben, genügt zur Messung dieses Grenzwertes grundsätzlich ein übliches Voltmeter. Da wir es aber im allgemeinen mit langsam oder schnell veränderlichen Funktionen der Zeit zu tun haben, kommen zur Registrierung all die Geräte in Frage, die es gestatten, eine sich mit der Zeit verändernde Spannung zu registrieren.

2.61 Anwendung eines Schreibers

Die meist verwendeten Registriergeräte für relativ langsam veränderliche Vorgänge sind die vielfältigen Ausführungsformen von schreibenden Meßgeräten, bei denen der Vorschub des Registrierstreifens zeitproportional erfolgt. Auf die Art der Aufzeichnung kommt es nicht an. Die konstruktiven Lösungen sind sehr mannigfaltig. Häufig wird der bekannte Tintenschreiber eingesetzt. Bei Wachspapierschreibern wird mit einem Metallstift eine Spur auf ein mit einer Wachsschicht versehenes Papier eingeritzt. Beim Funkenschreiber wird ein Metallstift auf Metallpapier geführt. Die das Metallpapier führende Walze ist als Elektrode und der Metallstift ist als Gegenelektrode an eine Spannungsquelle angeschlossen, die in bestimmten Zeitabständen Spannungsimpulse liefert. Bei jedem Impuls erfolgt ein Funkenüberschlag und die momentane Meßgröße ist damit registriert. Hierbei ist allerdings die Aufzeichnung nicht kontinuierlich, sondern nur punktweise. Eine punktweise Registrierung erhalten wir auch beim bekannten Fallbügelschreiber. Als weitere Registriergeräte sind der Lichtpunktlinienschreiber und der Schleifenoszillograph zu nennen. Während die erstgenannten Schreiber wegen der noch immerhin großen Masse des beweglichen Systems und des stets vorhandenen Reibungswiderstandes nur für langsam veränderliche Größen eingesetzt werden können, arbeiten der Lichtpunktlinienschreiber und vor allem der Schleifenoszillograph schon mit ganz beträchtlichen Vorschubgeschwindigkeiten (ca. 10 m/sec). Sie sind auch vom Meßsystem her durch die Verwendung eines Lichtzeigers in der Lage, schnell veränderliche Vorgänge bis zu einigen tausend Hertz aufzuzeichnen. Diese Geräte genügen also hinsichtlich ihres Frequenzverhaltens und ihrer Empfindlichkeit vollständig den Forderungen, die von der Analogrechnerseite her gestellt werden. Als Nachteil beider Schreibertypen ist die geringe Schreibbreite zu nennen, da hierdurch bei der späteren Auswertung beträchtliche Fehler entstehen können. Beim Schleifenoszillographen kommt als größter Nachteil die Notwendigkeit der Entwicklung des belichteten Photopapiers in der Dunkelkammer hinzu. Andererseits ist aber gerade beim Schleifenoszillographen gegenüber allen anderen Schreibern die Tatsache als wesentlicher Vorteil anzusehen, daß die Normalausführung mit 3 Meßschleifen und einer Zeitmarkierung es bereits erlaubt, gleichzeitig 3 Größen zu registrieren. Es sind aber auch Geräte mit 10 und mehr Meßschleifen im Handel. In sehr vielen Fällen, auch in der Regelungstechnik, ist man oft nicht nur am zeitlichen Verlauf einer Größe interessiert, sondern man möchte schnell den Einfluß der Änderungen auf andere Größen überblicken. Dies interessiert vor allem den Techniker, der gerade bei der Verwendung des Analogrechners als Simulator die Physik des ganzen Vorganges besser erfassen möchte. Diesen Überblick hat man bei Mehrfachschreibern sofort. Kann man hingegen nur Einzelgrößen registrieren, dann muß man entweder entsprechend viele Einfachschreiber einsetzen oder man muß die verschiedenen Größen nacheinander registrieren. Dies erfordert allerdings absolute Reproduzierbarkeit des Meßvorganges. Bei allen rein mathematisch formulierten Aufgabenstellungen trifft dies zu. Werden jedoch beim Simulator Bauelemente eines Regelkreises mit in die Schaltung einbezogen, so muß man dieser Tatsache Rechnung tragen.

Sämtliche hier aufgeführten Schreibertypen sind jedoch nur für den langsamen Betrieb eines Analogrechners brauchbar und für den Repetierbetrieb ungeeignet. Frequenzgang, Empfindlichkeit und alle anderen charakteristischen Größen der Schreiber sind vor dem Einsatz dahingehend zu überprüfen, daß keine Verfälschung der Analogrechnergrößen durch das Registriergerät erfolgen kann.

2.62 Anwendung des Elektronenstrahloszillographen

Der übliche Kathodenstrahloszillograph ist auf Grund seiner Frequenzcharakteristik als Anzeigegerät für die Größen des elektronischen Analogrechners bestens geeignet und kommt für den repetierenden Betrieb wohl als einziges Registriergerät in Frage. Dieser Betrieb des Analogrechners ist dadurch gekennzeichnet, daß nach einer bestimmten Zeit der Rechenvorgang abgebrochen und dann das Problem erneut gelöst wird. Dies bedingt im allgemeinen eine Zeittransformation, wenn das Problem mehrfach innerhalb einer Sekunde gelöst werden soll. Geben wir jetzt unsere zu registrierende Größe, die als Spannung an einem bestimmten Verstärkerausgang anliegt, an die Ablenkplatten für die Vertikalablenkung des Oszillographen und bringen wir eine linear ansteigende Spannung an die Ablenkplatten für die Horizontalablenkung, dann erscheint auf dem Oszillographen die der Spannung zugeordnete Größe als Funktion der Zeit. Um eine Registrierung jedoch zu fixieren, müssen wir den Umweg über Photogerät, Film und Entwicklung gehen. Da der Oszillograph aber in der Lage ist, den schnellsten Spannungsänderungen der Lösungsfunktion des elektronischen Analogrechners zu folgen, geht man durch eine Zeittransformation mit der Rechenzeit soweit herunter (d.h. mit der Repetierfrequenz soweit herauf), daß bei synchronem Lauf von Analogrechner und Oszillograph auf dem Schirm der Oszillographenröhre ein stehendes Bild erscheint. Eine Synchronisation ist in jedem Fall erforderlich. Hierauf werden wir im Abschnitt 2.7 zurückkommen. Die Möglichkeit der Lösungsbeobachtung auf dem Oszillographenschirm hat gerade für Ingenieure und Regelungstechniker die größte Bedeutung. Nimmt man während des Rechnens beliebige Parameteränderungen vor, so kann man deren Einfluß auf die Lösung beobachten. Will man aus bestimmten Gründen die Rechenzeit nicht auf Bruchteile einer Sekunde zusammenschrumpfen lassen, so hat man die Möglichkeit, bei stark nachleuchtenden Schirmen den Vorgang für jede gewünschte Parameterkombination einmalig ablaufen zu lassen und erhält sofort die Gesamtheit der Lösungsfunktionen als Kurvenschar.

Ebenfalls geeignet zur Darstellung von Lösungsfunktionen sind die Blauschriftspeicherröhren (in der amerik. Lit. mit dark-trace-tube bezeichnet). Bei diesen werden in Alkalihalogenid-Kristallschichten durch die auftreffenden Elektronen Farbzentren gebildet. Die Funktion erscheint dunkel auf hellem Grund und ist nur bei einer Beleuchtung des Schirmes sichtbar. Die Löschung geschieht im allgemeinen durch eine Erwärmung der Schicht. Die Löschzeit beträgt etwa 10 sec, die anschließende Wartezeit etwa ½ Minute. Die maximale Schreibgeschwindigkeit wird mit etwa 100 m/sec angegeben. Sie genügt in jedem Fall den Anforderungen, die vom Analogrechner her an die Schreibgeschwindigkeit eines Registriergerätes gestellt wird.

Der Nachteil des Repetierbetriebes war seine geringe Genauigkeit. In den Fällen, wo diese ausreicht, bietet die größere Übersicht und Anschaulichkeit so viele Vorteile, daß man stets versuchen wird, zumindest erste Näherungslösungen mit dem Analogrechner im Repetierbetrieb auf dem Kathodenstrahloszillographen als Registriergerät sichtbar zu machen.

2.63 Anwendung eines Digitalvoltmeters mit Druckeinrichtung

Zur Anzeige und Registrierung sich zeitlich ändernder Spannungen kamen die verschiedensten Arten von Spannungsmessern in Frage. Für stationäre Vorgänge: normale hochohmige Voltmeter; für langsam sich verändernde Größen: normale Schreiberbauformen und für schnell veränderliche Vorgänge: Kathodenstrahloszillographen. Es soll hier nun noch ganz kurz auf ein bei Analogrechnern relativ wenig angewandtes Registriergerät hingewiesen werden, dem doch eine gewisse Bedeutung zukommt. Dies ist das Digital-Voltmeter mit Druckeinrichtung. Ein Digital-Voltmeter, bei dem der Spannungswert ziffernmäßig angegeben wird, ist heute ein Präzisionsinstrument ersten Ranges. Es ist z. B. in seinem Meßbereich ± 100 V oder ± 10 V in der Lage, je nach Aufwand auf 3, 4 oder mehr Stellen genau zu messen. Im Prinzip handelt es sich um eine Brückenschaltung mit selbstabgleichendem Brückenzweig. Der Spannungsvergleich kann verschiedenartig durchgeführt werden. Man bildet z. B. laufend in einem Differentialverstärker die Differenz zwischen der unbekannten Spannung und einer zeitproportional ansteigenden Spannung und beendet den Vorgang bei Spannungsgleichheit. Die Spannungsmessung führt man hier auf eine sehr genau durchzuführende Zeitmessung zurück, indem man mittels einer Zählschaltung die Impulse eines in der Meßzeit freischwingenden Multivibrators zählt. Diese Messung wird mehrfach in einer Sekunde durchgeführt und der Meßwert gedruckt. Für langsam veränderliche Vorgänge ist dieses Verfahren durchaus brauchbar. Man hat den Vorteil, daß das Ergebnis sofort in Tabellenform vorliegt.

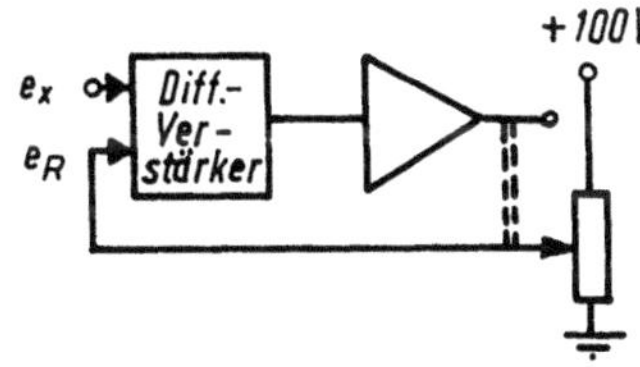

Bild 2.6/1

Bei langsamer arbeitenden Geräten verwendet man Relaisschalter. Diese bewirken die selbsttätige Umschaltung einer Gegenspannung. Im Bild 2.6/1 ist die Prinzipskizze hierfür gezeigt. Die Eingangsspannung e_x und die Rückkopplungsspannung e_R werden einem Differentialverstärker zugeführt. Die Ausgangsspannung des Differentialverstärkers wird einem Verstärker zugeführt, der die Verstellung des in mehreren Dekaden aufgeteilten Spannungsteilers bewirkt. Diese Verstellung erfolgt so lange, bis die letzte Dekade Übereinstimmung zwischen Rückkopplungsspannung e_R und unbekannter Spannung e_x ergibt, bis also der Differentialverstärker die Ausgangsspannung Null hat. Bei der Verstellung des Dekadenstufenpotentiometers durch Schaltrelais erfolgt eine gleichzeitige Vorbereitung des Druckwerkes, so daß im abgeglichenen Zustand der Spannungswert gedruckt werden kann.

Die Digital-Voltmeter oder auch Analog-Digital-Umsetzer sind nur zur Registrierung relativ langsam veränderlicher Größen geeignet. Das hier gesagte möge genügen. Es sollte lediglich die grundsätzliche Einsatzmöglichkeit der Digital-Voltmeter nicht unerwähnt bleiben.

2.64 Anwendung von x-y-Schreibern

Die Verwendungsmöglichkeit von x-y-Schreibern zur Registrierung soll nur kurz angeführt werden. Die Arbeitsweise des x-y-Schreibers war bereits unter 2.55 näher erläutert worden. Dort wurde dieser x-y-Schreiber als Funktionsgenerator verwendet. Als Registriergerät wird der dort beschriebene x-y-Schreiber ohne Abtastvorrichtung eingesetzt. Die Aufgabe dieses x-y-Schreibers ist es, eine Größe als Funktion einer beliebigen anderen Größe darzustellen. Bei allen bisherigen Registriergeräten war die unabhängig veränderliche Größe stets die Zeit. In vielen Fällen der Technik, speziell Regelungstechnik, will man z.B. y als Funktion von y', den Frequenzgang usw. auftragen. Hier geben wir stets eine der beiden Größen an das Vertikalablenksystem und die andere an das Horizontalablenksystem. Beide Größen müssen in proportionale Spannungen umgeformt werden. Ordnet man z. B. der Zeit eine linear ansteigende Spannung zu und gibt diese an das Horizontalablenksystem, so haben wir auch die Möglichkeit, mit dem x-y-Schreiber Registrierungen nach Art der normalen Schreiber durchzuführen. Da die x-y-Schreiber der beschriebenen Bauart mit servomotorischen Antrieben arbeiten, ist auf Grund von Massenträgheit und Einschwingdauer dieses Aufzeichnungsverfahren nur für sehr langsam veränderliche Größen geeignet. Haben wir es aber mit schnell veränderlichen Größen zu tun oder arbeiten wir beim Analogrechner im Repetierbetrieb, so kommt ebenso wie bei den normalen Schreibern nur ein Kathodenstrahloszillograph in Frage. Bei diesem Kathodenstrahl-x-y-Oszillographen entfällt jegliche Synchronisation. Zur Auswertung ist auch hier der Umweg über den Film erforderlich.

2.7 Zusatzeinrichtungen und Zubehör

Bei den Zusatzeinrichtungen und dem Zubehör wollen wir uns hier auf die Einheiten beschränken, die außer den bisher aufgeführten Grundrechenelementen zum einsatzfähigen Betrieb eines elektronischen Analogrechners erforderlich sind. Besondere Bedeutung haben hier die Steuergeräte, da von ihnen aus der Ablauf des Rechenprozesses gesteuert wird. Weiterhin muß gemäß einem vorliegenden Gleichungssystem, wie unter 2.12 gezeigt, eine Rechenschaltung entworfen werden. Die Grundeinheiten müssen entsprechend der Rechenschaltung verbunden werden. Um einen möglichst klaren und übersichtlichen Aufbau der Schaltung zu erreichen, hat man zentral angeordnete Schaltbretter verschiedenster Ausführungen entwickelt, deren Zweckmäßigkeit den Hauptaufgaben des Rechners angepaßt sind. Als wichtigste Elemente zur Beschaltung der Verstärker sind Widerstände, Kondensatoren, Potentiometer, Dioden und Spannungsquellen in genügender Anzahl erforderlich. An die Spannungsquellen sowie an die gesamte Stromversorgung sind besondere Bedingungen hinsichtlich Konstanz zu stellen. Weiterhin hat sich der Einsatz eines Nullvoltmeters als unumgänglich erwiesen. Kontrolleinrichtungen z.B. zur Überlastanzeige eines Verstärkers sind nicht unbedingt erforderlich, da bei einem Probelauf jeder Verstärker durch eine Anwahlschaltung einzeln beobachtet wird. Da derartige Kontrolleinrichtungen jedoch nur einen geringen Mehraufwand bedingen, ist das Arbeiten mit einer optischen oder gegebenenfalls akustischen Kontrolleinrichtung zweckmäßig und sinnvoll. Selbstverständlich können noch weitere Zusatzeinrichtungen für spezielle Aufgabenstellungen hinzukommen und den Umfang der Rechenanlage vergrößern. Die Anzahl der benötigten Recheneinheiten wird einzig und allein von der Aufgabenstellung des zu lösenden Problems bestimmt.

2.71 Steuergeräte

Beim elektronischen Analogrechner sind Steuerungen für die verschiedenen Betriebsarten erforderlich. Grundsätzlich müssen vor dem eigentlichen Rechenprozeß bei der Lösung von Differentialgleichungen Anfangswerte vorgegeben und eingestellt sein und das Gerät muß durch Einschalten der Anodenspannung usw. in Arbeitsbereitschaft gebracht sein. Anschließend wird z.B. für einen einmaligen Rechenablauf das Startsignal gegeben, so daß die Rechnung von diesem willkürlich gewählten Augenblick mit der Bezugszeit $t = 0$ beginnt. Da wir den weiteren Ablauf mit Rechnung bezeichnen, soll der Steuerbefehl für die Ingangsetzung der Rechnung: "Rechnung" heißen. Wollen wir zu einem bestimmten Zeitpunkt die Rechnung unterbrechen, da wir uns nur für die Lösung des Problems zu diesem Zeitpunkt interessieren, so stoppen oder halten wir den Rechenvorgang. Dieser Steuerbefehl soll "Halt" heißen, da wir hier die Rechnung anhalten. Heben wir anschließend den Befehl "Halt" durch einen Gegenbefehl auf, so läuft die Rechnung von diesem bestimmten Zeitpunkt aus wieder weiter.

Da wir mit dem elektronischen Analogrechner sehr häufig im wiederholenden Betrieb arbeiten wollen, ist ein Steuerbefehl erforderlich, der die Rechnung nach einer ganz bestimmten Zeit abbricht und sämtliche Funktionswerte wieder auf die zur Zeit $t = 0$ vorgegebenen Werte zurückstellt. Diesen Befehl wollen wir "Zurückstellung" nennen. Da die Anfangsbedingung bei unseren Integratoren die Spannung der Kondensatoren zur Zeit $t = 0$ darstellt, können wir die Einstellung der Anfangswerte nur mit dem Befehl "Zurückstellung" vornehmen.

Die Steuerbefehle, wie sie hier aufgeführt werden, sind an allen Rechnern von Hand auszuführen und für einmaligen Lösungsablauf ausreichend. Will man einen Rechenprozeß wiederholt ablaufen lassen, so geschieht dies durch Befehle: Zurückstellung, Rechnung, Zurückstellung, Rechnung .... Diese Steuerbefehlsfolge kann man selbstverständlich automatisieren. Für die Ausführung der verschiedenen Steuerbefehle werden vielfach Relais oder Schaltröhren verwendet. Der wesentliche Unterschied zwischen beiden Schaltern ist die Schaltzeit. Es ist in bestimmten Fällen wünschenswert, eine möglichst kleine Schaltzeit zu haben. Aus diesem Grunde können Analogrechner mit Relais zur Ausführung der Steuerbefehle nicht für den sehr schnell repetierenden Betrieb verwendet werden. Andererseits beträgt beim Relais der Widerstand in beiden Schaltzuständen Null oder Unendlich. Bei der Röhre hingegen ist der Widerstand im geschalteten Zustand nur nahezu Null. Da aber Kondensatoren über diese Schalter an Spannung gelegt werden, begrenzt der Widerstand der Röhre im leitenden Zustand auch die Frequenz des Wiederholens beim repetierenden Analogrechner nach oben. Während bei Röhren die zeitliche Streuung des Einsatzpunktes des leitenden Zustandes nur sehr gering ist, verlangt die gleichzeitige Kontaktschaltung bei Relais eine ganz enorme und präzise Justierarbeit. Gerade bei schnellem Repetierbetrieb ist dieser Punkt von ausschlaggebender Bedeutung für die Genauigkeit. Es ist daher empfehlenswert, in größeren Zeitabständen diese Gleichzeitigkeit der Kontaktschaltungen zu überprüfen. Im folgenden sei jetzt eine Relaisschaltung für die verschiedenen Steuerbefehle gezeichnet; die verschiedenen Schaltzustände (Ruhe- und Arbeitskontakte) beim Relais sind einfach zu überblicken.

Relais I und II genügen zur Ausführung sämtlicher Befehle. Im energielosen Zustand der Relais sind die Kontakte von Relais I und II in der Stellung entsprechend Bild 2.7/1. Ist das Relais I nicht erregt, so entspricht dieser Zustand dem Befehl "Zurückstellung", da in dieser Schalterstellung die Kondensatoren an die einzustellende Gleichspannung E gelegt und auf die ihrer Anfangsbedingung entsprechende Spannung aufgeladen werden. Wird das Relais I an Spannung gelegt, d.h. wird Relais I erregt, so entspricht diesem Zustand

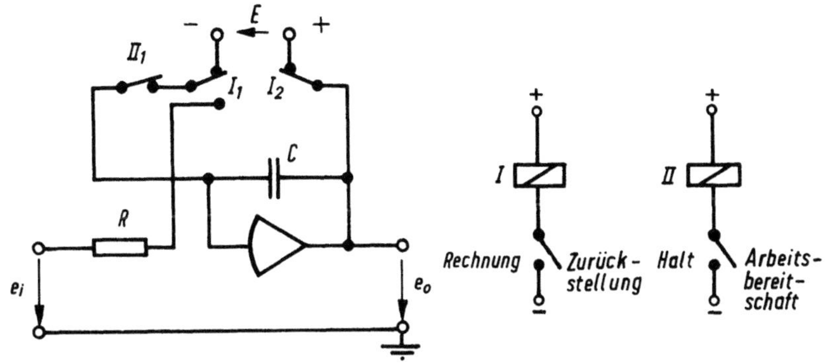

Bild 2.7/1
Aufschalten einer Anfangsbedingung

der Befehl "Rechnung". Nach der Kontaktgabe der Arbeitskontakte von I wird der Analogrechner mit der Rechnung beginnen, falls nicht Relais II erregt ist. Dem Relais II würde also in unerregtem Zustand die Arbeitsbereitschaft des Analogrechners entsprechen. Wird Relais II erregt, so wird der Rechenkreis geöffnet und die Rechnung gestoppt. Diesem Zustand entspricht demnach der Befehl "Halt". In vielen Fällen wird man die Schaltung der Relais über Elektronenröhren durchführen. Hierbei gibt man z.B. an das Gitter einer Schaltröhre, die im normalen Zustand gesperrt ist, einen positiven Impuls für die Dauer der Rechnung. Im Bild 2.7/2 ist eine Prinzipschaltung für Schaltröhre und Relais angegeben. Schaltungen von Hand können durch den Schalter S erfolgen. Will man jetzt mit dem Rechner im repetierenden Betrieb arbeiten, so benötigt man einen Spannungsimpuls von der in Bild 2.7/3 gezeigten Form. Für die Rechenzeit τ, die im allgemeinen beliebig einstellbar sein muß, benötigen wir einen positiven Impuls, damit das Gitterpotential auf Null gebracht wird. Diese Impulsfolge wird uns vom sogenannten Taktgeber geliefert.

Der Taktgeber liefert die Spannungsimpulsfolge über einen Widerstand an den Punkt G der Schaltröhre. Zur Registrierung müssen wir einen Kathodenstrahloszillographen verwenden. Damit zwischen dem Oszillographen und Rechner ein synchroner Ablauf erfolgt, wird gleichzeitig die Impulsfolge zur Synchronisation des Oszillographen benutzt. Da man ohnedies zur Registrierung einen Oszillographen benötigt, bei dem wir im allgemeinen in einem sehr großen Bereich (weit größer als für den Analogrechner ausnutzbar), die Zeitablenkung kontinuierlich verändern können, ist es zweckmäßig, als Taktgeber für die Synchronisation den Kathodenstrahloszillographen selbst zu benutzen. Dies hat den weiteren nicht unwichtigen Vorteil, daß die Lösung stets auf der vollen

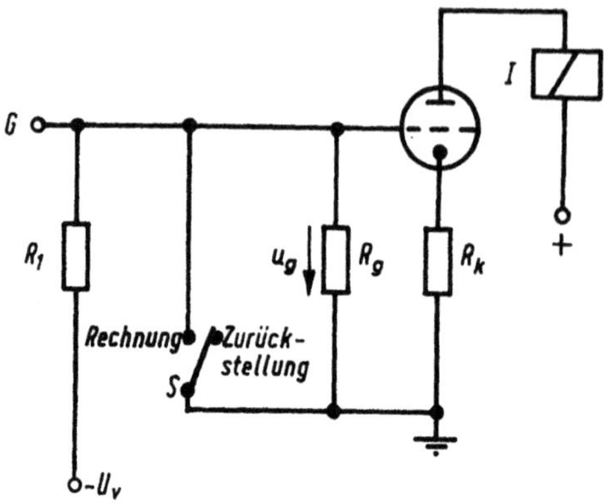

Bild 2.7/2
Prinzipschaltung für Schaltröhre mit Relais

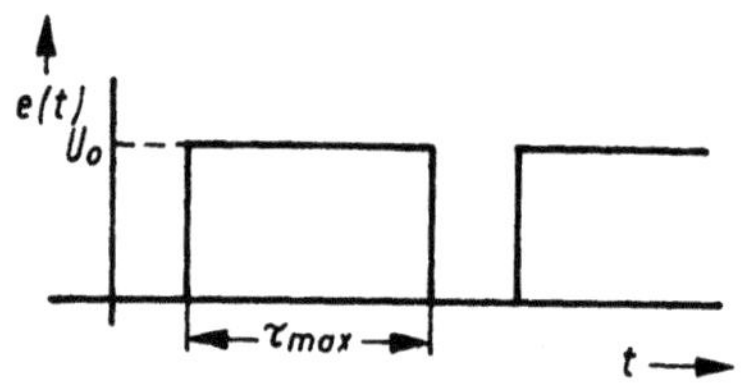

Bild 2.7/3
Spannungsimpulsfolge

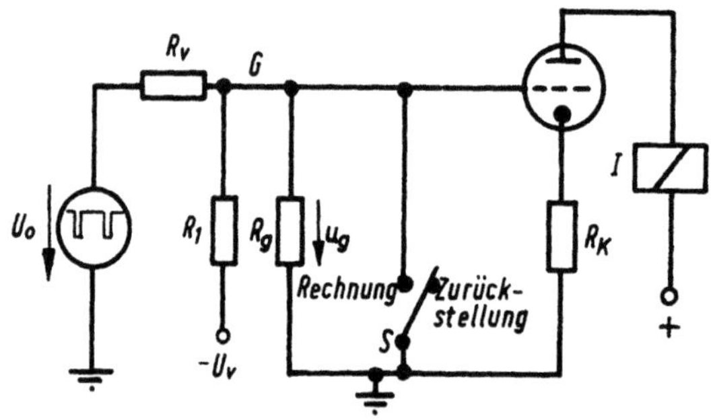

Bild 2.7/4

Schirmbreite erscheint. Während des Strahlrücklaufs wird der Befehl "Zurückstellung" gegeben. Bei vielen handelsüblichen Oszillographen ist ein positiver Impuls während des Strahlhinlaufs an einer Buchse abnehmbar. Wo dies nicht der Fall ist, kann man schaltungstechnisch aus dem Startimpuls für den Strahlhinlauf den gewünschten Impuls erzeugen. Gehen wir davon aus, daß ein positiver Impuls bestimmter Größe zur Verfügung steht, so würden wir die Schaltung, Bild 2.7/2 entsprechend Bild 2.7/4 vervollständigen.

Der zu berechnende Widerstand R_v ist durch U_0, U_v und R_1 bestimmt. R_v ist so zu dimensionieren, daß während der Impulsdauer die Gitterspannung $u_g = 0$ wird, damit die Röhre leitet. Der Spannungsteiler R_1, R_g wird so bemessen, daß zu den Zeiten, in denen $-U_v$ allein wirksam wird, u_g so negativ ist, daß eine absolute Sperrung der Röhre erreicht ist.

Als Ersatzschaltung für die Dauer der Impulse erhält man Bild 2.7/5.

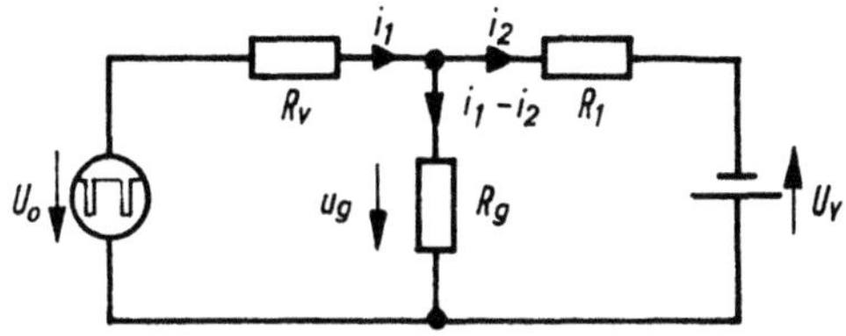

Bild 2.7/5

Im Falle

$$i_1 = i_2 \qquad (2.7/1)$$

ist u_g gleich Null.

Es gelten folgende Maschengleichungen:

$$-U_0 + R_v \cdot i_1 + u_g = 0 \qquad (2.7/2) \qquad\qquad -U_v + R_1 i_2 - u_g = 0 \qquad (2.7/3)$$

und mit $u_g = 0$:

$$-U_0 + R_v \cdot i_1 = 0 \qquad (2.7/4) \qquad\qquad -U_v + R_1 \cdot i_2 = 0 \qquad (2.7/5)$$

Damit erhalten wir

$$i_1 = \frac{U_0}{R_v} \qquad\qquad i_2 = \frac{U_v}{R_1}$$

mit der Bedingung laut Gleichung 2.7/1 folgt:

$$\frac{U_0}{R_v} = \frac{U_v}{R_1} \qquad (2.7/6)$$

und endgültig

$$R_v = R_1 \frac{U_0}{U_v} \qquad (2.7/7)$$

Die Widerstände R_1 und R_g hat man bereits vorher festgelegt. Bei diesem einfachen Spannungsteiler muß u_g so negativ sein, daß die Röhre absolut sperrt.

R_1 wählt man möglichst hochohmig (einige hundert k Ω), damit keine Belastung der Gitterspannungsquelle entsteht. Für R_g gilt dann:

$$\frac{R_g}{R_g + R_1} = \frac{u_g}{U_v} \tag{2.7/8}$$

Durch Umformung erhält man

$$R_g = R_1 \frac{1}{\frac{U_v}{u_g} - 1} \tag{2.7/9}$$

Damit liegt die Dimensionierung vollständig fest.

Es sei hier nochmals betont, daß für ein sinnvolles Arbeiten im wiederholenden Betrieb praktisch nur der Elektronenstrahloszillograph als Taktgeber in Frage kommt.

2.72 Schaltbretter

Die Lösung von Aufgaben mit dem elektronischen Analogrechner verlangt eine Umformung des Gleichungssystems in Maschinengleichungen. Auf Grund dieser Maschinengleichung wird eine Rechenschaltung entworfen, die die verschiedensten linearen und nichtlinearen Rechenelemente des Analogrechners enthält. Die Zusammenschaltung dieser Rechenelemente erfolgt im allgemeinen zentral auf Schaltbrettern. Diese Art der Verschaltung hat einige Vorteile und ist vor allem für größere Anlagen zweckmäßig. Bei kleineren Anlagen in Pult- oder Schrankbauweise sind vielfach in geordneten Verstärker-, Potentiometer-, Multiplikator- und Funktionsgeneratorfeldern die Ein- und Ausgänge der Recheneinheiten an Buchsen herausgeführt. Die einzelnen Einheiten verbindet man mit Schnüren entsprechend der Rechenschaltung. Die Rechenkomponenten, Widerstände und Kondensatoren sind von außen aufsteckbar oder, falls fest eingebaut, durch Wahlschalter anschaltbar. Zweckmäßiger erscheinen für kleinere Analogrechner (vor allem für Lehrzwecke), auswechselbare Schaltbretter, auf denen sämtliche Rechenelemente über Kabelbäume an frei beschaltbare Buchsen geführt werden. Die Symbole der einzelnen Rechenkomponenten sind auf dem Schaltbrett aufgezeichnet, so daß man durch die Beschaltung mit den Rechenkomponenten und Verbinden der Rechenelemente ein äußerst anschauliches Bild der Gesamtschaltung erhält. Ein Verstärker, der wahlweise als Integrator, Vorzeichenumkehrer und Summierer oder zur Multiplikation mit einem konstanten Faktor verwendet werden soll, würde entsprechend Bild 2.7/6 auf dem Schaltbrett dargestellt sein. Die Widerstände und Kondensatoren müssen als Steckeinheiten ausgebildet werden.

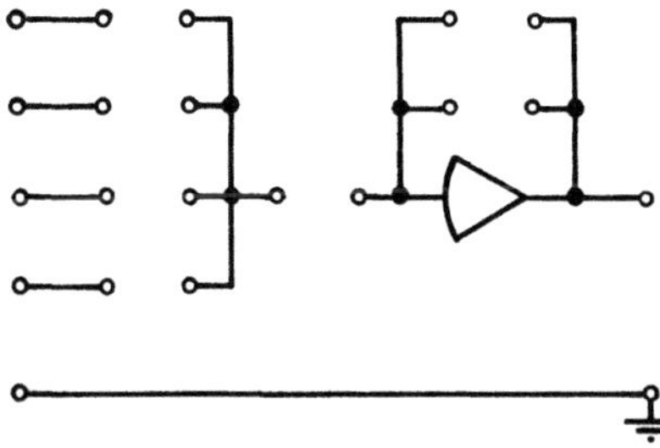

Bild 2.7/6

Eine Beschaltung von außen hat gegenüber eingebauten Komponenten, die durch Wahlschalter angeschaltet werden, den großen Vorteil der Einsparung von Komponenten. Da ja nur Komponenten mit einem Fehler von 1 % oder 0,1 % verwendet werden sollen, ist diese finanzielle Seite nicht ganz außer acht zu lassen. Bei größeren Anlagen haben sich auswechselbare Schaltbretter bestens bewährt. Diese Schaltbretter haben einige hundert Buchsen. Auch hier hat man versucht, eine möglichst große Übersichtlichkeit durch zweckmäßige Anordnung und Vielfarbigkeit zu erreichen. Bei diesen Schaltbrettern steckt man allerdings nur Verbindungen mit Schnüren und Kurzschlußsteckern. Alle Rechenkomponenten sind in einem temperaturgeregelten Behälter untergebracht, so daß eine Fehlergrenze dieser Komponenten unter 0,1 % garantiert werden kann. Die auswechselbaren Schaltbretter haben den Vorteil, daß beliebig viele Rechenschaltungen gleichzeitig auf Schaltbrettern hergestellt werden können. Der Analogrechner selbst wird während dieser Tätigkeit nicht gesperrt, sondern er kann zur Rechnung eines anderen Problems benutzt werden. Alle Rechenkomponenten sind im Analogrechner eingebaut. Potentiometereinstellungen und Anfangswerte müssen bei jedem neuen Problem neu eingestellt werden. Ein weiterer Vorteil dieser auswechselbaren Schaltbretter ist der, daß häufig wiederkehrende Rechenschaltungen einmal gesteckt werden und dann aufbewahrt werden können. Da nur das Schaltbrett und die Verbindungsschnüre für andere Probleme nicht mehr zur Verfügung stehen, ist hier die finanzielle Belastung nur gering. Derartig fertig verdrahtete Rechenschaltungen können auch sinnvoll für Prüfzwecke verwendet werden.

2.73 Rechenelemente

Zur Beschaltung der Rechenverstärker sind im wesentlichen Widerstände, Kondensatoren und Potentiometer erforderlich. Die Werte für die gebräuchlichen

Widerstände liegen zwischen 100 kΩ und 10 MΩ. In der Wahl der Widerstände liegen wir, wie wir noch bei der Wahl der Maßstabsfaktoren sehen werden, weitgehend fest, um nicht zu große Kondensatoren verwenden zu müssen. Die Kapazitätswerte sind mit 0,01 µF, 0,1 µF, 1 µF und 10 µF praktisch alle erfaßt. Für Potentiometer sind fast ausschließlich 100 kΩ Präzisionspotentiometer im Einsatz. Zur Genauigkeit der Rechenelemente ist zu sagen, daß grundsätzlich nur Elemente mit höchstens 1 %, vielfach jedoch 0,1 % Fehler zugelassen werden. Um die geforderte Genauigkeit von Temperaturschwankungen unabhängig zu machen, werden bei Präzisionsrechnern sämtliche Rechenelemente in durch Thermostaten temperaturgeregelten Behältern untergebracht. Kann man bei Widerständen durch Abgleichen noch relativ einfach die gewünschte Genauigkeit erzielen, so ist dies bei Potentiometern schon weit schwieriger. Hier verwendet man, um den Einstellfehler möglichst gering zu machen, fast ausschließlich 10-gängige Wendelpotentiometer mit Ziffernscheibe. Eine Arretierung sorgt dafür, daß ein einmal eingestellter Wert nicht unbeabsichtigt geändert werden kann. Sind jedoch die Potentiometer nicht genügend hochohmig belastet, so hat man den Belastungseffekt zu berücksichtigen und benutzt die unter 2.22 angegebenen Verfahren zur Kompensation des Fehlers. Mittels eines Präzisions-Nullvoltmeters kann der gewünschte Faktor eines Potentiometers sehr genau eingestellt werden.

Weit schwieriger und entsprechend kostspieliger sind die in Analogrechnern verwendeten Kondensatoren. Bei den Kondensatoren erwartet man nicht nur Genauigkeit des Kapazitätswertes, sondern möglichst weitgehende Verlustfreiheit. Der Fehler des Kapazitätswertes geht genauso in die Rechnung ein wie der Fehler der Widerstände. Sehr schwierig aber sind Fehlerabschätzungen zu machen, die den Verlustwiderstand des Kondensators mit erfassen. Die Größe des Kondensatorverluststromes über seinen eigenen Isolationswiderstand beschränkt bei elektronischen Analogrechnern die Rechenzeit nach oben. Ebenso ist es vielfach unzweckmäßig, den Rechenprozeß durch den Befehl "Halt" zu unterbrechen und nach längerer Zeit die Rechnung weiter laufen zu lassen. Da zur Ablesung der verschiedensten interessierenden Größen und deren Aufzeichnung stets eine geraume Zeit vergeht, haben sich die Kondensatoren in der Rechenschaltung je nach Größe des Isolationswiderstandes ein wenig entladen. Diese Entladung bedeutet aber Spannungsänderung. Damit wird der Rechenprozeß mit falschen Spannungswerten fortgesetzt. Zweckmäßiger ist es deshalb, nach jedem "Halt"-Befehl die Rechnung wieder neu zu beginnen und falls gewünscht, bei einem späteren Zeitpunkt wieder neu zu stoppen. Die Größe des Isolationswiderstandes ist weitgehend eine Frage des Dielektrikums. Vielfach verwendet man deshalb als gute, verlustarme Dielektrika Mylar für die 1 % und Polysteren für die 0,1% Kondensatoren. Ein ausgezeichnetes Verfahren zur Kontrolle der Güte des Dielektrikums ist die Erzeugung einer Sinusschwingung. Die Schaltung zur Erzeugung der Sinusschwingung wird noch später besprochen. Eine Sinusschwingung müßte bei absolut verlustlosen Elementen für beliebig lange Zeiten ungedämpft verlaufen. Die Größe der Dämpfung ist mit ein Maß für die Güte des verwendeten Dielektrikums. Selbstverständlich haben auch die Verstärker einen Einfluß auf die Dämpfung, aber dieser Einfluß ist bei den heute im allgemeinen verwendeten Verstärkern bei niedrigen Frequenzen nur sehr gering.

2.74 Kontrolleinrichtungen

Die Kontrolleinrichtungen des elektronischen Analogrechners haben den Zweck, sowohl den Betriebszustand der einzelnen Rechenkomponenten als auch eine eventuelle Überlastung anzuzeigen. Die normale Netzversorgung wird durch Schalter eingeschaltet. Durch das Aufleuchten von Glimmlampen ist der eingeschaltete Zustand optisch jederzeit erkennbar. Bei allen elektronischen Analogrechnern mit Elektronenröhren werden die Heizkreise und die Anodenspannung der Röhren getrennt geschaltet. Die Zuschaltung der Anodenspannung kann auch automatisch zeitverzögert erfolgen. Da zur Zeit erst die ersten Transistorgeräte auf dem Markt erscheinen, ist diese getrennte Zuschaltung praktisch bei allen Analogrechnern der Fall. Die weiteren Betriebszustände entsprechen den Befehlen "Halt", "Rechnung" und "Zurückstellung" und sind mit Schaltern oder Drucktasten, Bezeichnung und Leuchtmarkierung auf der Zentralschalttafel angeordnet.

Eine weitere und die für den praktischen Rechenbetrieb wichtigste Kontrolleinrichtung ist die Übersteuerungsanzeige der verschiedenen Verstärker. Bei der weitaus größten Zahl der Rechner ist entweder bei jedem einzelnen Verstärker oder in einem Lampenfeld jedem Verstärker eine Glimmlampe zugeordnet, die bei Überschreiten des höchstzulässigen Spannungswertes anspricht. Die Glimmlampen sind dem Verstärkerausgang parallel geschaltet. Diese Kontrolleinrichtung verlangt nur einen geringen finanziellen Aufwand und ist im praktischen Betrieb von größtem Nutzen. Mit der optischen Übersteuerungsanzeige kann gleichzeitig eine für alle Verstärker gemeinsame akustische Anzeige verbunden sein.

Die Übersteuerung eines Verstärkers, auch eine kurzzeitige, ist vor allem bei zerhackerstabilisierten Verstärkern von Nachteil. Hier verursacht die Übersteuerung auch noch nach Fortfall der Übersteuerung des Verstärkers Fehlrechnungen. Zu den Kontrolleinrichtungen gehören außerdem noch die Anwahlschalter. Mittels dieser Anwahlschalter ist man in der Lage, jeden Verstärkerausgang auf Kontrollinstrumente umzuschalten und z.B. den Nullabgleich nicht nullpunktstabilisierter Verstärker vor der Rechnung zu kontrollieren oder nochmals durchzuführen. Zweckmäßig prüft man auch über den Anwahlschalter jeden in die Rechenschaltung eingebauten Verstärker auf Übersteuerung bei einem Probelauf. Bei größeren Anlagen kann man vom Schaltfeld her eine automatische Einstellung der verschiedenen Potentiometer erreichen, die im Nullabgleich nach vorgegebenen Werten eingestellt werden. Insgesamt gesehen hat sich die Anordnung von Kontrolleinrichtungen auf einem übersichtlichen Bedienungspult sowohl für laufende Kontrolle als auch zur Überprüfung der verschiedenen Rechenkomponenten als sinnvoll und praktisch erwiesen.

2.75 Nullvoltmeter

Für die Anzeige der Einstellung beliebig vorgegebener Spannungswerte genügt prinzipiell ein normales Voltmeter. Es ist aber im allgemeinen von Vorteil, sowohl an Verstärkern als auch Potentiometern, Funktionsgeneratoren usw. Spannungsmessungen durchzuführen, ohne die Rechenkomponenten zu belasten. Hier ist die Meßmethode mit dem Nullvoltmeter die geeignetste und die am meisten verwendete Methode. Beim Nullvoltmeter entsprechend Bild 2.7/7 haben wir

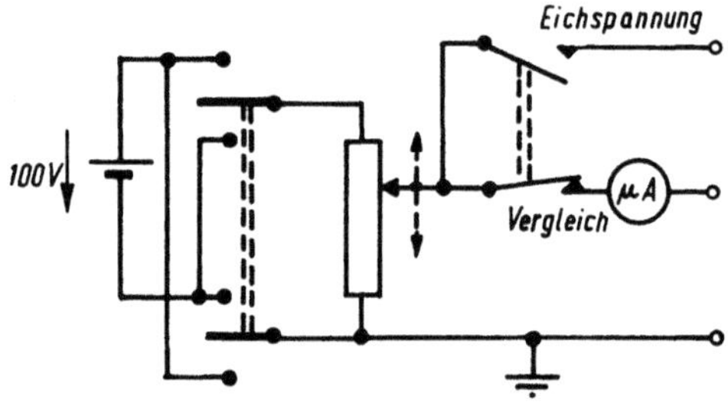

Bild 2.7/7
Nullvoltmeter mit Eichspannungsquelle

es mit einer sehr konstanten Gleichspannungsquelle zu tun, die zu einem Präzisions-Spannungsvergleich nach der Nullmethode in vorgegebenen Grenzen eingesetzt werden kann. Der normale Spannungsbereich ist hier auch dem elektronischen Analogrechner angepaßt und beträgt in der weitaus größten Zahl ± 100 V, in Sonderfällen ± 200 V.

Mit einem Präzisions-Potentiometer mit 10 Windungsgängen und dezimal geteilter Skalenscheibe ist eine genaue Einstellung des Spannungswertes mit einer Toleranz von 0,1 % möglich. Ein Spannungsabgleich nach der Nullmethode ist im allgemeinen besser als 0,05 % Fehler. Mit diesen Möglichkeiten ist das Nullvoltmeter ein höchst empfindliches und nützliches Instrument. Es wird angewendet z. B. für Potentiometereinstellungen, Vorgabe von Anfangs- und Randwerten, Einstellen von Knickpunkten bei allgemeinen und speziellen Funktionsgeneratoren und genaueste Spannungsmessung an beliebigen Stellen der Rechenschaltung.

Voraussetzung dieser Präzisionsmessung ist eine sehr gut stabilisierte Stromversorgung mit hoher Konstanz der Gleichspannungsquelle.

2.76 Spannungsquellen und Stromversorgung

Für die Einführung der Anfangsbedingungen bei der Lösung von Differentialgleichungen benötigen wir im allgemeinen voneinander unabhängige Spannungsquellen. Die Größe kann zwischen 0 und ± 100 Volt, in Ausnahmefällen zwischen 0 und ± 200 V schwanken. Da die Genauigkeit der Anfangswerte selbstverständlich die Lösung der Gleichung beeinflußt, stellt man an die Konstanz dieser Spannungsquellen und ihre Einstellbarkeit sowohl zeitlich als auch betragsmäßig besonders hohe Ansprüche. Gleich hohe Anforderungen werden an die Anodengleichspannung der Gleichspannungsverstärker gestellt, da Spannungsschwankungen Nullpunktswanderungen zur Folge haben. Alle diese Spannungen werden im allgemeinen elektronisch geregelt. Auch die Heizspannungen, zumindest die der Gleichspannungsverstärkerröhren, sind vielfach geregelt, da auch hier eine Schwankung die Ursache für Nullpunktswanderungen sein kann.

Um groben Netzspannungsschwankungen entgegenzuwirken, setzt man häufig bereits netzseitig magnetische Spannungskonstanthalter ein. Für eventuell anzuschließende Sondergeräte, Relais, Schreiber, Drehwähler hat man an ein Buchsenfeld nichtstabilisierte Spannungen mit den am häufigsten vorkommenden Werten herausgeführt (6,3 V, 12 V, 24 V, 60 V, 110 V, 300 V). Es ist selbstverständlich, daß alle Stromkreise richtig abgesichert sein müssen.

Im allgemeinen schaltet man gleichzeitig mit der Anlage eine Ventilatoreinheit ein. Diese sorgt dafür, daß sämtliche Bauelemente, die nicht in temperaturgeregelten Behältern untergebracht sind, über einen zulässigen Wert hinaus nicht erwärmt werden können. Dadurch sollen Fehler auf Grund von Temperaturschwankungen verringert werden.

3. Wahl der Maßstabsfaktoren

Das hauptsächliche Arbeits- und Anwendungsgebiet elektronischer Analogrechner ist die Behandlung physikalischer oder mathematischer Probleme, die auf gewöhnliche lineare oder nichtlineare Differentialgleichungen oder Systeme von Differentialgleichungen führen. Hierbei spielt der Grad der Differentialgleichungen prinzipiell keine Rolle. Auch können die Koeffizienten der abhängigen Größen oder ihre Ableitungen eine Funktion der unabhängigen Variablen sein. Die Lösung anderer Probleme, wie z. B. partieller Differentialgleichungen ist auch durchzuführen, wenn diese sich in gewöhnliche Differentialgleichungen umformen lassen.

Bei Verwendung eines Analogrechners ist eine Umformung des physikalischen oder mathematischen Problems erforderlich. Wir hatten uns bereits überlegt, daß wir die Gleichungen, im wesentlichen Differentialgleichungen, in eine Form umwandeln müssen, die der Rechenmaschine angepaßt ist. Dazu gehört, daß wir die Gleichungssysteme nach der jeweils höchsten Ableitung auflösen. Der Grund hierfür besteht darin, daß wir die Integration der Differentiation aus technischen Gründen vorziehen. Nach dieser Entscheidung können wir, wie bereits früher gezeigt, die Rechenschaltung entwerfen. Sie setzt sich aus den besprochenen Grundelementen zusammen. Die Rechenelemente werden elektrisch derart geschaltet oder verkoppelt, daß der elektronische Analogrechner sich so verhält, wie es die Gleichung oder das Gleichungssystem verlangt. Daher läuft auf dem Rechner ein Vorgang ab, der dem Originalvorgang des physikalischen oder mathematischen Problems analog ist. Durch die verschiedenen Symbole der Rechenelemente wurde die Rechenschaltung übersichtlich und von allen überflüssigen schaltungstechnischen Einzelheiten befreit. Für die Darstellung der Rechenschaltung haben sich die beiden Möglichkeiten, offener und geschlossener Schaltungskreis, in der Praxis je nach Aufgabenstellung bewährt. Beim geschlossenen Schaltungskreis wird entsprechend Bild 3/1 jede Verbindungslinie eingezeichnet, während beim offenen Schaltungskreis entsprechend Bild 3/2 gemeinsame Punkte gleiche Bezifferungen erhalten. Die zweite Methode ist bei sehr umfangreichen Schaltungen aus Gründen der Übersichtlichkeit die einzig mögliche.

Beim geschlossenen Schaltungskreis ist die Schaltung bei kleineren Aufgaben vollständig und anschaulicher. Im Analogrechner werden sämtliche von der un-

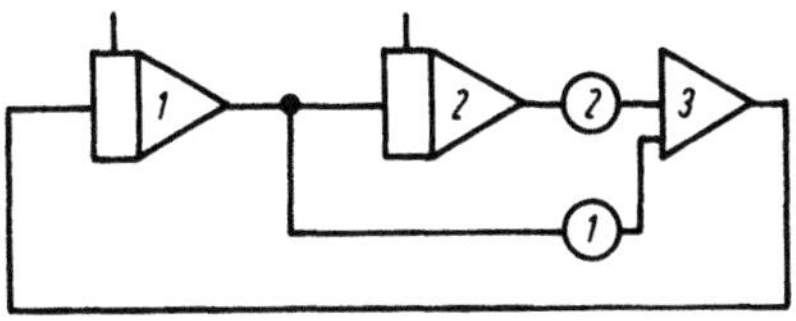

Bild 3/1
Geschlossener Schaltungskreis

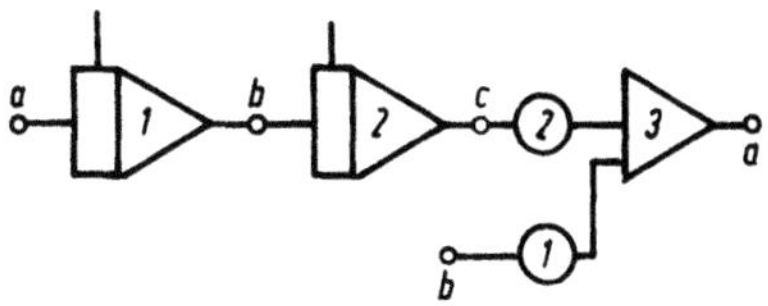

Bild 3/2
Offener Schaltungskreis

abhängigen Veränderlichen abhängigen Größen und die unabhängige Veränderliche durch proportionale Größen dargestellt. Beim elektronischen Analogrechner ist die unabhängige Problemvariable die Maschinenzeit. Die abhängigen Veränderlichen werden durch die an bestimmten Punkten, z. B. Verstärkerausgängen oder Potentiometerabgriffen, auftretenden Spannungen gegen Erde dargestellt. Da die Problemveränderlichen grundsätzlich alle beliebigen Größen sein können, müssen wir eine eindeutige Zuordnung der verschiedenen Größen vornehmen. Auch wenn die unabhängige Veränderliche eines Problems die Zeit ist, so stimmt doch die Problemzeit üblicherweise nicht mit der Maschinenzeit überein. Wir müssen daher Maßstabsfaktoren sowohl für die unabhängige Veränderliche als auch für die abhängigen Veränderlichen einführen. Die Wahl geeigneter Zeit- und Amplitudenmaßstäbe ist für die Genauigkeit der Rechenergebnisse von entscheidender Bedeutung.

3.1 Der Zeitmaßstab

Da die unabhängige Veränderliche des elektronischen Analogrechners durchweg die Maschinenzeit τ ist, können unmittelbar nur Aufgaben mit einer unabhängigen Veränderlichen gelöst werden. Bei vielen Problemstellungen der Technik tritt bereits die Zeit t als unabhängige Variable auf. Die Notwendigkeit der Wahl eines Zeitmaßstabes kann sich entweder von der Aufgabe oder vom Rechner her ergeben. Die tatsächlichen Problemzeiten t variieren um viele Größenordnungen. Sie können Werte im Bereich von wenigen µsec bis zu einigen Jahren annehmen. Von der Aufgabe her sind diese Grenzbereiche nicht geeignet, den Rechner im wirklichen Zeitmaßstab, d.h. in der tatsächlichen Zeit oder Echtzeit, rechnen zu lassen. Die Beobachtungszeit wäre in dem einen Fall viel zu kurz und im anderen viel zu lang. Auch Probleme, z. B. Wärmeleitungsprobleme, die sich über etliche Stunden erstrecken, sind für den Beobachtungszeitraum und den Rechner im allgemeinen schon zu lang. Für den Rechner sind sowohl sehr kleine als auch sehr große Zeiten nicht geeignet. In beiden Fällen muß von einer Zeittransformation Gebrauch gemacht werden. Bei sehr großen Rechenzeiten wirken sich vor allem die Langzeitfehler der Integratoren auf die Genauigkeit der Rechenergebnisse aus, denn mit großen Rechenzeiten sind auch große Integrationszeiten verbunden. Da die Eingangsspannungen der Integratoren nur sehr klein sein dürfen, wirkt sich die Genauigkeit der auf sehr kleine Werte eingestellten Eingangspotentiometer schon wesentlich auf das Ergebnis aus. Die Integrationsdrift der Verstärker ist unter Umständen in derselben Größenordnung wie die Größe der zu integrierenden Spannungen, so daß das erzielte Ergebnis recht fraglich wird. Sind z. B. konstante Spannungen zu integrieren, so ist die Einstellunsicherheit dieser Spannungen von ganz erheblichem Einfluß auf die Genauigkeit des Integralwertes, da auch der Fehler mit der Integrationszeit multipliziert erscheint. Andererseits spielt bei sehr kurzen Problemzeiten und damit, falls kein Zeitmaßstab eingeführt wird, bei sehr kurzen Rechenzeiten das Frequenzverhalten der an der Lösung und Registrierung beteiligten Geräte eine wesentliche Rolle. Das Auftreten beachtenswerter Fehler durch den Frequenzgang des Verstärkers sind den vom Hersteller beigefügten Unterlagen zu entnehmen. Diese Angaben sollten in etwa den Gerätebenutzern bekannt sein, damit von dieser Seite ein grober Anhaltswert für einen geeigneten Zeitmaßstab gegeben ist. Sehr wesentlich begrenzen Servo-Multiplikatoren und Servo-Funktionsgeneratoren die Rechenzeit nach unten hin. Bei ihnen darf eine Änderung der Eingangsgrößen in jedem Fall nur so langsam vor sich gehen oder einsetzen, daß ihnen der servomotorische Antrieb folgen kann. Hierbei ist der Frequenzbereich auf unter $1 \div 10$ Hz beschränkt. Sind vom Rechner her die wesentlichen Einflüsse abgeschätzt, so darf der Einfluß des Registriergerätes bei den Betrachtungen auch nicht vernachlässigt werden. Es hat einfach keinen Sinn, die größte Mühe für die Gesamtprogrammierung eines Rechners aufzuwenden, wenn man anschließend ein für diesen Zweck oder diesen gewählten Zeitmaßstab völlig ungeeignetes Registriergerät benutzt. Die Verwendungsmöglichkeiten der verschiedenen Bauformen von Registriergeräten für Analogrechner wurden im Abschnitt 2.6 betrachtet. Für servomotorische Registriergeräte liegt die obere Grenze z.Zt. bei etwa 1 Hz. Bei einfachen, nach dem Galvanometerprinzip arbeitenden Schreibern ist der einsatzfähige Frequenzbereich etwa $0 \div 300$ Hz. Kathodenstrahloszillographen in Verbindung mit einem Photogerät zur Registrierung haben ihre Grenzfrequenz weit jenseits der von Verstärkern und anderen Rechenelementen vorgegebenen Grenzbereiche.

Im allgemeinen muß also stets eine Zeittransformation durchgeführt werden. Man sollte die Rechenzeit einerseits stets so kurz wie möglich halten, aber andererseits wiederum so lang, daß die Frequenzgänge der an der Rechnung und Registrierung beteiligten Elemente noch keinen nennenswerten Fehler in die Rechnung bringen.

Für den Fall, daß die unabhängige Veränderliche des Problems die Zeit t ist, soll folgende Transformation gelten:

$$\tau = m_T \cdot t \qquad (3.1/1)$$

Hierin ist τ die Maschinenzeit und m_T der gewählte Zeitmaßstabsfaktor. Dieser ist eine dimensionslose und grundsätzlich positive Größe.

$m_T > 1$ bedeutet, daß die Maschinenzeit τ größer als die wirkliche Problemzeit t ist.

$m_T = 1$ entspricht der Rechnung in der wahren Zeit. Diese Betriebsart wird auch Echtzeitbetrieb genannt.

$0 < m_T < 1$ bedeutet, daß die Maschinenzeit τ kleiner als die Problemzeit t ist.

Man ist somit durch die Wahl von m_T in der Lage, den tatsächlichen Vorgang in einer uns vernünftig erscheinenden Weise ablaufen zu lassen. Der Zeitmaßstabsfaktor m_T ergibt sich aus Gleichung 3.1/1 zu:

$$m_T = \frac{\tau}{t} \qquad \text{bzw.} \qquad m_T = \frac{\tau_{zul.}}{t_{Max}} \qquad (3.1/2)$$

Hierin ist t_{Max} die maximale Zeit, in der uns die Lösung des Problems interessant erscheint. $\tau_{zulässig}$ ist die Maschinenzeit, die uns vom Rechengerät und Registriergerät in etwa vorgegeben und noch zulässig ist. Wollen wir z.B. im wiederholenden (repetierenden) Betrieb arbeiten, so liegt die Rechenzeit $\tau_{zulässig}$ zwischen 50 msec und 1 – 2 sec. Für einmalige Lösungsabläufe sind die Rechenzeiten wesentlich vom anzuschließenden Registriergerät bestimmt und können bis zu einigen Minuten betragen.

Diese nach Gleichung 3.1/1 durchgeführte Zeittransformation müssen wir bei den normal zu lösenden Differentialgleichungen auch auf die zeitlichen Ableitungen anwenden. Wir erhalten für

$$\frac{dy}{dt} = \frac{dy}{d\left(\frac{1}{m_T}\tau\right)} = m_T \cdot \frac{dy}{d\tau} \qquad (3.1/3)$$

Für die zweite Ableitung gilt entsprechend:

$$\frac{d^2y}{dt^2} = \frac{d}{dt}\left(\frac{dy}{dt}\right) = \frac{d}{d\left(\frac{1}{m_T}\cdot\tau\right)}\left(m_T \cdot \frac{dy}{d\tau}\right) = m_T^2 \cdot \frac{d^2y}{d\tau^2} \qquad (3.1/4)$$

und somit allgemein:

$$\frac{d^n y}{d t^n} = m_T^n \cdot \frac{d^n y}{d \tau^n} \qquad (3.1/5)$$

Dies bedeutet, daß bei einer Zeittransformation die n – te Ableitung mit m_T^n multipliziert werden muß. Für $m_T > 1$, d.h. Zeitdehnung des Vorganges sind auch die Ableitungen nach τ mit $m_T^n > 1$, also mit Werten größer als eins zu multiplizieren. Für $m_T < 1$, d.h. Zeitraffung des Vorganges, werden auch die Ableitungen mit Werten kleiner als eins, aber größer als Null, multipliziert.

Wurde eine Zeittransformation durchgeführt, so muß man stets bei der Auswertung der Rechenergebnisse diese Transformation berücksichtigen. Auch die Ableitungen gelten ganz entsprechend nur in Bezug auf die Maschinenzeit τ. Dieser Umstand wird leicht bei graphischen Auswertungen vergessen.

In den Fällen, wo die unabhängige Veränderliche nicht die Zeit, sondern eine beliebige physikalische Größe ist, ordnen wir auch dieser die Maschinenzeit τ zu. Hierfür soll entsprechend gelten:

$$\tau = m_T \cdot x \qquad (3.1/6)$$

d.h. $\quad m_T = \frac{\tau}{x} \quad$ bzw. $\quad m_T = \frac{\tau_{zulässig}}{x_{Max}} \qquad (3.1/7)$

Formal gilt alles wie vorher angegeben. Wir müssen nur berücksichtigen, daß m_T jetzt eine dimensionsbehaftete Größe ist!

An Stelle von Gleichung 3.1/5 erhalten wir jetzt:

$$\frac{d^n y}{d x^n} = m_T^n \cdot \frac{d^n y}{d \tau^n} \qquad (3.1/8)$$

In manchen Fällen ist es erforderlich oder nur möglich, für $x > x_0$ eine Lösung zu ermitteln. Unter diesen Umständen substituiert man:

$$\tau = m_T (x - x_0) \quad \text{oder} \quad (x - x_0) = \frac{1}{m_T}\,\tau \qquad (3.1/9)$$

Bei Beginn des Rechenablaufes $\tau = 0$, ist dann $f(x) = f(x_0)$. Statt $x = 0$ tritt in allen Gleichungen nunmehr $x = x_0$ auf.

Es sei an dieser Stelle schon darauf hingewiesen, möglichst so zu programmieren, daß die Wahl des Zeitmaßstabes, d.h. die Zeittransformation, nur auf die Bemessung der Schaltung von Integratoren und eventuellen Differentiatoren Einfluß hat. Sämtliche anderen Rechenkomponenten, Summierer, Multiplikations- und Divisionskreise bleiben dann bei der Zeittransformation unverändert. Dies hat den großen Vorteil, daß man an der Schaltung, in der normalerweise nur Integratoren vorhanden sind, nach einem unbefriedigenden Probelauf leicht den Zeitmaßstab wechseln kann, ohne den Schaltungsaufbau zu ändern. Soll das gewählte m_T größer oder kleiner werden, wird z. B. nur die Kapazität der Integratoren größer oder kleiner gemacht.

3.2 Der Amplitudenmaßstab

Die Notwendigkeit eines Amplitudenmaßstabes ergibt sich aus der Tatsache, daß den abhängigen Veränderlichen des physikalischen oder mathematischen Problems beim elektronischen Analogrechner Spannungen gegen Erde zugeordnet werden und umgekehrt den Spannungen bestimmte Werte des Problems. Die abhängigen Veränderlichen können im allgemeinen beliebige Größen sein, d. h. sie können alle möglichen Zahlenwerte und Dimensionen annehmen. Beim elektronischen Analogrechner sind wir jedoch stets in der Höhe der Spannungen beschränkt. Bei den üblichen Rechengeräten ist der maximal zulässige Spannungswert ± 100 V, in Sonderfällen ± 200 V und bei Transistorgeräten z. B. nur ± 10 V. Diese angegebenen Grenzen dürfen keinesfalls überschritten werden; und zwar nicht nur wegen der Überbelastung der Verstärker, sondern im wesentlichen wegen der falschen Rechenergebnisse,die dann die Maschine liefert.

Die Wahl des Amplitudenmaßstabes hat so zu erfolgen, daß die Verstärker gut ausgesteuert, aber nicht übersteuert werden. Damit Verwechslungen zwischen den verschiedenen einander zugeordneten Größen der Rechenmaschine und des Problems möglichst vermieden werden, erscheint es sinnvoll, für die Größen des Problems und die zugeordneten Spannungen die gleichen Bezeichnungen beizubehalten und den Maschinengrößen zur Kennzeichnung ein Zusatzzeichen zum Symbol der Problemgröße zu geben. Wir wollen im weiteren stets einen Querstrich über die Maschinengröße setzen. Haben wir es z. B. mit der Geschwindigkeit v und der Beschleunigung b zu tun, so werden die ihnen im Gerät entsprechenden Spannungen mit $\bar{v}$ und $\bar{b}$ bezeichnet. Die ursprünglichen Größen ersetzen wir entsprechend Gl. 3.2/1:

$$\bar{y} = \alpha \cdot y \qquad (3.2/1)$$

Hierin stellt y die beliebig abhängige veränderliche Größe und $\bar{y}$ den vom Gerät angezeigten Spannungswert dar. Den Proportionalitätsfaktor wollen wir stets mit kleinen griechischen Buchstaben bezeichnen und bei Ableitungen der Größen zusätzlich den entsprechenden Grad der Ableitungen als Indizes mit anbringen, z. B.:

$$\overline{y'} = \alpha_1 \cdot y'; \qquad \overline{y''} = \alpha_2 \cdot y''; \qquad \overline{y^{(n)}} = \alpha_n \cdot y^{(n)} \tag{3.2/2}$$

Die Maschinengröße $\overline{y}$ ist also gleich dem α-fachen Wert der physikalischen Größe y.

Die Bestimmung des Proportionalitätsfaktors erfolgt entsprechend Gl. 3.2/3 zu:

$$\alpha_n \leq \frac{\left|\overline{y^{(n)}_{Max.\,zul.}}\right|}{\left|y^{(n)}_{Max.}\right|} \tag{3.2/3}$$

Wie Gleichung 3.2/3 zeigt, müssen wir für die Bestimmung des Amplitudenmaßstabsfaktors Kenntnis der maximal auftretenden Größe der abhängigen Veränderlichen haben. Nur wenn man den Variationsbereich der Größen kennt, kann man eine Übersteuerung der Verstärker vermeiden. Als maximal zulässigen Spannungswert wählen wir den zulässigen Höchstwert des Rechengerätes, der normalerweise 100 V beträgt. Es hat aber keinen Sinn, $\left|\overline{y^{(n)}_{Max.\,zul.}}\right| = 100$ V zu setzen, wenn der Bereich für $y^{(n)}_{Max}$ nicht genügend genau bekannt ist. In solchen Fällen wird man zur Sicherheit etwa $\left|\overline{y^{(n)}_{Max.\,zul.}}\right| = 50$ V setzen und sich bei einem Probelauf die Aussteuerung der verschiedenen Verstärker ansehen. Dieses Verfahren ist das einzig mögliche, wenn man überhaupt keine Abschätzung der Problemveränderlichen vornehmen kann.

Eine Überprüfung der Aussteuerung der Verstärker sollte in jedem Fall vor der eigentlichen Registrierung einer Lösung durchgeführt werden. Eine Übersteuerung ist unzulässig. Ebenso ist eine nur geringe Aussteuerung ungünstig und deshalb ebenfalls zu vermeiden.

Für die Wahl des Amplituden-Maßstabsfaktors sollte man stets ganze Zahlen und nach Möglichkeit für die Verhältnisse von Amplituden-Maßstabsfaktoren Zehnerpotenzen verwenden, damit die spätere Auswertung und Rücktransformation in die Problemgrößen ohne Schwierigkeit und ohne Tischrechenmaschine durchgeführt werden kann.

4. Programmierung

4.1 Allgemeine Betrachtung zur Programmierung

Für die Analyse eines vorgegebenen physikalischen oder mathematischen Problems auf dem Analogrechner ergeben sich folgende Arbeitspunkte:

1. Aufstellen des zu lösenden Gleichungssystems.

2. Umformung der mathematischen Gleichungen in Maschinengleichungen durch Einführen der Maßstabsfaktoren für Zeit und Amplitude und gegebenenfalls Auflösen des Gleichungssystems nach dem Glied mit der jeweils höchsten Ordnung des Differentialquotienten.

3. Herstellung einer Rechenschaltung unter Verwendung der verschiedenen Symbole entsprechend den durchzuführenden Rechenoperationen und Eintragen der Maschinengrößen.

4. Bestimmung der Schaltelemente und der Größe der zuzuführenden Spannungen.

5. Kontrolle der Schaltung.

Die angeführten Punkte, die man unter dem Begriff Programmierung zusammenfaßt, bedürfen oft eines verschieden großen Aufwandes. Geht man von einem technischen Problem aus, so muß zuerst über die physikalischen Grundgesetze die mathematische Formulierung des Problems erfolgen. Diese Arbeit ist unter Umständen gar nicht unerheblich und muß stets durchgeführt werden. Sie geht der Rechnung voraus und wird deshalb vielfach nicht zur Programmierung gezählt. Bei rein mathematischen Problemen liegt die Formulierung direkt vor und es haben nur die weiteren Punkte Berücksichtigung zu finden, damit dieses Gleichungssystem maschinengerecht, d.h. unter dem Blickwinkel der Rechenmaschine, umgeformt werden kann.

Die Umformung der mathematischen Gleichungen in Maschinengleichungen bedeutet zuerst eine Festlegung der verschiedenen Maßstabsfaktoren. Die Gesichtspunkte zur Wahl der geeigneten Maßstabsfaktoren wurden im Abschnitt 3 erläutert. In der Literatur ist die Reihenfolge der Transformationen normalerweise diese: Zuerst Zeitmaßstab und anschließend Amplitudenmaßstab. Aus verschiedenen Gründen sollte man bei Verwendung eines echten Programmierungsschemas stets diese Doppeltransformation durchführen. Wie wir dem Programmierungsschema für die verschiedenen Rechenkomponenten noch entnehmen werden, erhalten wir einfache und übersichtliche Ergebnisse.

Nachdem wir die Gleichung oder das Gleichungssystem jeweils nach dem Glied mit der höchsten Ordnung des Differentialquotienten aufgelöst haben, führen wir die Transformationen durch und erhalten so die Maschinengleichung oder das Maschinengleichungssystem. Diese sind die Grundlage der Rechenschaltung. Für die Rechenschaltung bedienen wir uns der Symbole der verschiedenen Rechenkomponenten entsprechend den durchzuführenden Rechenoperationen. In die Rechenschaltung tragen wir die Bezeichnungen der Maschinengrößen ein.

Für die Bestimmung der Schaltelemente und der Größe der zuzuführenden Spannungen, die wir für Anfangsbedingungen, Störfunktionen oder Randbedingungen benötigen, wollen wir uns der für die einzelnen Rechenkomponenten noch abzuleitenden Gleichungen eines Schemas bedienen. Bei der Behandlung eines bestimmten Problems braucht man dann nur die Maschinengleichungen des Problems und des Schemas zu vergleichen. Die Werte und Polaritäten von Spannungsquellen und die Größe von Widerständen und Kondensatoren lassen sich dabei sofort ermitteln. Dieses Schema hat den Vorteil, daß man nur einmal die Abhängigkeit von Ausgangsfunktion zu Eingangsfunktion für die Rechenelemente rechnerisch ermitteln muß und damit für beliebige Transformationen die Elementzuordnung kennt.

Die wesentlichsten Einheiten einer jeden Rechenschaltung sind die Rechenverstärker. Da diese im Verstärkergestell durch eine fortlaufende Bezifferung bezeichnet sind, behält man gerne diese Bezeichnung auch zur Bezifferung der Verstärker in der Rechenschaltung bei. Im allgemeinen beziffert man beim Entwurf der Rechenschaltung die Verstärker bei 1 beginnend fortlaufend. Da aber häufig die Zusammenschaltung auf dem Steck- oder Problembrett aus Zweckmäßigkeitsgründen, z. B. kürzere Verbindungsleitungen, von der zeichnerischen Darstellung abweicht, ist es besser, die Bezifferung in der Rechenschaltung umzuändern als mit einer Korrespondenztabelle für die Verstärkerbezifferungen von Rechenschaltung und Analogrechner zu arbeiten.

Alle übrigen Rechenelemente werden von dieser Verstärkerbezifferung ausgehend bezeichnet. Es soll folgende Festlegung gelten:

Sämtliche Widerstände, Kondensatoren und Spannungsquellen erhalten als ersten Index die Ziffer des zugehörigen Rechenverstärkers. Ist ein Verstärker mit mehreren Widerständen, Kondensatoren, Spannungsquellen und Potentiometern beschaltet, so erhalten alle noch einen zweiten Index. Zur besonderen Kennzeichnung des Gegenkopplungswiderstandes sei diesem der zusätzliche Index F (Feedback) gegeben.

Die Potentiometer sind bei größeren Anlagen fortlaufend beziffert. Vielfach sind zwei Potentiometer für einen Verstärker vorgesehen. Diese erhalten z. B. die Bezeichnung P_n und Q_n. Hierbei deutet der Index n an, daß diese Potentiometer zum Verstärker mit der Bezifferung n gehören. Es ist zweckmäßig, diese zugehörigen Potentiometer zu verwenden, da sie die kürzesten Verbindungsleitungen zu den Verstärkern besitzen.

Bevor wir uns die Schemata für die einzelnen Rechenkomponenten ableiten, soll zuerst die Zeit- und Amplitudentransformation bei den verschiedenen Ableitungen durchgeführt werden.

Bei einem gegebenen System von Differentialgleichungen n-ter Ordnung lösen wir verabredungsgemäß zuerst nach dem Glied mit dem höchsten Differentialquotienten auf. Dabei ergeben sich Differentialgleichungen folgender Form:

$$\frac{d^n y}{d x^n} = f\left(\frac{d^{n-1} y}{d x^{n-1}}; \frac{d^{n-2} y}{d x^{n-2}} \dots\dots \frac{d^2 y}{d x^2}; \frac{d y}{d x}; y\right) \qquad (4.1/1)$$

Hierauf wird nun die Zeit- und die Amplitudentransformation angewandt.

Bei Anwendung der Zeittransformation entsprechend Gl. 3.1/6 geht das Gleichungssystem 4.1/1 über in die Form:

$$m_\tau{}^n \frac{d^n y}{d \tau^n} = f\left(m_\tau{}^{n-1} \frac{d^{n-1} y}{d \tau^{n-1}}; m_\tau{}^{n-2} \frac{d^{n-2} y}{d \tau^{n-2}}; \dots m_\tau{}^2 \frac{d^2 y}{d \tau^2}; m_\tau \frac{d y}{d \tau}; y\right) \qquad (4.1/2)$$

Bei der Amplitudentransformation haben wir verschiedene Möglichkeiten. Für eine spätere übersichtliche Darstellung, die in der Form eines Schemas angegeben werden soll, hat es sich als zweckmäßig erwiesen, die Amplitudentransformation auf die einzelnen Glieder der Gleichung 4.1/2 direkt anzuwenden und nicht erst nach einer Division der Gleichung 4.1/2 durch $m_\tau{}^n$ auf die Ableitungen nach τ. Die letztgenannte Möglichkeit besteht auch, ist aber nicht so zweckmäßig und soll daher hier auch nicht durchgeführt werden.

Wir erhalten gemäß den getroffenen Vereinbarungen:

$$\overline{m_\tau{}^n \frac{d^n y}{d \tau^n}} = \alpha_n \cdot m_\tau{}^n \frac{d^n y}{d \tau^n} \qquad (4.1/3)$$

$$\overline{m_\tau{}^{n-1} \frac{d^{n-1} y}{d \tau^{n-1}}} = \alpha_{n-1} \cdot m_\tau{}^{n-1} \frac{d^{n-1} y}{d \tau^{n-1}}$$

....

$$\overline{m_\tau{}^2 \cdot \frac{d^2 y}{d\tau^2}} = \alpha_2 \cdot m_\tau{}^2 \frac{d^2 y}{d\tau^2}$$

$$\overline{m_\tau \cdot \frac{d y}{d\tau}} = \alpha_1 \cdot m_\tau \frac{d y}{d\tau}$$

$$\bar{y} = \alpha_0 \cdot y$$

Da aber entsprechend Gleichung 3.1/8

$$m_\tau{}^n \frac{d^n y}{d\tau^n} = \frac{d^n y}{d x^n}$$

ist, gilt auch:

$$\frac{d^n y}{d x^n} = m_\tau{}^n \frac{d^n y}{d\tau^n} = \frac{1}{\alpha_n} \cdot \overline{m_\tau{}^n \frac{d^n y}{d\tau^n}} \qquad (4.1/4)$$

Der kürzeren Schreibweise wegen vereinfachen wir:

$$\frac{d^n y}{d x^n} = \frac{1}{\alpha_n} \cdot \overline{y^{(n)}} \qquad (4.1/5)$$

Es gilt also mit 4.1/4 und 4.1/5:

$$\frac{d^n y}{d x^n} = m_\tau{}^n \frac{d^n y}{d\tau^n} = \frac{1}{\alpha_n} \cdot \overline{m_\tau{}^n \frac{d^n y}{d\tau^n}} = \frac{1}{\alpha_n} \overline{y^{(n)}} \qquad (4.1/6)$$

Verabredungsgemäß stellen die mit einem Querstrich versehenen Größen Spannungen dar. Der Amplitudenmaßstabsfaktor ist also im allgemeinen eine dimensionsbehaftete Größe.

Damit wird nunmehr aus dem Gleichungssystem entsprechend Gleichung 4.1/2

$$\frac{1}{\alpha_n} \overline{m_\tau{}^n \frac{d^n y}{d\tau^n}} = f\left(\frac{1}{\alpha_{n-1}} \overline{m_\tau{}^{n-1} \frac{d^{n-1} y}{d\tau^{n-1}}}; \ldots; \frac{1}{\alpha_2} \overline{m_\tau{}^2 \frac{d^2 y}{d\tau^2}}; \frac{1}{\alpha_1} \overline{m_\tau \frac{d y}{d\tau}}; \frac{1}{\alpha_0} \bar{y}\right) \qquad (4.1/7)$$

oder

$$\frac{1}{\alpha_n} \overline{y^{(n)}} = f\left(\frac{1}{\alpha_{n-1}} \overline{y^{(n-1)}}; \frac{1}{\alpha_{n-2}} \overline{y^{(n-2)}}; \ldots; \frac{1}{\alpha_2} \overline{y^{(2)}}; \frac{1}{\alpha_1} \overline{y^{(1)}}; \frac{1}{\alpha_0} \bar{y}\right) \qquad (4.1/8)$$

Multiplizieren wir diese Gleichung α_n so erhalten wir:

$$\overline{m_\tau^n \frac{d^n y}{d\tau^n}} = f\left(\frac{\alpha_n}{\alpha_{n-1}} \overline{m_\tau^{n-1} \frac{d^{n-1} y}{d\tau^{n-1}}}; \ldots; \frac{\alpha_n}{\alpha_2} \overline{m_\tau^2 \frac{d^2 y}{d\tau^2}}; \frac{\alpha_n}{\alpha_1} \overline{m_\tau \frac{dy}{d\tau}}; \frac{\alpha_n}{\alpha_0} \overline{y}\right) \qquad (4.1/9)$$

oder

$$\overline{y^{(n)}} = f\left(\frac{\alpha_n}{\alpha_{n-1}} \overline{y^{(n-1)}}; \ldots; \frac{\alpha_n}{\alpha_2} \overline{y^{(2)}}; \frac{\alpha_n}{\alpha_1} \overline{y^{(1)}}; \frac{\alpha_n}{\alpha_0} \overline{y}\right) \qquad (4.1/10)$$

Das entsprechend 4.1/9 oder 4.1/10 aufgebaute Gleichungssystem stellt nun das gewünschte Maschinengleichungssystem dar.

Bei späteren Anwendungen können wir wesentlich schneller zu Gleichung 4.1/8 kommen. Wir schreiben zuerst für die Zeittransformation Gleichung 3.1/6

$$\tau = m_\tau \cdot x$$

und führen dann Gleichung 4.1/1

$$\frac{d^n y}{d x^n} = f\left(\frac{d^{n-1} y}{d x^{n-1}}; \ldots; \frac{d^2 y}{d x^2}; \frac{d y}{d x}; y\right)$$

mit Hilfe der Transformation 4.1/5

$$\frac{d^n y}{d x^n} = \frac{1}{\alpha_n} \cdot \overline{y^{(n)}}$$

sofort in Gleichung 4.1/8 über und erhalten:

$$\frac{1}{\alpha_n} \overline{y^{(n)}} = f\left(\frac{1}{\alpha_{n-1}} \overline{y^{(n-1)}}; \ldots; \frac{1}{\alpha_2} \overline{y^{(2)}}; \frac{1}{\alpha_1} \overline{y^{(1)}}; \frac{1}{\alpha_0} \overline{y}\right)$$

Multiplizieren wir diese Gleichung mit α_n so kommen wir zur Maschinengleichung 4.1/10.

Um zur Rechenschaltung zu gelangen, müssen wir die höchsten Ableitungen proportionalen Größen $\overline{y^{(n)}}$ entsprechend Gleichungssystem 4.1/10 aufbauen.

Durch Anwendung der Integration erhalten wir:

$$\frac{d^{n-1} y}{d x^{n-1}} = \int_0^x \frac{d^n y}{d x^n} d x \quad + \frac{d^{n-1} y}{d x^{n-1}}_{(x=0)}$$

$$\frac{d^{n-2} y}{d x^{n-2}} = \int_0^x \frac{d^{n-1} y}{d x^{n-1}} d x + \frac{d^{n-2} y}{d x^{n-2}}_{(x=0)}$$

$$\frac{d^2 y}{d x^2} = \int_0^x \frac{d^3 y}{d x^3} d x \quad + \frac{d^2 y}{d x^2}_{(x=0)}$$

$$\frac{d y}{d x} = \int_0^x \frac{d^2 y}{d x^2} d x \quad + \frac{d y}{d x}_{(x=0)}$$

$$y = \int_0^x \frac{d y}{d x} d x \quad + y_{(x=0)}$$

oder allgemein: $$\frac{d^n y}{d x^n} = \int_0^x \frac{d^{n+1} y}{d x^{n+1}} d x + \frac{d^n y}{d x^n}_{(x=0)} \qquad (4.1/11)$$

Für die transformierten Größen gilt mit Gleichung 4.1/6:

$$\frac{1}{\alpha_n} \cdot \overline{y^{(n)}} = \int_0^x \frac{1}{\alpha_{n+1}} \overline{y^{(n+1)}} d x + \frac{1}{\alpha_n} \cdot \overline{y^{(n)}}_{(x=0)}$$

und mit Gleichung 3.1/6: $\tau = m_T \cdot x$

$$\frac{1}{\alpha_n} \cdot \overline{y^{(n)}} = \int_0^\tau \frac{1}{\alpha_{n+1}} \cdot \overline{y^{(n+1)}} \cdot \frac{1}{m_T} d \tau + \frac{1}{\alpha_n} \cdot \overline{y^{(n)}}_{(\tau=0)}$$

oder
$$\overline{y^{(n)}} = \frac{\alpha_n}{\alpha_{n+1}} \cdot \frac{1}{m_\tau} \int_0^\tau \overline{y^{(n+1)}}\, d\tau + \overline{y^{(n)}}_{(\tau=0)} \qquad (4.1/12)$$

$\overline{y^{(n)}}$ und $\overline{y^{(n+1)}}$ sind Spannungen. Ein Vergleich mit Gl. 2.2/46 für die Ausgangsspannung unseres Integrators entsprechend Bild 2.2/8

$$e_0 = -\frac{1}{RC} \cdot \int_0^\tau e_i\, d\tau + E$$

ergibt folgende Bedingungen:

Geben wir $\overline{y^{(n+1)}}$ als Eingangsspannung e_i auf einen Integrator, so ist die Ausgangsspannung e_0 dieses Integrators gleich $-\overline{y^{(n)}}$, falls die folgenden Bedingungen erfüllt sind:

$$1. \qquad \frac{1}{RC} = \frac{1}{m_\tau} \cdot \frac{\alpha_n}{\alpha_{n+1}} = k \qquad (4.1/13)$$

und

$$2. \quad E = -\overline{y^{(n)}}_{(\tau=0)} = -\alpha_n \cdot \frac{d^n y}{d x^n}_{(x=0)} \qquad (4.1/14)$$

Somit sind wir in der Lage, durch eine aus n Integratoren bestehende Integrationskette von $\overline{y^{(n)}}$ nach $\overline{y}$ zu kommen. Aus diesen so erhaltenen Größen bauen wir rückwärts wieder entsprechend der Maschinengleichung $\overline{y^{(n)}}$ auf und haben damit die Maschinengleichung erfüllt.

Mit den in Abschnitt 2 abgeleiteten Beziehungen ist es nunmehr möglich, die Bestimmung der Schaltelemente und der zuzuführenden Spannungen durchzuführen. Zur einfacheren und rationelleren Ermittlung weiterer Dimensionierungsvorschriften, (die Gleichungen 4.1/13 und 4.1/14 sind schon derartige Bestimmungsgleichungen), wollen wir uns des im folgenden Abschnitt 4.2 angegebenen Programmierungsschemas bedienen.

4.2 Programmierungsschema

1. Potentiometerschaltung
(Multiplikation mit einem konstanteu Faktor, $0 < K < 1$)

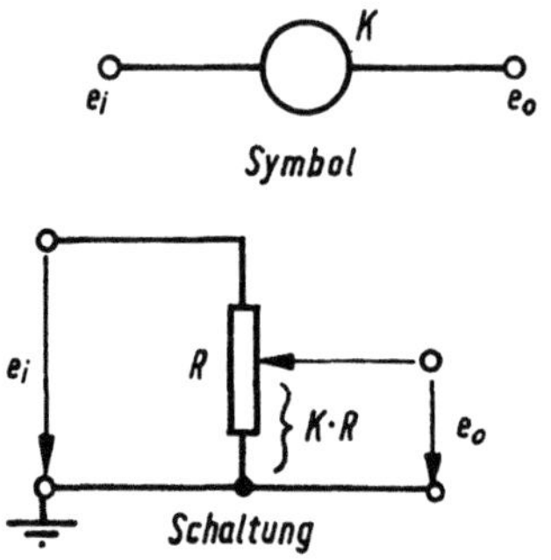

Bild 4.2/1

Mathematische Formulierung der Aufgabe:

$$y_A = a\, y_E$$

Wahl des Amplitudenmaßstabes:

$$\overline{y_A} = \alpha_{0A} \cdot y_A \rightarrow \alpha_{0A} \leq \frac{\overline{y_{A\,max}}}{y_{A\,max}}$$

$$\overline{y_E} = \alpha_{0E} \cdot y_E \rightarrow \alpha_{0E} \leq \frac{\overline{y_{E\,max}}}{y_{E\,max}}$$

Die Maschinengleichung lautet somit:

$$\frac{1}{\alpha_{0A}} \overline{y_A} = a \cdot \frac{1}{\alpha_{0E}} \overline{y_E} \qquad \text{oder} \qquad \overline{y_A} = a \cdot \frac{\alpha_{0A}}{\alpha_{0E}} \overline{y_E}$$

Für das unbelastete Potentiometer gilt mit Gleichung 2.3/2:

$$e_0 = K \cdot e_i$$

Mit $e_i = \overline{y_E}$:

$$e_0 = K \cdot \overline{y_E}$$

Ein Vergleich mit der Maschinengleichung ergibt:

$$e_0 = \overline{y_A}$$

falls $$K = a\,\frac{\alpha_{0A}}{\alpha_{0E}}$$ ist.

2. Summierschaltung
(Addition und Subtraktion bei gleichzeitiger Multiplikation mit einer Konstanten)

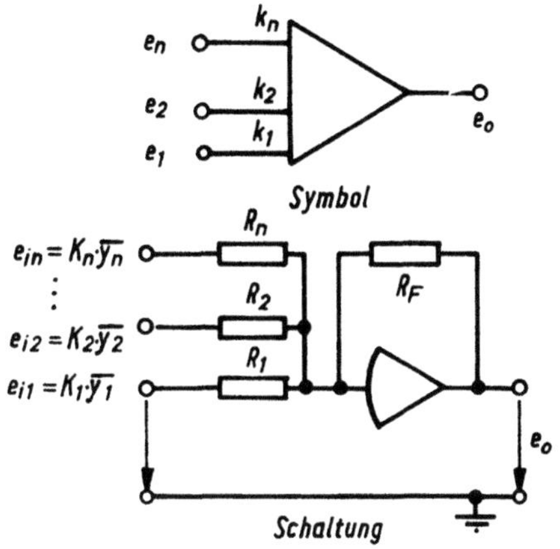

Bild 4.2/2

Mathematische Formulierung der Aufgabe:

$$y = a_1 y_1 + a_2 y_2 + \ldots . + a_n y_n \qquad \text{oder} \qquad y = \sum_{\nu=1}^{n} a_\nu y_\nu$$

Wahl der Amplitudenmaßstäbe:

$$\overline{y} = \alpha_{00}\, y \quad \rightarrow \quad \alpha_{00} \leq \frac{\overline{y_{max}}}{y_{max}}$$

$$\overline{y}_1 = \alpha_{01}\, y_1 \quad \rightarrow \quad \alpha_{01} \leq \frac{\overline{y_{1max}}}{y_{1max}}$$

$$\overline{y}_n = \alpha_{0n}\, y_n \quad \rightarrow \quad \alpha_{0n} \leq \frac{\overline{y_{nmax}}}{y_{nmax}}$$

Die Maschinengleichung lautet somit:

$$\frac{1}{\alpha_{00}}\overline{y} = a_1 \cdot \frac{1}{\alpha_{01}}\overline{y_1} + a_2 \cdot \frac{1}{\alpha_{02}}\overline{y_2} + \ldots + a_n \cdot \frac{1}{\alpha_{0n}}\overline{y_n}$$

$$\overline{y} = \sum_{\nu=1}^{n} a_\nu \cdot \frac{\alpha_{00}}{\alpha_{0\nu}}\overline{y_\nu}$$

Für den Summierer gilt mit Gleichung 2.2/27:

$$e_0 = -\sum_{\nu=1}^{n} \frac{R_F}{R_\nu} e_{i\nu} = -\sum_{\nu=1}^{n} k_\nu \cdot e_{i\nu} \qquad \text{wobei} \qquad k_\nu = \frac{R_F}{R_\nu} \quad \text{ist.}$$

Mit $$e_{i\nu} = K_\nu \overline{y_\nu}$$

erhalten wir

$$e_0 = -\sum_{\nu=1}^{n} \frac{R_F}{R_\nu} K_\nu \overline{y_\nu} = -\sum_{\nu=1}^{n} k_\nu \cdot K_\nu \cdot \overline{y_\nu}$$

Ein Vergleich mit der Maschinengleichung ergibt:

$$e_0 = -\overline{y}$$

falls $$K_\nu \quad k_\nu = K_\nu \cdot \frac{R_F}{R_\nu} = a_\nu \frac{\alpha_{00}}{\alpha_{0\nu}}$$ ist.

Nach Festlegung von R_F errechnen sich die Eingangswiderstände R_ν zu

$$R_\nu = \frac{R_F \cdot K_\nu}{a_\nu} \cdot \frac{\alpha_{0\nu}}{\alpha_{00}}$$

3. Vorzeichenumkehrer
(Multiplikation mit − 1)

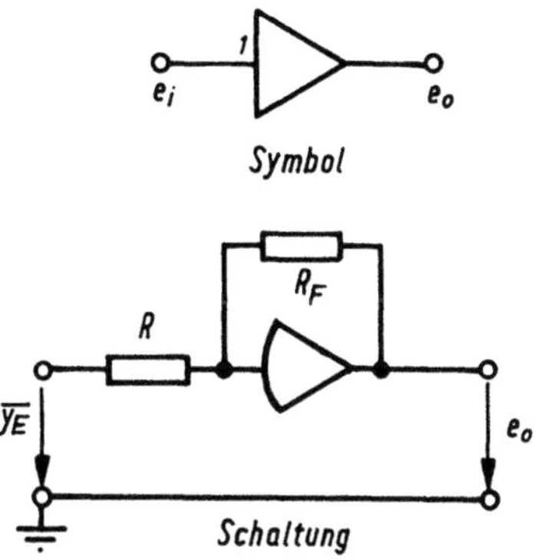

Bild 4.2/3

Für diese Verstärkerschaltung gilt laut Gleichung 2.2/10

$$e_0 = -\frac{R_F}{R} e_i$$

Mit $e_i = \overline{y_E}$

gilt somit $e_0 = -\frac{R_F}{R} \overline{y_E}.$

Wenn $\frac{R_F}{R} = 1$ ist, ergibt sich $e_0 = -\overline{y_E}.$

4. Integrationsschaltung
a) Integration einer Summe

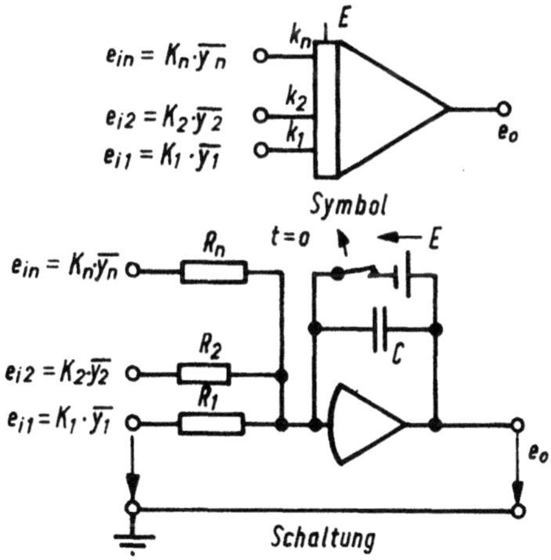

Bild 4.2/4

Mathematische Formulierung:

$$y = a_1 \int_{x_0}^{x} y_1 \, d\,x + a_2 \int_{x_0}^{x} y_2 \, d\,x + \,..\, + a_n \int_{x_0}^{x} y_n \, d\,x + y\,(x_0)$$

$$y = \sum_{\nu=1}^{n} a_\nu \int_{x_0}^{x} y_\nu \, d\,x + y(x_0)$$

Zeitmaßstab:

$$\tau = m_\tau \, (x - x_0) \qquad \text{für} \qquad x \geqq x_0$$

$$d\,\tau = m_\tau \cdot d\,x$$

Wahl der Amplitudenmaßstäbe:

$$\overline{y} = \alpha_{00}\, y \quad \rightarrow \quad \alpha_{00} \leqq \frac{\overline{y_{max}}}{y_{max}}$$

$$\overline{y}_1 = \alpha_{01}\, y_1 \quad \rightarrow \quad \alpha_{01} \leqq \frac{\overline{y_{1\,max}}}{y_{1\,max}}$$

$$\overline{y}_n = \alpha_{0n}\, y_n \quad \rightarrow \quad \alpha_{0n} \leqq \frac{\overline{y_{n\,max}}}{y_{n\,max}}$$

Damit lautet die Maschinengleichung:

$$\frac{1}{\alpha_{00}}\,\overline{y} = \sum_{\nu=1}^{n} a_\nu \int_{\tau=0}^{\tau} \frac{1}{\alpha_{0\nu}} \cdot \overline{y}_\nu \frac{1}{m_\tau} \, d\,\tau + \frac{1}{\alpha_{00}} \cdot \overline{y}_{(\tau=0)}$$

oder

$$\overline{y} = \sum_{\nu=1}^{n} a_\nu \frac{1}{m_\tau} \frac{\alpha_{00}}{\alpha_{0\nu}} \int_{\tau=0}^{\tau} \overline{y}_\nu \, d\tau + \overline{y}_{(\tau=0)}$$

Für den Integrator gilt laut Gleichung 2.2/55

$$e_0 = -\frac{1}{C}\int_0^{\tau} \sum_{\nu=1}^{n} \frac{e_{i\nu}}{R_\nu} d\tau + E$$

oder

$$e_0 = -\int_0^{\tau} \sum_{\nu=1}^{n} k_\nu \cdot e_{i\nu} d\tau + E \qquad \text{wobei} \qquad k_\nu = \frac{1}{R_\nu C} \quad \text{ist.}$$

Mit

$$e_{i\nu} = K_\nu \cdot \overline{y}_\nu$$

erhalten wir

$$e_0 = -\frac{1}{C}\int_0^{\tau} \sum_{\nu=1}^{n} \frac{K_\nu \cdot \overline{y}_\nu}{R_\nu} d\tau + E$$

Ein Vergleich mit der Maschinengleichung ergibt

$$e_0 = -\overline{y}$$

wenn 1. $\frac{K_\nu}{R_\nu \cdot C} = \frac{1}{m_\tau} \cdot \frac{\alpha_{00}}{\alpha_{0\nu}} a_\nu = K_\nu \cdot k_\nu$

2. $E = -\overline{y}_{(\tau=0)} = -\alpha_{00}\, y_{(x=0)}$ ist.

Bei fest gewähltem C ergeben sich die verschiedenen Eingangswiderstände zu

$$R_\nu = \frac{K_\nu \cdot m_\tau}{C} \frac{\alpha_{0\nu}}{\alpha_{00}} \frac{1}{a_\nu}$$

b) Einfache Integration

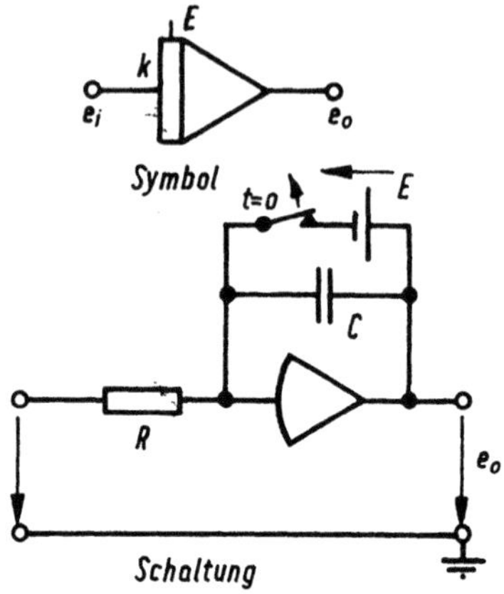

Bild 4.2/5

Mathematische Formulierung:

$$y = \int_{x_0}^{x} \frac{dy}{dx} dx + y_{(x0)}$$

Zeitmaßstab:

$$\tau = m_\tau \, (x - x_0) \qquad \text{für} \qquad x \geqq x_0$$

$$d\tau = m_\tau \cdot dx$$

Wahl der Amplitudenmaßstäbe:

$$y = \frac{1}{\alpha_0} \overline{y} \qquad \rightarrow \alpha_0 \leqq \frac{\overline{y_{max}}}{y_{max}}$$

$$\frac{dy}{dx} = m_\tau \frac{dy}{d\tau} = \frac{1}{\alpha_1} \overline{m_\tau \frac{dy}{d\tau}} = \frac{1}{\alpha_1} \overline{y'} \rightarrow \alpha_1 \leqq \frac{\overline{y'_{max}}}{y'_{max}}$$

Damit erhalten wir folgende Maschinengleichung:

$$\frac{1}{\alpha_0} \overline{y} = \int_{\tau=0}^{\tau} \frac{1}{\alpha_1} \overline{y'} \frac{1}{m_\tau} d\tau + \frac{1}{\alpha_0} \overline{y}_{(\tau=0)}$$

oder

$$\overline{y} = \frac{1}{m_\tau} \cdot \frac{\alpha_0}{\alpha_1} \int_{\tau=0}^{\tau} \overline{y'}\, d\tau + \overline{y}_{(\tau=0)}$$

Für den Integrator gilt laut Gleichung 2.2/46

$$e_0 = -\frac{1}{RC} \int_{\tau=0}^{\tau} e_i\, d\tau + E$$

Mit $e_i = K \cdot \overline{y'}$

erhalten wir

$$e_0 = -k \cdot \int_{\tau=0}^{\tau} K \cdot \overline{y'}\, d\tau + E \text{ , wobei } k = \frac{1}{RC} \text{ ist.}$$

Ein Vergleich mit der Maschinengleichung liefert

$$e_0 = -\overline{y}$$

wenn 1. $\frac{K}{RC} = \frac{1}{m_\tau} \cdot \frac{\alpha_0}{\alpha_1} = K \cdot k$

2. $E = -\overline{y}_{(\tau=0)} = -\alpha_0 \cdot y_{(x=x_0)}$ ist.

oder $e_0 = -a\overline{y}$ für $e_i = K\overline{y'}$

falls 1. $\frac{K}{RC} = K \cdot k = a \frac{1}{m_\tau} \cdot \frac{\alpha_0}{\alpha_1}$

2. $E = -a\overline{y}_{(\tau=0)} = -a\, \alpha_0\, y_{(x=x_0)}$ ist.

c) Integration einer beliebigen Ableitung

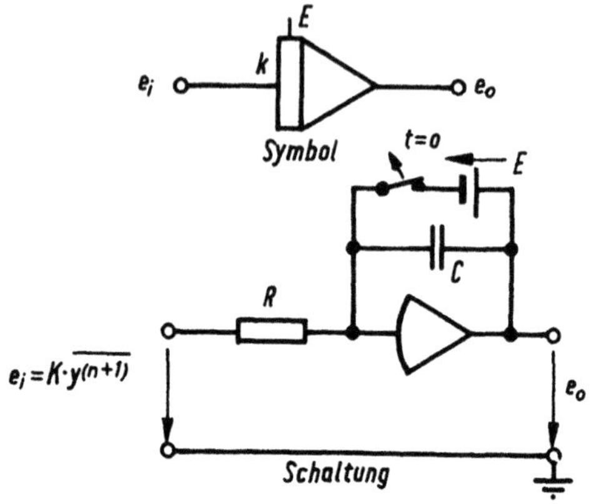

Bild 4.2/6

Mathematische Formulierung:

$$y^{(n)} = \int_{x_0}^{x} \frac{d^{n+1} y}{d x^{n+1}} \, dx + y^{(n)}_{(x=x_0)}$$

Zeitmaßstab:

$$\tau = m_\tau \, (x - x_0) \qquad \text{für} \qquad x \geqq x_0$$

$$d\tau = m_\tau \cdot dx$$

Wahl der Amplitudenmaßstäbe

$$y^{(n)} = \frac{1}{\alpha_n} \cdot \overline{y^{(n)}} \qquad \rightarrow \quad \alpha_n \leqq \frac{\overline{y^{(n)}}}{y^{(n)}_{max}}$$

$$\frac{d^{n+1}y}{dx^{n+1}} = m_\tau^{\,n+1} \frac{d^{n+1}y}{d\tau^{n+1}} = \frac{1}{\alpha_{n+1}} \overline{m_\tau^{\,n+1} \frac{d^{n+1}y}{d\tau^{n+1}}} = \frac{1}{\alpha_{n+1}} \overline{y^{n+1}} \rightarrow \alpha_{n+1} \leqq \frac{\overline{y^{(n+1)}}_{max}}{y^{(n+1)}_{max}}$$

Damit lautet die Maschinengleichung:

$$\frac{1}{\alpha_n} \overline{y^{(n)}} = \int_{\tau=0}^{\tau} \frac{1}{\alpha_{n+1}} \overline{y^{(n+1)}} \cdot \frac{1}{m_\tau} \, d\tau + \frac{1}{\alpha_n} \overline{y^{(n)}}_{(\tau=0)}$$

oder

$$\overline{y^{(n)}} = \frac{1}{m_\tau} \cdot \frac{\alpha_n}{\alpha_{n+1}} \int_{\tau=0}^{\tau} \overline{y^{(n+1)}}\, d\tau + \overline{y^{(n)}}_{(\tau=0)}$$

Für den Integrator gilt laut Gleichung 2.2/46

$$e_0 = -\frac{1}{RC} \int_{\tau=0}^{\tau} e_i\, d\tau + E,$$

Mit

$$e_i = K\, \overline{y^{(n+1)}}$$

erhalten wir

$$e_0 = -k \cdot \int_{\tau=0}^{\tau} K \cdot \overline{y^{(n+1)}}\, d\tau + E \qquad \text{wobei} \quad k = \frac{1}{RC}\,\text{ist.}$$

Ein Vergleich mit der Maschinengleichung ergibt:

$$e_0 = -\overline{y^{(n)}}$$

wenn

1. $$\frac{K}{RC} = \frac{1}{m_\tau} \frac{\alpha_n}{\alpha_{n+1}} = K \cdot k$$

2. $$E = -\overline{y^{(n)}}_{(\tau=0)} = -\alpha_n \frac{d^n y}{d x^n}_{(x=x_0)} \qquad \text{ist.}$$

Oder man erhält für

$$e_i = K \cdot \overline{y^{(n+1)}}$$

$$e_0 = -a\, \overline{y^{(n)}}$$

falls

1. $$\frac{K}{RC} = a \frac{\alpha_n}{\alpha_{n+1}} \cdot \frac{1}{m_\tau} = K \cdot k$$

2. $$E = -a\, \overline{y^{(n)}_{(\tau=0)}} = -a\, \alpha_n \frac{d^n y}{d x^n}_{(x=x_0)} \qquad \text{ist.}$$

5. Multiplikation zweier Veränderlicher

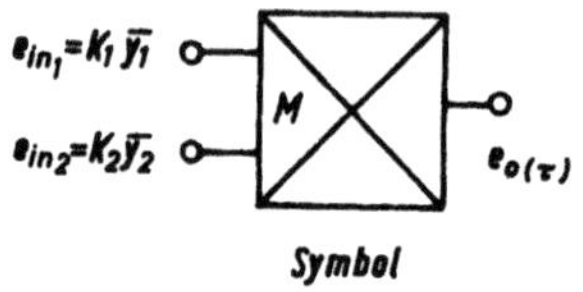

Bild 4.2/7

Mathematische Formulierung der Aufgabe:

$$z = a\, y_1 \cdot y_2$$

Wahl der Amplitudenmaßstäbe:

$$\overline{y_1} = \beta_1 y_1 \quad \rightarrow \quad \beta_1 \leqq \frac{\overline{y_{1\,max}}}{y_{1\,max}}$$

$$\overline{y_2} = \beta_2 y_2 \quad \rightarrow \quad \beta_2 \leqq \frac{\overline{y_{2\,max}}}{y_{2\,max}}$$

$$\overline{z} = \beta_3 z \quad \rightarrow \quad \beta_3 \leqq \frac{\overline{z_{max}}}{z_{max}}$$

Damit erhalten wir folgende Maschinengleichung:

$$\frac{1}{\beta_3}\overline{z} = a \frac{1}{\beta_1}\overline{y_1} \cdot \frac{1}{\beta_2}\overline{y_2}$$

oder

$$\overline{z} = a \frac{\beta_3}{\beta_1 \beta_2}\overline{y_1}\,\overline{y_2}$$

Für das elektronische Multiplikationsgerät gilt laut Gleichung 2.4/59

$$e_0 = -M\, e_{in_1} \cdot e_{in_2} \qquad \text{mit} \qquad M = 10^{-2}\ V^{-1}$$

Damit ergibt sich

$$e_0 = -M \cdot K_1 \overline{y_1} \cdot K_2 \overline{y_2}$$

oder mit

$$e_0 = -K_3\,\overline{z} \qquad\qquad \overline{z} = M\frac{K_1 K_2}{K_3}\,\overline{y_1}\,\overline{y_2}$$

Ein Vergleich mit der Maschinengleichung liefert Übereinstimmung unter folgender Bedingung:

$$M\frac{K_1 K_2}{K_3} = a\,\frac{\beta_3}{\beta_1 \beta_2}$$

Interessiert man sich für K_3, so erhält man

$$K_3 = M\frac{K_1 K_2}{a} \cdot \frac{\beta_1 \beta_2}{\beta_3}$$

mit $M = 10^{-2}\,V^{-1}$ z.B. $K_3 = \frac{K_1 K_2}{a \cdot 100\,V} \cdot \frac{\beta_1 \beta_2}{\beta_3}$

Wenn $K_1 = K_2 = K_3 = 1$ ist, sind β_1, β_2, β_3 nicht voneinander unabhängig.

4.3 Beispiel zur Anwendung des Programmierungsschemas

Gesucht ist der Bewegungsablauf einer gedämpften Schwingung bei geschwindigkeitsproportionaler Dämpfung.

Das sich in der Ruhelage befindliche System, bestehend aus Feder und Masse, wird durch eine Auslenkkraft P aus der Gleichgewichtslage $y = 0$ in Richtung positiver y ausgelenkt. Zur Zeit $t = 0$ wird die Auslenkkraft Null und das System bleibt sich selbst überlassen. Gesucht ist der Bewegungsablauf.

Bild 4.3/1

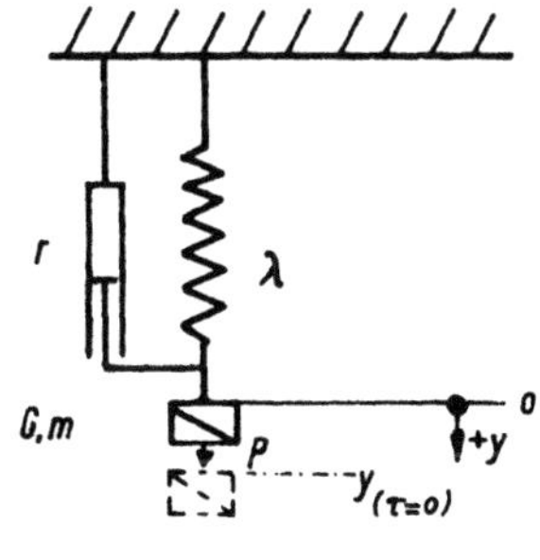

Gegeben sind entsprechend Bild 4.3/1 folgende Werte:

Auslenkkraft	$P = 8\ \text{kg}$;	Federkonstante	$\lambda = 2\ \text{kg/cm}$
Gewicht	$G = 10\ \text{kg}$;	Dämpfungskonst.	$r = \frac{2}{9{,}81}\ \frac{\text{kg}\cdot\text{sec}}{\text{m}}$

Wirkt auf eine Masse m außer der zur Ruhelage ($y = 0$) zurücktreibenden elastischen Kraft $\lambda \cdot y$ noch eine Dämpfungskraft D, so liefert uns das Newtonsche Gesetz :

$$m \frac{d^2 y}{d t^2} = -\lambda \cdot y - D \tag{4.3/1}$$

Das Minuszeichen von D bringt zum Ausdruck, daß die Dämpfungskraft immer der Geschwindigkeit von m entgegengesetzt gerichtet ist. Die Dämpfungskraft selbst soll bei kleinen Geschwindigkeiten (bis zu einigen m/sec) der Geschwindigkeit $v = \frac{dy}{dt}$ proportional sein. Es soll also gelten

$$D = r \cdot \frac{dy}{dt} \tag{4.3/2}$$

Hierin ist r die Dämpfungskonstante mit der Dimension $\frac{\text{kg}}{\text{m/sec}}$. Sie hängt in erster Linie vom Medium und der Körperform ab. Die Differentialgleichung lautet somit:

$$m \frac{d^2 y}{d t^2} = -\lambda y - r \frac{dy}{dt}$$

oder $$\frac{d^2 y}{d t^2} = -\frac{r}{m} \cdot \frac{dy}{dt} - \frac{\lambda}{m} y \tag{4.3/3}$$ bzw. $$\frac{d^2 y}{d t^2} = -2\delta \frac{dy}{dt} - \omega_1^2 y \tag{4.3/4}$$

mit $$\omega_1^2 = \frac{\lambda}{m} \tag{4.3/5}$$ und $$2\delta = \frac{r}{m} \tag{4.3/6}$$

Die vorliegende Differentialgleichung ist eine lineare Differentialgleichung. Die zwei erforderlichen Anfangsbedingungen sind gegeben mit

$$1.\quad \frac{dy}{dt}_{(t=0)} = 0 \tag{4.3/7}$$

$$2.\quad y_{(t=0)} = y_0 = \frac{P}{\lambda} = \frac{8\ \text{kg}}{2\ \text{kg/cm}} = 4\ \text{cm} \tag{4.3/8}$$

Mit den gegebenen Zahlenwerten der verschiedenen Größen folgt:

$$2\delta = \frac{r}{m} = \frac{\frac{2}{9,81}\ \frac{\text{kg sec}}{\text{m}}}{\frac{10}{9,81} \cdot \frac{\text{kg sec}^2}{\text{m}}} = 0,2\,\text{sec}^{-1}$$

$$\delta = 0,1\,\text{sec}^{-1} \tag{4.3/9}$$

$$\omega_1^2 = \frac{\lambda}{m} = \frac{2\ \text{kg/cm}}{\frac{10}{9,81}\ \frac{\text{kg sec}^2}{\text{m}}} = \frac{200 \cdot 9,81}{10}\,\text{sec}^{-2} = 196,2\ \text{sec}^{-2}$$

$$\omega_1 = 14,01\ \text{sec}^{-1} \tag{4.3/10}$$

$$f_1 = \frac{\omega_1}{2\pi} = \frac{14,01}{2\pi}\ \text{sec}^{-1} = 2,22\ \text{sec}^{-1} \tag{4.3/11}$$

$$T_1 = \frac{1}{f_1} = 0,448\ \text{sec} \tag{4.3/12}$$

Damit lautet die Differentialgleichung (4.3/4)

$$\frac{d^2y}{dt^2} + 0,2\ \text{sec}^{-1}\frac{dy}{dt} + 196,2\ \text{sec}^{-2}\ y = 0 \tag{4.3/13}$$

oder

$$\frac{d^2y}{dt^2} + a\frac{dy}{dt} + by = 0 \tag{4.3/14}$$

mit $a = 0,2\ \text{sec}^{-1}$ (4.3/15) $b = 196,2\ \text{sec}^{-2}$ (4.3/16)

Der erste Punkt der Programmierung ist damit erfüllt. Die mathematische Formulierung des physikalischen Problems liegt vor. Als nächsten Punkt haben wir die mathematische Gleichung durch Wahl der Maßstabsfaktoren für Zeit und Amplitude in eine Maschinengleichung umzuformen.

Für die Zeittransformation gilt mit Gleichung 3.1/1:

$$\tau = m_T \cdot t \tag{4.3/17}$$

Für die Amplitudentransformation schreiben wir mit den Gleichungen 3.2/1 und 3.2/2:

$$y = \frac{1}{\alpha_0}\overline{y} \qquad \rightarrow \quad \alpha_0 \leq \frac{\overline{y}_{max}}{y_{max}} \tag{4.3/18}$$

$$\frac{dy}{dt} = m_\tau \frac{dy}{d\tau} = \frac{1}{\alpha_1} m_\tau \overline{\frac{dy}{d\tau}} = \frac{1}{\alpha_1}\overline{y'} \qquad \rightarrow \quad \alpha_1 \leq \frac{\overline{y'}_{max}}{\frac{dy}{dt}_{max}} \tag{4.3/19}$$

$$\frac{d^2y}{dt^2} = m_\tau{}^2 \frac{d^2y}{d\tau^2} = \frac{1}{\alpha_2} \overline{m_\tau{}^2 \frac{d^2y}{d\tau^2}} = \frac{1}{\alpha_2}\overline{y^{(2)}} \quad \rightarrow \quad \alpha_2 \leq \frac{\overline{y^{(2)}}_{max}}{\frac{d^2y}{dt^2}_{max}} \tag{4.3/20}$$

Die maximalen Maschinengrößen sind in jedem Falle 100 V; um für eine spätere Auswertung brauchbare Werte für die α_ν zu erhalten, werden wir hiervon eventuell abweichen. Zur endgültigen Festlegung der Maßstabsfaktoren müssen wir Kenntnis von den maximal auftretenden Problemgrößen haben oder diese schätzen und dann versuchsweise programmieren. Da es sich um eine gedämpfte Schwingung handelt, ist die Auslenkung zur Zeit $t = 0$ die maximale Auslenkung und die Beschleunigung für $t = 0$ ebenfalls ein Maximalwert. Bei den Ableitungen ist eine Abschätzung im allgemeinen schwieriger.

Für den Sonderfall der rein sinusförmigen Bewegung ist die Abschätzung einfach. Die ungedämpfte Sinusschwingung $y = \sin \omega t$ gehorcht der Differentialgleichung

$$y'' = -\omega^2 y \tag{4.3/21}$$

Aus diesem Grunde haben wir bereits den Faktor von y in Gleichung 4.3/4 mit $\omega_1{}^2$ bezeichnet. Wenn wir also eine sinusförmige Schwingung mit nicht zu großer Dämpfung haben, so ermittelt man zweckmäßig zuerst die Eigenfrequenz. Zur Abschätzung der maximalen Werte der Ableitungen können wir dann annähernd die Werte bei rein sinusförmiger Schwingung annehmen. Für diese gilt bekanntlich:

$$y = \sin \omega t \tag{4.3/22}$$

$$y' = \omega \cdot \cos \omega t \tag{4.3/23}$$

$$y'' = -\omega^2 \cdot \sin \omega t \tag{4.3/24}$$

Der Betrag der Ableitung ist also ω-mal so groß wie das Maximum der Funktion y; der Betrag der 2. Ableitung ist wiederum ω-mal so groß wie der Betrag der 1. Ableitung. Nach diesem Verfahren können wir also die Maßstabsfaktoren in etwa bestimmen.

Wir wählen

$$\alpha_0 = \frac{\overline{y}_{max}}{y_{max}} = \frac{40\ V}{4\ cm} = 10\ cm^{-1}\ V = 10^3\ m^{-1}\ V \qquad (4.3/25)$$

Da wir α_0 mindestens um den Faktor zwei zu klein gewählt haben, runden wir jetzt ω auf $10\,sec^{-1}$ ab. Damit erhalten wir:

$$\alpha_1 = \frac{1}{\omega}\alpha_0 = \frac{1}{10}\sec\frac{\overline{y}_{max}}{y_{max}} = 10^2\ m^{-1}\sec V \qquad (4.3/26)$$

$$\alpha_2 = \frac{1}{\omega^2}\alpha_0 = \frac{1}{10^2}\sec^2\frac{\overline{y}_{max}}{y_{max}} = 10\ m^{-1}\sec^2 V \qquad (4.3/27)$$

Mit diesen Amplitudenmaßstabsfaktoren lautet die Differentialgleichung 4.3/14:

$$\frac{1}{\alpha_2}\cdot\overline{y''} + a\cdot\frac{1}{\alpha_1}\cdot\overline{y'} + b\frac{1}{\alpha_0}\cdot\overline{y} = 0$$

oder

$$\overline{y''} = -a\frac{\alpha_2}{\alpha_1}\overline{y'} - b\frac{\alpha_2}{\alpha_0}\overline{y} \qquad (4.3/28)$$

Entsprechend Gleichung 4.3/28 bauen wir die Rechenschaltung auf:

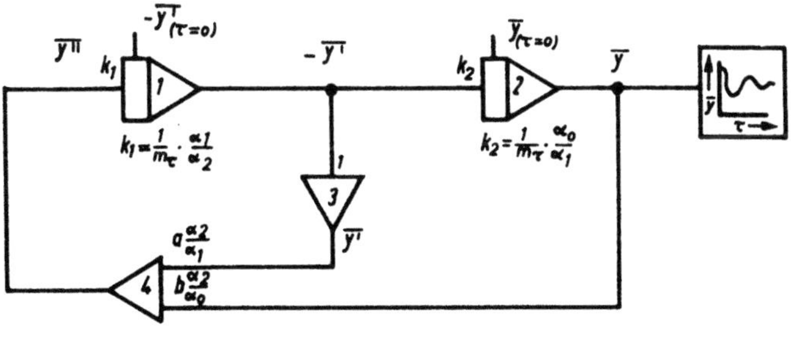

Bild 4.3/2

Zur Dimensionierung der einzelnen Schaltelemente ist es nunmehr erforderlich, daß wir sämtliche Widerstände, Kondensatoren und Spannungen bezeichnen. In der Bezeichnungsweise wollen wir uns an die im Abschnitt 4 getroffenen Abmachungen halten. Der erste Index soll stets die Ziffer des zugehörigen Verstärkers sein. Rückkopplungswiderstände erhalten als zweiten Index den Buchstaben F. Potentiometer erhalten z.B. als ersten Index die Nummer des Verstärkers, an dessen Ausgang das Potentiometer angeschlossen ist. Bei mehreren Widerständen und Kondensatoren an einem Verstärker erhalten diese zur Unterscheidung einen zweiten Index. Nach diesen Vereinbarungen vervollständigen wir in Bild 4.3/3 die Rechenschaltung.

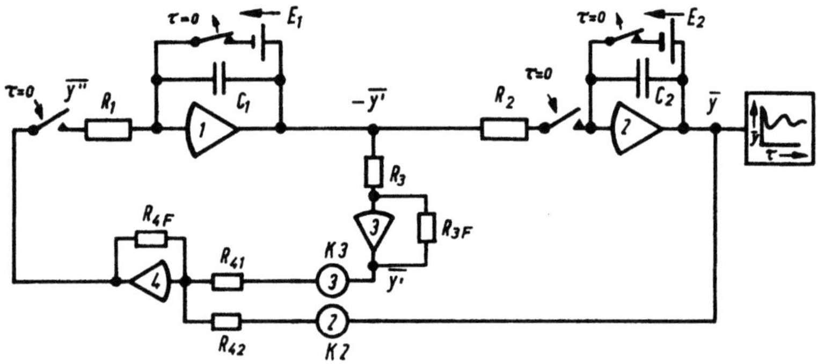

Bild 4.3/3

Die Dimensionierung führen wir mit Hilfe unseres Programmierungsschemas durch. Für die zwei erforderlichen Integratoren gehen wir von den Gleichungen für die Integration einer beliebigen Ableitung aus.

Zur endgültigen Dimensionierung müssen wir jetzt noch den Maßstabsfaktor der Zeittransformation festlegen. Da wir in diesem Fall ein $\omega = 14\ \sec^{-1}$, d.h. eine Periodendauer von $T_1 = 0{,}448$ sec vorliegen haben, könnten wir im wirklichen Zeitmaß arbeiten, wenn wir zur Anzeige den Elektronenstrahloszillographen verwenden. Wir wollen aber eine Zeitdehnung um den Faktor 2 durchführen. Es soll also gelten:

$$\tau = m_T \cdot t = 2\,t$$

d.h. $$m_T = 2$$

a) Dimensionierung des 1. Integrators

Wir erhalten als Ausgangsspannung $e_{01} = -\overline{y'}$, wenn an den Eingang $\overline{y''}$ gelegt wird und

$$1.\quad \frac{1}{R_1 C_1} = \frac{1}{m_T} \cdot \frac{\alpha_1}{\alpha_2} = k_1 \quad \text{und} \quad 2.\quad E_1 = -\overline{y'}_{(T=0)} = -\alpha_1 \cdot \frac{dy}{dt_{(t=0)}} \quad \text{ist.}$$

Mit

$$m_T = 2; \quad \alpha_1 = 10^2\ m^{-1}\ \text{sec}\ V; \quad \alpha_2 = 10\ m^{-1}\ \text{sec}^2\ V; \quad \frac{dy}{dt_{(t=0)}} = 0$$

erhält man

$$1.\quad \frac{1}{R_1 C_1} = 5\ \text{sec}^{-1} = k_1 \quad \text{oder} \quad R_1 C_1 = 0{,}2\ \text{sec}$$

$$2.\quad E_1 = 0$$

Gewählt wurde z. B.

$$C_1 = 0{,}1\ \mu F; \quad R_1 = 2\ M\Omega;$$

b) Dimensionierung des 2. Integrators

Als Ausgangsspannung erhalten wir $e_{02} = \overline{y}$ wenn am Eingang $e_i = -\overline{y'}$ (hier durch Schaltungszwang erfüllt) anliegt und

$$1.\quad \frac{1}{R_2 C_2} = \frac{1}{m_T} \cdot \frac{\alpha_0}{\alpha_1} = k_2 \quad \text{und} \quad 2.\quad E_2 = \overline{y}_{(T=0)} = \alpha_0 \cdot y_{(t=0)} \quad \text{ist.}$$

Mit den angegebenen Werten:

$$m_T = 2; \quad \alpha_1 = 10^2\ m^{-1}\ \text{sec}\ V; \quad \alpha_0 = 10^3\ m^{-1}\ V; \quad y_{(t=0)} = 4\ \text{cm}$$

erhalten wir:

$$1.\quad \frac{1}{R_2 C_2} = \frac{1}{2} \cdot \frac{10^3\ m^{-1}\ V}{10^2\ m^{-1}\ V\ \text{sec}} = k_2 \quad \text{oder} \quad R_2 C_2 = 0{,}2\ \text{sec}$$

$$2.\quad E_2 = 10^3\ m^{-1}\ V \cdot 4\ \text{cm} = \underline{40\ V.}$$

Gewählt wurde z. B.

$$C_2 = 0{,}1\ \mu F; \quad R_2 = 2\ M\Omega;$$

c) Dimensionierung des Vorzeichenumkehrers

Für die Dimensionierung der Schaltelemente des Rechenverstärkers 3 gilt entsprechend dem Programmierungsschema zur Multiplikation mit − 1, also Vorzeichenumkehr:

$$\frac{R_{3F}}{R_3} = 1$$

Es wird gewählt:

$$R_{3F} = 10\ M\Omega$$

Damit:

$$R_3 = 10\ M\Omega$$

d) Dimensionierung des Summiererverstärkers 4

Für den Summierverstärker 4 soll gelten

$$\overline{y''} = -a\frac{\alpha_2}{\alpha_1}\overline{y'} - b\frac{\alpha_2}{\alpha_0}\overline{y}$$

Entsprechend dem Programmierungsschema erhalten wir als Ausgangsspannung des Summierers 4

$$e_{04} = \overline{y''}$$

falls

1. $e_{i1} = K_3\,\overline{y'}$ 2. $e_{i2} = K_2\,\overline{y}$

3. $K_3\frac{R_{4F}}{R_{41}} = a\frac{\alpha_2}{\alpha_1}$ 4. $K_2\frac{R_{4F}}{R_{42}} = b\frac{\alpha_2}{\alpha_0}$ ist.

Forderung 1 und 2 ist durch Schaltungszwang entsprechend Bild 4.3/3 erfüllt. Mit den gegebenen Werten für α_1, α_2, a und b erhalten wir

$$K_3 \frac{R_{4F}}{R_{41}} = 0{,}2 \text{ sec}^{-1} \frac{10^{-2} \text{ m sec}^{-1} \text{ V}^{-1}}{10^{-1} \text{ m sec}^{-2} \text{ V}^{-1}} = 0{,}02$$

$$K_2 \frac{R_{4F}}{R_{42}} = 196{,}2 \text{ sec}^{-2} \frac{10^{-3} \text{ m V}^{-1}}{10^{-1} \text{ m sec}^{-2} \text{ V}^{-1}} = 1{,}962$$

Da wir den Faktor $K_3 \frac{R_{4F}}{R_{41}} = 0{,}02$ auch ohne Potentiometer leicht herstellen

können, wählen wir $K_3 = 1$ (kein Potentiometer im Eingang). Den Rückkopplungswiderstand R_{4F} nehmen wir z.B. als

$$R_{4F} = 0{,}2 \text{ M}\Omega.$$

Dann muß

$$R_{41} = \frac{K_3 R_{4F}}{0{,}02} = \frac{1 \cdot 0{,}2 \text{ M}\Omega}{0{,}02} \qquad R_{41} = 10 \text{ M}\Omega \qquad \text{sein.}$$

Da wir für $K_2 \frac{R_{4F}}{R_{42}}$ keine ganze Zahl erhalten, ist es zweckmäßig, einen Faktor

0,981 mit einem Eingangspotentiometer und mit dem Verstärker den Faktor 2 zu erzeugen.

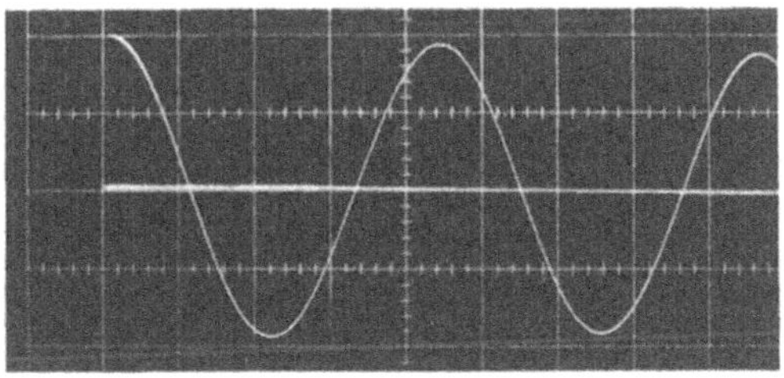

Bild 4.3/4

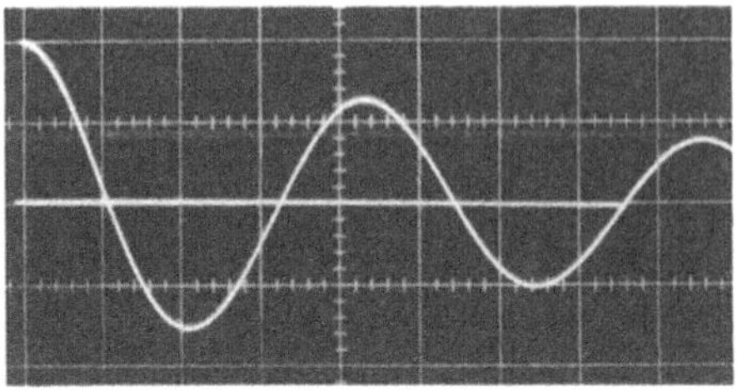

Bild 4.3/5

Gewählt: $K_2 = 0{,}981$

Also: $R_{42} = \frac{R_{4F} \cdot K_2}{1{,}962} = 0{,}5 \cdot R_{4F} = 0{,}1\ \mathrm{M\Omega}$

Die Dimensionierung liegt damit fest. Die Schaltung entsprechend Bild 4.3/3 ergibt als Lösungsfunktion für y die gedämpfte Cosinusschwingung gemäß Bild 4.3/4. Eine Vergrößerung der Dämpfung um den Faktor 10 ergibt die im Bild 4.3/5 dargestellte Lösungsfunktion.

5. Ausführung spezieller Rechenoperationen

5.1 *Die angenäherte Differentiation*

Wie schon in den früheren Abschnitten erwähnt, wird von der Differentiation beim elektronischen Analogrechner aus technischen Gründen kein Gebrauch gemacht. Auf die einfache, im Bild 5.1/1 dargestellte Differentiationsschaltung, kommen wir im Abschnitt 6 noch einmal zurück.

Bild 5.1/1

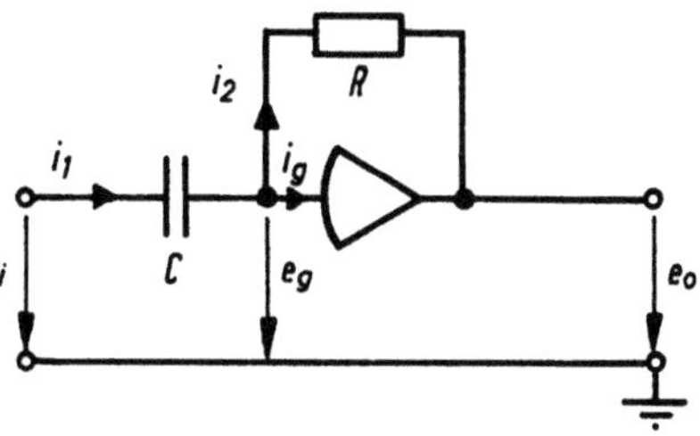

Die obenstehende Schaltung erhalten wir durch Vertauschen der Schaltelemente im Eingangs- und Rückkopplungskreis der Integrationsschaltung. Hierfür gelten die folgenden Maschengleichungen:

$$e_g - e_0 = i_2 R \Rightarrow i_2 = \frac{e_g - e_0}{R} \quad (5.1/1) \qquad e_i - e_g = \frac{1}{C}\int i_1 \, d\tau \quad (5.1/2)$$

Unter den früher gemachten Annahmen, $e_0 = -V e_g$ und $i_g = 0$ erhalten wir

$$i_1 = i_2 = i \quad (5.1/3) \qquad e_g = -\frac{1}{V} e_0 \quad (5.1/4)$$

Gleichung 5.1/3 und 5.1/4 in 5.1/1 und 5.1/2 eingesetzt:

$$\frac{-\frac{1}{V} e_0 - e_0}{R} = i \qquad (e_i + \frac{1}{V} e_0)\, C = \int i \, d\tau$$

oder

$$i = C\frac{d\left(e_i + \frac{1}{V}e_0\right)}{d\tau}$$

$$-\frac{e_0}{R}\left(1 + \frac{1}{V}\right) = C\frac{d\left(e_i + \frac{1}{V}e_0\right)}{d\tau}$$

$$e_0 = -\frac{RC}{1 + \frac{1}{V}}\left(\frac{de_i}{d\tau} + \frac{1}{V}\cdot\frac{de_0}{d\tau}\right) \tag{5.1/5}$$

Für sehr große Verstärkung, $V \Rightarrow \infty$, oder kleine Änderungen der Ausgangsspannung erhalten wir

$$e_0 = -RC\frac{de_i}{d\tau} \tag{5.1/6}$$

Ohne besondere schaltungstechnische Maßnahmen ist diese Differentiationsmöglichkeit nicht zu gebrauchen. Die Ursache hierfür ist der sehr hohe Frequenzanteil der Störspannungen. Bei den ausgeführten elektronischen Analogrechnern wird aus diesem Grunde nach Möglichkeit von der Differentiation kein Gebrauch gemacht. Es gibt aber Fälle, in denen eine Differentiation unvermeidbar ist. Hier macht man von der in Bild 5.1/2 gezeigten Schaltung Gebrauch [1]. Dieser angenäherten Differentiation liegt folgende Gleichung zugrunde:

$$y = -x - \int y\,dt + K\cdot y \tag{5.1/7}$$

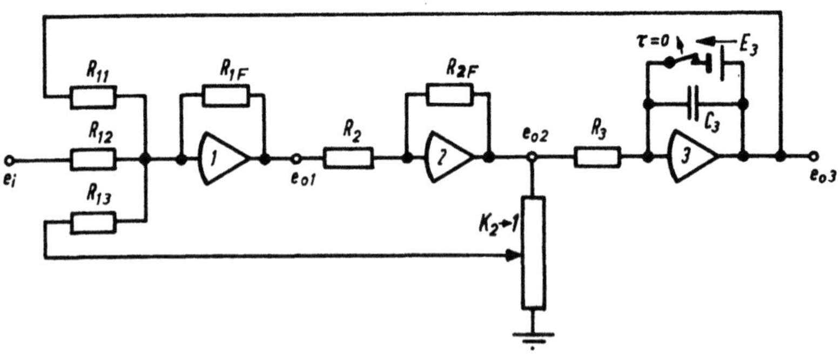

Bild 5.1/2
Schaltung zur angenäherten Differentiation

Durch Umformen erhält man

$$\int y\,dt + y\,(1-K) = -x \tag{5.1/8}$$

Für den Grenzfall $K \Rightarrow 1$ ergibt sich

$$\lim_{K \Rightarrow 1} y = -\frac{dx}{dt} \tag{5.1/9}$$

Es gelten folgende Gleichungen:

$$e_{01} = -R_{1F}\left(\frac{e_{03}}{R_{11}} + \frac{e_i}{R_{12}} + \frac{K_2 \cdot e_{02}}{R_{13}}\right) \tag{5.1/10}$$

$$e_{02} = -\frac{R_{2F}}{R_2} e_{01} \tag{5.1/11}$$

$$e_{03} = -\frac{1}{R_3 C}\int_0^T e_{02}\,d\tau + E \tag{5.1/12}$$

Für $R_{2F} = R_2 = R$ arbeitet der Verstärker 2 nur als Vorzeichenumkehrer.

Damit ist

$$e_{02} = -e_{01} \tag{5.1/13}$$

Aus Gleichung 5.1/10 folgt mit Gleichung 5.1/13

$$e_{01} = -\frac{R_{1F}}{R_{11}} e_{03} - \frac{R_{1F}}{R_{12}} e_i - \frac{R_{1F}}{R_{13}} K_2 (-e_{01})$$

$$e_{01}\left(1 - \frac{R_{1F}}{R_{13}} K_2\right) = -\frac{R_{1F}}{R_{11}} e_{03} - \frac{R_{1F}}{R_{12}} e_i \tag{5.1/14}$$

Gleichung 5.1/13 eingesetzt in Gleichung 5.1/12:

$$e_{03} = \frac{1}{R_3 C}\int_0^T e_{01}\,d\tau + E \tag{5.1/15}$$

Mit Gleichung 5.1/15 ergibt Gleichung 5.1/14:

$$e_{01}\left(1-\frac{R_{1F}}{R_{13}}K_2\right) = -\frac{R_{1F}}{R_{12}}e_i - \frac{R_{1F}}{R_{11}}\cdot\left(\frac{1}{R_3C}\int_0^T e_{01}\,d\tau + E\right) \qquad (5.1/16)$$

Man macht jetzt noch

$$\frac{R_{1F}}{R_{13}}K_2 = 1$$

indem man

$$R_{1F} = R_{13} = R$$

wählt und K_2 möglichst nahe an 1 heranbringt.

Mit $\frac{R_{1F}}{R_{13}}K_2 = 1$ ergibt sich aus Gleichung 5.1/16

$$e_i = -\frac{R_{12}}{R_{11}}\cdot\frac{1}{R_3C}\int_0^T e_{01}\,d\tau - \frac{R_{12}}{R_{11}}E \qquad (5.1/17)$$

Wenden wir auf Gleichung 5.1/17 die Differentiation an, so erhält man:

$$\frac{de_i}{d\tau} = -\frac{R_{12}}{R_{11}}\cdot\frac{1}{R_3C}e_{01} \qquad (5.1/18)$$

oder

$$e_{01} = -\frac{R_{11}}{R_{12}}\cdot R_3C\cdot\frac{de_i}{d\tau} \qquad (5.1/19)$$

Mit Gleichung 5.1/13 folgt

$$e_{02} = \frac{R_{11}}{R_{12}}R_3C\frac{de_i}{d\tau} \qquad (5.1/20)$$

Die Ausgangsspannung des Verstärkers 2 ist somit proportional dem Differentialquotienten der Eingangsspannung e_i des Verstärkers 1. Praktisch nähert man den Wert für K_2 soweit der 1 an, daß eine Selbsterregung der Verstärker vermieden wird. Somit erhält man nur eine angenäherte Differentiation. Diese liefert allerdings in den meisten Fällen brauchbare Ergebnisse. Für eine endgültige Dimensionierung der Schaltung ist eine ungefähre Kenntnis der auftretenden Spannungen unerläßlich. Falls die Eingangsspannung e_i selbst eine auf dem Analogrechner abgegriffene Spannung ist, ist der Maximalwert von e_i mit 100 V vorgegeben. Eine Abschätzung von e_{03} läßt sich wie folgt durchführen: Wird Gleichung 5.1/19 in Gl. 5.1/15 eingesetzt, so ergibt sich:

$$e_{03} = \frac{1}{R_3 C} \int_0^{T} \left(-\frac{R_{11}}{R_{12}} R_3 C \frac{de_i}{d\tau} \right) d\tau + E \qquad (5.1/21)$$

oder

$$e_{03} = -\frac{R_{11}}{R_{12}} \int_{e_{i(0)}}^{e_{i(T)}} de_i + E$$

Wählt man jetzt

$$E = -\frac{R_{11}}{R_{12}} e_{i(0)} \qquad (5.1/22)$$

dann wird:

$$e_{03} = -\frac{R_{11}}{R_{12}} e_{i(T)} \qquad \text{d.h.} \qquad e_{03\,Max} = -\frac{R_{11}}{R_{12}} e_{i\,Max} \qquad (5.1/23)$$

Die Dimensionierung der Schaltelemente dieser Schaltung soll allgemein durchgeführt werden. Hierbei werden die bereits abgeleiteten Bedingungen für einige Schaltelemente berücksichtigt.

1. $K_2 \Rightarrow 1$
2. $R_{2F} = R_2 = R$
3. $R_{1F} = R_{13} = R$

Damit ergibt sich die Schaltung Bild 5.1/3:

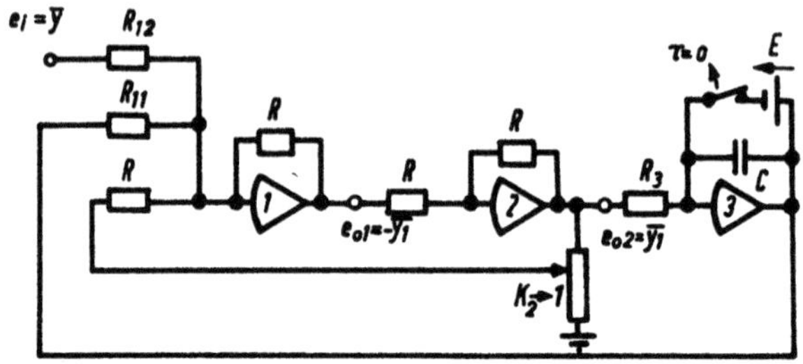

Bild 5.1/3

Mathematische Formulierung der Aufgabe:

$$y_1 = a\frac{dy}{dx} \tag{5.1/24}$$

gegeben: $y(x)$; a gesucht: y_1

Wahl des Zeitmaßstabes:

$$\tau = m_\tau (x - x_0); \qquad d\tau = m_\tau \cdot dx \tag{5.1/25}$$

Wahl der Amplitudenmaßstäbe:

$$\bar{y} = \alpha_{00}\, y \quad \Rightarrow \quad \alpha_{00} \leq \frac{\bar{y}_{Max}}{y_{Max}} \tag{5.1/26}$$

$$\bar{y}_1 = \alpha_{01}\, y_1 \quad \Rightarrow \quad \alpha_{01} \leq \frac{\bar{y}_{1\,Max}}{y_{1\,Max}} \tag{5.1/27}$$

Mit diesen Transformationen ergibt sich:

$$y_1 = a \cdot m_\tau \cdot \frac{dy\left(\frac{\tau}{m_\tau}\right)}{d\tau} \quad (5.1/28) \quad \text{und} \quad \frac{1}{\alpha_{01}}\bar{y}_1 = a \cdot m_\tau \cdot \frac{1}{\alpha_{00}}\frac{d\bar{y}}{d\tau} \quad (5.1/29)$$

oder

$$\bar{y}_1 = a \cdot m_\tau \cdot \frac{\alpha_{01}}{\alpha_{00}} \cdot \frac{d\bar{y}}{d\tau} \tag{5.1/30}$$

Für unsere Schaltung Bild 5.1/2 galt laut Gleichung 5.1/20

$$e_{o2} = \frac{R_{11}}{R_{12}} R_3 C \frac{de_i}{d\tau} \tag{5.1/31}$$

Ein Vergleich der Schaltungen entsprechend Bild 5.1/2 und 5.1/3 führt mit den Gleichungen 5.1/30 und 5.1/31 für

$$e_{02} = \bar{y}_1 \tag{5.1/32}$$

zu folgenden Bedingungen:

1. $e_i = \bar{y}$ (5.1/33)

2. $\frac{R_{11}}{R_{12}} \cdot R_3 C = a \cdot m_T \cdot \frac{\alpha_{01}}{\alpha_{00}}$ (5.1/34)

Als Anfangsbedingung für die Kondensatorspannung E gilt laut Gleichung 5.1/22

$$E = -\frac{R_{11}}{R_{12}} \cdot e_{i(T=0)}$$

mit Gleichung 5.1/33

$$E = -\frac{R_{11}}{R_{12}} \bar{y}_{(T=0)} \tag{5.1/35}$$

oder mit Gleichung 5.1/26

$$E = -\frac{R_{11}}{R_{12}} \cdot \alpha_{00} \cdot y_{(x=0)} \tag{5.1/36}$$

Für die Wahl der Widerstände R_{11}, R_{12} ist zu beachten, daß nach Gleichung 5.1/23

$$e_{03\,Max} \leqq -\frac{R_{11}}{R_{12}} \bar{y}_{Max} \quad \text{ist.}$$

Unter der Annahme $|e_{03\,Max}| = 100$ V muß also: $\frac{R_{11}}{R_{12}} \leqq \frac{100\ \text{V}}{\bar{y}_{Max}}$ (5.1/37)
sein.

Damit liegt die vollständige Dimensionierung der Schaltung zur angenäherten Differentiation vor.

5.2 *Erzeugung der Funktionen x und x^2*

Für die Erzeugung dieser sehr häufig gebrauchten Funktionen, lineare und quadratische Änderungen der unabhängigen Veränderlichen, werden wir die normale Integrationsschaltung verwenden. Geben wir eine konstante negative oder positive Gleichspannung auf einen Integrationsverstärker, so erhalten wir am Ausgang eine linear ansteigende oder abfallende Ausgangsspannung. Eine zweite Integrationsstufe ergibt die quadratische Abhängigkeit dieser Ausgangsspannung von der Zeit. Bei Verwendung eines zusätzlichen Verstärkers sind wir in der Lage, zu x, $-x^2$, $+x^2$ oder $-x$, $-x^2$ proportionale Spannungen zu erzeugen.

Mathematische Formulierung der Aufgabe:

$$x = \int_{x_0}^{x} 1\, dx + x_0 \qquad (5.2/1) \qquad\qquad x^2 = 2\int_{x_0}^{x} x\, dx + x_0^2 \qquad (5.2/2)$$

Wahl der Amplitudenmaßstäbe:

$$\bar{1} = \gamma_0 \cdot 1 \quad \rightarrow \quad \gamma_0 = \frac{\bar{1}}{1} \qquad (5.2/3)$$

$$\bar{x} = \gamma_1 \cdot x \quad \rightarrow \quad \gamma_1 = \frac{\bar{x}_{max}}{x_{max}} \qquad (5.2/4)$$

$$\overline{x^2} = \gamma_2 \cdot x^2 \quad \rightarrow \quad \gamma_2 = \frac{\overline{x^2}_{max}}{x^2_{max}} \qquad (5.2/5)$$

Wahl des Zeitmaßstabes:

$$\tau = m_T \cdot (x - x_0) \qquad (5.2/6)$$

und

$$d\tau = m_T \cdot dx$$

Damit erhalten wir die Maschinengleichungen:

$$\frac{1}{\gamma_1}\bar{x} = \int_0^{\tau} \frac{1}{\gamma_0}\bar{1}\frac{1}{m_T} \cdot d\tau + \frac{1}{\gamma_1} \cdot \bar{x}_0 \qquad (5.2/7)$$

oder

$$\bar{x} = \frac{\gamma_1}{\gamma_0} \cdot \frac{1}{m_T}\int_0^{\tau} \bar{1}\, d\tau + \bar{x}_0 \qquad (5.2/8)$$

und $$\frac{1}{\gamma_2}\overline{x^2} = 2\int_0^T \frac{1}{\gamma_1}\bar{x}\frac{1}{m_T}\,d\tau + \frac{1}{\gamma_2}\cdot\overline{x_0^2} \tag{5.2/9}$$

oder $$\overline{x^2} = 2\frac{1}{m_T}\cdot\frac{\gamma_2}{\gamma_1}\int_0^T \bar{x}\,d\tau + \overline{x_0^2} \tag{5.2/10}$$

Für die in Bild 5.2/1 dargestellte Integrationsschaltung gilt:

$$e_{01} = -\frac{1}{R_1C_1}\int_0^T e_i\,d\tau + E_1 \tag{5.2/11}$$

und $$e_{02} = -\frac{1}{R_2C_2}\int_0^T e_{01}\,d\tau + E_2 \tag{5.2/12}$$

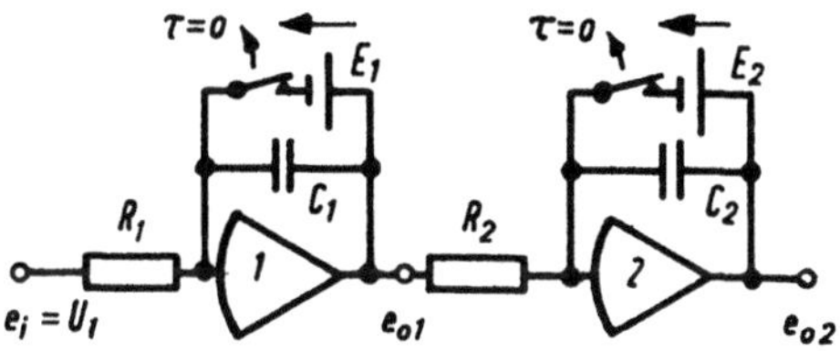

Bild 5.2/1

Ein Vergleich der Maschinengleichungen 5.2/8 bzw. 5.2/10 ergibt Übereinstimmung mit Gl. 5.2/11 und 5.2/12 unter folgenden Bedingungen:

Es ist $e_{01} = \bar{x}$ (5.2/13)

falls 1. $k_1 = \dfrac{1}{R_1C_1} = \dfrac{\gamma_1}{\gamma_0}\cdot\dfrac{1}{m_T}$ (5.2/14)

2. $\bar{1} = -e_i = -U_1 \rightarrow e_i = -\bar{1} = -1\,\gamma_0$ oder $U_1 = -1\,\gamma_0$ (5.2/15)

3. $E_1 = \breve{x}_0 = \gamma_1 x_0$ (5.2/16)

Setzt man Gl. 5.2/15 in 5.2/14 ein, so ergibt sich

$$k_1 = \frac{1}{R_1 C_1} = -\frac{1}{U_1} \cdot \frac{\gamma_1}{m_T} \tag{5.2/17}$$

Da γ_1 und m_T positiv reelle Konstanten sind, muß $U_1 < 0$ sein.
Weiterhin ist:

$$e_{02} = -\overline{x^2} \tag{5.2/18}$$

falls

1. $$e_{01} = \overline{x} \tag{5.2/19}$$

2. $$k_2 = \frac{1}{R_2 C_2} = \frac{2}{m_T} \cdot \frac{\gamma_2}{\gamma_1} \tag{5.2/20}$$

3. $$E_2 = -\overline{x_0^2} = -\gamma_2 \cdot x_0^2 \tag{5.2/21}$$

Für den häufig vorkommenden Fall $x_0 = 0$ sind E_1 und E_2 gleich Null Volt.

Durch Hinzunahme von Umkehrverstärkern ist man in der Lage, $-\overline{x}$ und $\overline{x^2}$ der Schaltung zu entnehmen.

5.3 *Die Erzeugung der Funktionen* $\frac{1}{x}$ und $\frac{1}{x^2}$

Die Funktionen $\frac{1}{x}$ und $\frac{1}{x^2}$ lassen sich auf dem Analogrechner selbstverständlich nur für x-Werte ungleich Null darstellen, da bei $x = 0$ eine Unendlichkeitsstelle vorliegt. Die unabhängige Veränderliche x soll daher stets nur für Werte größer x_0 nachgebildet werden.

Der kleinste x-Wert ist: $x = x_0 > 0$.

Zur Darstellung auf dem elektronischen Analogrechner machen wir von folgender Beziehung Gebrauch:

$$\frac{1}{x} - \frac{1}{x_0} = -\int_{x_0}^{x} \frac{1}{x^2}\,dx \qquad \text{oder} \qquad \frac{1}{x} = -\int_{x_0}^{x} \frac{1}{x^2}\,dx + \frac{1}{x_0} \tag{5.3/1}$$

Zeitmaßstab:

$$\tau = m_\tau (x - x_0) \qquad (5.3/2)$$

$$d\tau = m_\tau \cdot dx$$

Amplitudenmaßstäbe:

$$\overline{\left(\frac{1}{x}\right)} = \delta_1 \left(\frac{1}{x}\right) \quad \rightarrow \quad \delta_1 \leqq \frac{\overline{\left(\frac{1}{x}\right)}_{max}}{\left(\frac{1}{x}\right)_{max}} = \frac{\overline{\left(\frac{1}{x}\right)}_{max}}{\left(\frac{1}{x_0}\right)} \qquad (5.3/3)$$

$$\overline{\left(\frac{1}{x^2}\right)} = \delta_2 \left(\frac{1}{x^2}\right) \quad \rightarrow \quad \delta_2 \leqq \frac{\overline{\left(\frac{1}{x^2}\right)}_{max}}{\left(\frac{1}{x^2}\right)_{max}} = \frac{\overline{\left(\frac{1}{x^2}\right)}_{max}}{\left(\frac{1}{x_0^2}\right)} \qquad (5.3/4)$$

Damit erhalten wir die Maschinengleichung:

$$\frac{1}{\delta_1}\overline{\left(\frac{1}{x}\right)} = -\int_{\tau=0}^{\tau} \frac{1}{\delta_2} \cdot \overline{\left(\frac{1}{x^2}\right)} \cdot \frac{1}{m_\tau} \cdot d\tau + \frac{1}{\delta_1} \cdot \overline{\left(\frac{1}{x_0}\right)}$$

oder

$$\overline{\left(\frac{1}{x}\right)} = -\frac{1}{m_\tau} \cdot \frac{\delta_1}{\delta_2} \int_{\tau=0}^{\tau} \overline{\left(\frac{1}{x^2}\right)} d\tau + \overline{\left(\frac{1}{x_0}\right)} \qquad (5.3/5)$$

Wir wollen die mathematische Beziehung entsprechend Gl. 5.3/1 unter Zuhilfenahme eines Multipliziergerätes erfüllen. Die Schaltungsmöglichkeiten sind in Bild 5.3/1 und 5.3/2 gezeichnet.

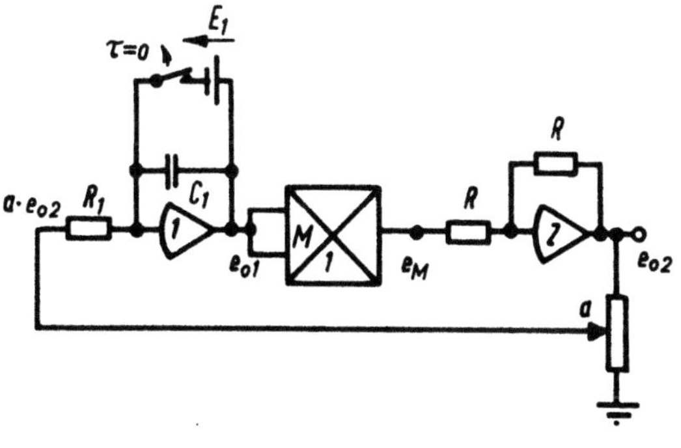

Bild 5.3/1

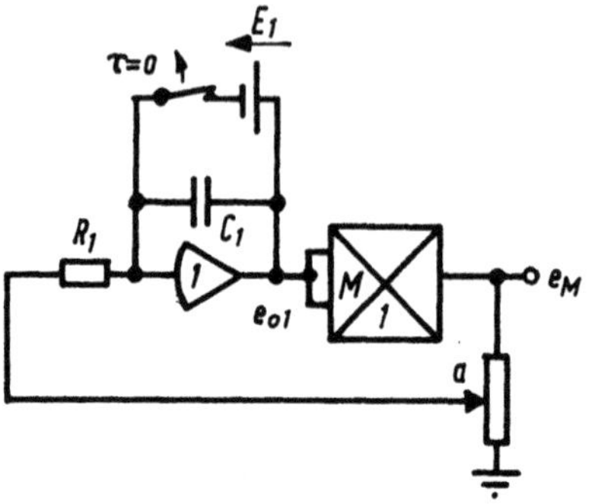

Bild 5.3/2

Für die Rechenschaltung entsprechend Bild 5.3/1 gilt:

$$e_{01} = -\frac{1}{R_1 C_1} \int_0^{\tau} (a \cdot e_{02})\, d\tau + E_1 \qquad (5.3/6)$$

$$e_M = -M \cdot e_{01}^2 \qquad (5.3/7)$$

(Für den unter 2.44 besprochenen elektronischen Multiplikator ist z. B. $M = 10^{-2}\,V^{-1}$)

Damit wird $$e_{02} = -e_M = M \cdot e_{01}^2 \qquad (5.3/8)$$

Gleichung 5.3/8 in Gleichung 5.3/6 eingesetzt ergibt:

$$e_{01} = -\frac{1}{R_1 C_1}\, a \int_0^{\tau} M\, e_{01}^2\, d\tau + E_1 \qquad (5.3/9)$$

Ein Vergleich der Maschinengleichung 5.3/5 mit Gleichung 5.3/9 liefert eine Übereinstimmung unter folgenden Bedingungen:

Es ist: $$e_{01} = \overline{\left(\frac{1}{x}\right)}$$

falls

1. $$\frac{a}{R_1 C_1} = \frac{1}{m_\tau} \cdot \frac{\delta_1}{\delta_2} \qquad (5.3/10)$$

2. $$E_1 = \overline{\left(\frac{1}{x_0}\right)} = \delta_1 \frac{1}{x_0} \qquad (5.3/11)$$

3. $$M \cdot e_{01}^2 = \overline{\left(\frac{1}{x^2}\right)} \qquad (5.3/12)$$

d.h. $M \cdot \left[\left(\overline{\frac{1}{x}}\right)\right]^2 = \left(\overline{\frac{1}{x^2}}\right)$ oder $M\,\delta_1^2 \frac{1}{x^2} = \delta_2 \frac{1}{x^2}$ bzw. $M \cdot \frac{\delta_1^2}{\delta_2} = 1$ ist,

z. B. mit $M = 10^{-2}\,V^{-1}$ wird $\delta_2 = 10^{-2}\,V^{-1} \cdot \delta_1^2$ (5.3/13)

Wir sind somit durch das Multipliziergerät in der Wahl des Amplitudenmaßstabes nicht mehr frei.

Die abgeänderte Schaltung entsprechend Bild 5.3/1 ergibt mit den entsprechenden Bezeichnungen Bild 5.3/3.

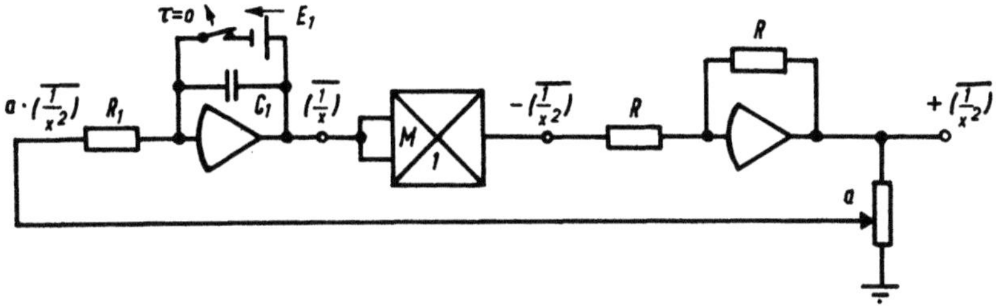

Bild 5.3/3

Analog gilt für Bild 5.3/2:

$$e_{01} = -\frac{1}{R_1 C_1}\int_0^T a \cdot e_M \, d\tau + E_1 \qquad (5.3/14)$$

$$e_M = -M \cdot e_{01}^2 \qquad (5.3/15)$$

Gleichung 5.3/15 in 5.3/14 eingesetzt liefert:

$$e_{01} = \frac{a}{R_1 C_1}\int_0^T M \cdot e_{01}^2 \, d\tau + E_1$$

oder
$$-e_{01} = -\frac{a}{R_1 C_1}\int_0^T M\, e_{01}^2 \, d\tau + (-E_1) \qquad (5.3/16)$$

Ein Vergleich von Gl. 5.3/16 mit der Maschinengleichung 5.3/5 ergibt für eine Übereinstimmung folgende Bedingungen:

Es ist $\quad -e_{01} = \overline{\left(\frac{1}{x}\right)} \quad$ oder $\quad e_{01} = -\overline{\left(\frac{1}{x}\right)}$

falls

1. $$\frac{a}{R_1 C_1} = \frac{1}{m_T} \cdot \frac{\delta_1}{\delta_2} \qquad (5.3/18)$$

2. $$E_1 = -\overline{\left(\frac{1}{x_0}\right)} = -\delta_1 \cdot \frac{1}{x_0} \qquad (5.3/19)$$

3. $$M \cdot e_{01}{}^2 = \overline{\left(\frac{1}{x^2}\right)}$$ ist,

d.h. $\quad M\left[-\overline{\left(\frac{1}{x}\right)}\right]^2 = \overline{\left(\frac{1}{x^2}\right)} \quad$ bzw. $\quad M\,\delta_1{}^2\,\frac{1}{x^2} = \delta_2\,\frac{1}{x^2}$

oder
$$\delta_2 = \delta_1{}^2\,M \qquad (5.3/20)$$

und mit z.B. $M = 10^{-2}\,V^{-1}$ gilt zwischen δ_1 und δ_2 die Beziehung
$$\delta_2 = 10^{-2}\,V^{-1}\,\delta_1{}^2 \qquad (5.3/21)$$

In Bild 5.3/4 sind für die Anordnung der Rechenschaltung Bild 5.3/2 die Maschinengrößen eingetragen.

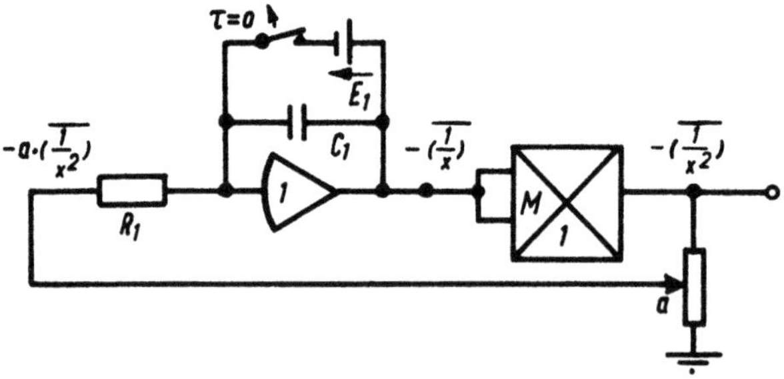

Bild 5.3/4

Durch Hinzunahme von Umkehrverstärkern sind die positiven Größen $\overline{\left(\frac{1}{x}\right)}$ und $\overline{\left(\frac{1}{x^2}\right)}$ zu erhalten.

5.4 *Die Division veränderlicher Größen*

Bei der Division veränderlicher Größen machen wir von der Multiplikationseinheit Gebrauch. Es soll hier nur die Anwendung des elektronischen Multiplikators näher betrachtet werden. Der Multiplikator wird entsprechend Bild 5.4/1 in den Rückkopplungszweig gelegt. Diese Schaltung liefert unter den noch anzugebenden Bedingungen

$$e_0 = \text{Konst.} \frac{e_{i1}}{e_{i2}} \qquad (5.4/1)$$

für $e_{i2} < 0$ (Zweiquadrantenmultiplikation)

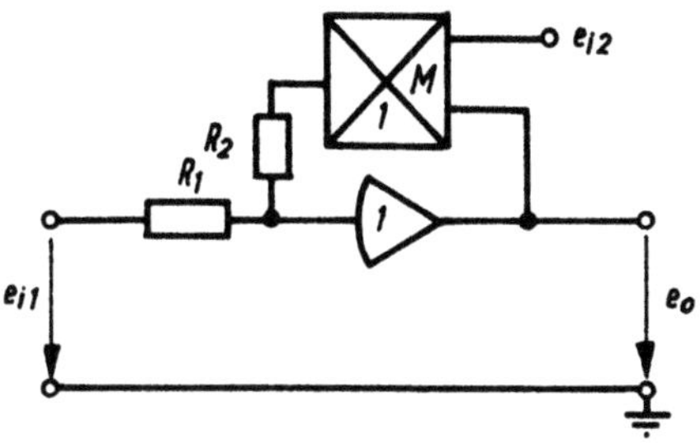

Bild 5.4/1

Zur näheren Betrachtung wollen wir die Schaltung noch vervollständigen und auf Grund von Knotenpunkts- und Maschengleichungen die Abhängigkeit der Ausgangsspannung des Verstärkers von den anderen Größen ermitteln. Unter der Annahme, daß $i_g = 0$ ist, gelten für Bild 5.4/2 folgende Gleichungen:

$$i_1 = i_2 + i_c \quad (5.4/2) \qquad i_1 = \frac{e_{i1} - e_g}{R_1} \quad (5.4/3) \qquad i_2 = \frac{e_g - e_M}{R_2} \quad (5.4/4)$$

$$e_M = -M \cdot e_{i2} \cdot e_0 \quad (5.4/5) \qquad e_g - e_0 = \frac{1}{C} \int_0^T i_c \, d\tau \quad (5.4/6)$$

Gleichung 5.4/6 umgeformt ergibt:

$$i_c = -C \frac{d(e_0 - e_g)}{d\tau} \qquad (5.4/7)$$

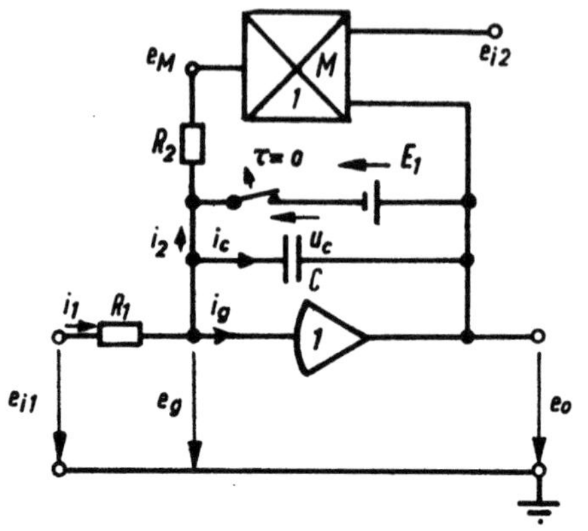

Bild 5.4/2

Aus den oben angegebenen Beziehungen erhalten wir mit $e_0 = -V \cdot e_g$:

$$\frac{e_{i1} - e_g}{R_1} = \frac{e_g - e_M}{R_2} - C\,\frac{d\,(e_0 - e_g)}{d\tau} \tag{5.4/8}$$

$$\frac{e_{i1}}{R_1} + \frac{e_0\,\frac{1}{V}}{R_1} = -\frac{\frac{e_0}{V}}{R_2} + \frac{M\,e_{i2} \cdot e_0}{R_2} - C\,\frac{d\,(e_0 + \frac{e_0}{V})}{d\tau}$$

Nach einfachen Umformungen ergibt sich:

$$e_0\left(1 - \frac{R_1 + R_2}{VMR_1\,e_{i2}}\right) = \frac{R_2}{MR_1} \cdot \frac{e_{i1}}{e_{i2}} + \frac{(1 + \frac{1}{V})\,R_2 C}{M \cdot e_{i2}} \cdot \frac{de_0}{d\tau} \tag{5.4/9}$$

Gleichung 5.4/9 gilt ganz allgemein im Falle $i_g = 0$. Diese Vernachlässigung ist, wie wir bereits früher gesehen haben, stets zulässig.

Unter den Annahmen $V \Rightarrow \infty$ und $C = 0$ erhalten wir

$$e_0 = \frac{R_2}{MR_1} \cdot \frac{e_{i1}}{e_{i2}} \tag{5.4/10}$$

Die Ausgangsspannung e_0 ist somit proportional dem Quotienten aus e_{i1} und e_{i2}. Durch den Kondensator ergibt sich ein von Gl. 5.4/10 abweichendes Ergebnis. Eine Fehlerabschätzung muß zumindest überschlägig nach Gl. 5.4/9 durchgeführt werden. Durch entsprechende Zeit- und Amplitudentransformation wird man versuchen, den Fehlereinfluß möglichst gering zu halten. Wenn e_0 für $t = 0$

von Null Volt verschieden ist, müssen wir dem Kondensator C eine Anfangsspannung vorgeben, da e_0 wegen des Kondensators nicht auf diesen Wert springen kann. Es muß gelten:

$$E = U_C\ (\tau = 0) = e_0\ (\tau = 0) \qquad (5.4/11)$$

Jetzt soll für eine Division die Rechenschaltung dimensioniert werden.

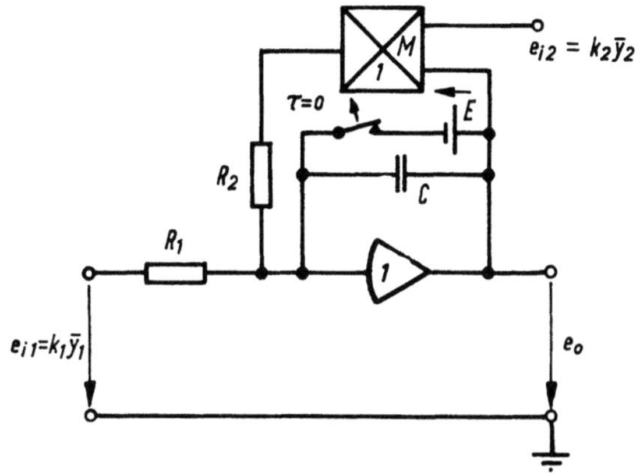

Bild 5.4/3
Rechenschaltung
für die Division

Mathematische Formulierung der Aufgabe:

$$z = a\frac{y_1}{y_2} \qquad (5.4/12)$$

Wahl der Amplitudenmaßstabsfaktoren:

$$\bar{y}_1 = \rho_1\, y_1 \quad \rightarrow \quad \rho_1 \leqq \frac{\bar{y}_{1\,max}}{y_{1\,max}} \qquad (5.4/13)$$

$$\bar{y}_2 = \rho_2\, y_2 \quad \rightarrow \quad \rho_2 \leqq \frac{\bar{y}_{2\,max}}{y_{2\,max}} \qquad (5.4/14)$$

$$\bar{z} = \rho_3\, z \quad \rightarrow \quad \rho_3 \leqq \frac{\bar{z}_{max}}{z_{max}} \qquad (5.4/15)$$

Damit erhalten wir aus Gl. 5.4/12 die Maschinengleichung:

$$\frac{1}{\rho_3}\bar{z} = a\frac{1}{\rho_1}\bar{y}_1 \cdot \frac{1}{\frac{1}{\rho_2}\bar{y}_2} \qquad \bar{z} = a\,\frac{\rho_2\,\rho_3}{\rho_1} \cdot \frac{\bar{y}_1}{\bar{y}_2} \qquad (5.4/16)$$

Entsprechend Gl. 5.4/10 gilt für den Divisionskreis mit $e_{i1} = K_1 \cdot \overline{y}_1$ und $e_{i2} = K_2 \cdot \overline{y}_2$:

$$e_0 = \frac{R_2}{M \cdot R_1} \cdot \frac{K_1 \overline{y_1}}{K_2 \overline{y_2}} \qquad (5.4/17)$$

Wie ein Vergleich mit der Maschinengleichung 5.4/16 zeigt, erhält man $e_0 = K_3 \cdot \overline{z}$ falls:

$$\frac{R_2}{M \cdot R_1} \cdot \frac{K_1}{K_2 \cdot K_3} = a \frac{\rho_2 \cdot \rho_3}{\rho_1} \qquad (5.4/18)$$

Vielfach interessiert K_3 bei vorgegebenen Werten K_1 und K_2:

$$K_3 = \frac{R_2}{MR_1} \cdot \frac{K_1}{K_2} \cdot \frac{\rho_1}{a \cdot \rho_2 \cdot \rho_3} \qquad (5.4/19)$$

Der Kondensator erhält als Anfangsbedingung die Spannung:

$$E = e_{0(\tau=0)} = K_3 \cdot \overline{z}_{(\tau=0)} = K_3 \cdot \rho_3 \cdot z_{(t=0)} \qquad (5.4/20)$$

Damit ist die Programmierung der Zweiquadrantendivision durchgeführt.

Ist eine Vierquadrantendivision erforderlich und unumgänglich, d.h. kommen sowohl positive als auch negative Werte beider Variablen vor, so verwendet man im allgemeinen einen Multiplikator und einen Funktionsgenerator in einer Schaltung entsprechend Bild 5.4/4.

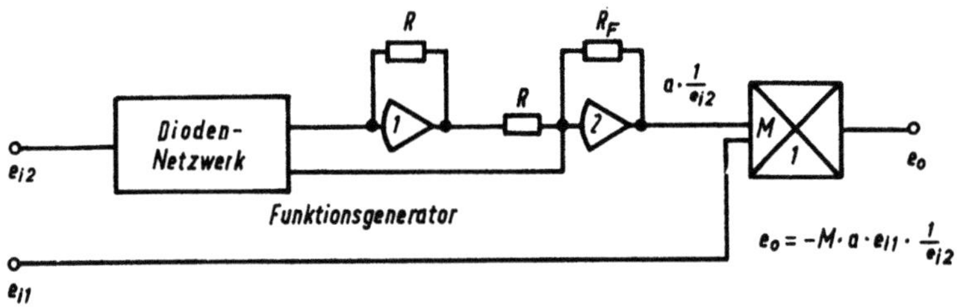

Bild 5.4/4

Der Funktionsgenerator bildet aus e_{i2} die Größe $a \cdot \frac{1}{e_{i2}}$. Die Multiplikation mit dem elektronischen Multiplikator ergibt dann eine zu $\frac{e_{i1}}{e_{i2}}$ proportionale Ausgangsspannung e_0. Der Wert von a ist also so zu bemessen, daß die Ausgangsgröße e_0 auf Werte im Bereich $0{,}1 \div 100$ V beschränkt bleibt.

5.5 *Erzeugung der Quadratwurzel einer Größe*

Zur Erzeugung der Quadratwurzel einer gewünschten Größe können wir verschiedene Wege angeben. Eine Möglichkeit ist die, den nichtlinearen Zusammenhang auf dem Funktionsgenerator darzustellen. Diese Art der Darstellung ist vor allem bei Wurzelexponenten ungleich zwei zu bevorzugen. Da die Arbeitsweise des Funktionsgenerators ausführlich in Abschnitt 2.5 beschrieben wurde, erübrigt sich hier die Rechenschaltung.

Eine andere Möglichkeit der Erzeugung der Quadratwurzel macht von der Lösung der Gleichung

$$A = \frac{B^2}{100} \qquad (5.5/1)$$

Gebrauch. Damit erhalten wir

$$B = 10\sqrt{A} \qquad (5.5/2)$$

A sei die vorgegebene Größe, aus der die Quadratwurzel gezogen werden soll. Wir wollen also B ermitteln. Bis auf den Faktor 10 stimmt dann B mit der gesuchten Quadratwurzel überein. Der Faktor 10 ist willkürlich und nur mit Rücksicht auf die Verwendung eines elektronischen Multiplikators in der Rechenschaltung so gewählt worden. Für den elektronischen Multiplikator gilt $e_0 = -M \cdot e_{i1} \cdot e_{i2}$ mit $M = 10^{-2}\ \mathrm{V}^{-1}$. Da e_{i1} und e_{i2} Werte von maximal ± 100 V annehmen können und e_0 auf den Bereich ± 100 V beschränkt bleiben sollte, mußte M zu $10^{-2}\ \mathrm{V}^{-1}$ festgesetzt werden, damit eine Übersteuerung des Multiplikationsgerätes vermieden wird. Um nun die Größe B zu erhalten, addieren wir auf beiden Seiten der Gleichung 5.5/1 B und erhalten durch Umschreibung:

$$B + A = \frac{B^2}{100} + B \qquad \text{oder} \qquad B = B + A - \frac{B^2}{100} \qquad (5.5/3)$$

Für die Schaltung entsprechend Bild 5.5/1 gilt:

$$e_{01} = -e_{i1} - e_{02} - e_M \qquad (5.5/4)$$

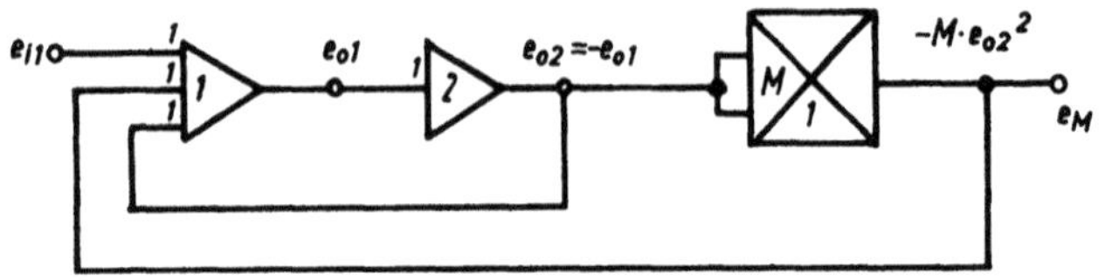

Bild 5.5/1

Da der Verstärker 2 nur als Vorzeichenumkehrer arbeiten soll, wird mit

$$e_{02} = -e_{01} \quad (5.5/5) \qquad \text{und} \qquad e_M = -M \cdot e_{02}^2 \quad (5.5/6)$$

$$-e_{02} = -e_{i1} - e_{02} + M \cdot e_{02}^2 \quad \text{oder} \quad e_{02} = e_{02} + e_{i1} - M \cdot e_{02}^2 \quad (5.5/7)$$

Damit

$$e_{i1} = M \cdot e_{02}^2 \quad \text{oder} \quad e_{02} = \sqrt{\frac{e_{i1}}{M}} \quad (5.5/8)$$

Mit $M = 10^{-2}\ V^{-1}$ für den elektronischen Multiplikator:

$$\frac{e_{02}}{V} = 10\sqrt{e_{i1}} \quad (5.5/9)$$

Ordnen wir der Spannung e_{i1} eine beliebige Größe y entsprechend Gl. 5.5/10 zu:

$$\bar{y} = \alpha \cdot y = e_{i1} \quad (5.5/10)$$

so erhalten wir am Ausgang des Verstärkers 2:

$$\frac{e_{02}}{V} = 10\sqrt{\frac{\bar{y}}{V}} \quad (5.5/11)$$

Die Rechenschaltung mit allen Schaltelementen ist in Bild 5.5/2 angegeben.

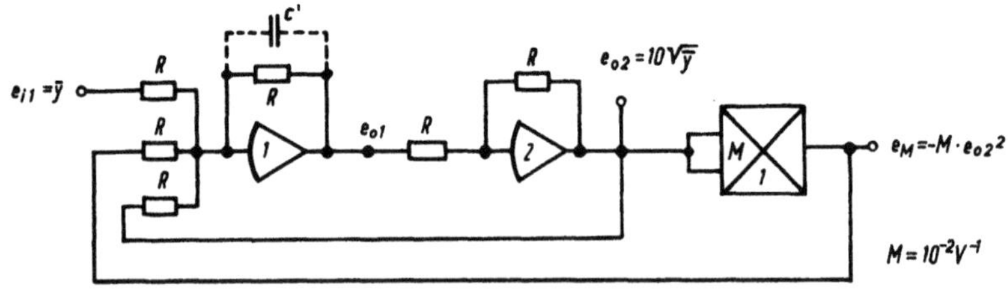

Bild 5.5/2
Schaltung zur Erzeugung der Quadratwurzel

Die mit R bezeichneten Widerstände wählt man zweckmäßig etwa gleich 1 MΩ. Vielfach ist es erforderlich, einen kleinen Kondensator C' (die Größe ist durch Versuche zu ermitteln) über den Verstärker 1 zu legen, damit mögliche hochfrequente Schwingungen vermieden werden.

Es sei hier kurz daran erinnert, daß die Quadratwurzel nur eine reelle Größe ergibt, falls der Radikand positiv ist. Es muß also darauf geachtet werden, daß e_{i1} nur positive Werte annimmt.

5.6 *Erzeugung der 3. und 4. Wurzel einer Größe*

Ganz entsprechend dem Schaltungsaufbau für die Quadratwurzel in Abschnitt 5.5 bauen wir die Schaltung für die 3. und 4. Wurzel auf.

Für die 3. Wurzel verwenden wir die Schaltung entsprechend Bild 5.6/1.

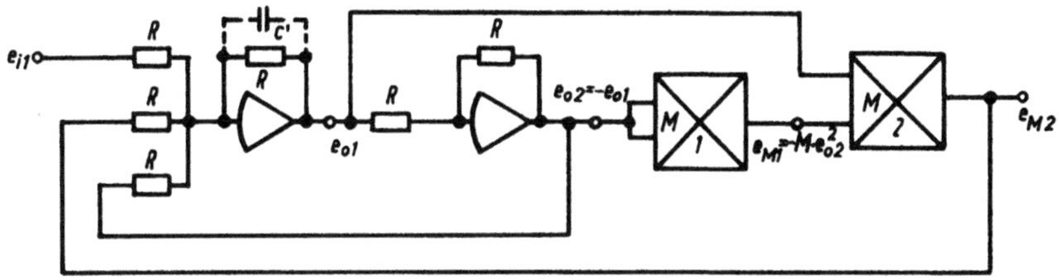

Bild 5.6/1
Schaltung zur Erzeugung der 3. Wurzel

Es besteht folgende Beziehung:

$$e_{01} = -e_{02} - e_{i1} - e_{M2} \qquad (5.6/1)$$

Es ist $\quad e_{02} = -e_{01} \quad$ oder $\quad e_{01} = -e_{02} \qquad (5.6/2)$

$$e_{M2} = -M \cdot e_{01} \cdot e_{M1} \qquad (5.6/3)$$

$$e_{M1} = -M \cdot e_{02}^{\;2}$$

$$e_{M2} = M^2\, e_{02}^{\;2} \cdot e_{01} \qquad e_{M2} = -M^2 \cdot e_{02}^{\;3} \qquad (5.6/4)$$

Gl. 5.6/2 und 5.6/4 in Gleichung 5.6/1 eingesetzt ergibt:

$$-e_{02} = -e_{02} - e_{i1} + M^2 \cdot e_{02}^{\;3}$$

$$e_{02}^{\;3} = \frac{e_{i1}}{M^2} \qquad\qquad e_{02} = \sqrt[3]{\frac{e_{i1}}{M^2}} \qquad (5.6/5)$$

Mit $M = 10^{-2}\,V^{-1}$

$$\frac{e_{02}}{V} = \sqrt[3]{10^4 \frac{e_{i1}}{V}} \qquad\qquad \frac{e_{02}}{V} = 10\sqrt[3]{10 \cdot \frac{e_{i1}}{V}} \qquad (5.6/6)$$

In der Schaltung Bild 5.6/1 wählt man R zweckmäßig zu 1 MΩ.

Auch hier ordnet man wieder der Spannung e_{i1} eine beliebige Größe y entsprechend Gl. 5.6/7 zu:

$$e_{i1} = \bar{y} = \alpha \cdot y \qquad (5.6/7)$$

Damit erhalten wir am Ausgang des Verstärkers 2:

$$\frac{e_{02}}{V} = 10\sqrt[3]{10 \cdot \frac{\bar{y}}{V}} \qquad (5.6/8)$$

Die Schaltung gilt für positive und negative Werte von e_{i1}.

Zur Erzeugung der 4. Wurzel verwenden wir die Schaltung entsprechend Bild 5.6/2.

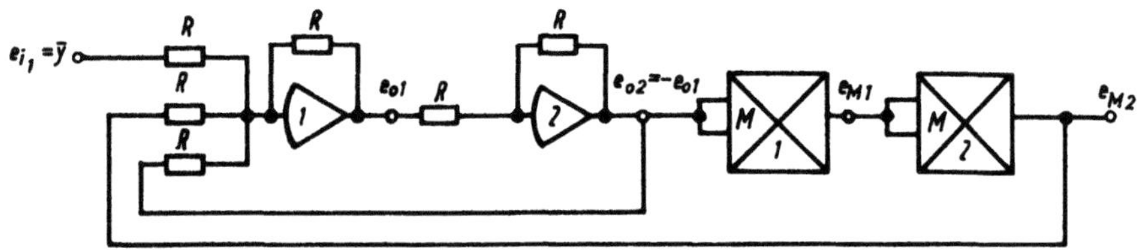

Bild 5.6/2
Schaltung zur Erzeugung der 4. Wurzel

Es gilt: $$e_{01} = -e_{i1} - e_{02} - e_{M2} \qquad (5.6/9)$$

und $e_{02} = -e_{01}$ Mit $e_{M1} = -M \cdot e_{02}^{\;2}$ (5.6/10)

wird $e_{M2} = -M \cdot e_{M1}^{\;2}$ oder $e_{M2} = -M^3\, e_{02}^{\;4}$ (5.6/11)

Damit erhält man aus Gl. 5.6/9·

$$-e_{02} = e_{i1} - e_{02} + M^3 e_{02}^4$$

$$e_i = M^3 \cdot e_{02}^4$$

$$e_{02} = \sqrt[4]{\frac{e_{i1}}{M^3}} \tag{5.6/12}$$

Da für elektronische Analogrechner z.B. $M = 10^{-2}\ V^{-1}$ ist, gilt:

$$\frac{e_{02}}{V} = \sqrt[4]{10^6 \frac{e_{i1}}{V}} \qquad \frac{e_{02}}{V} = 10 \sqrt[4]{10^2 \frac{e_{i1}}{V}} \tag{5.6/13}$$

und mit Gleichung 5.6/7

$$\frac{e_{02}}{V} = 10 \sqrt[4]{10^2 \frac{\overline{y}}{V}} \tag{5.6/14}$$

Die Schaltung Bild 5.6/2 gilt nur für positive Werte von $e_{i1} = \overline{y}$!

6. Erzeugung bestimmter Zeitfunktionen unter Zuhilfenahme der Definition der Übertragungsfunktion

Zur Lösung inhomogener Differentialgleichungen ist vielfach die Erzeugung bestimmter Zeitfunktionen e (t) erforderlich. Diese Funktionen werden sowohl für Störgrößen als auch für zeitabhängige Randbedingungen bei der Lösung partieller Differentialgleichungen benötigt. Im allgemeinen liegt die genaue mathematische Formulierung für die Zeitabhängigkeit vor. Für die Erzeugung dieser Zeitfunktionen sind die verschiedensten Möglichkeiten gegeben. Sind die gewünschten Zeitfunktionen selbst partikuläre Lösungen bestimmter Differentialgleichungen, so wird man, falls der Verstärkeraufwand nicht zu groß wird, diese Art Zeitfunktionen stets durch das Lösen der entsprechenden Differentialgleichung erzeugen. Hiervon macht man z.B. bei der Erzeugung von sin at, cos at, $ae^{-\alpha t}$, $ae^{\alpha t}$ ... usw. gern Gebrauch.

Eine andere Möglichkeit ist die Verwendung eines allgemeinen Funktionsgenerators, wie er z.B. unter 2.54 bis 2.56 beschrieben wurde. Dieser Möglichkeit bedient man sich stets dann, wenn kein analytischer Ausdruck der Zeitfunktion, sondern nur eine Meßkurve vorliegt. Bei diesen Funktionsgeneratoren besteht zwischen der Ausgangsspannung e_0 und der Eingangsspannung e_i die Beziehung $e_0 = f(e_i)$. In diesem Fall müssen wir dafür sorgen, daß sich die Eingangsspannung e_i proportional mit der Zeit ändert. Damit wird die Ausgangsspannung e_0 eine Funktion der Zeit. Eine mit der Zeit linear ansteigende Spannung erhalten wir durch Integration einer Gleichspannung. Da wir, wie bereits angedeutet, den Analogrechner im repetierenden Betrieb nach Möglichkeit vom Sichtgerät, also vom Kathodenstrahloszillographen aus, steuern wollen, können wir auch die linear mit der Zeit ansteigende Spannung dem handelsüblichen Oszillographen entnehmen und sparen somit einen Verstärker. Ist diese Möglichkeit nicht gegeben, verwenden wir eine Schaltung entsprechend Bild 6.1.

Der allgemeine Funktionsgenerator sollte allerdings der Darstellung von Funktionen $e_0 = f(e_i)$ vorbehalten bleiben, da der Aufwand zur Erzeugung von Zeitfunktionen bei einiger Genauigkeit recht hoch ist.

In diesem Abschnitt soll ausführlich von einem Verfahren Gebrauch gemacht werden, bei dem wir die Anwendungsmöglichkeiten der Verstärkerschaltungen

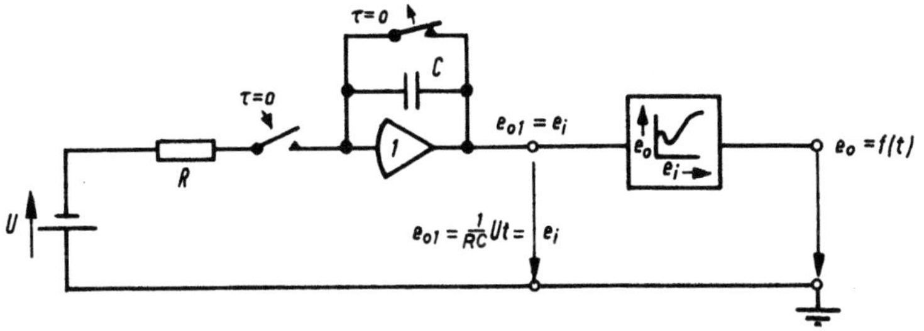

Bild 6.1

dadurch erweitern, daß wir kompliziertere, aus Kondensatoren und Widerständen aufgebaute Netzwerke als Eingangs- und Gegenkopplungsimpedanzen verwenden. Zur rechnerischen Ermittlung der Schaltelemente gehen wir von der Definition der Übertragungsfunktion aus. Hierdurch sind wir in der Lage, eine Vielzahl von Zeitfunktionen äußerst einfach darzustellen. Wie wir unter 6.1 sehen werden, ist es zweckmäßig, als Rechenhilfsmittel von der Laplace-Transformation, einer Sonderform der Fourier-Transformation, Gebrauch zu machen. Mit ihr wird die Lösung linearer Differentialgleichungen im Zeitbereich auf die Lösung algebraischer Gleichungen der komplexen Variablen s zurückgeführt. Die Rücktransformation in den Zeitbereich kann gewöhnlich mit Hilfe von Tabellenwerken, die zusammengehörige Funktionenpaare enthalten, durchgeführt werden. Die Laplace-Transformation (Definition und Rechenregeln) wird ausführlich in [31] behandelt.

6.1 *Definition der Übertragungsfunktion*

Die Einführung des Begriffes der Übertragungsfunktion hat sich vor allem in der elektrischen Nachrichten- und Regelungstechnik als äußerst nützlich erwiesen. Bei der Untersuchung der Übertragungseigenschaften von Netzwerken befaßt man sich mit dem Einfluß des Netzwerkes auf ein beliebiges Eingangssignal, indem man die Wirkung oder das Ausgangssignal betrachtet. Man geht z. B. von einer sinusförmigen Erregung aus und nimmt sie als zeitlich unbegrenzt an. Unter der weiteren Voraussetzung, daß wir es mit einem linearen Netzwerk zu tun haben, gehört zu einer sinusförmigen Eingangsgröße stets eine sinusförmige Ausgangsgröße. Es interessiert nun die Abhängigkeit der Amplitude und der Phase der Ausgangsgröße als Funktion der Frequenz. Wir haben nur dann ein lineares System, wenn es aus linearen Elementen besteht. Dieses ist dadurch charakterisiert, daß zwei physikalische Größen durch dieses Element linear miteinander verknüpft sind. Für den ohmschen Widerstand R gilt z.B. $u = R \cdot i$, d.h. u und i hängen linear voneinander ab; oder $q = C \cdot u$, die Ladung q ist über die Kapazität C linear von der Spannung u abhängig und umgekehrt. Die Beschränkung auf lineare Systeme bringt den Vorteil mit sich, daß man das Superpositionsprinzip anwenden kann. Da sich jede beliebige Eingangsfunktion aus sinusförmigen Vorgängen zusammensetzen läßt, sind wir auch berechtigt, durch Überlagerung der zugehörigen sinusförmigen Ausgangsgrößen die Ausgangsfunktion zu ermitteln. Es genügt also die Kenntnis des Amplituden- und des Phasenganges des zu untersuchenden Netzwerkes als Funktion der Frequenz, um rein rechnerisch zu einer beliebigen Eingangsfunktion die Ausgangsfunktion zu ermitteln. Da in vielen Fällen die Schaltvorgänge eines Systems interessieren, betrachtet man die Einschaltung einer Sprungfunktion. Die ermittelte Ausgangszeitfunktion, als Antwort des Systems auf die sprunghafte Änderung der Eingangsgröße, wird auf die Sprungfunktion bezogen und diese Beziehung mit Übergangsfunktion bezeichnet. Die Übergangsfunktion wird in vielen Fällen zur Charakterisierung eines Netzwerkes oder Systems herangezogen. Zweckmäßiger ist oft die Betrachtung der Ausgangsgröße als Antwort auf einen hinreichend kurzen Impuls.

Es ergibt sich eine völlig gleichwertige Darstellung im Zeit- oder Frequenzbereich für die Eigenschaften des zu untersuchenden Systems. Der Zusammenhang zwischen Zeit- und Frequenzbereich ist durch die Fourier-Transformation gegeben.

$$\mathcal{F}\{f(t)\} = F(j\omega) = \int_{-\infty}^{+\infty} f(t) \cdot e^{-j\omega t} \cdot dt \qquad (6.1/1)$$

Umgekehrt kommen wir durch die inverse Fourier-Transformation vom Frequenz- in den Zeitbereich.

$$f(t) = \mathcal{F}^{-1}\{F(j\omega)\} = \frac{1}{2\pi} \int_{-\infty}^{+\infty} F(j\omega)\, e^{j\omega t}\, d\omega \qquad (6.1/2)$$

Die Gleichung 6.1/2 besagt anschaulich, daß sich eine unendliche Anzahl ungedämpfter sinusförmiger Schwingungen der Amplitude $\frac{1}{2\pi} F(j\omega)\, d\omega$ zur Zeitfunktion f(t) zusammensetzt.

Die Betrachtung eines Vorganges im Frequenzbereich hat den Vorteil, daß die im allgemeinen den Zeitvorgang eines Systems beschreibenden Differentialgleichungen auf rein algebraische Gleichungen zurückgeführt werden. Die Rechnungen werden also im Frequenzbereich durchgeführt, und zum Schluß geht man mittels der inversen Fourier-Transformation wieder zum Zeitbereich über. Diese Arbeit wird einem in vielen Fällen durch die Benutzung von Tabellenwerken erleichtert, in denen eine große Anzahl von Korrespondenzen angegeben ist.

In einigen wichtigen Fällen versagt aber die Fourier-Transformation aus Konvergenzgründen. Als Sonderform der Fourier-Transformation hat sich die Laplace-Transformation als äußerst nützliches Hilfsmittel zur mathematischen Behandlung der Lösung von Differentialgleichungen erwiesen. Bei Schaltfunktionen ist die Funktion f(t) für $t < 0$ gleich Null gesetzt.

Die Laplace-Transformation ist wie folgt definiert:

$$\mathcal{L}\{f(t)\} = \int_{t=0}^{t=\infty} f(t) \cdot e^{-st}\, dt \qquad (6.1/3)$$

Die komplexe Veränderliche s wird vielfach dargestellt als

$$s = \sigma + j\omega \qquad (6.1/4)$$

Umgekehrt kommt man durch die inverse Laplace-Transformation zur Zeitfunktion f(t) zurück:

$$f(t) = \frac{1}{2\pi j} \int_{c-j\infty}^{c+j\infty} F(s) \cdot e^{st}\, ds \equiv \mathcal{L}^{-1}\{F(s)\} \qquad (6.1/5)$$

Die Integration ist hier allerdings längs eines Weges in der komplexen Ebene durchzuführen. Aber auch hier hilft man sich in den weitaus meisten Fällen mit den Korrespondenzen von zusammengehörigen Zeitfunktionen und Laplacetransformierten, die man ebenfalls in großer Zahl in Tabellenwerken und Büchern über die Laplace-Transformation vorfindet. In [31] sind die Rechenregeln der Laplace-Transformation und die wichtigsten, immer wieder vorkommenden Korrespondenzen aufgeführt.

Ebenso wie mit der Fourier-Transformation werden auch mit der Laplace-Transformation lineare Differentialgleichungen in rein algebraische Gleichungen der komplexen Veränderlichen s zurückgeführt. Durch Wahl eines geeigneten s ist es fast stets möglich, die Konvergenz sicherzustellen.

Auf das System von Differentialgleichungen, welches das Verhalten des Netzwerkes nach dem Schaltaugenblick beschreibt, wenden wir die Laplace-Transformation an. Damit geht das System von Differentialgleichungen in ein System algebraischer Gleichungen über. Dieser Schritt ist sehr einfach und führt andererseits auf den Begriff der Übertragungsfunktion G(s). So wie der Frequenzgang G(jω) oder F(jω) das Netzwerk vollständig beschreibt, so ist die Übertragungsfunktion G(s) nur von den Eigenschaften des Netzwerkes abhängig. Der Begriff der Übertragungsfunktion G(s) ist an folgende Voraussetzungen gebunden:

1. Es soll nur eine Eingangsgröße an das Netzwerk gelegt werden.
2. Bis zum Schaltaugenblick $t = 0$ sollen alle Ströme und Spannungen im Netzwerk gleich Null sein.

Die zweite Voraussetzung läßt sich auch so formulieren: Sämtliche Energiespeicher des Netzwerkes müssen im Schaltaugenblick $t = 0$ energielos sein.

Unter diesen Voraussetzungen ist die Übertragungsfunktion definiert als das Verhältnis der Laplace-Transformierten der Ausgangsgröße zur Laplace-Transformierten der Eingangsgröße. Es gilt somit:

$$G(s) = \frac{\mathcal{L}\{s_2(t)\}}{\mathcal{L}\{s_1(t)\}} \tag{6.1/6}$$

Handelt es sich z.B. um die Ausgangsspannung $e_0(t)$ und die Eingangsspannung $e_i(t)$, so lautet der Ausdruck für G(s):

$$G(s) = \frac{\mathcal{L}\{e_0(t)\}}{\mathcal{L}\{e_i(t)\}} \quad (6.1/7) \qquad \text{oder} \qquad G(s) = \frac{e_0(s)}{e_i(s)} \quad (6.1/8)$$

Damit erhalten wir für eine beliebige Eingangsspannung $e_i(t)$ die zugehörige Ausgangsspannung $e_0(t)$, indem wir nach Gl. 6.1/8 schreiben:

$$e_0(s) = G(s) \cdot e_i(s) \tag{6.1/9}$$

Bei der Rücktransformation in den Zeitbereich entspricht der Multiplikation von Bildfunktionen eine Faltung der zugehörigen Zeitfunktionen:

$$e_0(t) = g(t) * e_i(t) \tag{6.1/10}$$

(* = Symbol für das Faltungsprodukt)

Vielfach braucht man diese Faltung selbst nicht durchzuführen, da man in Tabellen auch zu vielen Produkten von Bildfunktionen entsprechend Gl. 6.1/9 die zugehörigen Zeitfunktionen vorfindet.

Gemäß Gl. 6.1/9 ist die Übertragungsfunktion G(s) eines Netzwerkes die bestimmende Größe bei der Berechnung der zeitlichen Abhängigkeit der Ausgangsgröße beim Einschalten beliebiger Eingangsgrößen an eine zur Zeit $t = 0$ energielose Schaltung. Meßtechnisch kann man g(t) leicht auf dem Oszillographenschirm darstellen, wenn man einen Dirac-Stoß als Eingangsgröße zur Zeit $t = 0$ auf das System aufschaltet. Dann ist die Ausgangsspannung proportional der Größe $g(t)$.

$$e_0(t) = \text{Konst.}\ g(t) \qquad (6.1/11)$$

6.2. *Zusammenstellung von Impedanzen*

Zur Erweiterung der Anwendungsmöglichkeiten von Verstärkerschaltungen beim elektronischen Analogrechner wollen wir im folgenden kompliziertere, aus Kondensatoren und Widerständen bestehende Netzwerke als Eingangs- und Gegenkopplungsimpedanzen verwenden.

Für die Beschaltung eines Verstärkers entsprechend Bild 6.2/1 gilt bei ideal angenommenem Verstärker im eingeschwungenen Zustand unter der Annahme

$$\mathfrak{J}_g = 0 \quad \text{und} \quad V \Rightarrow \infty : \quad \mathfrak{J}_1 = -\mathfrak{J}_2 \qquad (6.2/1)$$

Da $\mathfrak{U}_a = -V\mathfrak{U}_g$ ist, ist $\mathfrak{U}_g$ praktisch Null. Somit gilt im eingeschwungenen Zustand:

$$\mathfrak{J}_1 = \frac{\mathfrak{U}_e}{\mathfrak{Z}_i} \quad (6.2/2) \qquad \text{und} \qquad \mathfrak{J}_2 = \frac{\mathfrak{U}_a}{\mathfrak{Z}_F} \quad (6.2/3)$$

Aus Gl. 6.2/1 erhalten wir mit Gl. 6.2/2 und Gl. 6.2/3:

$$\mathfrak{U}_a = -\frac{\mathfrak{Z}_F}{\mathfrak{Z}_i}\mathfrak{U}_e \qquad (6.2/4)$$

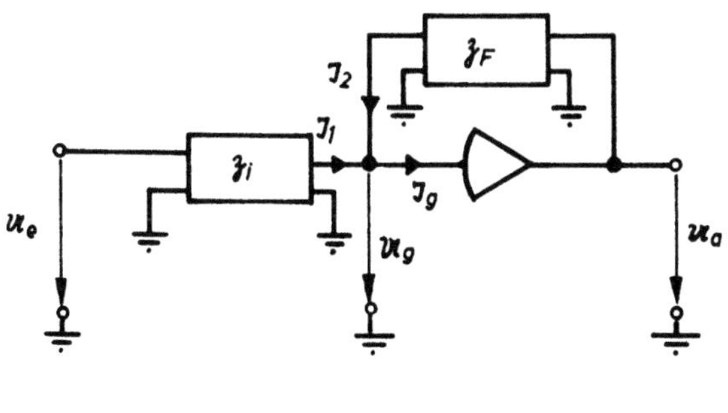

Bild 6.2/1

Wie wir der Schaltung Bild 6.2/1 entnehmen, handelt es sich bei $\mathfrak{Z}_i$ und $\mathfrak{Z}_F$ um die Kurzschlußkernimpedanzen des Eingangs- und Rückkopplungsvierpols.

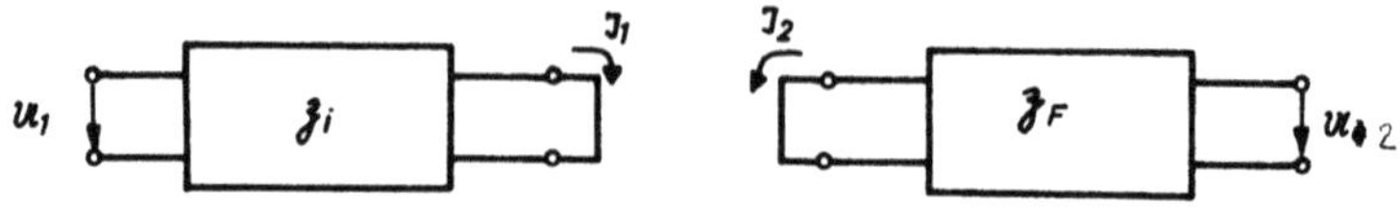

Bild 6.2/2

Die Vierpole nach Bild 6.2/2 sollen passive, lineare, umkehrbare Vierpole darstellen. Sie haben somit von beiden Seiten die gleiche Kurzschlußkernimpedanz:

$$Z_i(j\omega) = \frac{\mathfrak{U}_1}{\mathfrak{J}_1} \quad (6.2/5) \qquad \text{und} \qquad Z_F(j\omega) = \frac{\mathfrak{U}_2}{\mathfrak{J}_2} \quad (6.2/6)$$

Haben wir es nunmehr nicht mit dem eingeschwungenen Zustand, sondern mit einem Schaltvorgang zu tun, so ersetzen wir entsprechend Abschnitt 6.1 die komplexen Größen durch die Laplace-Transformierten der Augenblicksgrößen und $j\omega$ durch die komplexe Variable s. Für die Schaltung entsprechend Bild 6.2/3 gilt mit zur Zeit $t = 0$ energielosen Energiespeichern für Zeiten $t > 0$ entsprechend Gl. 6.2/4:

$$\mathcal{L}\{u_a(t)\} = -\frac{Z_F(s)}{Z_i(s)}\,\mathcal{L}\{u_e(t)\} \quad (6.2/7) \quad \text{oder} \quad \frac{\mathcal{L}\{u_a(t)\}}{\mathcal{L}\{u_e(t)\}} = -\frac{Z_F(s)}{Z_i(s)} \quad (6.2/8)$$

Da wir entsprechend Gl. 6.1/7 das Verhältnis der Laplace-Transformierten von Ausgangs- und Eingangsspannung als Übertragungsfunktion G(s) definierten, gilt somit:

$$G(s) = -\frac{Z_F(s)}{Z_i(s)} \qquad (6.2/9)$$

Haben wir nunmehr die Aufgabe vorliegen, eine bestimmte Zeitfunktion, z.B. $u_a(t)$ zu erzeugen, so wird die Aufgabe entsprechend Gl. 6.2/7 dadurch gelöst, daß man die Wahl der geeigneten Kurzschlußkernimpedanzen auf die eventuell vorgegebene Eingangsfunktion $u_e(t)$ derart abstimmt, daß Gl. 6.2/7 erfüllt ist.

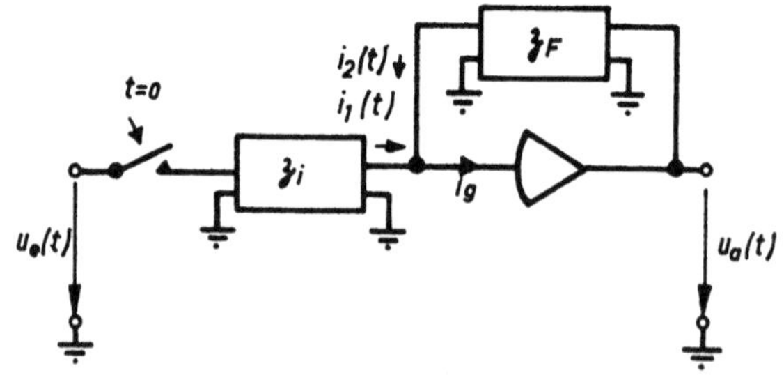

Bild 6.2/3

In Abschnitt 6.3 sollen hierzu einige Beispiele angegeben werden. Damit man möglichst einfach eine derartige Aufgabe lösen kann, empfiehlt es sich, auf eine umfassende Sammlung von Kurzschlußkernimpedanzen zurückzugreifen. Durch geschickte Wahl der verschiedenen Impedanzen kommt man dann zu den gewünschten Übertragungsfunktionen.

Bild 6.2/4

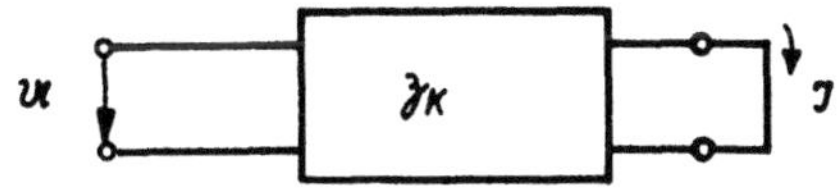

Die Kurzschlußkernimpedanz eines Vierpols wollen wir entsprechend Bild 6.2/4 mit $Z_K(s)$ bezeichnen und für eine Reihe wichtiger Grundschaltungen ermitteln.

Im Bild 6.2/5 der nächsten Seite ist eine Zusammenstellung gegeben.

6.3 *Beispiele zur Ermittlung bestimmter Zeitfunktionen*

1. Beispiel

Es sei die Funktion $a \cdot e^{-bt}$ für $t > 0$, $a > 0$, $b > 0$ darzustellen.

Entsprechend Gl. 6.2/8 gilt für den nach Bild 6.2/3 beschalteten Verstärker für $t > 0$:

$$\frac{\mathcal{L}\{u_a(t)\}}{\mathcal{L}\{u_e(t)\}} = -\frac{Z_F(s)}{Z_i(s)} = G(s) \tag{6.3/1}$$

$Z_F(s)$ und $Z_i(s)$ sind die Kurzschlußkernimpedanzen der Rückkopplungs- und Eingangsvierpole.

Legen wir zur Zeit $t = 0$ z.B. eine Gleichspannung $-U$ an die noch zu bestimmende Schaltung, so kennen wir bereits vollständig die linke Seite von Gl. 6.3/1. Wie wir den Tabellen in [31] entnehmen, gilt:

$$\mathcal{L}\{u_a(t)\} = \mathcal{L}\{a \cdot e^{-bt}\} = a\,\frac{1}{s+b} \tag{6.3/2}$$

$$\mathcal{L}\{u_e(t)\} = \mathcal{L}\{-U\} = -U\,\frac{1}{s} \tag{6.3/3}$$

Damit ergibt sich aus Gl. 6.3/1:

$$\frac{\mathcal{L}\{u_a(t)\}}{\mathcal{L}\{u_e(t)\}} = -\frac{a}{U} \cdot \frac{s}{s+b} \tag{6.3/4}$$

Ein Vergleich mit Gl. 6.3/1 ergibt:

$$G(s) = -\frac{Z_F(s)}{Z_i(s)} = -\frac{a}{U} \cdot \frac{s}{s+b} \tag{6.3/5}$$

Bild 6.2/5

Schaltung	Kurzschlußkernimpedanz	Schaltung	Kurzschlußkernimpedanz
1 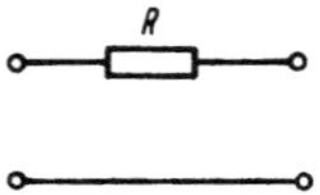	R	9 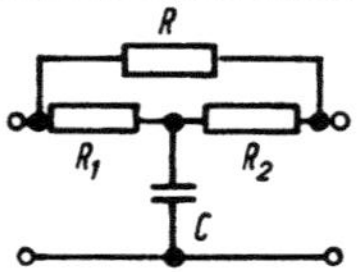	$R\,\dfrac{\left(s+\dfrac{R_1+R_2}{R_1R_2C}\right)}{\left(s+\dfrac{R_1+R_2+R}{R_1R_2C}\right)}$
2 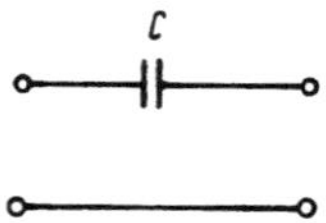	$\dfrac{1}{C}\cdot\dfrac{1}{s}$	10 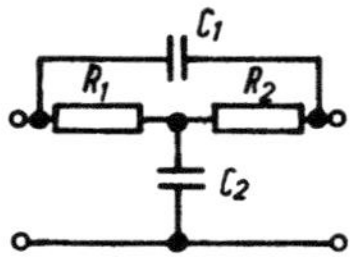	$\dfrac{\left(s+\dfrac{R_1+R_2}{R_1R_2C_2}\right)}{C_1\left(s^2+s\dfrac{R_1+R_2}{R_1R_2C_2}+\dfrac{1}{R_1C_1R_2C_2}\right)}$
3 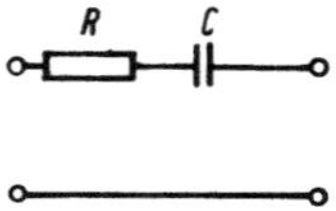	$R\dfrac{s+\dfrac{1}{RC}}{s}$	11 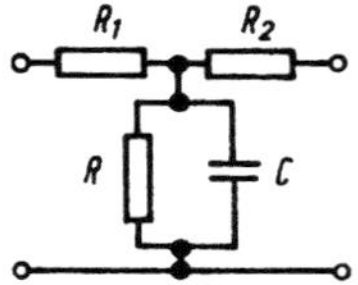	$R_1+R_2+R_1R_2C\left(s+\dfrac{1}{RC}\right)$
4 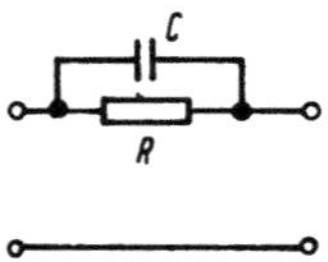	$\dfrac{1}{C}\cdot\dfrac{1}{s+\dfrac{1}{RC}}$	12 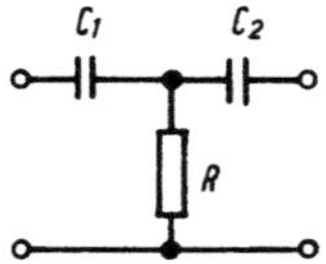	$\dfrac{C_1+C_2}{C_1C_2}\cdot\dfrac{\left(s+\dfrac{1}{R\,(C_1+C_2)}\right)}{s^2}$

Fortsetzung Bild 6.2/5

5	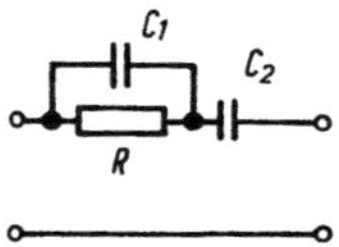	$\frac{(C_1 + C_2)\left(s + \frac{1}{R\,(C_1 + C_2)}\right)}{C_1 C_2\, s\left(s + \frac{1}{RC_1}\right)}$	13	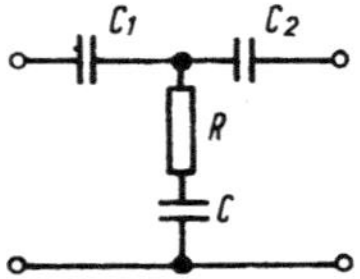	$\frac{C_1 + C_2}{C_1 C_2} \cdot \frac{\left(s + \frac{C + C_1 + C_2}{RC\,(C_1 + C_2)}\right)}{s\left(s + \frac{1}{RC}\right)}$
6	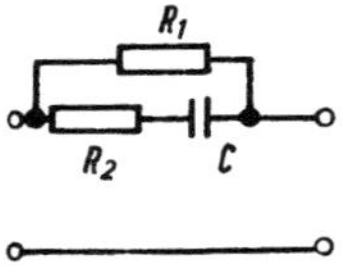	$\frac{R_1 R_2}{R_1 + R_2} \cdot \frac{\left(s + \frac{1}{R_2 C}\right)}{s + \frac{1}{(R_1 + R_2)\,C}}$	14	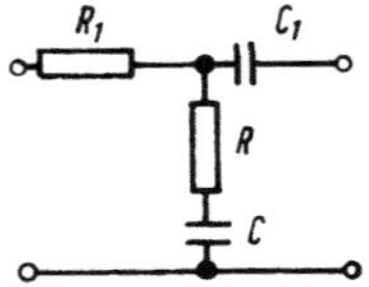	$R_1\left[\left(s + \frac{1}{R_1 C_1}\right) + \frac{s}{RC\left(s + \frac{1}{RC}\right)}\right]$
7	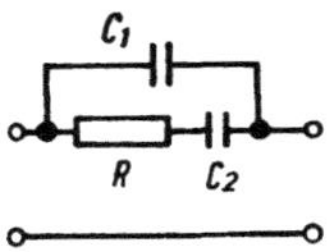	$\frac{\left(s + \frac{1}{RC_2}\right)}{C_1\, s\left(s + \frac{1}{RC_2}\right) + \frac{1}{R}s}$	15	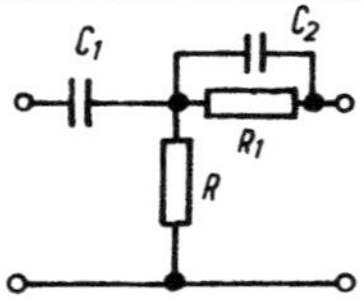	$\frac{C_1 + C_2}{C_1 C_2} \cdot \frac{\left(s + \frac{R + R_1}{RR_1\,(C_1 + C_2)}\right)}{s\left(s + \frac{1}{R_1 C_2}\right)}$
8	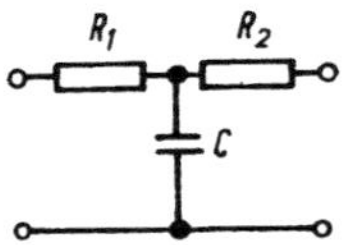	$R_2 + R_1 R_2 C\left(s + \frac{1}{R_2 C}\right)$	16	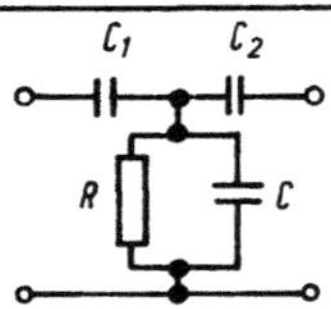	$\frac{C + C_1 + C_2}{C_1 C_2} \cdot \frac{\left[s + \frac{1}{R\,(C_1 + C_2 + C)}\right]}{s^2}$

Durch geeignete Wahl von $Z_F(s)$ und $Z_i(s)$ müssen wir nunmehr die Übertragungsfunktion G(s) realisieren. Bei diesem relativ einfachen Aufbau von G(s) wird man die komplexe Übertragungsfunktion dadurch herstellen, daß man z.B. in den Rückkopplungszweig einen ohmschen Widerstand R legt. Mit $Z_F(s) = R$ muß

$$Z_i(s) = R \cdot \frac{U}{a} \cdot \frac{s+b}{b} \qquad (6.3/6)$$

sein.

Ein Vergleich mit den Netzwerken in Bild 6.2/5 ergibt für die Serienschaltung aus R_1 und C

$$Z_K(s) = \frac{1 + sR_1C}{sC} = R_1 \frac{s + \frac{1}{R_1C}}{s} \qquad (6.3/7)$$

Durch Vergleich mit Gl. 6.3/6 ermittelt man für $Z_K(s) = Z_i(s)$:

1. $$\frac{1}{R_1C} = b \qquad (6.3/8)$$ 2. $$R_1 = \frac{U}{a} R \qquad (6.3/9)$$

a und b sind gegeben. Durch geeignete Wahl von C, z.B. 0,1 µF, ist entsprechend Gl. 6.3/8 R_1 bestimmt zu:

$$R_1 = \frac{1}{b \cdot C} \qquad (6.3/10)$$

Mit Gl. 6.3/9 ergibt sich

$$R \cdot U = a \cdot R_1 \qquad (6.3/11)$$

U muß stets kleiner als 100 V sein. Zweckmäßig wählt man R so, daß man für R einen bei Analogrechnern üblichen Widerstandswert, z.B. 0,2; 0,5; 1; 2; 5; 10 MΩ verwendet. Mit dem entsprechend gewählten R berechnet sich U zu:

$$U = a \frac{R_1}{R} \qquad (6.3/12)$$

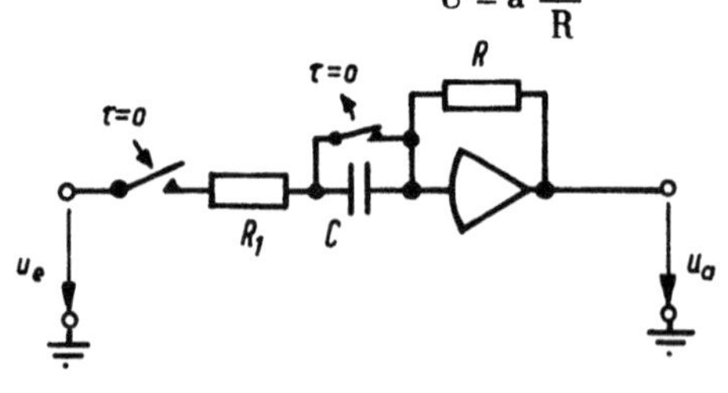

Bild 6.3/1

Damit ist die Dimensionierung abgeschlossen. Die Schaltung nach Bild 6.3/1 liefert die gewünschte Zeitfunktion $u_a(t) = a \cdot e^{-bt}$ mit $a > 0$ und $b > 0$.

2. Beispiel

Es sei die lineare Funktion $a + b \cdot t$ mit $a, b > 0$ für $t > 0$ darzustellen.

Nach Gl. 6.2/8 gilt für $t > 0$:

$$\frac{\mathcal{L}\{u_a(t)\}}{\mathcal{L}\{u_e(t)\}} = -\frac{Z_F(s)}{Z_i(s)} = G(s) \qquad (6.3/13)$$

Da $u_a(t) = a + b \cdot t$ sein soll und wir wieder der Einfachheit halber $u_e(t) = -U$ wählen, kennen wir das Verhältnis der Laplace-Transformierten.

$$\frac{\mathcal{L}\{u_a(t)\}}{\mathcal{L}\{u_e(t)\}} = \frac{a \cdot \frac{1}{s} + b\,\frac{1}{s^2}}{-U \cdot \frac{1}{s}} = -\frac{1}{U}\left(a + b\,\frac{1}{s}\right) = -\frac{b}{U}\,\frac{1 + \frac{a}{b}s}{s} \qquad (6.3/14)$$

oder

$$-\frac{Z_F(s)}{Z_i(s)} = -\frac{b}{U} \cdot \frac{1 + \frac{a}{b}s}{s} \qquad (6.3/15)$$

Damit ist uns auch die Übertragungsfunktion des aufzubauenden Netzwerkes bekannt. Wählen wir als Eingangsimpedanz z.B. die Parallelschaltung aus R und C, so gehört hierzu laut Bild 6.2/5 folgendes $Z_i(s)$:

$$Z_i(s) = R\,\frac{1}{1 + sT} \qquad (6.3/16) \qquad \text{mit} \qquad T = R \cdot C \qquad (6.3/17)$$

Nunmehr sind wir gezwungen, ein $Z_F(s)$ zu wählen, welches der Form nach nur $\frac{1}{s}$ enthält. Hierbei bietet sich sofort der Kondensator mit $Z_c(s) = \frac{1}{s \cdot C}$ an.

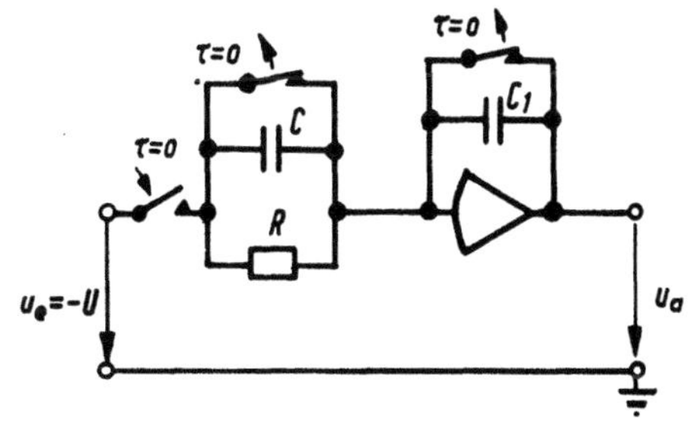

Bild 6.3/2

Es gilt:

$$\frac{\mathcal{L}\{u_a(t)\}}{\mathcal{L}\{u_e(t)\}} = -\frac{\frac{1}{sC_1}}{R\frac{1}{1+sRC}} = -\frac{1}{RC_1} \cdot \frac{1+sRC}{s} \qquad (6.3/18)$$

Ein Vergleich mit Gl. 6.3/14 ergibt Übereinstimmung unter folgenden Bedingungen:

1. $RC = \frac{a}{b}$ (6.3/19) 2. $\frac{1}{RC_1} = \frac{b}{U}$ (6.3/20)

a und b sind gegeben. Wählt man z.B. C = 0,1 µF, so erhält man für R folgende Beziehung:

$$R = \frac{a}{b} \cdot \frac{1}{C} \qquad (6.3/21)$$

Wir formen Gl. 6.3/20 um in:

$$\frac{U}{C_1} = R \cdot b \qquad (6.3/22)$$

U muß stets kleiner als 100 V sein. Für C_1 wählt man zweckmäßig einen der bei Analogrechnern üblichen Werte von 0,01; 0,1 oder 1 µF. Damit ergibt sich U aus Gl. 6.3/22 zu:

$$U = R \cdot b \cdot C_1 \qquad (6.3/23)$$

Damit ist die Realisierung der Schaltung entsprechend Bild 6.3/2 abgeschlossen.

In Abschnitt 13 sind weitere Beispiele dimensioniert. Bei umfangreichen Übertragungsfunktionen, bei denen G(s) selbst als reelle, rationale Funktion von s dargestellt werden kann:

$$G(s) = \frac{\text{Konst.} \cdot s^m + b_{m-1} s^{m-1} + \ldots + b_1 \cdot s + b_0}{s^n + a_{n-1} s^{n-1} + \ldots + a_1 \; s + a_0} \qquad (6.3/24)$$

sind wir in der Lage, G(s) in ein Produkt von Einzelübertragungsfunktionen durch Partialbruchzerlegung zu entwickeln. Gl. 6.3/24 wird zunächst auf folgende Form gebracht:

$$G(s) = \frac{\text{Konst.} \cdot (s - s_1) \cdot (s - s_2) \ldots (s - s_m)}{(s - \bar{s}_1) \cdot (s - \bar{s}_2) \ldots (s - \bar{s}_n)} \qquad (6.3/25)$$

Nach dieser Umformung können wir G(s) selbst darstellen als

$$G(s) = \text{Konst.} \quad G_1(s) \cdot G_2(s) \ldots . G_n(s) \tag{6.3/26}$$

Jede einzelne Übertragungsfunktion $G_\nu(s)$ läßt sich wieder einfach auf dem Analogrechner darstellen. Da unsere Verstärkerschaltungen rückwirkungsfreie Schaltungen sind, gilt für eine Schaltung entsprechend Bild 6.3/3:

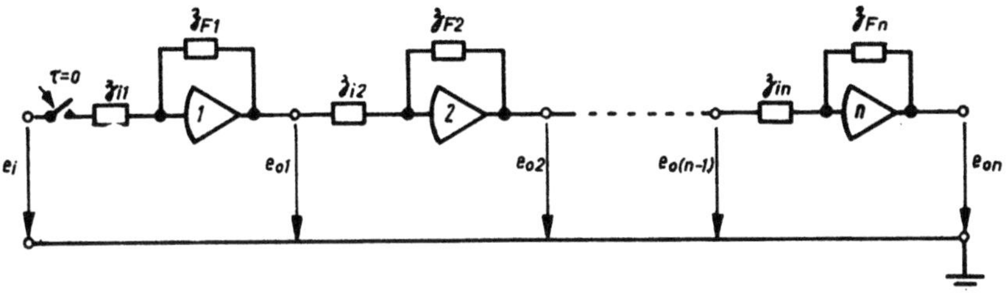

Bild 6.3/3

$$\frac{\mathcal{L}\{e_{01}\}}{\mathcal{L}\{e_i\}} = G_1(s); \qquad \frac{\mathcal{L}\{e_{02}\}}{\mathcal{L}\{e_{01}\}} = G_2(s); \qquad \frac{\mathcal{L}\{e_{0n}\}}{\mathcal{L}\{e_{0n-1}\}} = G_n(s)$$

Durch Multiplikation der einzelnen Übertragungsfunktionen erhalten wir:

$$\frac{\mathcal{L}\{e_{01}\}}{\mathcal{L}\{e_i\}} \cdot \frac{\mathcal{L}\{e_{02}\}}{\mathcal{L}\{e_{01}\}} \cdots \frac{\mathcal{L}\{e_{0n}\}}{\mathcal{L}\{e_{0n-1}\}} = G_1(s) \cdot G_2(s) \ldots . G_n(s) \tag{6.3/27}$$

bzw.

$$\frac{\mathcal{L}\{e_{0n}\}}{\mathcal{L}\{e_i\}} = G(s) = G_1(s) \cdot G_2(s) \ldots . G_n(s) \tag{6.3/28}$$

Damit wird Gl. 6.3/26 bzw. 6.3/28 durch die Schaltung entsprechend Bild 6.3/3 realisiert. Die Dimensionierung der Schaltelemente zur Erzeugung der einzelnen Übertragungsfunktionen $G_\nu(s)$ erfolgt gemäß den durchgeführten Beispielen.

6.4 *Zusammenstellung von Übergangsfunktionen*

Da die Übergangsfunktionen in vielen Fällen der Technik, vor allem der Regelungstechnik, gern zur Charakterisierung eines linearen Systems oder Netzwerkes verwendet und in der symbolischen Darstellung des Blockschaltplanes den einzelnen Regelkreiselementen zugeordnet werden, soll hier eine Reihe von Übergangsfunktionen zusammengestellt und deren Darstellung auf dem Analogrechner gezeigt werden.

Die Übergangsfunktion h(t) stellt eine normierte Größe dar. Sie ist definiert als die auf die sprunghafte Änderung der Eingangsgröße bezogene Ausgangszeitfunktion bei dieser sprunghaften Änderung. Damit lautet ihre Definition:

$$h(t) = \frac{\text{Ausgangszeitfunktion bei Sprungerregung}}{\text{Sprungerregung}} \qquad (6.4/1)$$

Sie ist proportional der Antwort des Systems auf die sprunghafte Änderung der Eingangsgröße, die an das zur Zeit $t = 0$ energielose System angelegt wird.

Die Sprungerregung (Bild 6.4/1) ist definiert als:

$$f(t) = 0 \quad \text{für} \quad t < 0 \qquad\qquad f(t) = \text{Konst.} \quad \text{für} \quad t > 0$$

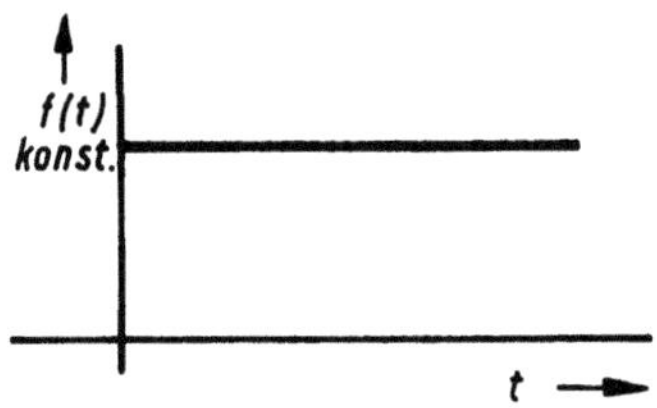

Bild 6.4/1

Da wir durch die Amplitudentransformation jeder beliebigen Größe auf dem elektronischen Analogrechner eine Spannung zuordnen, bezeichnen wir beim elektronischen Analogrechner als Übergangsfunktion das Verhältnis der Ausgangsspannung $e_0(t)$ zur sprunghaften Änderung der Eingangsspannung $e_i(t) = U$. Es soll gelten:

$$e_i(t) = 0 \quad \text{für} \quad t < 0 \qquad\qquad e_i(t) = \text{Konst.} = U \quad \text{für} \quad t > 0 \qquad (6.4/2)$$

Damit ergibt sich für diesen speziellen Fall:

$$\text{Übergangsfunktion} = \frac{e_0(t)}{U} = h(t) \qquad (6.4/3)$$

Registrieren wir die Ausgangszeitfunktion $e_0(t)$, so erhalten wir entsprechend Gl. 6.4/3 eine der Übergangsfunktion proportionale Zeitfunktion.

Zwischen der Übergangsfunktion h(t) und der Übertragungsfunktion G(s) läßt sich folgender Zusammenhang ableiten:

$$G(s) = \frac{\mathcal{L}\{e_0(t)\}}{\mathcal{L}\{e_i(t)\}} \qquad (6.4/4)$$

Wählen wir als Eingangsspannung gemäß Gl. 6.4/2 $e_i(t) = U$, so gilt hierfür:

$$\mathcal{L}\,\{e_i(t)\} = \frac{1}{s}\,U$$

Damit ergibt sich aus Gl. 6.4/4

$$\mathcal{L}\,\{e_0(t)\} = G\,(s) \cdot \frac{1}{s} U$$

oder $$\frac{\mathcal{L}\,\{e_0(t)\}}{U} = \frac{G\,(s)}{s} \qquad \text{bzw.} \qquad \mathcal{L}\left\{\frac{e_0(t)}{U}\right\} = \frac{G\,(s)}{s} \tag{6.4/5}$$

Durch Anwendung der inversen Laplace-Transformation erhalten wir:

$$\frac{e_0(t)}{U} = h\,(t) = \mathcal{L}^{-1}\left\{\frac{G\,(s)}{s}\right\} \tag{6.4/6}$$

Für den elektronischen Analogrechner gilt Gl. 6.2/9:

$$G\,(s) = -\frac{Z_F(s)}{Z_i(s)}$$

Durch Einsetzen in Gl. 6.4/6 ergibt sich:

$$\frac{e_0(t)}{U} = h\,(t) = \mathcal{L}^{-1}\left\{-\frac{1}{s}\,\frac{Z_F(s)}{Z_i(s)}\right\}$$

In Bild 6.4/2 ist für eine Reihe von Beispielen die Schaltung, die Übertragungsfunktion, die mit $-U$ multiplizierte Übergangsfunktion und die graphische Darstellung von $e_0(t)$ für $e_i = -U$ angegeben. Alle in der Schaltung vorkommenden Energiespeicher sind zur Zeit $t = 0$ energielos.

Bild 6.4/2

	Schaltung	Übertragungsfunktion G(s)*)
1	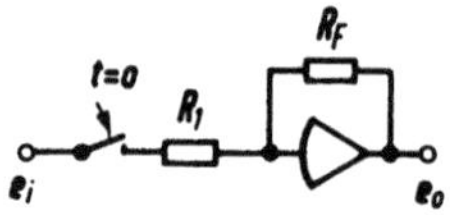	$-\frac{R_F}{R_1}$
2	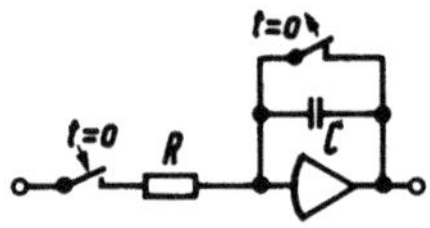	$-\frac{1}{RC}\cdot\frac{1}{s}$
3	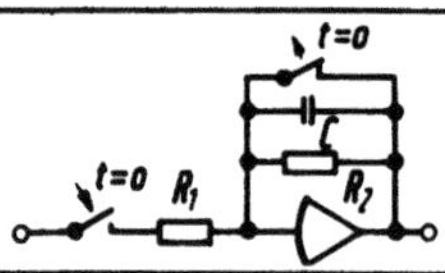	$-\frac{1}{R_1 C}\cdot\frac{1}{\left(s+\frac{1}{R_2 C}\right)}$
4	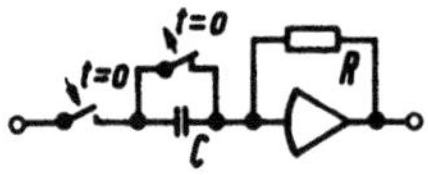	$-RC\cdot s$
5	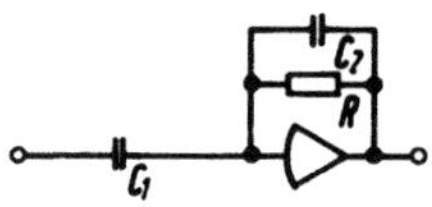	$-\frac{C_1}{C_2}\,\frac{s}{\left(s+\frac{1}{RC_2}\right)}$
6	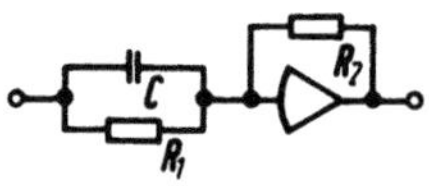	$-R_2 C\cdot\left(s+\frac{1}{R_1 C}\right)$
7	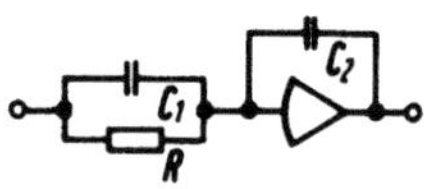	$-\frac{C_1}{C_2}\,\frac{s+\frac{1}{RC_1}}{s}$
8	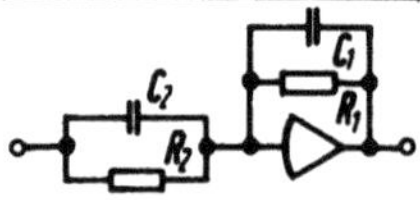	$-\frac{C_2}{C_1}\,\frac{\left(s+\frac{1}{R_2 C_2}\right)}{\left(s+\frac{1}{R_1 C_1}\right)}$

*) Übertragungsfunktion $G(s) = \frac{\mathfrak{L}\{e_o\}}{\mathfrak{L}\{e_i\}}$

**) Übergangsfunktion $h(t) = \frac{e_o(t)}{U}$

Übergangsfunktion h(t) · (– U)**)	Ausgangsspannung $e_o = f(t)$ $e_i = -U$ für $t > o$ $e_i = o$ ″ $t < o$
$U \cdot \frac{R_F}{R_1}$	
$U \frac{1}{RC} \cdot t$	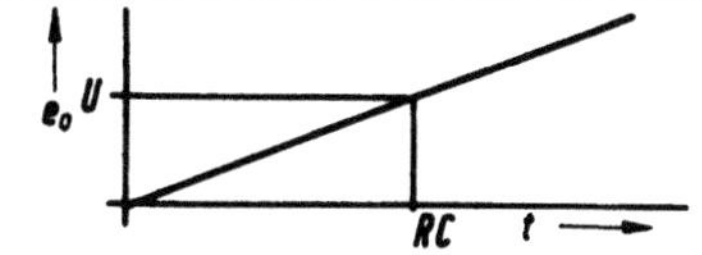
$U \cdot \frac{R_2}{R_1}\left(1 - e^{-\frac{1}{R_2 C} t}\right)$	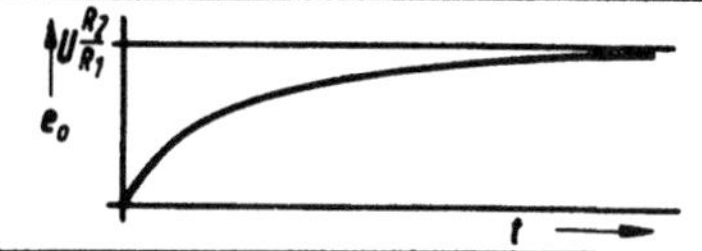
$U \cdot RC \cdot \delta(t)$	
$U \cdot \frac{C_1}{C_2} e^{-\frac{1}{RC_2} t}$	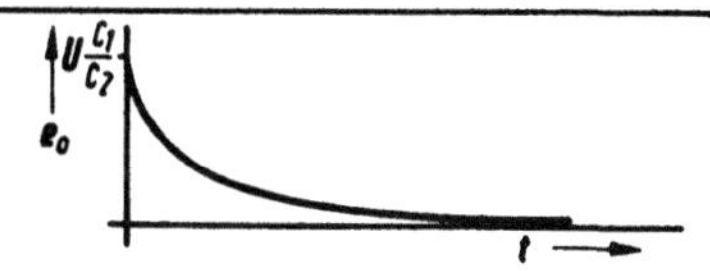
$U \cdot R_2 C \cdot \delta(t) + U \frac{R_2}{R_1}$	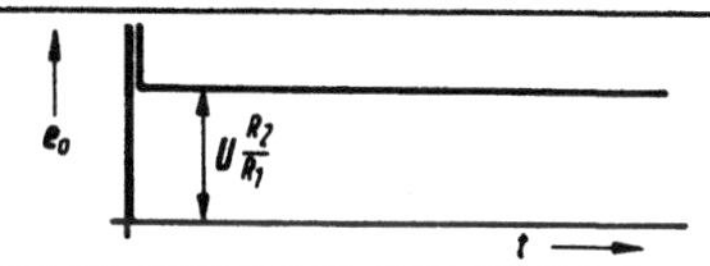
$U \frac{C_1}{C_2} + \frac{1}{RC_2} U \cdot t$	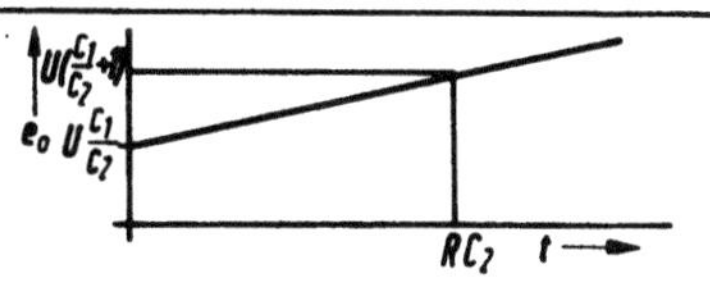
$U \frac{R_1}{R_2}\left[1 + e^{-\frac{1}{R_1 C} t}\left(\frac{R_2 C_2}{R_1 C_1} - 1\right)\right]$	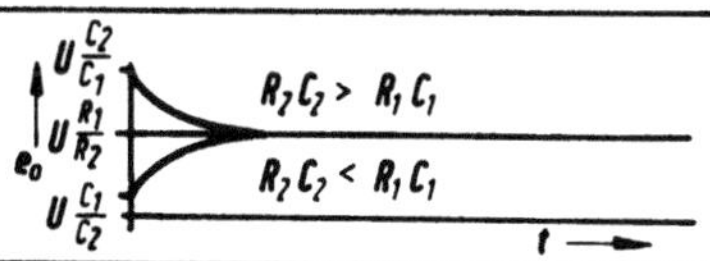

Fortsetzung
Bild 6.4/2

	Schaltung	Übertragungsfunktion G (s)
9	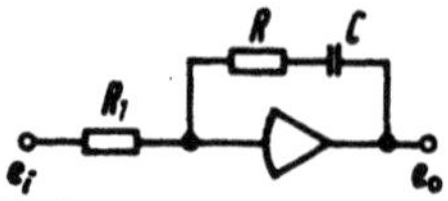	$-\frac{R}{R_1}\,\frac{\left(s+\frac{1}{RC}\right)}{s}$
10	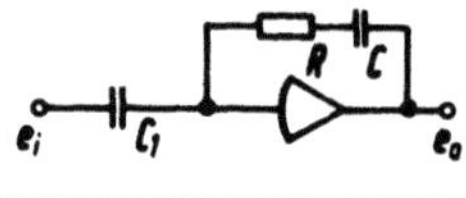	$-RC_1\left(s+\frac{1}{RC}\right)$
11	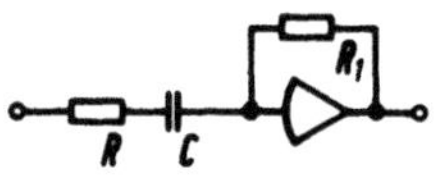	$-\frac{R_1}{R}\,\frac{s}{s+\frac{1}{RC}}$
12	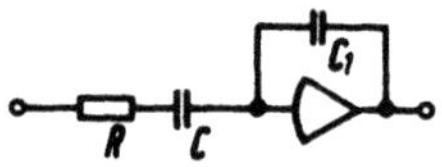	$-\frac{1}{RC_1}\,\frac{1}{s+\frac{1}{RC}}$
13	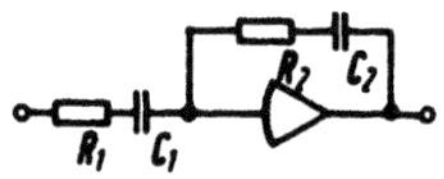	$-\frac{R_2}{R_1}\cdot\frac{s+\frac{1}{R_2C_2}}{s+\frac{1}{R_1C_1}}$
14	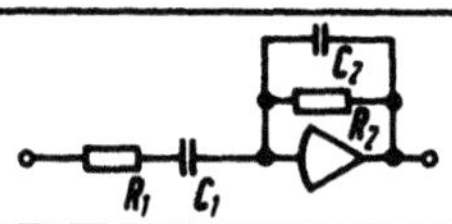	$-\frac{1}{R_1C_2}\cdot\frac{s}{\left(s+\frac{1}{R_2C_2}\right)\cdot\left(s+\frac{1}{R_1C_1}\right)}$
15	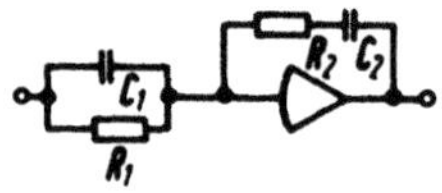	$-R_2C_2\,\frac{\left(s+\frac{1}{R_2C_2}\right)\left(s+\frac{1}{R_1C_1}\right)}{s}$
16	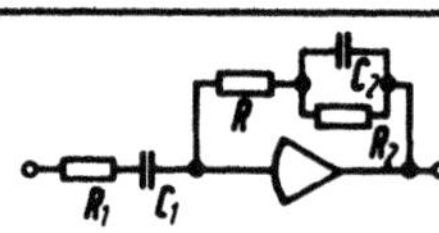	$-\frac{R}{R_1}\cdot\frac{s\left[\left(s+\frac{1}{R_2C_2}\right)+\frac{1}{RC_2}\right]}{\left(s+\frac{1}{R_1C_1}\right)\cdot\left(s+\frac{1}{R_2C_2}\right)}$
17	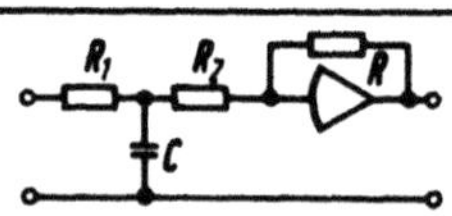	$-\frac{R}{R_1R_2C}\cdot\frac{1}{\left(s+\frac{R_1+R_2}{R_1R_2C}\right)}$

Übergangsfunktion h (t) · (−U)	Ausgangsspannung $e_o = f(t)$ $e_i = -U$ für $t > o$ $e_i = o$ " $t < o$
$U\frac{R}{R_1}+\frac{1}{R_1C}\cdot U\cdot t$	
$U\,RC_1\,\delta(t)+U\frac{C_1}{C}$	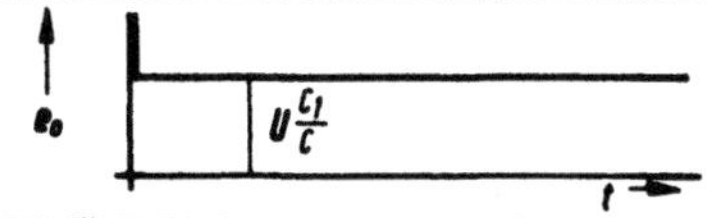
$U\frac{R_1}{R}\cdot e^{-\frac{1}{RC}t}$	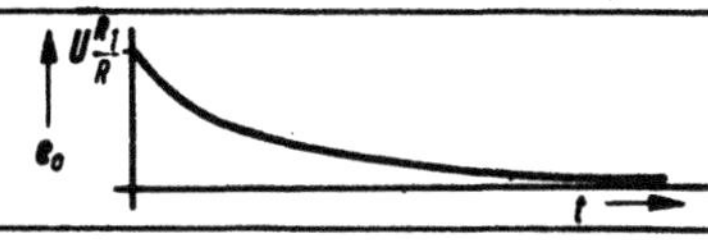
$U\frac{C}{C_1}\left(1-e^{-\frac{1}{RC}t}\right)$	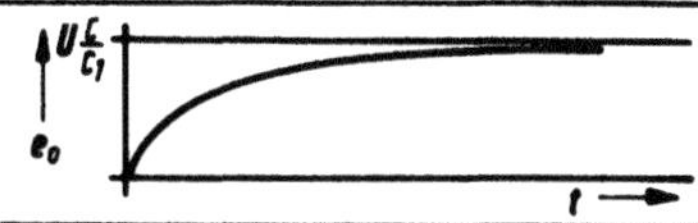
$U\frac{R_2}{R_1}\left[\frac{R_1C_1}{R_2C_2}+e^{-\frac{1}{R_1C_1}t}\left(1-\frac{R_1C_1}{R_2C_2}\right)\right]$	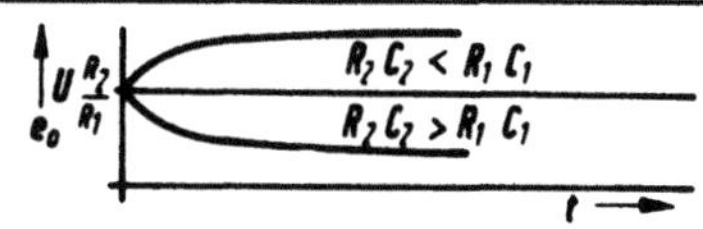
$U\frac{R_2C_1}{R_1C_1-R_2C_2}\cdot\left[e^{-\frac{1}{R_1C_1}t}-e^{-\frac{1}{R_2C_2}t}\right]$	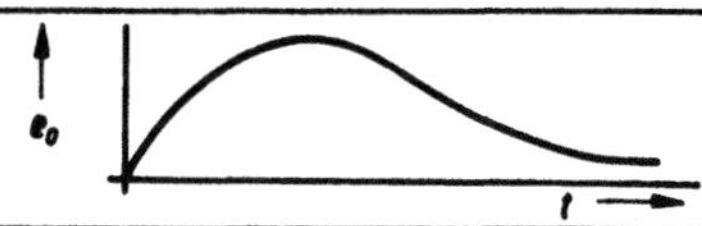
$U\,R_2C_1\left[\left(\frac{1}{R_1C_1}+\frac{1}{R_2C_2}\right)+\delta(t)+\frac{1}{R_1C_1R_2C_2}t\right]$	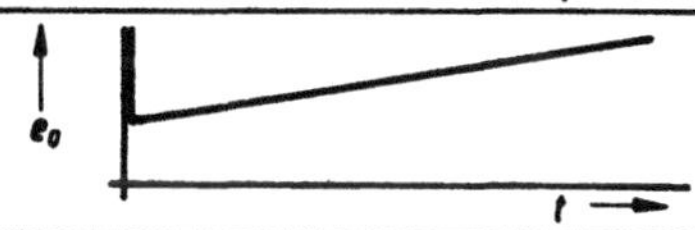
$\frac{R}{R_1}\left[e^{-\frac{1}{R_1C_1}t}\left(1+\frac{1}{R}\cdot\frac{R_2R_1C_1}{R_1C_1-R_2C_2}\right)-\frac{1}{R}\cdot\frac{R_1R_2C_1}{R_1C_1-R_2C_2}\cdot e^{-\frac{1}{R_2C_2}t}\right]$	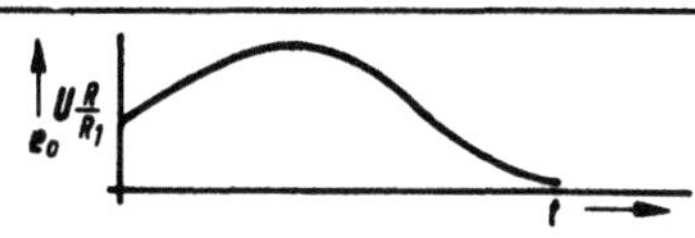
$U\frac{R}{R_1+R_2}\left(1-e^{-\frac{R_1+R_2}{R_1R_2C}t}\right)$	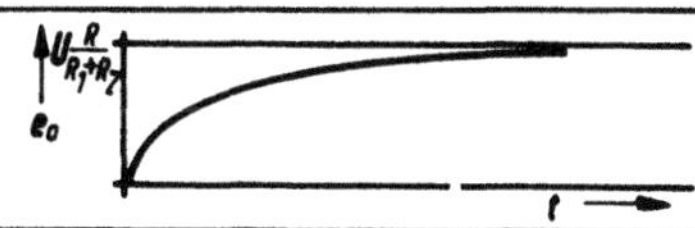

Fortsetzung Bild 6.4/2

	Schaltung	Übertragungsfunktion G (s)
18	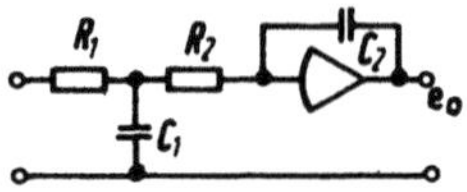	$-\frac{1}{R_1C_1R_2C_2}\cdot\frac{1}{s\left(s+\frac{R_1+R_2}{R_1R_2C_1}\right)}$
19	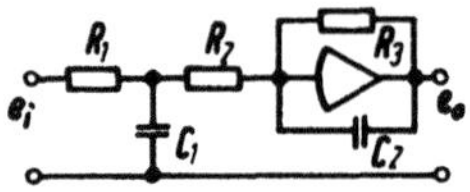	$-\frac{1}{R_1C_1R_2C_2}\cdot\frac{1}{\left(s+\frac{1}{R_3C_2}\right)\left(s+\frac{R_1+R_2}{R_1R_2C_1}\right)}$
20	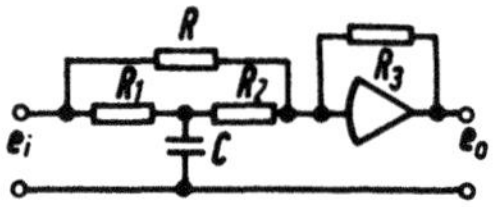	$-\frac{R_3}{R}\cdot\frac{\left(s+\frac{R+R_1+R_2}{R_1R_2C}\right)}{\left(s+\frac{R_1+R_2}{R_1R_2C}\right)}$
21	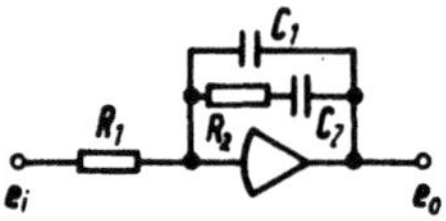	$-\frac{1}{R_1C_1}\cdot\frac{\left(s+\frac{1}{R_2C_2}\right)}{s\left(s+\frac{C_1+C_2}{R_2C_1C_2}\right)}$
22	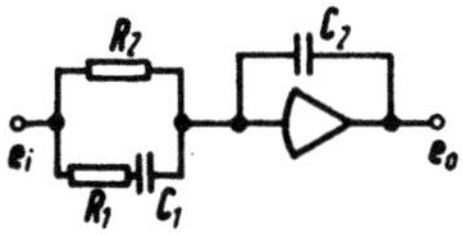	$-\frac{R_1+R_2}{R_1R_2C_2}\cdot\frac{\left(s+\frac{1}{(R_1+R_2)C_1}\right)}{s\left(s+\frac{1}{R_1C_1}\right)}$
23	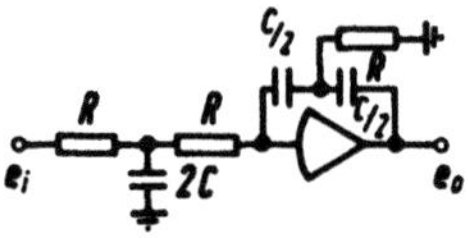	$-\frac{2}{(RC)^2}\cdot\frac{1}{s^2}$
24	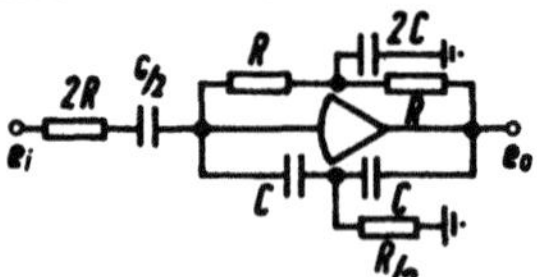	$-s\,\frac{\frac{1}{RC}}{s^2+(\frac{1}{RC})^2}$

Übergangsfunktion h (t) • (−U)	Ausgangsspannung $e_o = f(t)$ $e_i = -U$ für $t > o$ $e_i = o$ " $t < o$
$U \frac{R_1 R_2 C_1}{(R_1+R_2)^2 C_2} \cdot \left(e^{-\frac{R_1+R_2}{R_1 R_2 C_1}t} - 1 + \frac{R_1+R_2}{R_1 R_2 C_1} t\right)$	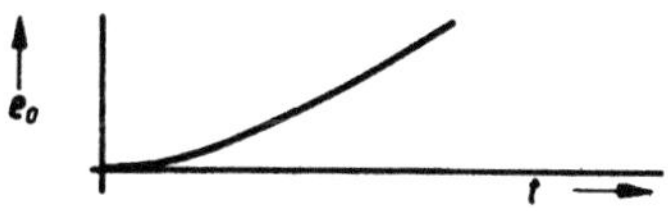
$\frac{R_3}{{}_1 + R_2} \left[1 - \frac{(R_1+R_2) R_3 C_2 \cdot e^{-\frac{1}{R_3 C_2}t} - R_1 R_2 C_1 \cdot e^{-\frac{R_1+R_2}{R_1 R_2 C_1}t}}{(R_1+R_2) R_3 C_2 - R_1 R_2 C_1}\right]$	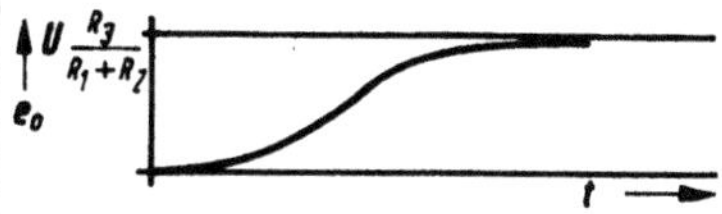
$U \frac{R_3}{R} \left[e^{-\frac{R_1+R}{C R_1 R_2}t} \left(1 - \frac{R+R_1+R_2}{R_1+R_2}\right) + \frac{R+R_1+R_2}{R_1+R_2}\right]$	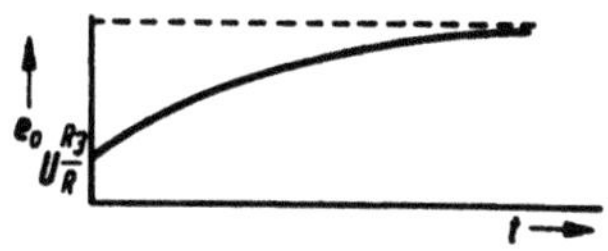
$U \frac{R_2}{R_1} \left(\frac{C_2}{C_1+C_2}\right)^2 \left(1 - e^{-\frac{C_1+C_2}{R_2 C_1 C_2}t} + \frac{C_1+C_2}{R_2 C_2^2} t\right)$	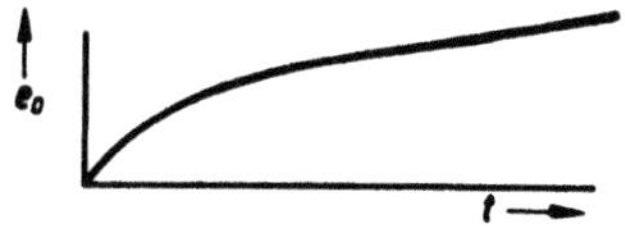
$U \frac{C_1}{C_2} \left(1 - e^{-\frac{1}{R_1 C_1}t} + \frac{1}{R_2 C_1} t\right)$	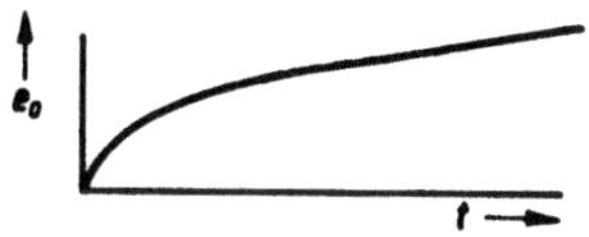
$U \cdot \frac{1}{(RC)^2} \cdot t^2$	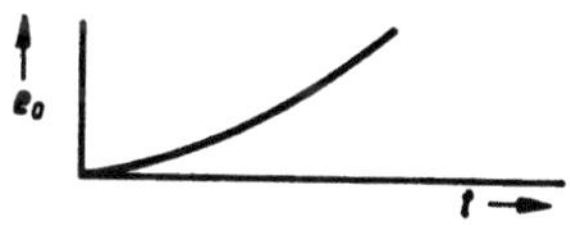
$U \cdot \sin \frac{1}{RC} t = U \sin \omega t$ mit $\omega = \frac{1}{RC}$	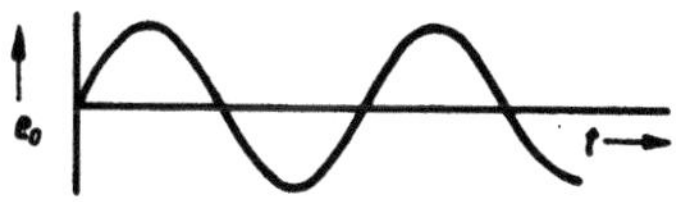

7. Der Verzögerungsgenerator

7.1 *Allgemeine Betrachtungen zur Verzögerung*

Einen weiteren sehr wichtigen Zusammenhang bei physikalischen Problemen stellt die Verzögerung dar. Diese bezeichnet man auch vielfach mit Laufzeit, Totzeit oder Transportverzögerung. Man nennt die Zeit Laufzeit, die erforderlich ist, um eine Information von einem bestimmten Ort zu einem anderen zu übertragen. Die Laufzeiten sind in der Elektrotechnik, Wärmetechnik und Regelungstechnik von besonderer Wichtigkeit. Eine an eine Leitung zur Zeit $t = 0$ angelegte Spannung pflanzt sich nur mit endlicher Ausbreitungsgeschwindigkeit auf der Leitung fort. Daher vergeht eine bestimmte Zeit, die Totzeit, ehe am entfernten Punkt P eine Spannung gemessen werden kann. Im vereinfachten Ersatzbild der langen elektrischen Leitung (Bild 7.1/1) hat die Größe der Kapazität C besonderen Einfluß auf die Größe der Totzeit. Der erste Kondensator muß erst auf eine gewisse Spannung aufgeladen werden, um den zweiten Kondensator aufladen zu können usw.

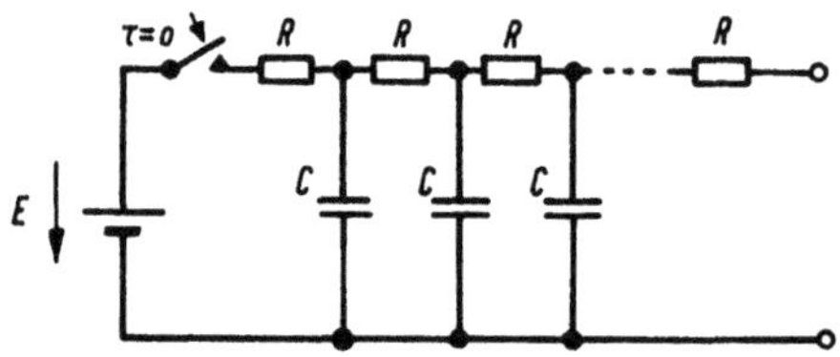

Bild 7.1/1

In der Wärmetechnik breitet sich die Wärmeenergie auf Grund des Wärmeübergangswiderstandes und der Wärmekapazität des Materials auch nur mit einer bestimmten Geschwindigkeit aus, so daß eine Temperaturerhöhung sich an den verschiedenen Punkten je nach der Entfernung von der Wärmequelle zu verschiedenen Zeiten feststellen läßt. Wir haben es in diesen Fällen mit örtlich und zeitlich veränderlichen Größen zu tun, so daß man hier im allgemeinen auf partielle Differentialgleichungen geführt wird. In der Regelungstechnik spielt die Laufzeit einer Steuerdruckwelle in einem Regelkreis eine nicht zu vernachlässigende Rolle. Bei thermischen und mechanischen Mischvorgängen ist der Einfluß der Übertragungsverzögerung zwischen aufheizenden und regelnden Elementen bei der Berechnung eines derartigen Problems in jedem Fall zu berücksichtigen, da man sonst Ergebnisse erhält, die mit dem physikalischen Verhalten des Systems nicht übereinstimmen. Die Größe der Verzögerungszeiten schwankt über einige Größenordnungen. Verzögerungszeiten von 2 – 10 sec in Prozessen der Regelungstechnik sind keine Seltenheit. Kommen noch größere Verzögerungszeiten vor, so wird man den Rechenprozeß nach Möglichkeit nicht im wahren Zeitmaßstab ablaufen lassen, sondern eine entsprechende Zeittransformation durchführen. Hat man es jedoch auf dem Analogrechner mit echten Regelkreisnachbildungen (Simulation) unter Einschluß von Bauelementen einer Regelanlage zu tun, so ist nur der Echtzeitbetrieb zulässig und es müssen die tatsächlich vorhandenen Totzeiten nachgebildet werden.

Der Betrag der Verzögerung ist gegeben durch die Entfernung zwischen den interessierenden Punkten und durch die Informationsgeschwindigkeit.

$$t_0 = \frac{l}{v} \tag{7.1/1}$$

(t_0 = Totzeit oder Verzögerungszeit, l = Entfernung und v = Geschwindigkeit). Die Totzeit wirkt sich also so aus, daß eine Anderung an einem bestimmten Punkt P erst nach Ablauf der Zeit t_0 festzustellen ist. Von besonderer Wichtigkeit ist, daß der Betrag der Verzögerung nicht von den Eigenschaften der zu übertragenden Funktion abhängt. Die ideale Verzögerung, z.B. ideal isolierte thermische Wärmestrecke, bewirkt somit keine Dämpfung des zu übertragenden Signals. Alle in dem Signal vorhandenen Frequenzen werden gleichmäßig verzögert. In der Praxis tritt allerdings vielfach doch eine Veränderung der Amplituden ein.

Die Verzögerung ist somit charakterisiert durch

1. Einheitsverstärkung (Nulldämpfung)
2. Phasenverschiebung proportional der Frequenz

Die mathematische Definition für die Verzögerung läßt sich folgendermaßen formulieren:

Die Zeitfunktion nach Bild 7.1/2

$$\begin{aligned} y &= f(t) \\ y &= 0 \end{aligned} \quad \text{für} \quad \begin{aligned} t &> 0 \\ t &< 0 \end{aligned}$$

soll verzögert werden. Die verzögerte Funktion (Bild 7.1/3) bezeichnen wir mit $f^*(t)$. Für sie soll gelten:

$$\begin{aligned} f^*(t) &= f(t - t_0) \\ f^*(t) &= 0 \end{aligned} \quad \text{für} \quad \begin{aligned} t &> t_0 > 0 \\ t &< t_0 \end{aligned} \tag{7.1/2}$$

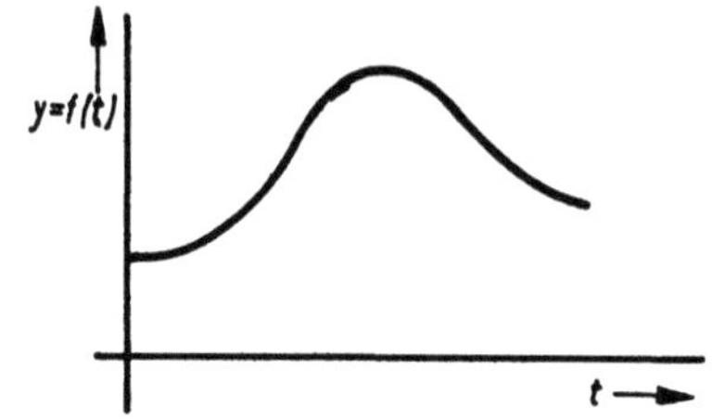

Bild 7.1/2

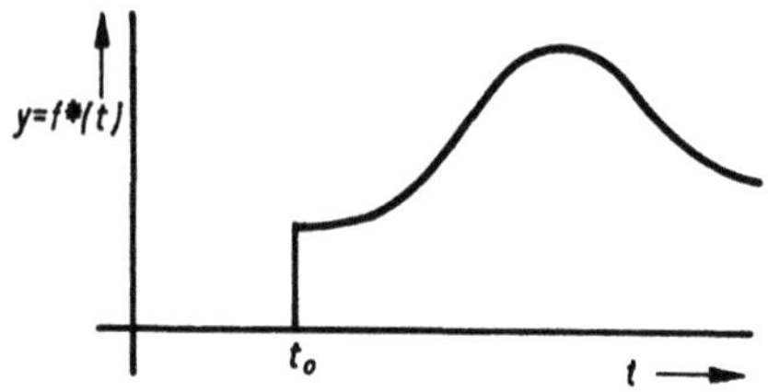

Bild 7.1/3

Die Funktion f*(t) hat also für alle Werte t, die größer sind als t_0, den Wert, den f(t) zu der um t_0 zurückliegenden Zeit hatte. Auf diese Definition werden wir bei der praktischen Realisierung des Verzögerungsgenerators zurückkommen.

Bei mechanisch arbeitenden Analogrechnern ist die Erzeugung einer verzögerten Zeitfunktion sehr leicht möglich. Wird die Zeitfunktion von einem Schreiber aufgezeichnet, so hat man nur dafür zu sorgen, daß der photoelektrische Abtastkopf des Funktionsgenerators um ein der Verzögerungszeit t_0 proportionales Wegstück gegenüber dem Schreibkopf versetzt wird. Der Nachteil ist der, daß für schnellen und repetierenden Betrieb mechanische Analogrechner nicht geeignet sind. Die früher im Abschnitt Funktionsgenerator erwähnten x-y-Schreiber mit magnetischer Abtastvorrichtung eignen sich für langsam repetierenden Betrieb bis etwa 1 Hz. Sehr wenig Gebrauch macht man bisher von der magnetischen Bandspeicherung. Die Zeitfunktion wird dabei durch den Sprechkopf auf das Tonband aufgezeichnet und über einen entsprechend der Verzögerungszeit t_0 versetzten Abhörkopf wieder abgenommen.

Eine andere Möglichkeit besteht darin, bei konstantem Abstand von Sprech- und Abhörkopf das Magnetband über eine Umwegschleife veränderlicher Länge zu führen, deren Länge der Verzögerungszeit t_0 proportional sein muß. Diese Art der Erzeugung einer verzögerten Zeitfunktion erfüllt in einem großen Frequenzbereich, der durch Verstärker, Tonband, Schreib- und Abhörkopf gegeben ist, die in ihn gesetzten Erwartungen. Die Verstellung des Abhörkopfes in großen Bereichen macht jedoch mechanisch einige Schwierigkeiten. Da diese Tonaufzeichnungsgeräte verzögerter Abnahme nur als Sonderkonstruktionen der Hersteller geliefert werden, sind sie recht teuer und dementsprechend nur in geringer Stückzahl im Einsatz.

Für geringere Verzögerungszeiten haben sich die sog. Verzögerungsleitungen bewährt. Durch geeignete Zeittransformation sorgt man dafür, daß die gewünschte Verzögerungszeit gleich der der Verzögerungsleitung ist.

Eine weitere Möglichkeit ist die, die Funktion nicht in ihrem stetigen Verlauf verzögert darzustellen, sondern schrittweise. Hierauf soll jedoch nicht näher eingegangen werden.

Eine andere Art der Darstellung geht von Gl. 7.1/2 aus. Wenden wir auf Gl. 7.1/2 die Laplace-Transformation an, so erhalten wir:

$$\mathcal{L}\{f^*(t)\} = \mathcal{L}\{f(t-t_0)\} = \mathcal{L}\{f(t)\} \cdot e^{-st_0} \qquad (7.1/3)$$

Die Laplace-Transformierte der um t_0 verzögerten Funktion $f^*(t)$ ist gleich dem Produkt aus der Laplace-Transformierten der unverzögerten Funktion $f(t)$ selbst und dem Faktor e^{-st_0}. Dieser Faktor e^{-st_0} wird vielfach Laplacescher-Verschiebungsoperator genannt. Damit wird das Problem der Erzeugung einer verzögerten Zeitfunktion auf das Problem der Erzeugung eines Netzwerkes mit der Übertragungsfunktion e^{-st_0} zurückgeführt.

Die Übertragungsfunktion $G(s)$ eines Netzwerkes ist definiert als das Verhältnis der Laplace-Transformierten von Ausgangs- und Eingangsgröße:

$$G(s) = \frac{\mathcal{L}\{u_a(t)\}}{\mathcal{L}\{u_e(t)\}} = \frac{u_a(s)}{u_e(s)} \qquad (7.1/4)$$

Wir wollen versuchen, den Laplaceschen-Verschiebungsoperator e^{-st_0} als Übertragungsfunktion darzustellen.

Für

$$G(s) = e^{-st_0} \qquad (7.1/5)$$

erhalten wir:

$$\mathcal{L}\{u_a(t)\} = e^{-st_0}\, \mathcal{L}\{u_e(t)\} \qquad (7.1/6)$$

Gl. 7.1/6 stimmt der Form nach vollständig mit Gl. 7.1/3 überein. Machen wir die Eingangsspannung unseres noch zu bestimmenden Netzwerkes proportional der Funktion $f(t)$, so erhalten wir, wie gewünscht, als Ausgangsspannung $u_a(t)$ eine der Funktion $f(t-t_0)$ proportionale Spannung. Ersetzen wir in e^{-st_0} s durch $j\omega$, so ist der Betrag stets gleich eins und der Phasenwinkel Φ ergibt sich aus

$$e^{-j\omega t_0} = e^{j\Phi}$$

$$\Phi = -\omega t_0 \qquad \text{bzw.} \qquad \Phi = -2\pi f t_0 \qquad (7.1/7)$$

Für das Frequenzverhalten gelten die schon früher gestellten Forderungen: Einheitsverstärkung für alle Frequenzen und Änderung der Phasenverschiebung proportional mit der Frequenz.

Wie wir in Abschnitt 6 gesehen haben, sind wir bei entsprechender Beschaltung eines Verstärkers in der Lage, gewünschte Übertragungsfunktionen zu erzeugen.

Um die Übertragungsfunktion e^{-st_0} herzustellen, sind wir leider gezwungen, von einer Näherung Gebrauch zu machen. Wir werden uns nunmehr verschiedenen Näherungen der e-Funktionen zuwenden und sie auf Zweckmäßigkeit und Realisierbarkeit auf dem elektronischen Analogrechner untersuchen.

Die Methoden, die in den letzten Jahren entwickelt wurden, unterscheiden sich in der Genauigkeit und der leichten Einstellbarkeit der Verzögerungszeit. Es soll stets von den Baueinheiten des Analogrechners Gebrauch gemacht werden, damit man auf zusätzliche Einrichtungen verzichten kann. Die Übertragungsfunktion e^{-st_0} läßt sich grundsätzlich nur für einen begrenzten Frequenzbereich annähern. Bei der Näherung soll nach Möglichkeit sowohl das Amplituden- als auch das Phasenverhalten nachgebildet werden.

Die bekannte Näherung der e-Funktion durch eine Reihe

$$e^x = 1 + \frac{x}{1!} + \frac{x^2}{2!} + \ldots + \frac{x^n}{n!} \quad \text{mit} \quad x = -st_0 \tag{7.1/8}$$

ist für die Nachbildung auf dem Analogrechner ungeeignet. Sie konvergiert zwar für alle Werte von x, aber nur sehr langsam. Besonders für große Verzögerungszeiten t_0 und hohe Frequenzen ist die Näherung nicht brauchbar.

Die Näherung von e^{-st_0} als Grenzwert der Binomischen Reihe

$$e^{-st_0} = \lim_{n \to \infty} \left(\frac{1}{1 + \frac{st_0}{n}} \right)^n$$

eignet sich zur Realisierung wegen des Aufwandes bei einiger Genauigkeit nicht.

Eine Näherung durch den Ausdruck entsprechend Gl. 7.1/9

$$e^{-st_0} = \lim_{n \to \infty} \left(\frac{1 - st_0}{1 + st_0} \right)^n \tag{7.1/9}$$

läßt sich durch Hintereinanderschaltung von n gleichen Bauelementen mit der Übertragungsfunktion $\frac{1 - st_0}{1 + st_0}$ erreichen. Aber auch hier ist der Aufwand wegen der schlechten Konvergenz ganz erheblich, so daß diese Methode nur für sehr geringe Verzögerungszeiten in Frage kommt. Die Übertragungsfunktion nach Gl. 7.1/9 ist gekennzeichnet durch die von der Frequenz unabhängige Einheitsverstärkung für beliebiges n. Die Phasenverschiebung ergibt sich zu:

$$\Phi = - n\, 2 \operatorname{arctg} \omega t_0 \qquad (7.1/10)$$

Auf die Erzeugung der Übertragungsfunktion $\frac{1 - st_0}{1 + st_0}$ kommen wir in Abschnitt 7.2 zurück.

Eine wesentlich bessere Näherung der e-Funktion läßt sich entsprechend Gl. 7.1/11 erzielen.

$$e^{-st_0} = \lim_{n \to \infty} \left(\frac{1 - a\, st_0 + b\,(st_0)^2}{1 + a\, st_0 + b\,(st_0)^2} \right)^n \qquad (7.1/11)$$

Diese Näherung konvergiert erheblich schneller. Für den einfachen Fall mit a = 2 und b = 1 erhalten wir für n = 1:

$$e^{-st_0} \approx \frac{1 - 2\, st_0 + (st_0)^2}{1 + 2\, st_0 + (st_0)^2} = \frac{(1 - st_0)^2}{(1 + st_0)^2} = \frac{(1 - st_0)\,(1 - st_0)}{(1 + st_0)\,(1 + st_0)} \qquad (7.1/12)$$

Gl. 7.1/12 stimmt mit der Näherung entsprechend Gl. 7.1/9 für n = 2 überein.

Durch geeignete Wahl der Pol- und Nullstellen in Gl. 7.1/11 läßt sich die Näherung noch verbessern [4].

Eine weit bessere Näherung ergibt das Verfahren nach Padé [1]. Die Funktion e^x wird als Grenzwert der Quotienten zweier schnell konvergierender Reihen angegeben.

$$e^x = \lim_{(u + v) \to \infty} \frac{F_{1\,(u,\,v)}(x)}{F_{2\,(u,\,v)}(x)} \qquad (7.1/13)$$

Hierin bedeuten:

$x = - st_0$

$$F_{1\,(u,\,v)}(x) = 1 + \frac{v \cdot x}{(u + v)\, 1\,!} + \frac{v\,(v - 1) \cdot x^2}{(u + v)(u + v - 1)\, 2\,!} + \qquad (7.1/14)$$

$$+ \frac{v\,(v - 1)(v - 2)\, x^3}{(u + v)(u + v - 1)(u + v - 2)\, 3\,!} + \dots + \frac{v\,(v - 1)(v - 2) \dots 2 \cdot 1\, x^v}{(u + v)(u + v - 1) \dots (u + 1)\, v\,!}$$

$$F_{2(u,v)}(x) = 1 - \frac{u\,x}{(v+u)\,1!} + \frac{u\,(u-1)\,x^2}{(v+u)(v+u-1)\,2!} - \qquad (7.1/15)$$

$$\frac{u\,(u-1)(u-2)\,x^3}{(v+u)(v+u-1)(v+u-2)\,3!} + \ldots + (-1)^u \frac{u\,(u-1)(u-2)\ldots 2 \cdot 1 \cdot x^u}{(v+u)(v+u-1)\ldots(v+1)\,u!}$$

Es genügt vielfach bei kleinen Verzögerungszeiten und niedriger Frequenz für u und v der Wert 2, um gute Ergebnisse zu erzielen.

Für $u = v = 2$ erhält man folgenden Näherungsausdruck:

$$e^{-st_0} \approx \frac{1 - \frac{1}{2} st_0 + \frac{1}{12} (st_0)^2}{1 + \frac{1}{2} st_0 + \frac{1}{12} (st_0)^2} \qquad (7.1/16)$$

oder

$$e^{-st_0} \approx \frac{(st_0)^2 - 6\,st_0 + 12}{(st_0)^2 + 6\,st_0 + 12} \qquad (7.1/17)$$

Diese Näherung wird auch Padé-Näherung 2. Ordnung genannt.

Über die Güte der Näherung kann man sich relativ schnell einen Überblick verschaffen, wenn man reelle Werte $st_0 = x$ einführt und die Ergebnisse der Padé-Näherungen 2., 3. oder 4. Ordnung ($u = v = 2$, 3 oder 4) mit den Funktionswerten von e^{-x} vergleicht. Nimmt die Ordnung der Padé-Näherung zu, so wird der Bereich guter Übereinstimmung größer. Mit Gl. 7.1/13 – 15 gilt für die Näherung 3. Ordnung

$$e^{-st_0} \approx -\frac{x^3 - 12\,x^2 + 60\,x - 120}{x^3 + 12\,x^2 + 60\,x + 120} \qquad (7.1/18)$$

7.2 *Rechnerische Behandlung eines Verzögerungsgenerators 1. und 2. Ordnung*

Für den Verzögerungsgenerator 1. und 2. Ordnung der Padé-Näherung gelten entsprechend den Gl. 7.1/14 und 7.1/15 folgende Gleichungen:

1. Ordnung:

$$e^{-st_0} = \frac{1 - \frac{1}{2} st_0}{1 + \frac{1}{2} st_0} \qquad (7.2/1)$$

2. Ordnung: $$e^{-st_0} \approx \frac{1 - \frac{1}{2} st_0 + \frac{1}{12} (st_0)^2}{1 + \frac{1}{2} st_0 + \frac{1}{12} (st_0)^2} \qquad (7.2/2)$$

Wir wollen jetzt Rechenschaltungen entwerfen, die diese gewünschten Übertragungsfunktionen besitzen.

Für einen beschalteten Rechenverstärker gilt für $t > 0$, falls zur Zeit $t = 0$ sämtliche Energiespeicher energielos sind:

$$G(s) = \frac{\mathcal{L}\{u_a(t)\}}{\mathcal{L}\{u_e(t)\}} = -\frac{Z_F(s)}{Z_i(s)} \qquad (7.2/3)$$

Hierin bedeuten $Z_F(s)$ und $Z_i(s)$ die Kurzschlußkernimpedanzen des Gegenkopplungs- und Eingangskreisnetzwerkes. Formt man Gl. 7.2/1 um, so erhält man:

$$G(s) = e^{-st_0} = 1 - 2 \frac{s}{s + \frac{2}{t_0}} \qquad (7.2/4)$$

Für diese Übertragungsfunktion nehmen wir das Bild 6.2/5 zu Hilfe. Die Schaltungen 1 und 3 liefern mit den Bezeichnungen entsprechend Bild 7.2/1:

$$G_1(s) = -\frac{R_{F1}}{R_1} \cdot \frac{s}{s + \frac{1}{R_1 C}} \qquad (7.2/5) \qquad\qquad G_2(s) = -\frac{R_{F2}}{R_2} \qquad (7.2/6)$$

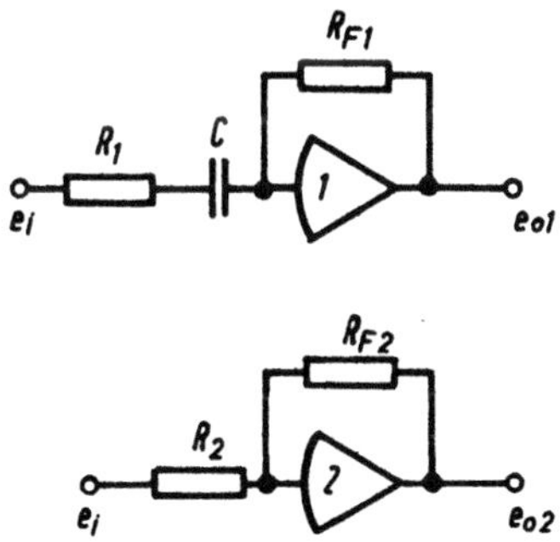

Bild 7.2/1
Verzögerungsgenerator 1. Ordnung

Wählen wir:

$$\frac{R_{F1}}{R_1} = 2 \quad (7.2/7) \qquad R_1 C = \frac{t_0}{2} \quad (7.2/8) \qquad \frac{R_{F2}}{R_2} = 1 \quad (7.2/9)$$

so ergibt die einfache Kombination dieser beiden Schaltungen unter Verwendung eines Summierers entsprechend Bild 7.2/2 die gewünschte Ubertragungsfunktion bis auf den Faktor – 1.

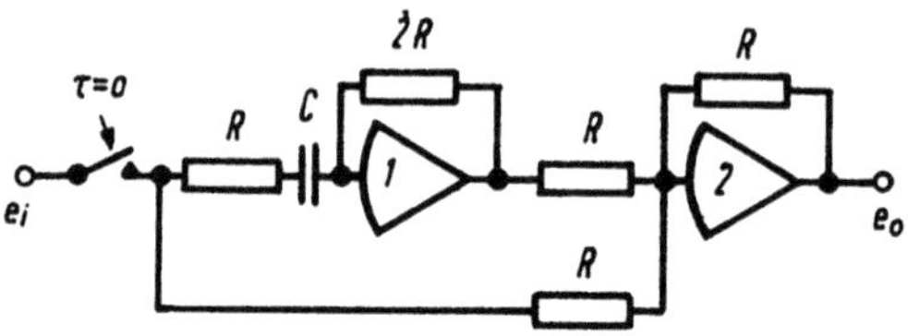

Bild 7.2/2

Es gilt:

$$\frac{\mathcal{L}\,\{e_0\}}{\mathcal{L}\,\{e_i\}} = G(s) = -\left(1 - 2\,\frac{s}{s + \frac{1}{R\,C}}\right) \qquad (7.2/10)$$

Durch Variation von R · C sind wir in der Lage, t_0 zu ändern. Für die Phasenverschiebung als Funktion der Frequenz erhält man aus Gl. 7.2/1

$$e^{-j\omega t_0} = \frac{1 - j\omega\,\frac{t_0}{2}}{1 + j\omega\,\frac{t_0}{2}} = e^{-j\,2\,\varphi} = e^{-j\psi} \qquad (7.2/11)$$

φ und ψ ergibt sich zu:

$$\varphi = \operatorname{arc\,tg}\frac{\omega t_0}{2} \qquad (7.2/12) \qquad\qquad \psi = 2\,\varphi = 2\,\operatorname{arc\,tg}\frac{\omega t_0}{2} \qquad (7.2/13)$$

Für die Hintereinanderschaltung von n Verzögerungsgeneratoren 1. Ordnung gilt somit:

$$\Phi_{ges} = n \cdot \psi = 2\,n\,\operatorname{arc\,tg}\frac{\omega t_0}{2} \qquad (7.2/14)$$

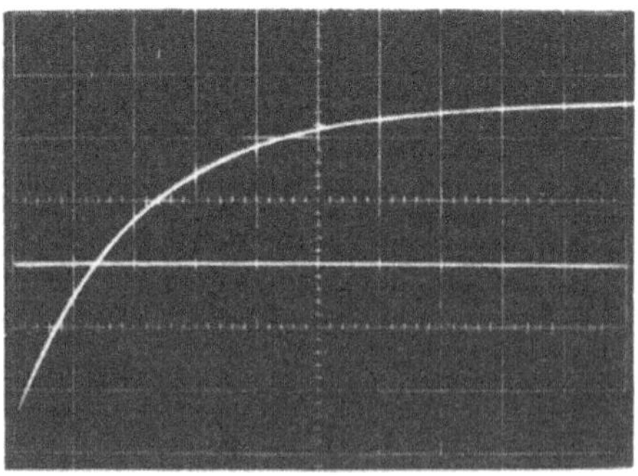

1 cm ≙ 1 sec
1 cm ≙ 20 V

Bild 7.2/3

Bild 7.2/3 zeigt die Ausgangszeitfunktion $e_0(t)$ bei Anlegen einer Gleichspannung $e_i = -U$.

Für den im Bild 7.2/4 dargestellten Verzögerungsgenerator 2. Ordnung ergibt sich folgender Ausdruck:

$$\mathcal{L}\{e_0\} = -\mathcal{L}\{e_i\} \frac{1 - asT + b(sT)^2}{1 + asT + b(sT)^2} \qquad (7.2/15)$$

$$\text{mit} \quad T = RC \qquad (7.2/16)$$

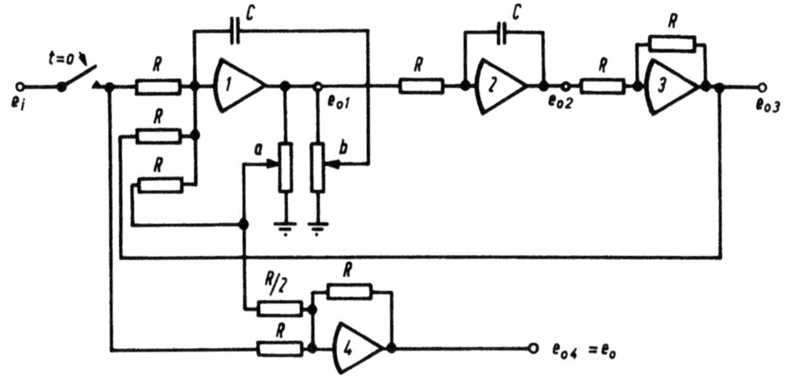

Bild 7.2/4
Verzögerungsgenerator 2. Ordnung

Die Gleichung 7.2/15 entspricht dem Padé-Polynom 2. Ordnung nach Gl. 7.2/2 unter folgenden Bedingungen:

1. $\frac{t_0}{2} = a\,T$ 2. $\frac{t_0}{12} = b\,T^2$

Durch entsprechende Variation von a und b läßt sich t_0 ändern.

Bild 7.2/5 zeigt die Ausgangszeitfunktion $e_0(t)$ bei Anlegen einer Gleichspannung $e_i = -U$.

Die Ausführung eines Verzögerungsgenerators nach der Padé-Näherung 3. Ordnung ist entsprechend mit drei Integrationsverstärkern durchzuführen.

Über die tatsächliche Güte der Verzögerung macht man sich am besten ein Bild, wenn man als Eingangsspannung einen Spannungssprung, eine linear ansteigende

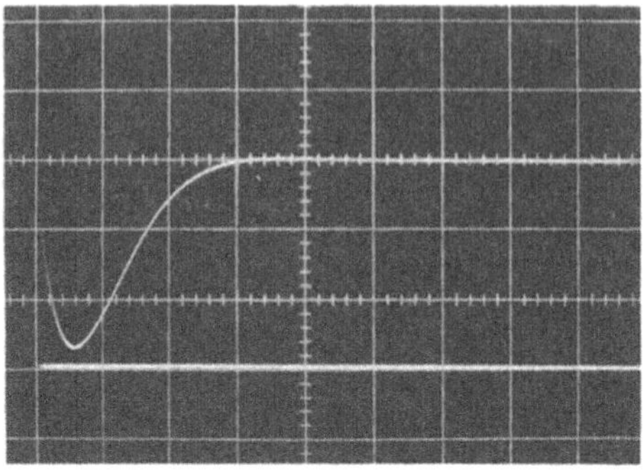

1 cm ≙ 1 sec
1 cm ≙ 20 V

Bild 7.2/5

Spannung oder eine sinusförmige Spannung an den Eingang legt. Es sind elektronisch arbeitende Verzögerungsgeneratoren im Handel, die z.B. nach der Padé-Näherung 3. Ordnung eine Verzögerungszeit bis zu 10 sec einzustellen gestatten. Hierbei hat man die Abgleichbedingungen so weit abgeändert, daß die Einstellung der Verzögerungszeit t_Q an einem Dreifach-Potentiometer erfolgt. Die Einstellung ist höchst einfach, dafür sind aber die Geräte relativ teuer.

Außer der Padé-Näherung verwendet man auch andere Verstärkerschaltungen als Verzögerungsgeneratoren. Eine Möglichkeit ist in Bild 7.2/6 dargestellt.

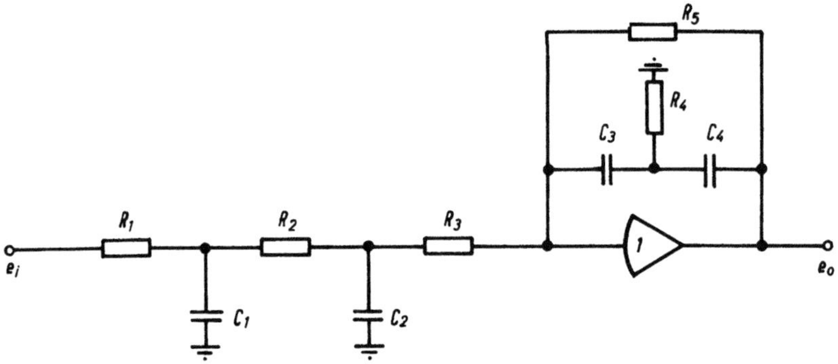

Bild 7.2/6
Verzögerungsgenerator

Auch hier ist es stets zweckmäßig, sich von der Güte der Verzögerung zu überzeugen.

Überall da, wo man nicht laufend mit Verzögerungsgeneratoren zu arbeiten hat, sind die Ergebnisse mit Kettenschaltungen von Verzögerungsgeneratoren 1. und 2. Ordnung durchaus zufriedenstellend.

8. Typische Anwendungsbeispiele für den elektronischen Analogrechner

Im Vordergrund der mit elektronischen Analogrechnern zu lösenden Aufgaben stehen die Differentialgleichungen. Da viele Probleme des Ingenieurwesens auf Differentialgleichungen führen, bietet dieses Gebiet für den elektronischen Analogrechner Einsatzmöglichkeiten in großer Zahl. Die Darstellung der Lösung auf dem Analogrechner hat Vor- und Nachteile. Bei der herkömmlichen Lösungsmethode linearer Differentialgleichungen erhält man einen analytischen Ausdruck für die abhängigen Veränderlichen. Durch das anschließende Einführen von Anfangsbedingungen ergibt sich die Lösung eines speziellen Problems.

Beim Analogrechner erhält man grundsätzlich nur eine partikuläre Lösung, da man vor Rechenbeginn dem Rechner den Anfangsbedingungen proportionale Spannungen vorgeben muß. Die Lösung selbst ergibt sich als graphische Darstellung der Lösungsfunktion. Ein wesentlicher Vorteil bietet sich stets bei Differentialgleichungen mit variablen Koeffizienten, bei Randwertproblemen und bei nichtlinearen Differentialgleichungen. Bei diesen Aufgaben sind im allgemeinen die Lösungen in geschlossener Form nicht zu erhalten.

Im Abschnitt 13 sind eine Reihe von Beispielen durchprogrammiert worden. Die Anwendung des Analogrechners als Simulator ist im Abschnitt 11 dargestellt und Sonderfragen partieller Differentialgleichungen sind im Abschnitt 10 behandelt.

8.1 *Lösung einer linearen Differentialgleichung 1. Ordnung*

Gesucht ist die Lösungsfunktion i(t) für die in Bild 8.1/1 dargestellte Schaltung mit den folgenden Werten:

u = 10 V R = 100 Ω L = 100 H

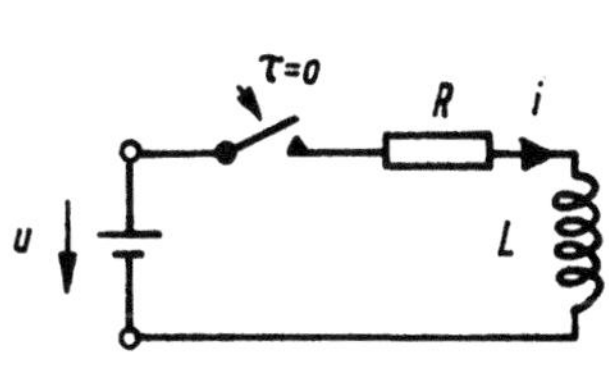

Bild 8.1/1

Für $t < 0$ ist $i = 0$. Der Vorgang nach dem Schaltaugenblick $t = 0$ wird durch eine Differentialgleichung beschrieben. Die Maschengleichung lautet:

$$Ri + L\frac{di}{dt} = u \qquad (8.1/1)$$

Wir lösen nach der höchsten Ableitung auf:

$$\frac{di}{dt} = \frac{u}{L} - \frac{R}{L}i \qquad (8.1/2)$$

Durch entsprechende Wahl von Maßstabsfaktoren erhalten wir die Maschinengleichung.

Wahl der Maßstabsfaktoren:

1. Zeitmaßstabsfaktor $\tau = m_T \cdot t$

Da die Zeitkonstante des Gebildes 1 sec beträgt, lassen wir den Vorgang auf dem elektronischen Analogrechner in seiner wirklichen Zeit ablaufen.

Gewählt $m_T = 1$.

Eine nachträgliche Änderung von m_T bedeutet nur eine Änderung der RC-Werte des Integrators.

2. Amplitudenmaßstabsfaktoren:

Gegeben ist die maximale Spannung u zu 10 V. Für $t \to \infty$ ist $i = i_{Max} = \frac{U}{R} = 0{,}1\,A$.

i'_{max} muß abgeschätzt werden. Da die Zeitkonstante des Systems (T = 1 sec) bekannt ist, wählen wir

$$i'_{Max} = \frac{i_{Max}}{T} = \frac{0{,}1\,A}{1\,sec} = 0{,}1\,\frac{A}{sec}$$

Den maximalen Größen ordnen wir maximale Spannungen auf dem Analogrechner zu und erhalten die folgenden Maßstabsfaktoren:

$$\bar{i} = \alpha_i \cdot i \quad \to \quad \alpha_i \leq \frac{\bar{i}_{Max}}{i_{Max}} = \frac{100\,V}{0{,}1\,A} \quad ; \text{ gewählt } \underline{\alpha_i = 10^3\,\Omega}$$

$$\bar{u} = \alpha_u \cdot u \quad \to \quad \alpha_u \leq \frac{\bar{u}_{Max}}{u_{Max}} = \frac{100\,V}{10\,V} \quad ; \text{ gewählt } \underline{\alpha_u = 10}$$

$$\bar{i}' = \alpha_1 \cdot i' \quad \to \quad \alpha_1 \leq \frac{\bar{i}'_{Max}}{i'_{Max}} = \frac{100\,V}{0{,}1\,A/sec} \quad ; \text{ gewählt } \underline{\alpha_1 = 10^3\,\Omega\,sec}$$

Mit diesen Maßstabsfaktoren erhalten wir aus Gl. 8.1/2 die Maschinengleichung

$$\frac{1}{\alpha_1}\,\bar{i}' = \frac{1}{L}\,\frac{1}{\alpha_u}\cdot\bar{u} - \frac{R}{L}\,\frac{1}{\alpha_i}\,\bar{i} \qquad \text{bzw.} \qquad \bar{i}' = \frac{1}{L}\,\frac{\alpha_1}{\alpha_u}\,\bar{u} - \frac{R}{L}\,\frac{\alpha_1}{\alpha_i}\,\bar{i} \qquad (8.1/3)$$

Setzen wir die gegebenen und gewählten Größen ein, so ergibt sich:

$$\bar{i}' = \frac{1}{10^2\,\Omega\sec}\cdot\frac{10^3\,\Omega\sec}{10}\,\bar{u} - \frac{10^2\,\Omega}{10^2\,\Omega\sec}\cdot\frac{10^3\,\Omega\sec}{10^3\,\Omega}\,\bar{i}$$

$$\underline{\bar{i}' = \bar{u} - \bar{i}} \qquad (8.1/4)$$

Die Rechenschaltung für die Maschinengleichung 8.1/4 ist in Bild 8.1/2 dargestellt.

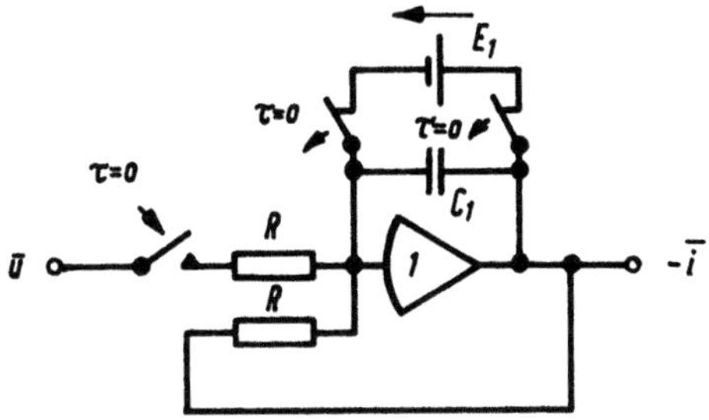

Bild 8.1/2

Nach dem Programmierungsschema ergibt sich am Ausgang des Verstärkers 1 $e_0 = -\bar{i}$, falls auf den Eingang $e_i = \bar{i}'$ gegeben wird (durch Schaltungszwang erfüllt) und

1. $$k = \frac{1}{RC_1} = \frac{1}{m_T}\cdot\frac{\alpha_i}{\alpha_1} = \frac{1}{1}\,\frac{10^3\,\Omega}{10^3\,\Omega\sec} = 1\ \sec^{-1}$$

2. $E_1 = -\bar{i}_{(\tau=0)} = -\alpha_i\, i_{(t=0)} = -\alpha_i\cdot 0 = 0$ ist.

Gewählt wird z.B. $C_1 = 1\,\mu F$, so daß sich $R = 1\,M\Omega$ ergibt.

Damit liegt die vollständige Schaltung fest. Die Lösungsfunktion ist im Bild 8.1/3 dargestellt. Der Verstärker wird voll ausgesteuert.

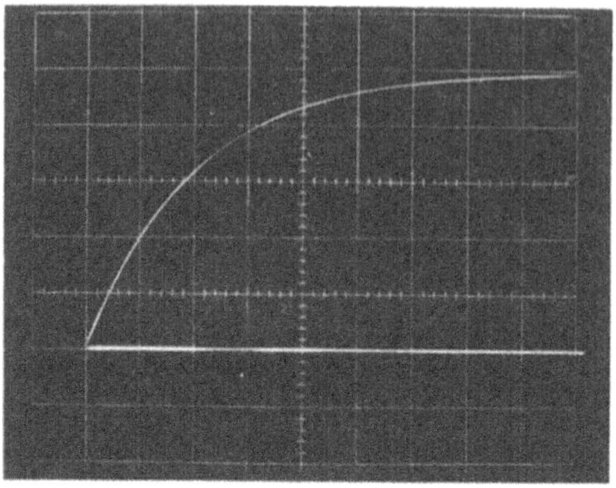

1 cm ≙ 0,5 sec
1 cm ≙ 20 V

Bild 8.1/3

8.2 *Lösung eines Differentialgleichungssystems*

An das R-C-Netzwerk entsprechend Bild 8.2/1 möge eine Gleichspannung (im Anschluß daran eine gleichgerichtete Wechselspannung) gelegt werden. Gesucht sind die Lösungsfunktionen der verschiedenen Ströme.

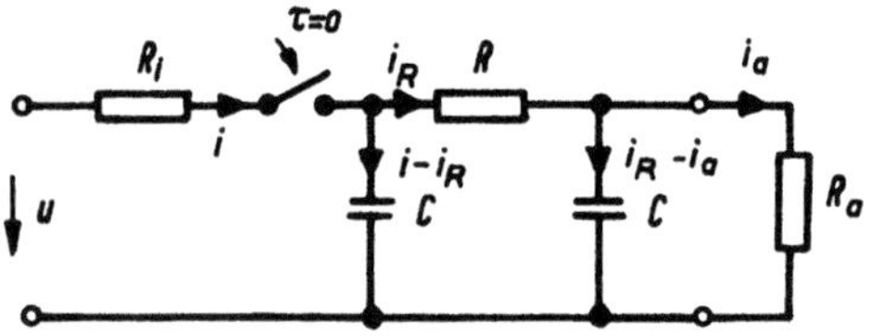

Bild 8.2/1

Gegeben: 1. $u = U = 250$ V 2. $u = 150 \text{ V} \, |\sin \omega t|$; ($\omega = 314 \text{ sec}^{-1}$)

$R_i = 1$ kΩ $R = 0{,}5$ kΩ $R_a = 20$ kΩ $C = 10$ μF

Ausgehend von den Maschengleichungen:

$$\left.\begin{aligned} u &= i \cdot R_i + i_R R + i_a \cdot R_a \\ R_a i_a &= \frac{1}{C}\int_0^t (i_R - i_a)\,dt \\ \frac{1}{C}\int_0^t (i - i_R)\,dt &= i_R R + \frac{1}{C}\int_0^t (i_R - i_a)\,dt \end{aligned}\right\} \qquad (8.2/1)$$

erhalten wir durch differenzieren ein System von Differentialgleichungen, welches den Vorgang nach dem Schaltaugenblick beschreibt.

$$\left.\begin{aligned} u &= i R_i + i_R R + i_a R_a \\ \frac{d i_a}{dt} &= \frac{1}{R_a C} i_R - \frac{1}{R_a C} i_a \\ \frac{d i_R}{dt} &= -2 \frac{1}{RC} i_R + \frac{1}{RC} i_a + \frac{1}{RC} i \end{aligned}\right\} \qquad (8.2/2)$$

Wahl der Zeit- und Amplitudenmaßstäbe:

Da die Zeitkonstante $R \cdot C = 0{,}5 \cdot 10^3\ \Omega \cdot 10 \cdot 10^{-6}\ \Omega^{-1}\mathrm{sec} = 0{,}5 \cdot 10^{-2}\mathrm{sec}$ beträgt, führen wir eine Dehnung des Zeitbereiches um den Faktor 100 durch.

Es soll also folgender Zeitmaßstabsfaktor gelten:

$$m_T = \frac{T}{t} = 100 \qquad (8.2/3)$$

Die Amplitudenmaßstabsfaktoren lassen sich überschlägig aus den Werten für $t = 0$ und $t \Rightarrow \infty$, sowie aus den Gleichungen 8.2/2 abschätzen.

Es möge gelten:

$$\bar{u} = \alpha_u \cdot u \quad \rightarrow \quad \alpha_u \leqq \frac{\bar{u}_{Max}}{u_{Max}} = \frac{100\ V}{250\ V}; \qquad \text{gewählt} \quad \alpha_u = 0{,}4$$

$$\bar{i} = \alpha_i \cdot i \quad \rightarrow \quad \alpha_i \leqq \frac{\bar{i}_{Max}}{i_{Max}} = \frac{100\ V}{\frac{U}{R_i}} = \frac{100\ V}{\frac{250\ V}{1000\ \Omega}} = 400\ \Omega;$$

$$\text{gewählt} \quad \alpha_i = 400\ \Omega$$

$$\bar{i}_a = \alpha_a \cdot i_a \quad \rightarrow \quad \alpha_a \leqq \frac{\bar{i}_{a\,Max}}{i_{a\,Max}} = \frac{100\ V}{\frac{u}{R_i + R + Ra}} = \frac{100\ V}{\frac{250\ V}{21{,}5\,k\Omega}} = 0{,}83 \cdot 10^4\ \Omega;$$

$$\text{gewählt} \quad \alpha_a = 0{,}8 \cdot 10^4\ \Omega$$

$$\bar{i}_R = \alpha_R \cdot i_R \quad \rightarrow \quad \alpha_R \leqq \frac{\bar{i}_{R\,Max}}{i_{R\,Max}} = \frac{100\ V}{\frac{U}{R + R_i}} = \frac{100\ V}{\frac{250\ V}{1500\ \Omega}} = 0{,}6 \cdot 10^3\ \Omega;$$

$$\text{gewählt} \quad \alpha_R = 400\ \Omega$$

$$\left(\frac{di_R}{dt}\right)_{Max} \leqq \frac{2}{RC} i_{R\,Max} = \frac{2}{0{,}5 \cdot 10^{-2} sec} \cdot 300 \text{ mA} = 120 \text{ A/sec}$$

Geschätzt: $$\left(\frac{di_R}{dt}\right)_{Max} = 100 \text{ A/sec}$$

$$\left(\frac{di_a}{dt}\right)_{Max} \leqq \frac{1}{R_a C} \cdot i_R = \frac{1}{20 \cdot 10^3 \,\Omega \cdot 10^{-5} sec\, \Omega^{-1}} \cdot 150 \cdot 10^{-3} \text{ A} = 0{,}75 \text{ A/sec}$$

Angenommener Wert: $$\left(\frac{di_a}{dt}\right)_{Max} = 1 \text{ A/sec}$$

Damit: $$\overline{i_R'} = \alpha_{1R}\, i_R' \rightarrow \alpha_{1R} \leqq \frac{\overline{i'}_{R\,Max}}{i'_{R\,Max}} = \frac{100 \text{ V}}{100 \text{ A/sec}}$$

gewählt $\alpha_{1R} = 1\,\Omega$ sec

$$\overline{i_a'} = \alpha_{1a} \cdot i_a' \rightarrow \alpha_{1a} \leqq \frac{\overline{i'}_{a\,Max}}{i'_{a\,Max}} = \frac{100 \text{ V}}{1 \text{ A/sec}};$$ gewählt $\alpha_{1a} = 100\,\Omega$ sec

Setzen wir diese Maßstabsfaktoren in das Gleichungssystem 8.2/2 ein, so ergibt sich:

$$\frac{1}{\alpha_u}\bar{u} = R_i \cdot \frac{1}{\alpha_i}\bar{i} + R_a \cdot \frac{1}{\alpha_a}\bar{i}_a + R \cdot \frac{1}{\alpha_R} \cdot \bar{i}_R$$

$$\frac{1}{\alpha_{1a}}\overline{i_a'} = \frac{1}{R_a C}\frac{1}{\alpha_R}\bar{i}_R - \frac{1}{R_a C} \cdot \frac{1}{\alpha_a} \cdot \bar{i}_a \qquad (8.2/4)$$

$$\frac{1}{\alpha_{1R}}\overline{i_R'} = -2\frac{1}{RC}\frac{1}{\alpha_R}\bar{i}_R + \frac{1}{RC} \cdot \frac{1}{\alpha_a}\bar{i}_a + \frac{1}{RC} \cdot \frac{1}{\alpha_i}\bar{i}$$

Durch Umformung erhält man das allgemeine Maschinengleichungssystem 8.2/5:

$$\overline{u} = R_i \frac{\alpha_u}{\alpha_i} \overline{i} + R_a \frac{\alpha_u}{\alpha_a} \overline{i_a} + R \frac{\alpha_u}{\alpha_R} \overline{i_R}$$

$$\overline{i_a'} = \frac{1}{R_a C} \frac{\alpha_{1a}}{\alpha_R} \overline{i_R} - \frac{1}{R_a C} \cdot \frac{\alpha_{1a}}{\alpha_a} \cdot \overline{i_a} \qquad (8.2/5)$$

$$\overline{i_R'} = -2 \frac{1}{RC} \frac{\alpha_{1R}}{\alpha_R} \overline{i_R} + \frac{1}{RC} \frac{\alpha_{1R}}{\alpha_a} \overline{i_a} + \frac{1}{RC} \frac{\alpha_{1R}}{\alpha_i} \overline{i}$$

mit den gegebenen und gewählten Größen:

$$\overline{u} = \overline{i} + \overline{i}_a + 0{,}5 \cdot \overline{i_R}$$

$$\overline{i_a'} = 1{,}25\, \overline{i_R} - 0{,}0625\, \overline{i_a} \qquad (8.2/6)$$

$$\overline{i_R'} = -\overline{i_R} + 0{,}025\, \overline{i_a} + 0{,}5\, \overline{i}$$

Damit ergibt sich eine Rechenschaltung entsprechend Bild 8.2/2

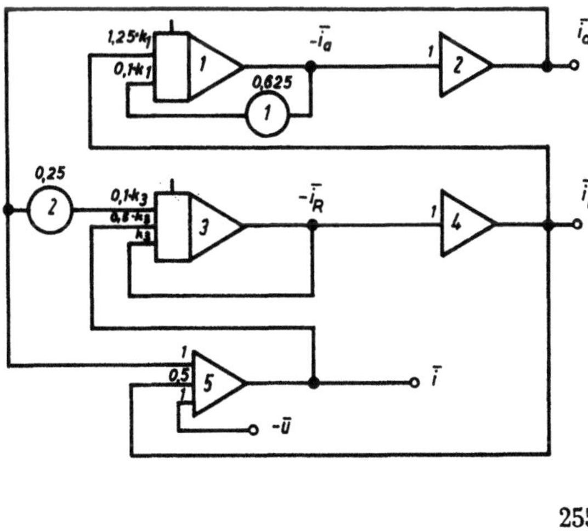

Bild 8.2/2

Die Werte der einzelnen Rechenkomponenten ermitteln wir mit Hilfe des Programmierungsschemas. Da i_a und i_R zur Zeit $t = 0$ Null sind, ergeben sich die Anfangsbedingungen zu Null.

Aus
$$i_a = \int_{t=0}^{t} i_a' \, dt + i_a\,(t=0)$$

erhält man mit den gewählten Maßstabsfaktoren

$$\frac{1}{\alpha_a} \cdot \overline{i_a} = \int_0^{\tau} \frac{1}{\alpha_{1a}} \cdot \overline{i_a'} \cdot \frac{1}{m_\tau} \, d\tau + \frac{1}{\alpha_a} \cdot \overline{i}_{a(\tau=0)}$$

oder

$$\overline{i_a} = \frac{1}{m_\tau} \cdot \frac{\alpha_a}{\alpha_{1a}} \int_0^{\tau} \overline{i_a'} \, d\tau + \overline{i}_{a(\tau=0)}$$

Ein Vergleich mit der Spannungsgleichung des Integrators

$$e_{01} = -\frac{1}{R_1 C_1} \int_0^{\tau} e_{i1} \, d\tau + E_1$$

ergibt am Ausgang des Integrators 1 : $e_{01} = -\overline{i_a}$

falls $e_{i1} = \overline{i_a'}$ (Schaltungszwang)

und 1. $k_1 = \dfrac{1}{R_1 C_1} = \dfrac{1}{m_\tau} \cdot \dfrac{\alpha_a}{\alpha_{1a}}$ 2. $E_1 = -\overline{i}_{a(\tau=0)}$

Man ermittelt: $k_1 = \dfrac{1}{R_1 C_1} = \dfrac{1}{100} \cdot \dfrac{0{,}8 \cdot 10^4\,\Omega}{100\,\Omega\,\mathrm{sec}} = 0{,}8\ \mathrm{sec}^{-1}$

oder $R_1 C_1 = 1{,}25\ \mathrm{sec}$

Gewählt: $R_1 = 1{,}25\ \mathrm{M\Omega}$ $C_1 = 1\ \mu\mathrm{F}$

Entsprechend ergibt sich für den Integrator 3

$$\overline{i_R} = \frac{1}{m_\tau} \cdot \frac{\alpha_R}{\alpha_{1R}} \int_0^\tau \overline{i'_R}\, d\tau + \overline{i_R}_{(\tau=0)}$$

Es ist $\qquad e_{03} = -\overline{i_R}$, falls $\; e_{i3} = \overline{i'_R} \qquad$ (Schaltungszwang)

und $\qquad$ 1. $k_3 = \dfrac{1}{R_3C_3} = \dfrac{1}{m_\tau} \cdot \dfrac{\alpha_R}{\alpha_{1R}} \qquad$ 2. $E_3 = -\overline{i}_{R(\tau=0)}$

Mit den gewählten Maßstabsfaktoren erhält man

$$k_3 = \frac{1}{R_3C_3} = \frac{1}{10^2} \cdot \frac{400\,\Omega}{1\,\Omega\,\text{sec}} = 4\ \text{sec}^{-1}$$

$$R_3C_3 = 0{,}25\ \text{sec}$$

Gewählt $\qquad C_3 = 0{,}5\ \mu F \qquad R_3 = 0{,}5\ M\Omega$

Da i_a und i_R für $t=0$ Null sind, gilt $E_1 = E_3 = 0$.
Rechenverstärker 2 und 3 sind Vorzeichenumkehrer. Für den Summierverstärker 5 sind die Faktoren 1 und $\frac{1}{2}$ einzustellen. Dies wird erreicht durch:

$$\frac{R_{F5}}{R_{51}} = \frac{R_{F5}}{R_{53}} = 1 \qquad \text{und} \qquad \frac{R_{F5}}{R_{52}} = 0{,}5$$

Von den Faktoren 0,0625 und 0,025 erzeugen wir mit Potentiometern

$$K_1 = 0{,}625 \qquad K_2 = 0{,}25$$

Den Faktor 0,1 nehmen wir mit in die Integrationsverstärker hinein. Damit ergibt sich die vollständige Schaltung entsprechend Bild 8.2/3.

Im Integrator 1 entspricht einem Faktor 1 der Widerstand 1,25 MΩ. Damit ergibt der Faktor 1,25

$$R_{11} = \frac{1{,}25\,M\Omega}{1{,}25} = 1\ M\Omega\ ;$$

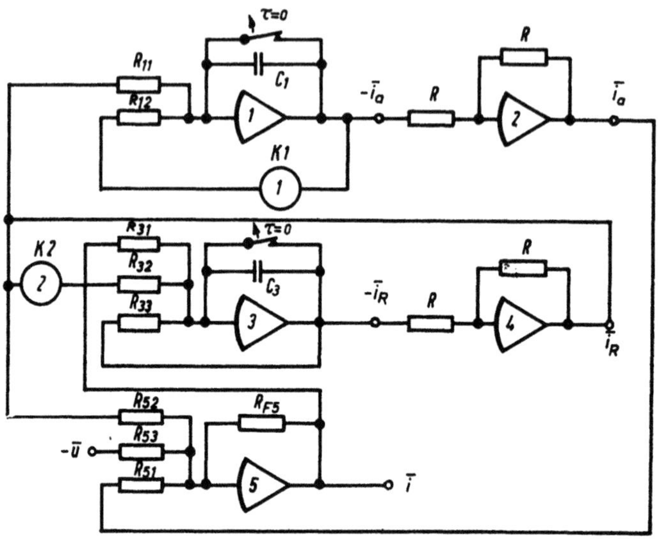

Bild 8.2/3

Der Faktor 0,1 :

$$R_{12} = \frac{1{,}25\,\mathrm{M\Omega}}{0{,}1} = 12{,}5\ \mathrm{M\Omega}$$

Beim Integrationsverstärker 3 entspricht dem Faktor 1 ein Widerstand von 0,5 MΩ, d.h. $R_{33} = 0{,}5\ \mathrm{M\Omega}$. Es ergibt also der Faktor 0,1

$$R_{32} = \frac{0{,}5\ \mathrm{M\Omega}}{0{,}1} = 5\ \mathrm{M\Omega}$$

und der Faktor 0,5: $$R_{31} = \frac{0{,}5\ \mathrm{M\Omega}}{0{,}5} = 1\ \mathrm{M\Omega}$$

Wählt man noch $R = 1\ \mathrm{M\Omega}$ und $R_{F5} = 1\ \mathrm{M\Omega}$, so ergibt sich

$$R_{51} = R_{53} = 1\ \mathrm{M\Omega} \qquad \text{und} \qquad R_{52} = 2 \cdot R_{F5} = 2\ \mathrm{M\Omega}$$

Damit liegt die vollständige Dimensionierung vor. In Bild 8.2/4 sind die Lösungsfunktionen für das Anschalten einer Gleichspannung und in Bild 8.2/5 für das Anschalten einer gleichgerichteten Wechselspannung angegeben.

1 cm ≙ 1 sec
1 cm ≙ 20 V

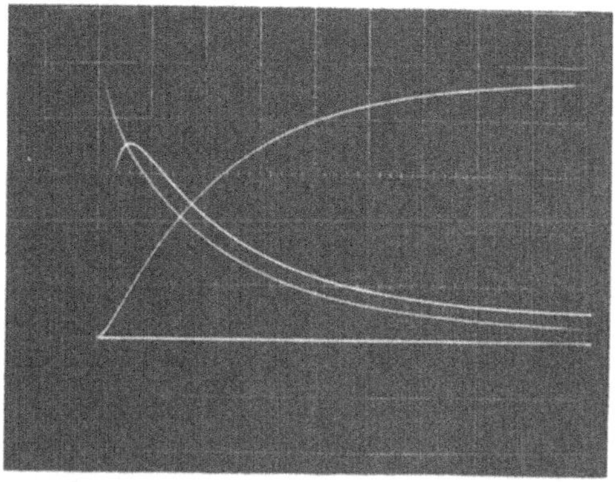

Bild 8.2/4

1 cm ≙ 1 sec
1 cm ≙ 20 V

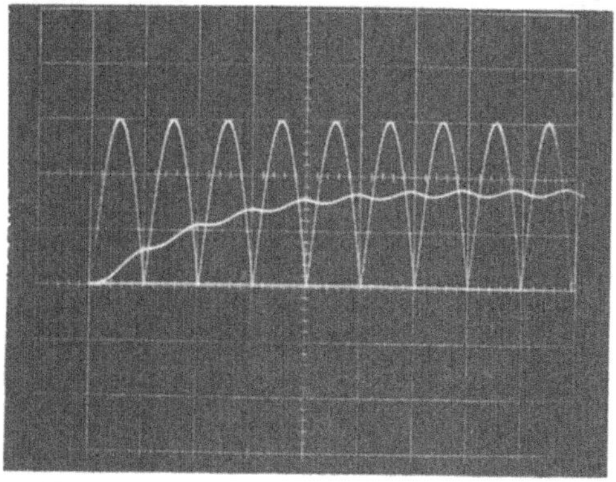

Bild 8.2/5

8.3 *Bestimmung der reellen Wurzeln von Polynomen*

Zur Bestimmung der reellen Wurzeln eines Polynoms der Form

$$a_n x^n + a_{n-1} x^{n-1} + \ldots + a_2 x^2 + a_1 x + a_0 = 0 \qquad (8.3/1)$$

bedienen wir uns der Hintereinanderschaltung von n- Integratoren.

Wir setzen $\tau = m_\tau \cdot x \qquad x = \frac{1}{m_\tau} \cdot \tau \qquad (8.3/2)$

und erhalten für Gl. 8.3/1:

$$a_n \cdot \frac{1}{m_\tau{}^n} \tau^n + a_{n-1} \cdot \frac{1}{m_\tau{}^{n-1}} \tau^{n-1} + \ldots + a_2 \frac{1}{m_\tau^2} \tau^2 + a_1 \frac{1}{m_\tau} \tau + a_0 = 0 \qquad (8.3/3)$$

Für Gleichung 8.3/3 schreiben wir:

$$b_n\tau^n + b_{n-1}\tau^{n-1} + \ldots + b_2\tau^2 + b_1\tau + b_0 = 0 \qquad (8.3/4)$$

Auf den Eingang des 1. Integrators geben wir eine Gleichspannung U und erhalten am Ausgang entsprechend Bild 8.3/1:

$$e_{01} = -\frac{1}{R_1C_1}\, U\tau + E_1 \qquad (8.3/5)$$

bzw.

$$e_{01} = -k_1\, U\tau + E_1 \qquad (8.3/6)$$

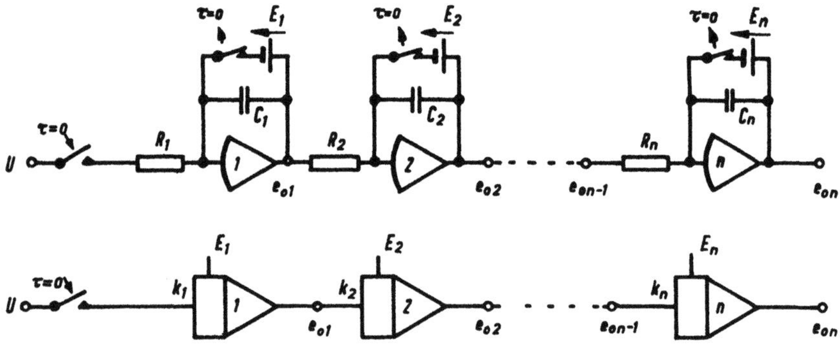

Bild 8.3/1

Damit ergibt sich an den Ausgängen der verschiedenen Verstärker:

$$e_{01} = -Uk_1\tau + E_1$$

$$e_{02} = Uk_1k_2\frac{1}{2}\tau^2 - E_1k_2\tau + E_2$$

$$e_{03} = -Uk_1k_2k_3\frac{1}{3!}\tau^3 + E_1k_2k_3\cdot\frac{\tau^2}{2} - E_2k_3\tau + E_3$$

$$e_{04} = Uk_1k_2k_3k_4\frac{1}{4!}\tau^4 - E_1k_2k_3k_4\frac{\tau^3}{3!} + E_2k_3k_4\frac{\tau^2}{2} - E_3k_4\tau + E_4$$

oder allgemein:

$$e_{on} = (-1)^n \cdot U \cdot k_1 k_2 \dots k_n \cdot \frac{1}{n!} \tau^n + (-1)^{n-1} \cdot k_2 \cdot k_3 \dots k_n \cdot \frac{E_1}{(n-1)!} \tau^{n-1}$$

$$+ (-1)^{n-2} \cdot k_3 k_4 \dots k_n \frac{E_2}{(n-2)!} \tau^{n-2} + \dots + (-1)^2 k_{n-1} \cdot k_n \cdot \frac{E_{n-2}}{2!} \tau^2$$

$$+ (-1)^1 k_n \frac{E_{n-1}}{1!} \tau + E_n \qquad (8.3/7)$$

Haben wir eine Gleichung der Form Gl. 8.3/1 bzw. 8.3/3 zu lösen, so löst man diese im allgemeinen graphisch. Wir schreiben

$$f(x) = a_n x^n + a_{n-1} x^{n-1} + \dots + a_2 x^2 + a_1 x + a_0 \qquad (8.3/8)$$

oder

$$f(\tau) = b_n \tau^n + b_{n-1} \tau^{n-1} + \dots + b_2 \tau^2 + b_1 \tau + b_0 \qquad (8.3/9)$$

und suchen diejenigen Werte x bzw. τ, für die f(x) bzw. $f(\tau)$ gleich Null ist. Diese bestimmten Werte bezeichnen wir als die Wurzeln der Gleichung.

Es sollen die Wurzeln der folgenden Gleichung bestimmt werden:

$$x^3 - 11 x^2 + 31 x - 21 = 0 \qquad (8.3/10)$$

Versuchen wir es mit dem Zeitmaßstabsfaktor $m_T = 1\ \sec^{-1}$, so gilt

$$\tau^3 - 11 \tau^2 + 31 \tau - 21 = 0 \qquad (8.3/11)$$

Ein Vergleich mit der Ausgangsspannung e_{03} einer aus 3 Integratoren bestehenden Integrationskette ergibt folgende Bestimmungsgleichungen:

$$E_3 = -21 V \qquad (8.3/12) \qquad -E_2 k_3 = 31 V \sec^{-1} \qquad (8.3/13)$$

$$E_1 k_2 k_3 \tfrac{1}{2} = -11 V \sec^{-2} \quad (8.3/14) \qquad -U k_1 k_2 k_3 \tfrac{1}{6} = 1 V \sec^{-3} \quad (8.3/15)$$

Wir ermitteln nacheinander die k-Werte und die Spannungen. Betrachtet man dann die Lösungsfunktion e_0 (τ) auf dem Analogrechner, so sind die Werte τ, bei denen e_0 (τ) = 0 ist, die gesuchten Wurzeln der Gleichung 8.3/9. Mit der Transformation 8.3/2 kennen wir dann auch die Wurzeln der Gleichung 8.3/10. Auf diese Weise ermitteln wir alle positiven Wurzeln der Gleichung. Zur Bestimmung der negativen reellen Wurzeln führen wir $-\tau^*$ an Stelle von τ ein und haben entsprechend den abgeänderten Bedingungsgleichungen die Rechenschaltung aufzubauen.

Die Gleichungen 8.3/12 - 15 liefern folgende Bedingungen:

Aus Gl. 8.2/12: $E_3 = -21$ V

Gl. 8.3/13 liefert mit $E_2 = -31$ V: $k_3 = \frac{1}{R_3 C_3} = 1\ \text{sec}^{-1}$

Gl. 8.3/14 ergibt mit $E_1 = -22$ V: $k_2 \cdot k_3 = 1\ \text{sec}^{-2}$

d.h. $k_2 = \frac{1}{R_2 C_2} = 1\ \text{sec}^{-1}$

und aus Gl. 8.3/15 ermitteln wir mit

$$U = -60\ \text{V} \qquad k_1 = \frac{1}{R_1 C_1} = \frac{1}{10}\ \text{sec}^{-1}$$

Die vollständige Rechenschaltung ist in Bild 8.3/2 dargestellt:

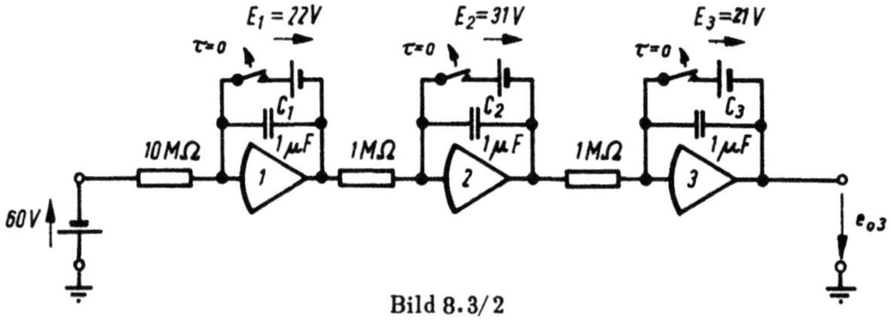

Bild 8.3/2

Die Lösungsfunktion e_{03} (τ) zeigt Bild 8.3/3.

Als Lösungen ergeben sich: $\tau_1 = 1$ sec $\quad \tau_2 = 3$ sec $\quad \tau_3 = 7$ sec

1 cm ≙ 1 sec
1 cm ≙ 10 V

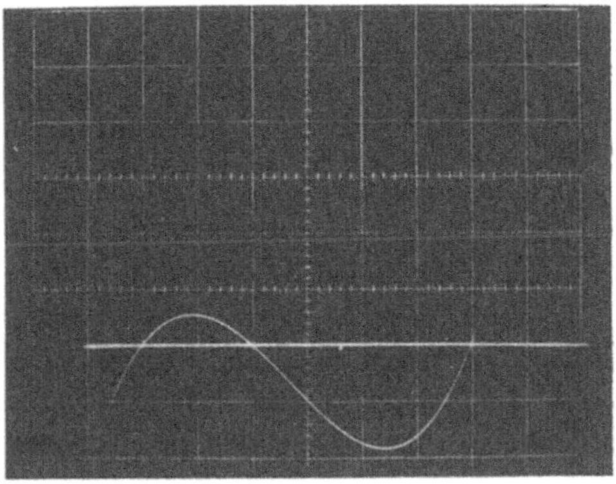

Bild 8.3/3

Diese Lösungen stimmen mit den exakten Wurzeln ($x_1 = 1$; $x_2 = 3$; $x_3 = 7$) der Gleichung überein.

9. Lösung linearer algebraischer Gleichungssysteme

Das Hauptanwendungsgebiet elektronischer Analogrechner ist die Lösung von Differentialgleichungen oder Differentialgleichungssystemen. Aber auch zur Lösung linearer algebraischer Gleichungssysteme kann der Einsatz von Analogrechnern zweckmäßig sein. Wie wir im weiteren sehen werden, ist bei mehr als 3 Unbekannten der Aufwand und die zu leistende rechnerische Vorarbeit so groß, daß sich der Einsatz nicht mehr lohnt. Für große Gleichungssysteme ist der Digitalrechner dem Analogrechner stets überlegen. Bei diesen liegen im allgemeinen an jedem Rechner fertige Programme vor, in welche nur noch die Konstanten des Systems eingeführt werden müssen. Aber in solchen Fällen, in denen kein Digitalrechner, sondern nur ein Analogrechner zur Verfügung steht und die Lösungen des Gleichungssystems für gewisse Variationsbereiche der Systemkonstanten zu ermitteln sind, ist der Analogrechner mit Vorteil zu benutzen. Bei der Lösung eines linearen algebraischen Gleichungssystems haben wir verschiedene Möglichkeiten, die praktisch auch alle angewendet werden. Die erste Möglichkeit ist, für das Gleichungssystem in der vorliegenden Form nach Einführung von Maßstabsfaktoren eine Rechenschaltung in der gewohnten Form herzustellen. Diese Rechenschaltung enthält somit nur Spannungsquellen, Potentiometer und Summierverstärker. Wie man im allgemeinen feststellen wird, ist die Stabilität nicht gewährleistet. Da diese Schaltung stets auf geschlossene Kreise führt, muß durch die Wahl geeigneter Maßstabsfaktoren dafür gesorgt werden, daß die Gesamtverstärkung eines geschlossenen Kreises kleiner als eins ist. Auf Grund der Phasenverzerrung der Verstärker bei hohen Frequenzen ist aber immer die Möglichkeit gegeben, daß die Schaltung zum Schwingen neigt und damit unbrauchbare Ergebnisse liefert. Diese erste Methode wird daher nur selten angewendet. Bei der zweiten Möglichkeit erweitert man das lineare algebraische Gleichungssystem durch Hinzunahme von Differentialquotienten (nach der Zeit) zu einem linearen Differentialgleichungssystem. Ausgehend vom normalen algebraischen Gleichungssystem gemäß Gl. 9/1

$$\begin{aligned}
&a_{11} x_1 + a_{12} x_2 + \dots + a_{1n} x_n - b_1 = 0 \\
&a_{21} x_1 + a_{22} x_2 + \dots + a_{2n} x_n - b_2 = 0 \\
&\cdot \\
&\cdot \\
&\cdot \\
&a_{n1} x_1 + a_{n2} x_2 + \dots + a_{nn} x_n - b_n = 0
\end{aligned} \qquad (9/1)$$

welches wir kürzer in der Form 9/2 schreiben wollen,

$$\sum_{j=1}^{n} a_{ij} x_j - b_i = 0 \qquad i = 1,2,..n \qquad (9/2)$$

erhalten wir nunmehr das Differentialgleichungssystem

$$\begin{aligned} &a_{11} x_1 + a_{12} x_2 + \dots + a_{1n} x_n - b_1 + \frac{dx_1}{dt} = 0 \\ &a_{21} x_1 + a_{22} x_2 + \dots + a_{2n} x_n - b_2 + \frac{dx_2}{dt} = 0 \\ &\cdot \\ &\cdot \\ &\cdot \\ &a_{n1} x_1 + a_{n2} x_2 + \dots + a_{nn} x_n - b_n + \frac{dx_n}{dt} = 0 \end{aligned} \qquad (9/3)$$

In der Summenschreibweise:

$$\sum_{j=1}^{n} a_{ij} x_j - b_i + \frac{dx_i}{dt} = 0 \qquad i = 1,2,\dots n \qquad (9/4)$$

Der Nachteil bei der zuerst angegebenen Methode (dämpfungsloser Kreis), ist hier nicht mehr vorhanden. Für den Fall, daß die Lösungen des Differentialgleichungssystems 9/3 oder 9/4 für $t \Longrightarrow \infty$ konstanten Werten zustreben, streben diese Lösungen, da $\left.\frac{dx_i}{dt}\right|_{(t \Longrightarrow \infty)} = 0$, den Lösungen des linearen algebraischen Gleichungssystems zu. Wie wir noch sehen werden, ist die Stabilität des Gleichungssystems 9/4 nunmehr von den Koeffizienten und der Anordnung des Systems abhängig. Für Gleichungen bis zu 4 Unbekannten kann man mit einigem Aufwand in der Vorarbeit noch stabile Schaltungen erhalten. Diese Methode hat gegenüber der noch kurz anzugebenden dritten Möglichkeit den geringsten Aufwand an Geräteeinheiten. Sie ist aber daran gebunden, daß das Differentialgleichungssystem eine positiv definite Koeffizientenmatrix besitzt. Man kann auch so sagen: Hat eine der Wurzeln der charakteristischen Gleichung des Differentialgleichungssystems einen positiven Realteil, so geht die Lösung mit $t \Longrightarrow \infty$ nach Unendlich. Die Voraussetzung zum Erhalt einer stabilen Lösung ist somit die Stabilität des Differentialgleichungssystems. Die vorherige Prüfung dieser Stabilität kann ebenso umfangreich sein wie z.B. die sofortige Lösung mittels Determinanten. Aber bei einer Variation der unabhängigen Größen kann sich der Aufwand doch lohnen. Das System muß durch Vorzeichenänderung, Vertauschen von Zeilen und Reihen in eine Form gebracht werden, die eine positiv definite Koeffizientenmatrix ergibt.

Eine dritte Methode ist nun die, die sich nicht um die Anordnung des Koeffizientenschemas kümmert, sondern grundsätzlich zu stabilen Lösungen führt. Es soll der oft langwierige Prozeß der Umformung des Differentialgleichungssystems vermieden werden. Die Konvergenz des auf diese Art gelösten linearen algebraischen Gleichungssystems ist also unabhängig von der Anordnung des Systems. Transformationen brauchen nicht durchgeführt werden. Sie ist in der Literatur mit recht umständlicher und schwieriger mathematischer Beweisführung bewiesen worden. Dieses Verfahren ist im Vergleich zu den beiden vorhergehenden Verfahren wegen seiner Unanschaulichkeit nur für Maschinen geeignet, deren spezielle Aufgabe die Lösung linearer algebraischer Gleichungen ist. Der Aufwand an Recheneinheiten, der im allgemeinen bei linearen algebraischen Gleichungssystemen n-ter Ordnung mit einer positiv definiten Koeffizientenmatrix n Integratoren, n Summierer und n^2 Koeffizientenpotentiometer beträgt, verdoppelt sich bei der zuletzt angegebenen Methode. Dieser letzten Methode, die also nicht an den positiv definiten Fall der Koeffizientenmatrix gebunden ist, liegt folgendes Gleichungssystem zu Grunde:

$$\sum_{j=1}^{n} a_{ij}\, x_j - b_i = \xi_i \qquad i = 1,2 \ldots n$$

$$E_i = k \int \xi_i \, dt \qquad i = 1,2 \ldots n \qquad (9/5)$$

$$x_j = -\sum_{i=1}^{n} E_i \cdot A_{ij} \qquad j = 1,2 \ldots n$$

Für ein lineares algebraisches Gleichungssystem dritter Ordnung mit nicht positiv definiter Koeffizientenmatrix soll später ein Beispiel durchgeführt werden. Derjenige, der an der mathematischen Beweisführung größeres Interesse hat, sei auf die angegebene Literatur [32] verwiesen.

9.1 *Lösung von 2 Gleichungen mit 2 Unbekannten*

Ein lineares algebraisches Gleichungssystem 2. Ordnung

$$a_{11} x_1 + a_{12} x_2 - b_1 = 0$$

$$a_{21} x_1 + a_{22} x_2 - b_2 = 0$$

führt nach Hinzunahme von Differentialquotienten auf ein lineares Differentialgleichungssystem entsprechend Gl. 9/4.

$$\begin{aligned} a_{11} x_1 + a_{12} x_2 - b_1 + \frac{dx_1}{dt} &= 0 \\ a_{21} x_1 + a_{22} x_2 - b_2 + \frac{dx_2}{dt} &= 0 \end{aligned} \qquad (9.1/1)$$

Da uns für die Lösung des algebraischen Gleichungssystems nur die Stabilität des Systems 9.1/1 interessiert, beschränken wir uns auf die Ermittlung der charakteristischen Gleichung des Differentialgleichungssystems. Sämtliche Wurzeln dieser Gleichung dürfen nur einen negativen Realteil besitzen. Eine andere Möglichkeit zum Erhalt der Stabilitätsbedingung ist die Anwendung des Hurwitz-Kriteriums auf die charakteristische Gleichung.

Auf das Gleichungssystem 9.1/1 wenden wir die Laplace-Transformation an und ermitteln die Laplace-Transformierten von x_1 und x_2.

$$a_{11} \cdot \mathcal{L}\{x_1\} + a_{12}\,\mathcal{L}\{x_2\} - b_1 \frac{1}{s} + s\,\mathcal{L}\{x_1\} = 0$$

$$a_{21} \cdot \mathcal{L}\{x_1\} + a_{22}\,\mathcal{L}\{x_2\} - b_2 \frac{1}{s} + s\,\mathcal{L}\{x_1\} = 0$$

Wir ordnen:

$$\begin{aligned} (a_{11} + s)\,\mathcal{L}\{x_1\} + a_{12}\,\mathcal{L}\{x_2\} &= b_1 \frac{1}{s} \\ a_{21} \cdot \mathcal{L}\{x_1\} + (a_{22} + s)\,\mathcal{L}\{x_2\} &= b_2 \frac{1}{s} \end{aligned} \qquad (9.1/2)$$

Damit

$$\mathcal{L}\{x_1\} = \frac{\begin{vmatrix} b_1 \cdot \frac{1}{s} & a_{12} \\ b_2 \cdot \frac{1}{s} & (a_{22}+s) \end{vmatrix}}{\begin{vmatrix} (a_{11}+s) & a_{12} \\ a_{21} & (a_{22}+s) \end{vmatrix}} = \frac{Z(s)}{N(s)} \qquad (9.1/3)$$

$$\mathcal{L}\{x_2\} = \frac{\begin{vmatrix} (a_{11}+s) & b_1 \frac{1}{s} \\ a_{21} & b_2 \frac{1}{s} \end{vmatrix}}{N(s)} = \frac{Z^*(s)}{N(s)} \qquad (9.1/4)$$

Für die Rücktransformation interessieren die Wurzeln von N (s). Diese sind auch für unsere Betrachtung entscheidend. Bezeichnen wir die Wurzeln von N (s) mit s_k von $s_1 \div s_n$, so können wir 9.1/3 und 9.1/4 umschreiben in die Form

$$\mathcal{L}\{x_1\} = \sum_{k=1}^{2} a_k \frac{1}{s - s_k} \quad (9.1/5) \qquad \mathcal{L}\{x_2\} = \sum_{k=1}^{2} a^*_k \frac{1}{s - s_k} \quad (9.1/6)$$

mit $$a_k = \frac{Z(s_k)}{N'(s_k)} \quad (9.1/7) \qquad \text{und} \qquad a^*_k = \frac{Z^*(s_k)}{N'(s_k)} \quad (9.1/8)$$

Damit erhält man x_1 und x_2:

$$x_1 = \sum_{k=1}^{2} a_k \cdot e^{s_k \cdot t} \quad (9.1/9) \qquad x_2 = \sum_{k=1}^{2} a^*_k \cdot e^{s_k \cdot t} \quad (9.1/10)$$

Die Lösungen sind nur der Vollständigkeit halber mit angegeben. Uns interessieren die Wurzeln s_k, denn mit 9.1/9 und 9.1/10 gehen x_1 und x_2 bei positivem Realteil von s_k für $t \Rightarrow \infty$ auch gegen Unendlich. Für den hier vorliegenden einfachen Fall erhalten wir aus 9.1/3:

$$N(s) = (a_{11}+s)(a_{22}+s) - a_{12} \cdot a_{21} = s^2 + (a_{11}+a_{22})s + a_{11}a_{22} - a_{12} \cdot a_{21}$$

oder $$N(s) = A_0 s^2 + A_1 s + A_2 \qquad (9.1/11)$$

mit $A_0 = 1$; $A_1 = a_{11} + a_{22}$ (9.1/12) $A_2 = a_{11} \cdot a_{22} - a_{12} \cdot a_{21}$ (9.1/13)

Die Wurzeln der Gleichung ergeben sich aus Gl. 9.1/11 zu

$$s_{1,2} = -\frac{A_1}{2} \pm \sqrt{\frac{A_1^2}{4} - A_2} \qquad (9.1/14)$$

Die Wurzeln $s_{1,2}$ haben einen positiven Realteil, falls A_1 oder A_2 **negativ sind.** Für das lineare Differentialgleichungssystem 2. Ordnung haben wir somit Stabilität, falls

$A_1 = (a_{11} + a_{22}) > 0$ (9.1/15) $\qquad A_2 = a_{11}a_{22} - a_{12}a_{21} > 0$ (9.1/16)

Beispiel: Folgendes einfache Gleichungssystem soll auf dem elektronischen Analogrechner gelöst werden.

$$\begin{aligned} -2x_1 + x_2 &= 0 \\ x_1 - x_2 &= -10 \end{aligned} \qquad (9.1/17)$$

Mit $\qquad a_{11} = -2;\ a_{12} = 1;\ a_{21} = 1;\ a_{22} = -1$

wird $\qquad A_1 = (-2-1) = -3 < 0$ $\qquad$ und $\qquad A_2 = (-2) \cdot (-1) - 1 \cdot 1 = 1 > 0$

A_1 erfüllt die gestellte Bedingung 9.1/15 nicht. Wir erhalten keine stabile Lösung auf dem elektronischen Analogrechner.

Wir ändern nunmehr das Gleichungssystem ab. Eine Multiplikation beider Gleichungen mit −1 führt zu:

$$\begin{aligned} 2x_1 - x_2 &= 0 \\ -x_1 + x_2 &= 10 \end{aligned} \qquad (9.1/18)$$

Jetzt erhält man

$A_1 = 2 + 1 = 3 > 0$ $\qquad$ und $\qquad A_2 = 2 \cdot 1 - (-1)(-1) = 1 > 0$

Eine Rechenschaltung mit den Koeffizienten aus 9.1/18 ergibt bei Hinzunahme von Differentialquotienten entsprechend 9.1/19 stabile Lösungen:

$$\begin{aligned} 2x_1 - x_2 \qquad + \frac{dx_1}{dt} &= 0 \\ -x_1 + x_2 - 10 + \frac{dx_2}{dt} &= 0 \end{aligned} \qquad (9.1/19)$$

Mit einigem Einfühlungsvermögen erkennt man sofort, wie man ein Gleichungssystem 9.1/17 abändern muß, um die beiden Bedingungen 9.1/15 und 9.1/16 zu erfüllen. Nur diese sind von Bedeutung, so daß kein großer Aufwand an Vorarbeit zu leisten ist.

9.2 *Lösung von 3 Gleichungen mit 3 Unbekannten*

Für das lineare algebraische System 3. Ordnung

$$\begin{aligned} a_{11}x_1 + a_{12}x_2 + a_{13}x_3 - b_1 &= 0 \\ a_{21}x_1 + a_{22}x_2 + a_{23}x_3 - b_2 &= 0 \\ a_{31}x_1 + a_{32}x_2 + a_{33}x_3 - b_3 &= 0 \end{aligned} \qquad (9.2/1)$$

ergibt sich mit Gl. 9.4 für die Rechenschaltung des Analogrechners folgendes Differentialgleichungssystem:

$$\begin{aligned} a_{11}x_1 + a_{12}x_2 + a_{13}x_3 - b_1 + \frac{dx_1}{dt} &= 0 \\ a_{21}x_1 + a_{22}x_2 + a_{23}x_3 - b_2 + \frac{dx_2}{dt} &= 0 \\ a_{31}x_1 + a_{32}x_2 + a_{33}x_3 - b_3 + \frac{dx_3}{dt} &= 0 \end{aligned} \qquad (9.2/2)$$

Die charakteristische Gleichung können wir nach Anwendung der Laplace-Transformation und Umordnung sofort aus dem Koeffizientenschema hinschreiben:

$$N(s) = \begin{vmatrix} (a_{11}+s) & a_{12} & a_{13} \\ a_{21} & (a_{22}+s) & a_{23} \\ a_{31} & a_{32} & (a_{33}+s) \end{vmatrix} \qquad (9.2/3)$$

Lösen wir die Determinante auf, so erhält man :

$$N(s) = s^3 + (a_{11}+a_{22}+a_{33})\, s^2 + (a_{11}a_{22}+a_{11}a_{33}+a_{22}a_{33}-a_{12}a_{21}-a_{23}a_{32}$$
$$-a_{13}a_{31}) \cdot s + (a_{11}a_{22}a_{33}+a_{12}a_{23}a_{31}+a_{21}a_{13} \cdot a_{32}-a_{11}a_{23}a_{32}-a_{12}a_{21}a_{33}$$
$$-a_{13}a_{22} \cdot a_{31}) \qquad (9.2/4)$$

oder mit den folgenden Abkürzungen :

$$N(s) = A_0 s^3 + A_1 s^2 + A_2 s + A_3 \qquad (9.2/5)$$

Die Bedingung dafür, daß die charakteristische Gleichung 9.2/4 oder 9.2/5 nur Wurzeln mit negativem Realteil hat, liefert uns das in der Regelungstechnik häufig angewendete Hurwitz-Kriterium.
Nach Hurwitz hat eine algebraische Gleichung n-ten Grades mit reellen Koeffizienten der Form

$$f(z) = A_0 \cdot z^n + A_1 z^{n-1} + A_2 z^{n-2} + \ldots + A_{n-2} z^2 + A_{n-1} z + A_n = 0 \qquad (9.2/6)$$

mit $A_0 > 0$ nur dann Wurzeln mit negativem Realteil, falls alle n Hauptabschnittsdeterminanten $D_1 \ldots D_n$ des wie folgt aufzubauenden Koeffizientenschemas **positiv sind.**

$$\begin{vmatrix} A_1 & A_3 & A_5 & A_7 & \cdot & \cdot & \cdot & A_{2v-1} \\ A_0 & A_2 & A_4 & A_6 & \cdot & \cdot & \cdot & A_{2v-2} \\ 0 & A_1 & A_3 & A_5 & \cdot & \cdot & \cdot & A_{2v-3} \\ 0 & A_0 & A_2 & A_4 & \cdot & \cdot & \cdot & A_{2v-4} \\ \cdot \\ \cdot \\ \cdot \\ 0 & & & & & & & A_n \end{vmatrix} \qquad (9.2/7)$$

Bei der Bildung des Koeffizientenschemas ist zu beachten, daß die Indizes der Koeffizienten in den Zeilen jeweils um 2 Einheiten wachsen und in den Spalten jeweils um eine Einheit abnehmen. Die A_v werden Null gesetzt, falls v negativ oder größer als n ist. Die so geordnete Determinante ist die einer positiv definiten Form, falls alle Abschnittsdeterminanten positiv sind.
Damit erhalten wir für Gl. 9.2/5 aus dem folgenden Koeffizientenschema die Hauptabschnittsdeterminanten D_1, D_2, D_3.

$$\begin{vmatrix} A_1 & A_3 & 0 \\ A_0 & A_2 & 0 \\ 0 & A_1 & A_3 \end{vmatrix} \qquad (9.2/8)$$

$$D_1 = A_1 \qquad (9.2/9)$$

$$D_2 = \begin{vmatrix} A_1 & A_3 \\ A_0 & A_2 \end{vmatrix} = A_1 A_2 - A_0 A_3 \qquad (9.2/10)$$

$$D_3 = \begin{vmatrix} A_1 & A_3 & 0 \\ A_0 & A_2 & 0 \\ 0 & A_1 & A_3 \end{vmatrix} = A_1 A_2 A_3 - A_0 A_3{}^2 = A_3 \cdot D_2 \qquad (9.2/11)$$

Sind sowohl A_0 der Gl. 9.2/5 (in diesem Fall $A_0 = 1$) als auch D_1, D_2, D_3 positiv, so ergibt die Rechenschaltung für das System 9.2/2 stabile Lösungen. Im Abschnitt 13 wird ein algebraisches System 3. Ordnung gelöst.

9.3 *Lösung von n-Gleichungen mit n-Unbekannten*

Für ein lineares algebraisches Gleichungssystem n-ter Ordnung

$$\begin{aligned} a_{11} x_1 + a_{12} x_2 + \dots + a_{1n} x_n - b_1 &= 0 \\ a_{21} x_1 + a_{22} x_2 + \dots + a_{2n} x_n - b_2 &= 0 \\ &\;\vdots \\ a_{n1} x_1 + a_{n2} x_2 + \dots + a_{nn} x_n - b_n &= 0 \end{aligned} \qquad (9.3/1)$$

ergibt sich mit Gl. 9.4 für die Rechenschaltung des Analogrechners unter Verwendung von Integratoren das Differentialgleichungssystem 9.3/2

$$
\begin{aligned}
&a_{11} x_1 + a_{12} x_2 + \dots \quad + a_{1n} x_n - b_1 + \frac{dx_1}{dt} = 0 \\
&a_{21} x_1 + a_{22} x_2 + \dots \quad + a_{2n} x_n - b_2 + \frac{dx_2}{dt} = 0 \\
&\cdot \\
&\cdot \\
&\cdot \\
&a_{n1} x_1 + a_{n2} x_2 + \dots \quad + a_{nn} x_n - b_n + \frac{dx_n}{dt} = 0
\end{aligned}
\qquad (9.3/2)
$$

Nach Anwendung der Laplace-Transformation auf Gl. 9.3/2 und entsprechender Umordnung läßt sich die charakteristische Gleichung sofort aus dem Koeffizientenschema 9.3/3 angeben.

$$
N(s) = \begin{vmatrix}
(a_{11}+s) & a_{12} & a_{13} & a_{1n} \\
a_{21} & (a_{22}+s) & a_{23} & a_{2n} \\
a_{31} & a_{32} & (a_{33}+s) & a_{3n} \\
a_{n1} & a_{n2} & a_{n3} & (a_{nn}+s)
\end{vmatrix}
\qquad (9.3/3)
$$

Die Auflösung der Determinante 9.3/3 ergibt für N (s) ein Polynom n-ten Grades in s. Dieses Polynom ist die charakteristische Gleichung. Die Bestimmung der Koeffizienten dieses Polynoms ist zwar relativ aufwendig, aber nicht schwierig. Unter Verwendung von Abkürzungen hat die charakteristische Gleichung stets die folgende Form:

$$
N(s) = A_0 s^n + A_1 s^{n-1} + A_2 s^{n-2} + \dots + A_{n-2} s^2 + A_{n-1} s + A_n \qquad (9.3/4)
$$

Wie bereits im Abschnitt 9.2 ausgeführt, hat eine algebraische Gleichung n-ten Grades mit reellen Koeffizienten der Form 9.3/4 mit $A_0 > 0$ (hier $A_0 = 1$) nur dann Wurzeln mit negativem Realteil, falls alle Hauptabschnittsdeterminanten $D_1 \div D_n$ des entsprechend 9.2/7 aufzubauenden Koeffizientenschemas positiv sind. Der Aufbau des Schemas ist im Abschnitt 9.2 erklärt.

Für ein Gleichungssystem 4. Ordnung wird der Aufwand schon recht groß. Auf einen Vorteil dieser Methode, der auch eine relativ große Vorarbeit rechtfertigt, soll aber noch hingewiesen werden.
Da die Frage der Stabilität der Schaltung nur von den Nullstellen der Nennerfunktion N (s) abhängt, ist für ein vorgegebenes Koeffizientenschema, dem häufig eine physikalische Realität zugeordnet ist, die Stabilität nur einmal zu klären. Anschließend kann man bei weitgehend beliebiger Variation der Größen b_i sofort die Lösungen der algebraischen Gleichungen angeben. Also in den Fällen, in denen die Größen a_{ij} des Systems konstant bleiben und die Lösungen für die verschiedensten b_i-Kombinationen interessieren, ist der Aufwand gerechtfertigt.

Da der elektronische Analogrechner uns jedoch unmittelbar die Frage der Stabilität löst (**Übersteuerung** der Verstärker oder keine Übersteuerung), kann man sich auch die aufwendige Rechnung ersparen und die Schaltung entsprechend dem jeweils geänderten System solange abändern, bis keine Übersteuerung der Verstärker mehr eintritt. Dieser Weg ist stets für $n \geqq 4$ zu empfehlen, da dann die Frage der Stabilität des Systems stets schneller geklärt ist als durch die umständliche Rechnung. Derjenige, der häufig mit Systemen höherer Ordnung zu tun hat und diese auf dem elektronischen Analogrechner lösen muß, bekommt sehr bald ein gutes Fingerspitzengefühl für die richtige Anordnung.

Es sei nochmals darauf hingewiesen, daß sich bei größeren Anlagen die im Abschnitt 9 angegebene dritte Methode gut eignet. Für ein Gleichungssystem mit 3 Unbekannten wird diese Methode im Abschnitt 13 angewandt.

10. Die Lösung partieller Differentialgleichungen

Während gewöhnliche Differentialgleichungen eine einzige unabhängige Veränderliche enthalten, sind in partiellen Differentialgleichungen mehrere, mindestens zwei, unabhängige Veränderliche vorhanden. Partielle Differentialgleichungen kommen deshalb bei all den physikalischen Problemen vor, bei denen die betrachtete physikalische Größe nicht nur von der Zeit, sondern auch noch von dem jeweiligen Ort abhängt. Bei derartigen Aufgaben, wie Wärmeleitung, Potentialbetrachtungen elektromagnetischer Felder, Schwingungsproblemen von Saite, Balken oder Membrane, treten z.B. neben der Zeitgröße t die Raumkoordinaten x, y, z (in kartesischen Koordinaten) oder r, φ, θ (in Kugelkoordinaten) als unabhängige Veränderliche auf. Somit muß im allgemeinen bei diesen Problemen mit 4 unabhängigen Veränderlichen gerechnet werden; es sei denn, daß gewisse zulässige Vereinfachungen eine Reduzierung der Anzahl der unabhängigen Veränderlichen gestatten. Eine partielle Differentialgleichung kann Ableitungen nach allen vorhandenen unabhängigen Veränderlichen enthalten. Soll die gesuchte Lösungsfunktion U eine Funktion von x, y, z und t sein, so versteht man unter der partiellen Ableitung von U nach irgend einer der vier Größen den Grenzwert des entsprechenden Differenzenquotienten:

$$\frac{\partial U}{\partial t} = \lim_{\Delta t \to 0} \frac{U(x, y, z, t + \Delta t) - U(x, y, z, t)}{\Delta t} \qquad (10/1)$$

oder

$$\frac{\partial U}{\partial x} = \lim_{\Delta x \to 0} \frac{U(x + \Delta x, y, z, t) - U(x, y, z, t)}{\Delta x} \qquad (10/2)$$

Bei der Ableitung nach t sind also x, y, z und bei der Ableitung nach x sind y, z und t als konstant zu betrachten. Wie wir bereits früher festgestellt haben, tritt beim elektronischen Analogrechner stets die Zeit als unabhängige Veränderliche auf. Aus diesem Grunde lassen sich auf dem elektronischen Analogrechner grundsätzlich nur Probleme mit einer unabhängigen Veränderlichen lösen. Dies erweckt zunächst den Eindruck, als sei der elektronische Analogrechner für die Lösung partieller Differentialgleichungen nicht geeignet. Tatsächlich kommt jedoch der Lösung partieller Differentialgleichungen auf dem elektronischen Analogrechner eine viel größere Bedeutung zu, als z.B. der Lösung linearer Gleichungssysteme. Um dem elektronischen Analogrechner gerecht zu werden, müssen wir also nach Verfahren suchen, die es gestatten, eine partielle Differentialgleichung auf eine Anzahl gewöhnlicher Differentialgleichungen zurückzuführen. Da es im Rahmen dieses Buches zu weit führen würde, alle Lösungstechniken zu behandeln, werden wi· uns auf die Lösung partieller Differentialgleichungen zweiter Ordnung beschränken. Bei den partiellen Differentialgleichungen ist die Ordnung genau so wie bei den gewöhnlichen Differentialgleichungen definiert; sie bezeichnet auch hier den Grad der in der Gleichung vorkommenden höchsten Ableitung. Den Ingenieur interessieren von den rein theoretischen Lösungsmöglichkeiten linearer partieller Differentialgleichungen vor allem die Anwendung der Laplace-Transformation, der d'Alembert'sche Ansatz und die Trennung der Veränderlichen (Eigenwertproblem). Die Laplace-Transformation gestattet es oft, die exakte Lösung zu finden. Sie ist besonders dort mit Vorteil anzuwenden, wo die Lösungsfunktion der linearen partiellen Differentialgleichung nur von zwei Veränderlichen, z.B. x und t abhängt. Bei den Aufgaben des Ingenieurwesens ist stets eine spezielle Lösung, d.h. eine Lösung in einem ganz bestimmten Gebiet, dem Grundgebiet, gesucht. Für Probleme mit mehr als zwei Veränderlichen wird das Grundgebiet entsprechend mehrdimensional. Zur Ermittlung einer eindeutigen Lösungsfunktion einer partiellen Differentialgleichung müssen außer der Angabe des Grundgebietes noch auf der Berandung des Grundgebietes vorgegebene Bedingungen erfüllt werden. Über Art und Anzahl der Bedingungen lassen sich keine allgemeingültigen Aussagen machen. Die Bedingungen können sowohl Werte der Funktion als auch partielle Ableitungen der Funktion sein. Es wird vielfach noch eine Unterscheidung von Anfangsbedingungen und Randbedingungen vorgenommen. Im Folgenden wollen wir unter Anfangswerten stets die Werte verstehen, die von allen in der Lösungsfunktion auftretenden Raumkoordinaten innerhalb ihrer Variationsgrenzen und der Zeitkoordinate für $t = 0$ abhängen. Randwerte sind solche Werte, die von allen vorhandenen Raumkoordinaten der Variationsgrenzen und der Zeitkoordinate t für $t > 0$ abhängen. Im Grunde genommen sind Anfangswerte auch Randwerte. Ihre gesonderte Bezeichnung nimmt lediglich Bezug auf die besondere Bedeutung der Veränderlichen t bei technischen Problemen. Von dieser Bezeichnungsweise werden wir im folgenden stets Gebrauch machen.

In vielen Fällen führt die Lösungsmöglichkeit auf Grund des Prinzips der Trennung der Veränderlichen, d.h. der Weg über die Eigenfunktionen, zum Ziel. Die Anwendung dieser Methode ist für lineare Systeme wegen der Gültigkeit des Superpositionsprinzips zulässig. Mit dem Prinzip der Trennung der Veränderlichen formen wir eine partielle Differentialgleichung in ein System von gewöhnlichen Differentialgleichungen um. Hierbei geht man davon aus, daß die

Lösung der partiellen Differentialgleichung von z.B. 2 unabhängigen Veränderlichen x und t als eine Kombination zweier Funktionen f_1 (x) und f_2 (t) dargestellt werden kann. Hier soll f_1 (x) nur von x und f_2 (t) nur von t abhängen. Mit diesem Ansatz gehen wir in die ursprüngliche partielle Differentialgleichung. Nun ist es in vielen Fällen möglich, einen Ausdruck für f_1 (x) und deren Ableitungen von einem Ausdruck für f_2 (t) und deren Ableitungen zu trennen. Die einzige Möglichkeit für die gleichzeitige Existenz des Ausdruckes für f_1 (x), welcher eine Funktion von x und des Ausdruckes für f_2 (t), der eine Funktion von t ist, in einer Gleichung für beliebige x- und t-Werte ist die, daß beide Ausdrücke f_1 (x) und f_2 (t) gleich einer **Konstanten** K sind. In diesem Fall kommen wir zu zwei gewöhnlichen Differentialgleichungen für x und t. Beide Gleichungen enthalten die Konstante K. Die einzelnen Lösungsfunktionen müssen die Randbedingungen erfüllen, was jedoch nur für spezielle Werte von K der Fall ist. Diese Werte K werden die Eigenwerte des Problems genannt. Zu jedem Eigenwert K gehört eine Lösung der ursprünglichen partiellen Differentialgleichung, die Eigenfunktion genannt wird. Die vollständige Lösung des Problems ergibt sich dann aus der Summe aller Eigenfunktionen.

An einem einfachen Beispiel soll die Lösung mittels Trennung der Veränderlichen gezeigt werden. Wir betrachten die eindimensionale Wärmeleitungsgleichung

$$\frac{\partial^2 U}{\partial x^2} = c \frac{\partial U}{\partial t} \qquad (10/3)$$

und versuchen mit dem Ansatz

$$U = f_1(x) \cdot f_2(t) \qquad (10/4)$$

die Trennung der Veränderlichen zu erreichen. Er liefert folgende Differentialgleichung:

$$f_2(t) \cdot \frac{d^2 f_1(x)}{dx^2} = c \cdot f_1(x) \frac{d f_2(t)}{dt} \qquad (10/5)$$

Eine Division der Gl. 10/5 durch f_1 (x) · f_2 (t) führt uns zu

$$\frac{1}{f_1(x)} \cdot \frac{d^2 f_1(x)}{dx^2} = c \, \frac{1}{f_2(t)} \cdot \frac{d f_2(t)}{dt} \qquad (10/6)$$

Auf der linken Seite der Gleichung 10/6 steht eine Funktion von x und auf der rechten Seite eine Funktion von t. Soll die gewünschte Lösung in der ganzen x, t-Ebene gelten, so müssen beide Seiten gleich einer Konstanten sein. Wir schreiben:

$$\frac{1}{f_1(x)} \cdot \frac{d^2 f_1(x)}{dx^2} = c \frac{1}{f_2(t)} \frac{d f_2(t)}{dt} = -\lambda \tag{10/7}$$

Damit erhalten wir die beiden gewöhnlichen Differentialgleichungen:

$$\frac{d^2 f_1(x)}{dx^2} + \lambda \cdot f_1(x) = 0 \tag{10/8}$$

$$\frac{d f_2(t)}{dt} + \frac{1}{c} \cdot \lambda \cdot f_2(t) = 0 \tag{10/9}$$

Die Methode der Trennung der Veränderlichen führt im allgemeinen auf ähnliche Ausdrücke wie Gleichung 10/8 und 10/9. Das wesentliche an diesen Gleichungen ist der Parameter λ. Die Werte λ_n des Parameters λ, die diese Gleichungen und die Randbedingungen des vorgegebenen Problems erfüllen, sind die Eigenwerte des Problems. Die Lösungsfunktionen $f_1(x)$ und $f_2(t)$ mit den Parametern λ_n ergeben die Eigenfunktionen des Problems.
Aus den Gleichungen 10/8 und 10/9 erhalten wir z.B. Lösungen folgender Form:

$$f_1(x) = A_n \cdot \sin \sqrt{\lambda_n}\, x \quad (10/10) \qquad f_2(t) = B_n \cdot e^{-\frac{\lambda_n}{c} t} \quad (10/11)$$

Da unendlich viele Eigenwerte λ_n auftreten können, ergibt sich die Lösung mit 10/4 allgemein zu

$$u(x,t) = \sum_{n=1}^{\infty} C_n \cdot \sin \sqrt{\lambda_n}\, x \cdot e^{-\frac{\lambda_n}{c} t} \tag{10/12}$$

$$\text{mit } C_n = A_n \cdot B_n$$

Die Bestimmung der Konstanten und der Eigenwerte ist eine unter Umständen recht mühsame Arbeit. Theoretisch kommen zwar unendlich viele Eigenwerte und Eigenfunktionen in Betracht; im allgemeinen genügt jedoch bei technischen

Problemen die Berücksichtigung von einigen der niedrigsten Eigenwerte, um zu recht brauchbaren Ergebnissen zu kommen. Durch Differentiation von Gl. 10/12 entsprechend 10/3 läßt sich zeigen, daß die Lösung 10/12 die allgemeine Differentialgleichung 10/3 befriedigt. Auf die Lösung mit dem elektronischen Analogrechner kommen wir noch zu sprechen. Es sei hier erwähnt, daß auch bei partiellen Differentialgleichungen mit mehr als zwei unabhängigen Veränderlichen die Methode der Trennung der Veränderlichen angewendet werden kann.

Neben weiteren exakten Lösungsmethoden, wie z.B. die Verwendung von Greenschen-Funktionen, spielt das Differenzenverfahren zur Lösung von partiellen Differentialgleichungen eine große Rolle. Beim Differenzenverfahren werden alle vorkommenden Differentialquotienten durch Differenzenquotienten ersetzt. Diese Methode ist grundsätzlich bei beliebigen Differentialgleichungsaufgaben, also bei gewöhnlichen linearen und nichtlinearen, als auch bei partiellen Differentialgleichungen anwendbar. Das Differenzenverfahren ist vor allem in der Lösungstechnik von Differentialgleichungen bei Benutzung von programmgesteuerten Rechenmaschinen sehr wichtig. Eine besondere Bedeutung kommt hier der Wahl der Schrittweite und der Fehlerabschätzung zu. In der Literatur [33] über die numerische Behandlung von Differentialgleichungen sind genügend Verfahren mit ihren Vor- und Nachteilen angegeben.

Bei der Lösung von partiellen Differentialgleichungen tritt eine große Anzahl verschiedenartiger Probleme auf, z.B. Existenz und Eindeutigkeit der Lösung und vor allem die Konvergenz der Annäherung durch bestimmte Näherungsfolgen. Bereits an sehr einfachen Beispielen kann man zeigen, daß man leicht zu falschen Ergebnissen kommen kann, oder daß das Näherungsverfahren konvergiert und normale Verhältnisse vortäuscht, es aber in Wirklichkeit nicht gegen die Lösung, sondern gegen falsche Werte konvergiert.
Von den bisher genannten Methoden kommen für den elektronischen Analogrechner praktisch nur zwei Verfahren der Lösungsmöglichkeit partieller Differentialgleichungen in Frage. Dies sind:

1. Trennung der Veränderlichen (Eigenwertaufgaben)
2. Umformung der partiellen Differentialgleichung mittels Differenzenquotienten zu Systemen von gewöhnlichen Differentialgleichungen.

Beide Methoden sollen hier betrachtet werden. Dabei kommt der zweiten Methode die größere Bedeutung zu; außerdem ist sie dem Ingenieur wesentlich vertrauter. Da wir nicht alle Differentialquotienten durch Differenzenquotienten ersetzen, (wir wollen ja die Möglichkeit des Lösens von Differentialgleichungen auf dem elektronischen Analogrechner ausnutzen) können auch nicht die Abschätzmethoden der numerischen Methoden übernommen werden.

10.1 *Die Lösungsmethode der Trennung der Variablen*

Gehen wir von dem im **Abschnitt** 10 angeführten Beispiel der Wärmeleitungsaufgabe aus, so erhalten **wir für** die vorgegebene partielle Differentialgleichung

$$\frac{\partial^2 u}{\partial x^2} = c \frac{\partial u}{\partial t} \qquad (10.1/1)$$

mit dem Ansatz

$$u = f_1(x) \cdot f_2(t) \qquad (10.1/2)$$

die beiden gewöhnlichen Differentialgleichungen

$$\frac{d^2 f_1(x)}{d x^2} + \lambda \cdot f_1(x) = 0 \quad (10.1/3) \qquad \text{und} \qquad \frac{d f_2(t)}{dt} + \frac{1}{c} \lambda f_2(t) = 0 \quad (10.1/4)$$

die z.B. mit dem elektronischen Analogrechner zu lösen sind. Gesucht werden die Eigenwerte λ_n, die die Randbedingungen des vorgegebenen Problems erfüllen. Die einzelnen Lösungsfunktionen sind die Eigenfunktionen des Problems.

Nach Durchführung der Zeit- und Amplitudentransformation erhalten wir mit den früheren Vereinbarungen

$$\frac{1}{\alpha_{21}} \overline{f_1''(x)} + \lambda \frac{1}{\alpha_{01}} \overline{f_1(x)} = 0 \qquad \text{oder} \qquad \overline{f_1''(x)} = -\lambda \frac{\alpha_{21}}{\alpha_{01}} \overline{f_1(x)}$$

(α_{01} und α_{21} sind Amplitudenmaßstabsfaktoren; die quergestrichenen Größen stellen Spannungen dar). Damit können wir die in Bild 10.1/1 dargestellte Rechenschaltung aufbauen.

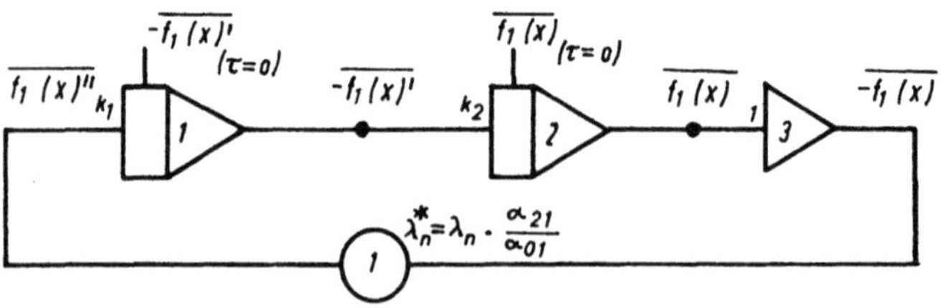

Bild 10.1/1

Für das zu lösende Problem sollen folgende Anfangs- und Randbedingungen gelten: Ein ideal isolierter Stab der Länge l hat zur Zeit $t = 0$ eine konstante **Temperatur** U. Für die Zeit $t \geqq 0$ wird dem Anfang und Ende des Stabes eine Temperatur von 0° C aufgezwungen. Damit gilt:

$$u(x, 0) = U$$

$$u(0, t) = 0$$

$$u(l, t) = 0$$

Von den Randbedingungen $u(0, t)$ und $u(l, t)$ der partiellen Differentialgleichung geht bei der Lösung auf dem elektronischen Analogrechner für $t = \text{const.} = 0$ $u(0, 0)$ als Anfangsbedingung und $u(1, 0)$ als Randbedingung in die Differentialgleichung 10.1/3 ein. Die Festlegung der zweiten Anfangsbedingung $u'(0, 0)$ ist beliebig. Sie muß nur $\neq 0$ sein; ihre Größe hat keinen Einfluß auf die Bestimmung des Eigenwertes.
Gesucht sind nunmehr die Werte λ_n, die die beiden Randbedingungen erfüllen. Die Einstellung des Potentiometers wird so lange geändert, bis jeweils die Randbedingungen erfüllt sind. Aus den betreffenden Werten $\lambda_n \cdot \frac{\alpha_{21}}{\alpha_{01}}$ lassen sich bei vorgegebenem α_{01} und α_{21} die Werte λ_n errechnen. Diese Ermittlung ist sehr einfach und ergibt in diesem Fall alle ganzzahligen Vielfachen des ersten λ- Wertes.
Der Analogrechner liefert gleichzeitig noch die Eigenfunktionen. Nachdem so die verschiedenen Eigenwerte ermittelt sind, muß durch Versuch und Fehlerbetrachtung diejenige Linearkombination der Eigenfunktionen gesucht werden, die die Funktion $u(x, 0)$ am besten annähert. Wegen des symmetrischen Aufbaues der Funktion (symmetrisch zu $l/2$) kommen in diesem Fall nur die symmetrisch zu $\pi/2$ liegenden Sinusfunktionen in Frage, also $3\,\lambda_1$, $5\,\lambda_1$, $7\,\lambda_1 \ldots$
Die Bestimmung der Amplituden dieser Sinusfunktionen (in der amerikanischen Literatur mit curve fitting bezeichnet) ist relativ umständlich, da für n Werte n Schaltungen entsprechend Bild 10.1/1 aufgebaut werden müssen. Der Einfluß der verschiedenen Kreise für die n Schaltungen wird am Ausgang eines Summierers abgeschätzt. Damit ist der erste wichtige Teil der Aufgabe erledigt.
Im zweiten Teil der Aufgabe hat für die ermittelten λ_n-Werte nunmehr die Lösung von Gl. 10.1/4 auf dem Analogrechner zu erfolgen.
Nach Durchführung einer Zeit- und Amplitudentransformation erhalten wir

$$\frac{1}{\alpha_{12}} \overline{f_2(t)'} + \frac{1}{c} \lambda_n \frac{1}{\alpha_{02}} \overline{f_2(t)} = 0$$

$$\overline{f_2(t)'} = - \frac{\lambda_n}{c} \cdot \frac{\alpha_{12}}{\alpha_{02}} \overline{f_2(t)} \qquad (10.1/6)$$

(α_{12} und α_{02} sind Amplitudenmaßstabsfaktoren. Quergestrichene Größen stellen Spannungen dar). In Bild 10.1/2 ist die Rechenschaltung für Gl. 10.1/6 aufgebaut.

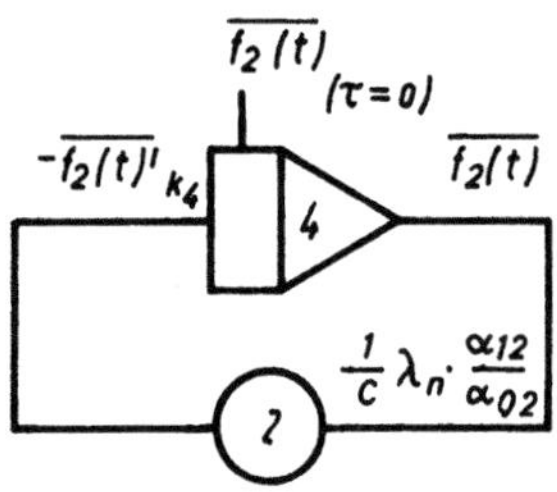

Bild 10.1/2

Als Lösungsfunktionen erhalten wir exponentiell abnehmende Funktionen, wobei die Abnahme selbst vom jeweiligen λ_n-Wert abhängt.
Bauen wir für jeden λ_n-Wert wieder eine Schaltung entsprechend Bild 10.1/2 auf, so sind wir in der Lage, nunmehr die Lösung auf dem Analogrechner für jedes beliebige x als Funktion der Zeit t darzustellen. Die Genauigkeit hängt nur von der Anzahl der berücksichtigten λ-Werte, d.h. der Güte der Funktionsannäherung u (x, 0), und der Genauigkeit der Rechenkomponenten ab. Durch Hinzunahme weiterer Einheiten kann die Genauigkeit theoretisch beliebig erhöht werden. Praktisch bestimmt die Ungenauigkeit der Recheneinheiten die erzielbare Genauigkeit. Zur allgemeinen Lösung des Problems ergibt sich damit eine Schaltung entsprechend Bild 10.1/3.
Da wir sowohl die x-Abhängigkeit als auch die t-Abhängigkeit auf dem gleichen elektronischen Rechner darstellen, können wir stets nur die x-Abhängigkeit für konstantes t oder die t-Abhängigkeit für konstantes x zur Darstellung bringen. Man wird also so vorgehen, daß man die Rechenkreise I solange rechnen läßt, bis der gewünschte x-Wert erreicht ist und durch den Schalter A (Halt) den Zustand $\overline{f(x)}$ fixieren. Anschließend wird der Schalter B geschlossen und die Multiplikation durchgeführt. Am Ausgang des Summierers erscheint dann eine der Lösungsfunktion u proportionale Spannung für x = const. als Funktion von t. Läßt man zuerst die Rechenkreise II arbeiten, unterbricht man dann den Rechenprozeß bei einem gewünschten Zeitwert und schaltet anschließend den

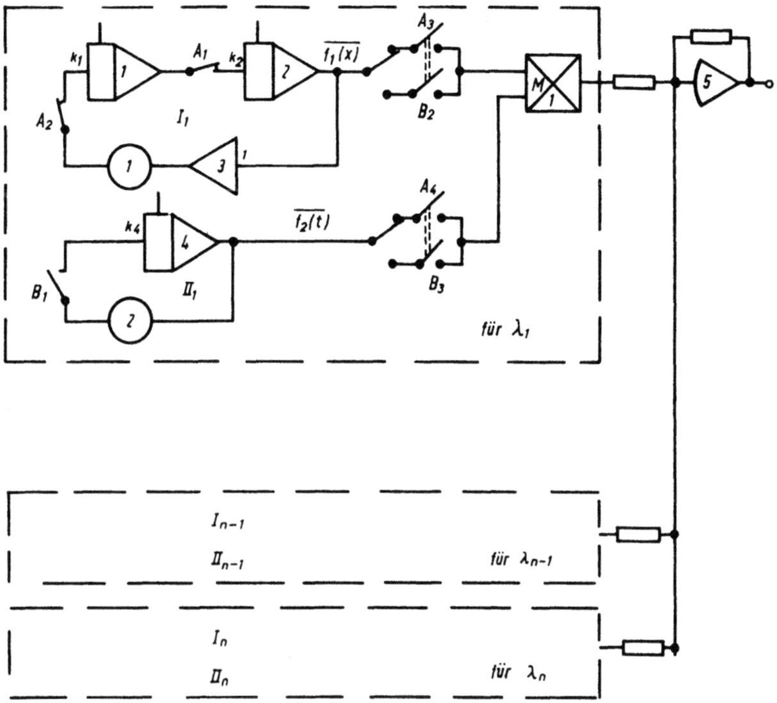

Bild 10.1/3

Schalter A ein, so erhält man am Ausgang des Summierers eine zu u (x) proportionale Spannung für t = const. als Funktion von x.
Bei diesem Typ der partiellen Differentialgleichung ergab sich durch Trennung der Veränderlichen als eine der gewöhnlichen Differentialgleichungen die Gl. 10.1/3:

$$f_1(x)'' = -\lambda f_1(x)$$

Als Lösung zu den Eigenwerten λ_n erhielten wir Eigenfunktionen der Form

$$y_n = c_n \cdot \sin\sqrt{\lambda_n}\, x$$

Die Theorie der Fourier-Reihen besagt nun, daß man jede Vergleichsfunktion u (x), also jede zweidimensional stetig differenzierbare Funktion u (x) mit u (0) = u (π) = 0 durch u (−x) = −u (x) zu einer in $-\pi \leqq x \leqq \pi$ definierten ungeraden Funktion ergänzen und in eine trigonometrische Reihe entwickeln kann.

Die Voraussetzung der stetigen zweimaligen Differenzierbarkeit ist für die Entwickelbarkeit von u in eine trigonometrische Reihe nicht unbedingt erforderlich; es genügt bereits, daß u (x) stetig und von beschränkter Schwankung ist. Damit sind wir mit Hilfe der Fourier-Reihe in der Lage, die Bestimmung der Amplituden und Frequenzen der verschiedenen Sinusschwingungen rein rechnerisch durchzuführen. Die umständliche Methode, durch Versuch und Fehlerbetrachtung (trial and error) beim sogenannten curve fitting die Amplituden zu ermitteln und die vorgegebene Funktion u (x, 0) anzunähern, entfällt damit. Der vorteilhaft anzuwendende Lösungsgang der Aufgabe wäre also folgender:

1. Fourierdarstellung der Funktion u (x, 0)

2. Aufbau der Rechenkreise I_n und II_n für die erhaltenen Eigenwerte

3. Lösung der partiellen Differentialgleichung entsprechend Bild 10.1/3 für u (x, t = const.) oder u (t, x = const.)

Diese Methode hat noch den folgenden Vorteil. Anstelle der Rechenschaltungen I_n kann man die entsprechend Abschnitt 6 angegebene Rechenschaltung mit jeweils einem Verstärker zur Erzeugung einer Sinusschwingung vorgegebener Amplitude und Frequenz verwenden. Hierdurch werden 2 n Rechenverstärker eingespart. Bei vorgegebener Verstärkeranzahl läßt sich somit die Anzahl der Rechenkreise für die darzustellenden Eigenfunktionen verdoppeln.

10.2 *Umformung partieller Differentialgleichungen mittels Differenzenquotienten in ein System von gewöhnlichen Differentialgleichungen*

Die Umformung einer partiellen Differentialgleichung in ein System gewöhnlicher Differentialgleichungen durch die Einführung von Differenzenquotienten ist in der numerischen Mathematik üblich und hat sich sehr bewährt. Während man dort jeden vorkommenden Differentialquotienten ersetzt, werden wir stets noch Ableitungen nach einer unabhängigen Veränderlichen bestehen lassen. Vorzugsweise werden im weiteren nur partielle Differentialgleichungen mit 2 unabhängigen Veränderlichen betrachtet. Bezeichnen wir diese mit x und y, so werden wir später stets derjenigen Veränderlichen die Maschinenzeit τ zuordnen, die wir nicht durch Differenzenquotienten ersetzen.
Beim Differenzenverfahren teilt man ein vorgegebenes Intervall (a, b), in welchem z.B. die Lösung y (x) gesucht wird, in n-äquidistante Abschnitte der Länge Δ x ein.

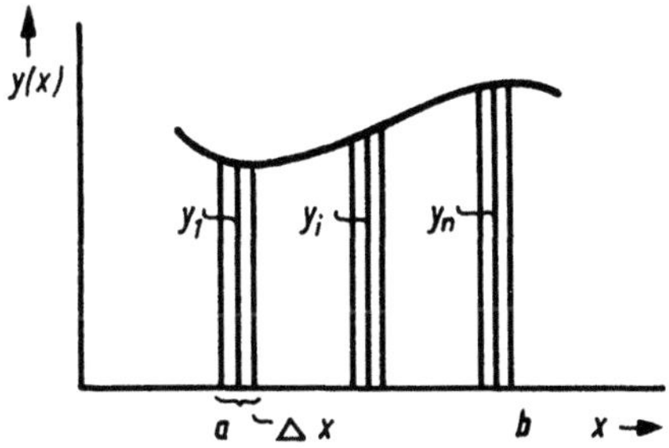

Bild 10.2/1

$$\Delta x = \frac{b-a}{n}$$

Δx wird die Maschenweite oder Schrittweite genannt und auch mit h bezeichnet.

Im Bild 10.2/1 ist Y_i die Näherungslösung für y_i. Es ist y_i der gesuchte exakte Wert von $y(x)$ an der Stelle $x_i = a + i \cdot \Delta x$

Beim Differenzenverfahren stellt man jetzt Bestimmungsgleichungen für die Näherungswerte Y_i auf. Hierzu werden in den Differentialgleichungen für diskrete Werte x_i die Differentialquotienten durch einfache oder verbesserte Differenzenquotienten ersetzt. Der Differentialquotient ist der Grenzwert des Differenzenquotienten. Für den 1. und 2. Differentialquotienten gilt z.B.

$$\frac{dy}{dx} = \lim_{\Delta x \to 0} \frac{y(x + \Delta x) - y(x)}{\Delta x} \qquad (10.2/1)$$

$$\frac{d^2y}{dx^2} = \lim_{\Delta x \to 0} \frac{y(x + 2\Delta x) - 2y(x + \Delta x) + y(x)}{(\Delta x)^2} \qquad (10.2/2)$$

Die Teilung der x-Richtung in äquidistante Abschnitte ist nicht erforderlich, im allgemeinen aber zweckmäßig. Ändert sich die Abschnittsweite von Punkt zu Punkt, so muß der Wahl der Differenzenquotienten besondere Aufmerksamkeit geschenkt werden. Bei der Darstellung der Differentialquotienten in Gl. 10.2/1 und 10.2/2 wurde der Differentialquotient an der Stelle x durch Funktionswerte an den Stellen x, $x + \Delta x$ und $x + 2\Delta x$ ausgedrückt. Derartige Differenzenquotienten bezeichnet man üblicherweise als vorwärtsgenommene oder vordere Differenzenquotienten. Würde man z.B. die Stellen $x + \Delta x$; $x + \frac{\Delta x}{2}$; $x - \frac{\Delta x}{2}$ und $x - \Delta x$ zur Bildung der Differenzenquotienten heranziehen, so erhält man die zentralen Differenzenquotienten. Der Differenzenquotient, der sich bei Verwendung der Stellen x, $x - \Delta x$ und $x - 2\,\Delta x$ ergibt, wird entsprechend mit rückwärtsgenommener oder rückwärtiger Differenzenquotient bezeichnet. In der Literatur werden derartige Differenzen gesondert bezeichnet und zwar:

$$\Delta y(x) = y(x + \Delta x) - y(x) \qquad = \text{vordere Differenz}$$

$$\delta y(x) = y\left(x + \frac{\Delta x}{2}\right) - y\left(x - \frac{\Delta x}{2}\right) = \text{zentrale Differenz}$$

$$\nabla y(x) = y(x) - y(x - \Delta x) \qquad = \text{rückwärtige Differenz}$$

Für hinreichend kleine Werte von Δx ist die Annahme berechtigt, daß die mittels Differenzenquotienten ermittelte Lösung eine brauchbare Näherung der zu lösenden partiellen Differentialgleichung darstellt. Eine Beurteilung der Güte der Näherung ist von grundsätzlichem Interesse. Durch die Einführung der Differenzenquotienten an Stelle der Differentialquotienten von $(n-1)$ unabhängigen Veränderlichen, wobei n die Anzahl der unabhängigen Veränderlichen der partiellen Differentialgleichung ist, erscheinen in dem Gleichungssystem nunmehr nur die an bestimmten Stellen vorhandenen Werte dieser $(n-1)$ unabhängigen Veränderlichen. Die noch verbliebenen partiellen Ableitungen nach einer unabhängigen Veränderlichen werden damit zu vollständigen Ableitungen. Dadurch erhalten wir statt der partiellen Differentialgleichung bei Heranziehung diskreter Punkte der $(n-1)$ unabhängigen Veränderlichen ein System gewöhnlicher Differentialgleichungen. Auf Grund der begrenzten Anzahl von Rechenverstärkern und Rechenkomponenten ist eine sehr feine Intervallteilung nicht möglich und wegen der Fehlerhaftigkeit der Rechenkomponenten auch nicht sinnvoll. Unterteilt man den interessierenden Bereich von x in m äquidistante Abschnitte, so erhalten wir $m-1$ gewöhnliche Differentialgleichungen. Haben wir z.B. eine partielle Differentialgleichung der drei unabhängigen Veränderlichen x, y, t und drücken wir die Differentialquotienten nach x und y durch Differenzenquotienten aus, so erhalten wir bei einer Teilung des x-Bereiches in m- und des y-Bereiches in n-äquidistante Abschnitte insgesamt $(m-1)\,(n-1)$ gewöhnliche Differentialgleichungen.

Zur Lösung dieses Gleichungssystems sind dann $(m-1)\,(n-1)$ Anfangsbedingungen und $2\,(m+n)$ Randbedingungen erforderlich. Durch die Anzahl der Recheneinheiten ist man daher bei der Wahl der Abschnittsgröße beschränkt. Im weiteren soll gezeigt werden, wie die Differenzenquotienten höherer Ordnung und verbesserte Differenzenquotienten gebildet werden können.

Die Anwendung der verbesserten Differenzenquotienten hat dadurch eine Berechtigung, daß trotz Verfeinerung der Maschenweite beim einfachen Differenzenquotienten sich nur eine unwesentliche Verbesserung ergibt. Diese Verbesserung kann aber durch Ungenauigkeiten der Rechenkomponenten vollständig aufgehoben werden.

Entwickelt man eine Funktion $y\,(x_0 + \Delta x)$ in eine Taylorreihe um den Punkt x_0, so gilt:

$$y\,(x_0 + \Delta x) = y\,(x_0) + \frac{y_0'}{1!} \cdot \Delta x + \frac{y_0''}{2!} (\Delta x)^2 \; \frac{y_0'''}{3!} (\Delta x)^3 + \dots + \frac{y_0^{(n)}}{n!} \cdot (\Delta x)^n \tag{10.2/3}$$

Durch Auflösen nach $y'\,(x = x_0)$ ergibt sich:

$$y_0' = \frac{y\,(x_0 + \Delta x) - y\,(x_0)}{\Delta x} - \left(\frac{y_0''}{2!} \Delta x + \frac{y_0'''}{3!} (\Delta x)^2 + \dots + \frac{y_0^{(n)}}{n!} (\Delta x)^{(n-1)}\right) \tag{10.2/4}$$

oder

$$y_0' = \frac{y\,(x_0 + \Delta x) - y\,(x_0)}{\Delta x} - \Delta x \left(\frac{y_0''}{2!} + \frac{y_0'''}{3!} \Delta x + \dots + \frac{y_0^{(n)}}{n!} (\Delta x)^{(n-2)}\right) \tag{10.2/5}$$

Ersetzen wir also den **Differentialquotienten** $\left.\frac{dy}{dx}\right|_{(x = x_0)} = y_0'$ an der Stelle $x = x_0$ durch den einfachen Differenzenquotienten, so machen wir einen Fehler entsprechend der Größe der Summe sämtlicher vernachlässigter Glieder aus Gl. 10.2/5.

Der Fehler wird mit kleiner werdendem Δx kleiner, aber die Konvergenz ist schlecht. Diese Konvergenz würde wesentlich besser, wenn auch noch die zweite oder dritte Ableitung y_0'' bzw. y_0''' in Gl. 10.2/4 oder 10.2/5 durch Differenzenquotienten ersetzt würden. Dieser Weg wird beschritten bei der Herleitung verbesserter Differenzenquotienten.

Zur Herleitung der einfachen und verbesserten Differenzenquotienten gehen wir aus von der Taylor-Entwicklung einer Funktion $y_i = y\,(x_0 + i\,\Delta x)$ um den Punkt x_0. Bilden wir eine Linearkombination der verschiedenen y_i mit geeigneten Koeffizienten a_i als **Gewichtsfaktoren**, so sind wir in der Lage, den Differentialquotienten durch einen Differenzenquotienten zu ersetzen. Die Näherung wird umso besser, je mehr Punkte zur Darstellung des Differenzenquotienten herangezogen werden. Die Koeffizienten a_i werden nunmehr so bestimmt, daß möglichst viele der dem durch einen Differenzenquotienten zu ersetzenden Differentialquotienten folgenden höheren Ableitungen der Taylorentwicklung keinen Beitrag zum Differenzenquotienten ergeben. In der Literatur ist es üblich, dem Funktionswert y_i des vom jeweiligen Bezugspunkt x_0 entferntesten Punktes x_i den Faktor 1 zu geben.

Bezeichnen wir

$$y\,(x_0 + i\,\Delta\,x) = y_i \tag{10.2/6}$$

so gilt allgemein für die Taylorentwicklung der Funktion $y\,(x_0 + i\,\Delta\,x) = y_i$ um den Bezugspunkt x_0:

$$y\,(x_0 + i\,\Delta\,x) = y_{(x=x_0)} + \sum_{n=1}^{n} \frac{(i\,\Delta\,x)^n}{n!} \cdot y^{(n)}_{(x=x_0)} \tag{10.2/7}$$

oder in Kurzschreibweise:

$$y_i = y_0 + \sum_{n=1}^{n} \frac{(i\,\Delta\,x)^n}{n!}\, y_0^{(n)} \tag{10.2/8}$$

Da wir zur Bildung der einfachen und verbesserten Differenzenquotienten stets auf die Gl. 10.2/8 zurückkommen, soll für einige Punkte y_i die Gl. 10.2/8 ausführlich geschrieben werden (Bild 10.2/2).

Zur Bildung der einfachen Differenzenquotienten für y_0' erhalten wir aus $y_1 - y_0$:

$$y_1 - y_0 = \sum_{n=1}^{n} \frac{(1 \cdot \Delta\,x)^n}{n!}\, y_0^{(n)}$$

oder

$$\frac{y_1 - y_0}{\Delta\,x} = \frac{\Delta^1\,y\,(x_0)}{\Delta\,x} = \sum_{n=1}^{n} \frac{(\Delta\,x)^{n-1}}{n!}\, y_0^{(n)} = y_0^{(1)} + \frac{\Delta\,x \cdot y_0^{(2)}}{2!} +$$

$$+ \frac{(\Delta\,x)^2}{3!}\, y_0^{(3)} + \ldots + \frac{(\Delta\,x)^{(n-1)}}{n!}\, y_0^{(n)}$$

$$y_0 = y_0$$

$$y_1 = y_0 + \frac{\Delta x}{1!} y_0' + \frac{(\Delta x)^2}{2!} y_0'' + \frac{(\Delta x)^3}{3!} y_0''' + \frac{(\Delta x)^4}{4!} y_0^{(4)} + \ldots\ldots$$

$$\ldots + \frac{(\Delta x)^n}{n!} y_0^{(n)}$$

$$y_{-1} = y_0 - \frac{\Delta x}{1!} y_0' + \frac{(\Delta x)^2}{2!} y_0'' - \frac{(\Delta x)^3}{3!} y_0''' + \frac{(\Delta x)^4}{4!} y_0^{(4)} - \ldots\ldots$$

$$\ldots + (-1)^n \frac{(\Delta x)^n}{n!} y_0^{(n)}$$

$$y_2 = y_0 + \frac{(2\,\Delta x)^1}{1!} y_0' + \frac{(2\,\Delta x)^2}{2!} y_0'' + \frac{(2\,\Delta x)^3}{3!} y_0''' + \frac{(2\,\Delta x)^4}{4!} y_0^{(4)} + \ldots\ldots$$

$$\ldots + \frac{(2\,\Delta x)^n}{n!} y_0^{(n)}$$

$$y_{-2} = y_0 - \frac{(2\,\Delta x)^1}{1!} y_0' + \frac{(2\,\Delta x)^2}{2!} y_0'' - \frac{(2\,\Delta x)^3}{3!} y_0''' + \frac{(2\,\Delta x)^4}{4!} y_0^{(4)} - \ldots\ldots$$

$$\ldots + (-1)^n \frac{(2\,\Delta x)^n}{n!} y_0^{(n)}$$

$$y_n = y_0 + \frac{(n\,\Delta x)^1}{1!} y_0' + \frac{(n\,\Delta x)^2}{2!} y_0'' + \frac{(n\,\Delta x)^3}{3!} y_0''' + \frac{(n\,\Delta x)^4}{4!} y_0^{(4)} + \ldots\ldots$$

$$\ldots + \frac{(n\,\Delta x)^n}{n!} y_0^{(n)}$$

$$y_{-n} = y_0 - \frac{(n\,\Delta x)^1}{1!} y_0' + \frac{(n\,\Delta x)^2}{2!} y_0'' - \frac{(n\,\Delta x)^3}{3!} y_0''' + \frac{(n\,\Delta x)^4}{4!} y_0^{(4)} + \ldots\ldots$$

$$\ldots + (-1)^n \frac{(n\,\Delta x)^n}{n!} y_0^{(n)}$$

Bild 10.2/2

Nach $y_0^{(1)}$ aufgelöst:

$$y_0^{(1)} = \frac{y_1 - y_0}{\Delta x} - \Delta x \left(\frac{y_0^{(2)}}{2!} + \Delta x \frac{y_0^{(3)}}{3!} + \ldots + (\Delta x)^{n-2} \frac{y_0^{(n)}}{n!} \right)$$

$$y_0^{(1)} = \frac{\Delta^1 y(x_0)}{\Delta x} - F_v \qquad (10.2/9)$$

Ersetzen wir $y_0^{(1)}$ nur durch den vorderen Differenzenquotienten $\frac{\Delta^1 y(x_0)}{\Delta x}$, so enthält das vernachlässigte Glied F_v sämtliche höheren Ableitungen von der zweiten Ableitung an.

Bilden wir den zentralen Differenzenquotienten aus y_1 und y_{-1}, so erhalten wir:

$$y_1 - y_{-1} = \frac{2\,\Delta x}{1!} y_0^{(1)} + \frac{2(\Delta x)^3}{3!} y_0^{(3)} + \frac{2(\Delta x)^5}{5!} y_0^{(5)} + \ldots$$

oder

$$\frac{\delta^1 y(x_0)}{2\,\Delta x} = \frac{y_1 - y_{-1}}{2\,\Delta x} = y_0^{(1)} + (\Delta x)^2 \left[\frac{1}{3!} y_0^{(3)} + \frac{(\Delta x)^2}{5!} y_0^{(5)} + \frac{(\Delta x)^4}{7!} y_0^{(7)} + \ldots \right]$$

Damit ist $y_0^{(1)} = \frac{y_1 - y_{-1}}{2\,\Delta x} - (\Delta x)^2 \left[\frac{1}{3!} y_0^{(3)} + \frac{(\Delta x)^2}{5!} y_0^{(5)} + \frac{(\Delta x)^4}{7!} y_0^{(7)} \ldots \right]$ (10.2/10)

oder

$$y_0^{(1)} = \frac{\delta^1 y(x_0)}{2\,\Delta x} - F_z \qquad (10.2/11)$$

Das Fehlerglied F_z beim einfachen zentralen Differenzenquotienten enthält nur die ungradzahligen höheren Ableitungen mit der dritten Ableitung beginnend.

Ganz ähnlich ergibt sich der einfache Differentialquotient ausgedrückt durch den rückwärtigen Differenzenquotienten $\frac{\nabla^1 y(x_0)}{\Delta x}$ zu:

$$y_0 - y_{-1} = -\sum_{n=1}^{n} \frac{(-1 \cdot \Delta x)^n}{n!} y_0^{(n)} = -\left(-\frac{\Delta x}{1!} y_0^{(1)} + \frac{(\Delta x)^2}{2!} y_0^{(2)} - \frac{(\Delta x)^3}{3!} y_0^{(3)} + - \ldots \right)$$

$$\frac{y_0 - y_{-1}}{\Delta x} = \frac{\nabla^1 y(x_0)}{\Delta x} = y_0^{(1)} - \Delta x \left(\frac{1}{2!} y_0^{(2)} - \frac{\Delta x}{3!} y_0^{(3)} + \frac{(\Delta x)^2}{4!} y_0^{(4)} - + \ldots \right)$$

Damit ist

$$y_0^{(1)} = \frac{y_0 - y_{-1}}{\Delta x} + \Delta x \left[\frac{1}{2!} y_0^{(2)} - \frac{\Delta x}{3!} y_0^{(3)} + \frac{(\Delta x)^2}{4!} y_0^{(4)} - + \ldots \right] \quad (10.2/12)$$

oder

$$y_0^{(1)} = \frac{\nabla^1 y(x_0)}{\Delta x} + F_R \quad (10.2/13)$$

Als Ersatz für den Differentialquotienten 2. Ordnung y_0'' durch den einfachen **zentralen Differenzenquot. ergibt sich auf ähnliche Art z.B. aus der Linearkombi-**nation von $1 \cdot y_{-1} - 2 \cdot y_0 + y_1$ mit Gl. 10.2/8:

$$y_{-1} - 2y_0 + y_1 = (\Delta x)^2 y_0'' + 2\left(\frac{(\Delta x)^4}{4!} y_0^{(4)} + \frac{(\Delta x)^6}{6!} y_0^{(6)} + \ldots + \frac{(\Delta x)^{2n}}{(2n)!} y_0^{(2n)} \right)$$

oder

$$y_0'' = \frac{y_{-1} - 2y_0 + y_2}{(\Delta x)^2} - 2(\Delta x)^2 \left[\frac{y_0^{(4)}}{4!} + \frac{(\Delta x)^2}{6!} y_0^{(6)} + \ldots + \frac{(\Delta x)^{2(n-2)}}{(2n)!} \cdot y_0^{(2n)} \right] \quad (10.2/14)$$

d.h.

$$y_0'' = \frac{\delta^2 y(x_0)}{(\Delta x)^2} - F_z^{(2)} \quad (10.2/15)$$

Für den vorderen Differenzenquotienten ermittelt man aus $y_2 - 2y_1 + y_0$:

$$y_0'' = \frac{y_2 - 2y_1 + y_0}{(\Delta x)^2} - \Delta x \left[\frac{2^3 - 2}{3!} y_0^{(3)} + \frac{2^4 - 2}{4!} \Delta x\, y_0^{(4)} + \frac{2^5 - 2}{5!} (\Delta x)^2 y_0^{(5)} + \ldots \right] \quad (10.2/16)$$

oder

$$y_0'' = \frac{\Delta^2 y(x_0)}{(\Delta x)^2} - F_V^{(2)} \quad (10.2/17)$$

Den Fehlergliedern F kommt bei der Betrachtung der Genauigkeit der Lösung des Näherungsverfahrens eine große Bedeutung zu.

Als Ersatz für den Differentialquotienten 3. Ordnung erhält man aus der Kombination von $-y_0 + 3y_1 - 3y_2 + y_3$ mit Gl. 10.2/8:

$$y_0''' = \frac{-y_0 + 3y_1 - 3y_2 + y_3}{(\Delta x)^3} - \Delta x \left[\frac{3}{2} y_0^{(4)} + \frac{5}{4} \Delta x \cdot y_0^{(5)} + \ldots\right] \qquad (10.2/18)$$

oder

$$y_0''' = \frac{\Delta^3 y(x_0)}{(\Delta x)^3} - F_V^{(3)} \qquad (10.2/19)$$

Entsprechend ergibt sich aus der Kombination von $y_2 \; - 2y_1 \; + 2y_{-1}$ und $-y_{-2}$ der zentrale Differenzenquotient zu:

$$y_0''' = \frac{y_2 - 2y_1 + 2y_{-1} - y_{-2}}{2(\Delta x)^3} - (\Delta x)^2 \left[\frac{1}{4} y_0^{(5)} + \frac{1}{40} (\Delta x)^2 y_0^{(7)} + \ldots\right] \qquad (10.2/20)$$

$$y_0''' = \frac{\delta^3 y(x_0)}{2(\Delta x)^3} - F_Z^{(3)} \qquad (10.2/21)$$

Auf die Ermittlung einfacher Differenzenquotienten höherer Ordnung sei verzichtet, da man auf ähnliche Art auch zu den weniger oft gebrauchten Differenzenquotienten kommt.
Nehmen wir zu den für den einfachen Differenzenquotienten erforderlichen Punkten noch weitere hinzu, so kommen wir zu verbesserten Differenzenquotienten. Bilden wir z.B. aus den Punkten y_{-2}, y_{-1}, y_1 und y_2 einen verbesserten Differenzenquotienten für y_0', so ergibt eine Linearkombination der $a_i y_i$ mit der Taylorentwicklung für diese y_i-Werte entsprechend Gl. 10.2/8 Bestimmungsgleichungen für die a_i. Den Faktor des entferntesten Punktes, hier y_2, also a_2 wählen wir zu eins.

Man erhält:

$$y_0' = \frac{y_{-2} - 8y_{-1} + 8y_1 - y_2}{12 \Delta x} + \frac{1}{30} (\Delta x)^4 \cdot y_0^{(5)} + \ldots \qquad (10.2/23)$$

Das Fehlerglied des einfachen zentralen Differenzenquotienten nach Gl. 10. 2/10 beinhaltet die höheren Ableitungen von $y_0^{(3)}$ aufwärts. Beim verbesserten

Ableitung	Differenzenausdruck	Ausdruck des nächsten nicht verschwindenden Gliedes der Taylor-Entwicklung
y_0'	$\frac{1}{\Delta x}(y_1 - y_0)$	$-\frac{\Delta x}{2} y_0''$
	$\frac{1}{2\Delta x}(y_1 - y_{-1})$	$-\frac{(\Delta x)^2}{6} y_0'''$
	$\frac{1}{12\Delta x}(-y_2 + 8y_1 - 8y_{-1} + y_{-2})$	$\frac{(\Delta x)^4}{30} y_0^{(5)}$
	$\frac{1}{60\Delta x}(y_3 - 9y_2 + 45y_1 - 45y_{-1} + 9y_{-2} - y_{-3})$	$-\frac{(\Delta x)^6}{140} y_0^{(7)}$
	$\frac{1}{2\Delta x}(-3y_0 + 4y_1 - y_2)$	$\frac{(\Delta x)^2}{3} y_0'''$
	$\frac{1}{6\Delta x}(-11y_0 + 18y_1 - 9y_2 + 2y_3)$	$-\frac{(\Delta x)^3}{4} y_0^{(4)}$
	$\frac{1}{6\Delta x}(-2y_{-1} - 3y_0 + 6y_1 - y_2)$	$-\frac{5}{36}(\Delta x)^3 y_0^{(4)}$
	$\frac{1}{12\Delta x}(-3y_{-1} - 10y_0 + 18y_1 - 6y_2 + y_3)$	$\frac{(\Delta x)^4}{20} y_0^{(5)}$
y_0''	$\frac{1}{(\Delta x)^2}(y_1 - 2y_0 + y_{-1})$	$-\frac{(\Delta x)^2}{12} y_0^{(4)}$
	$\frac{1}{12(\Delta x)^2}(-y_{-2} + 16y_1 - 30y_0 + 16y_{-1} - y_{+2})$	$\frac{1}{90}(\Delta x)^4 y_0^{(6)}$
	$\frac{1}{(\Delta x)^2}(2y_0 - 5y_1 + 4y_2 - y_3)$	$\frac{11}{12}(\Delta x)^2 y_0^{(4)}$
	$\frac{1}{12(\Delta x)^2}(11y_{-1} - 20y_0 + 6y_1 + 4y_2 - y_3)$	$\frac{(\Delta x)^3}{12} y_0^{(5)}$
y_0'''	$\frac{1}{2(\Delta x)^3}(+y_2 - 2y_1 + 2y_{-1} - y_{-2})$	$-\frac{1}{4}(\Delta x)^2 y_0^{(5)}$
	$\frac{1}{8(\Delta x)^3}(-y_3 + 8y_2 - 13y_1 + 13y_{-1} - 8y_{-2} + y_{-3})$	$\frac{7}{120}(\Delta x)^4 y_0^{(7)}$
y_0^{IV}	$\frac{1}{(\Delta x)^4}(y_2 - 4y_1 + 6y_0 - 4y_{-1} + y_{-2})$	$-\frac{1}{6}(\Delta x)^2 y_0^{(6)}$

Bild 10.2/3

zentralen Differenzenquotienten erreicht man durch die Berücksichtigung zweier weiterer Punkte, daß erst Ableitungen ab $y_0^{(5)}$ eine Rolle spielen. Entsprechend dem hier angegebenen Schema für die Ermittlung der Gewichtsfaktoren a_i kann man auch für sämtliche anderen einfachen Differenzenquotienten durch Hinzunahme weiterer Punkte die verbesserten Differenzenquotienten ermitteln. Die am häufigsten gebrauchten Differenzenquotienten sind auf Seite 293 zusammengestellt, unfangreichere Tabellen siehe [33].

Lösung der Wärmeleitungsgleichung als Beispiel für eine partielle Differentialgleichung.

Das Verhalten der Wärmeleitung wird durch die partielle Differentialgleichung

$$\frac{\partial}{\partial t} U(x,t) = \frac{\kappa}{\rho c} \cdot \frac{\partial^2}{\partial x^2} U(x,t) \qquad (10.2/24)$$

beschrieben. Die als örtlich und zeitlich unveränderlich angenommenen Konstanten haben folgende Bedeutung:

κ = Wärmeleitfähigkeit $\qquad \rho$ = Dichte $\qquad c$ = spezifische Wärme

Zur Abkürzung schreiben wir $\quad \frac{\kappa}{\rho \cdot c} = B \qquad (10.2/25)$

Die Größe U (x, t) stelle die Temperatur eines linearen Wärmeleiters, d.h. eines Stabes verschwindender Dicke, oder auch eines räumlichen Leiters, bei welchem die Temperatur nur von einer Raumkoordinate abhängt, dar.
Der uns interessierende Verlauf von U (x, t) eines gegebenen Stabes bestimmter Länge $0 < x < l$ für $t > 0$ soll für die folgenden Anfangs- und Randbedingungen ermittelt werden.

1. Anfangsbedingung: $U(x,+0) = U_0(x)$
   Der Stab befindet sich zur Zeit $t = 0$ auf einer bestimmten Temperatur, die vom Ort x abhängen kann und darf.

2. Randbedingung: $U(+0, t) = A_0(t) = K$

   $U(l-0, t) = A_l(t) = K$

Der Stab möge am Anfang und Ende Kontakt mit Wärmespendern haben, die die Enden auf Temperaturen halten, die mit der Zeit weitgehend beliebig variieren dürfen. Wir nehmen den leicht überblickbaren Fall, daß diese Temperaturen am Anfang und Ende konstant sein sollen.

Die folgenden Werte sollen für das Beispiel zu Grunde gelegt werden.
Länge des Stabes

$$l = 6 \text{ m}$$

$U_0(x) = 100°C$ $\qquad A_0(t) = A_l(t) = 0°C$ für $t > 0$ $\qquad B = \frac{\kappa}{\rho \cdot c} = 10 \frac{m^2}{sec}$

Gesucht ist die Temperaturverteilung $U(x, t)$ für $t > 0$.
Später wird die Rechnerlösung mit der exakten Lösung verglichen.

Da wir von der Differenzenmethode Gebrauch machen wollen, ermitteln wir den Temperaturverlauf $U(t)$ an diskreten Stellen $i \cdot \Delta x$ mit $\Delta x = 1$ m und $1 \leqq i \leqq 5$. Mit Gl. 10.2/25 ergibt sich aus Gl. 10.2/24

$$\frac{\partial}{\partial t} U(x,t) = B \cdot \frac{\partial^2}{\partial x^2} U(x,t)$$

nach der Einführung des einfachen Differenzenquotienten für $\frac{\partial^2 U(x,t)}{\partial x^2}$

$$\frac{\partial U}{\partial t} = B \frac{U_{n+1} - 2U_n + U_{n-1}}{(\Delta x)^2}$$

Durch die Aufteilung des Stabes in 6 Abschnitte entsprechend Bild 10.2/4 erhalten wir mit den Punkten $x_1 \div x_5$ das folgende System von Differentialgleichungen:

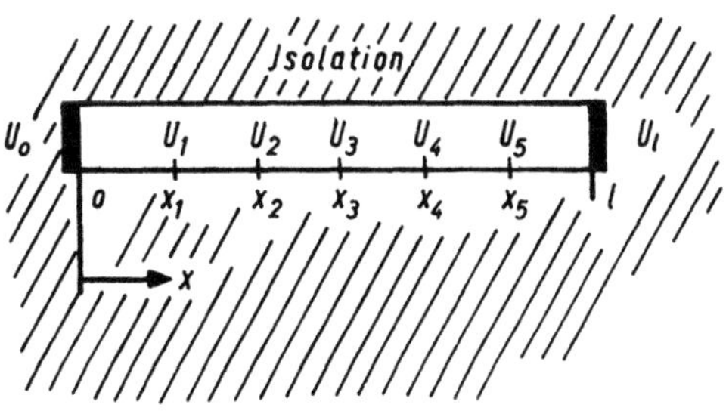

Bild 10.2/4

$$\frac{dU_1}{dt} = B\,\frac{U_2 - 2U_1 + U_0}{(\Delta x)^2}$$

$$\frac{dU_2}{dt} = B\,\frac{U_3 - 2U_2 + U_1}{(\Delta x)^2}$$

$$\frac{dU_3}{dt} = B\,\frac{U_4 - 2U_3 + U_2}{(\Delta x)^2}$$

$$\frac{dU_4}{dt} = B\,\frac{U_5 - 2U_4 + U_3}{(\Delta x)^2}$$

$$\frac{dU_5}{dt} = B\,\frac{U_6 - 2U_5 + U_4}{(\Delta x)^2}$$

Die Randbedingungen stellen die Temperaturen an den beiden Enden, $x = 0$; $x = l$, dar. Es sollte gelten $U_0 = U_l = 0°C$. Dieses System von Differentialgleichungen ist nunmehr auf dem elektronischen Analogrechner zu lösen.
Da wir ein völlig symmetrisches System vor uns haben $U(0,t) = U(l,t)$ und $U_0(x) = 100°C$, vereinfacht sich der Schaltungsaufwand ganz erheblich. Es ist nämlich:

$$U_1(t) = U_5(t) \qquad U_2(t) = U_4(t) \tag{10.2/26}$$

Damit genügt die Lösung dem folgenden Differentialgleichungssystem:

$$\frac{dU_1}{dt} = B\,\frac{U_2 - 2U_1 + U_0}{(\Delta x)^2} \qquad \frac{dU_2}{dt} = B\,\frac{U_3 - 2U_2 + U_1}{(\Delta x)^2} \tag{10.2/27}$$

$$\frac{dU_3}{dt} = B\,\frac{2U_2 - 2U_3}{(\Delta x)^2}$$

Zum Entwurf der Rechenschaltung haben wir den Übergang zu den Maschinengrößen zu machen. Die Temperaturen an den verschiedenen Punkten x_1, x_2 und

x_3 werden durch Spannungen gegen Erde dargestellt. Es soll für die Zeit- und Amplitudentransformation gelten:

$$\tau = m_\tau \cdot t \quad (10.2/28) \qquad \overline{u} = \alpha_0 U \quad (10.2/29) \qquad \overline{u'} = \alpha_1 \frac{du}{dt} \quad (10.2/30)$$

Damit ergibt sich aus Gl. 10.2/27

$$\begin{aligned} \overline{u_1'} &= B \frac{\alpha_1}{\alpha_0} \frac{1}{(\Delta x)^2} (\overline{u_2} - 2\overline{u_1} + \overline{u_0}) \\ \overline{u_2'} &= B \frac{\alpha_1}{\alpha_0} \frac{1}{(\Delta x)^2} (\overline{u_3} - 2\overline{u_2} + \overline{u_1}) \qquad (10.2/31) \\ \overline{u_3'} &= B \frac{\alpha_1}{\alpha_0} \frac{1}{(\Delta x)^2} (2\overline{u_2} - 2\overline{u_3}) \end{aligned}$$

Die Amplitudenmaßstabsfaktoren α_0 und α_1 bestimmen wir wie folgt:
Da die **Temperatur** zur Zeit $t = 0$ die höchstmögliche dieses Problems ist, ordnen wir dieser Temperatur die maximale Spannung von 100 V des Analogrechners zu. Es soll also gelten:

$$\alpha_0 = \frac{\overline{u_{max}}}{u_{max}} = \frac{100\,V}{100°C} = 1(°C)^{-1}V \qquad (10.2/32)$$

Entsprechend Gl. 10.2/27 versuchen wir $\left|\frac{du}{dt}\right|_{max} = \frac{B}{(\Delta x)^2} |u|_{max}$ anzusetzen.

Falls eine Übersteuerung noch erfolgen sollte, müssen wir den Maßstabsfaktor ändern. Es möge gelten:

$$\overline{u'_{max}} = \alpha_1 u'_{max}$$

d.h. $$\frac{1}{\alpha_1} = \frac{u'_{max}}{\overline{u'_{max}}} = \frac{\frac{B}{(\Delta x)^2} \cdot u_{max}}{100\,V} = \frac{B}{(\Delta x)^2} \cdot \frac{100°C}{100\,V} = \frac{B}{(\Delta x)^2} \cdot 1°C\,V^{-1}$$

oder $$\frac{1}{\alpha_1} = \frac{B}{(\Delta x)^2} \cdot \frac{1}{\alpha_0} \qquad (10.2/33)$$

Mit den Maßstabsfaktoren aus Gl. 10.2/32 und 10.2/33 kommt man vom Gleichungssystem 10.2/31 zu folgender Darstellung:

$$\overline{u'_1} = (\overline{u}_2 - 2\overline{u}_1 + \overline{u}_0)$$

$$\overline{u'_2} = (\overline{u}_3 - 2\overline{u}_2 + \overline{u}_1) \qquad (10.2/34)$$

$$\overline{u'_3} = 2\overline{u}_2 - 2\overline{u}_3$$

Damit liegt die in Bild 10.2/5 dargestellte Rechenschaltung fest.

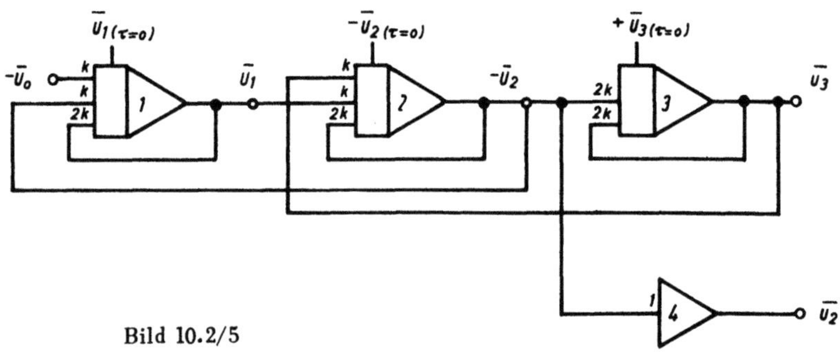

Bild 10.2/5

An dem symmetrischen Aufbau erkennt man sofort die Möglichkeit der Erweiterung durch Hinzunahme weiterer Punkte.
Mit Hilfe des Programmierungsschemas bestimmen wir nunmehr die einzelnen Elemente.
Für die Integration der ersten Ableitung gilt:

$$\overline{u} = \frac{1}{m_T} \cdot \frac{\alpha_0}{\alpha_1} \int_0^T \overline{u'}\, d\tau + \overline{u}_{(\tau=0)}$$

Der einfache Integrator liefert

$$e_0 = -\frac{1}{RC} \int_0^T e_i \cdot d\tau + E$$

Es ergibt sich somit $e_0 = -\overline{u}$ falls $e_i = \overline{u_i'}$ $\qquad \frac{1}{RC} = \frac{1}{m_\tau} \cdot \frac{\alpha_0}{\alpha_1} = k$

und $E = -\overline{u}_{(t=0)} = -\alpha_0 \cdot u_{(t=0)}$ ist.

Die Integratoren für u_1, u_2 und u_3 bauen wir gleichartig auf. Mit den vorgegebenen Werten dieses Beispiels

$$B = \frac{10\,m^2}{sec} \qquad\qquad (\Delta x)^2 = 1\,m^2$$

und den entsprechend Gl. 10.2/32 und 10.2/33 gewählten Werten für α_1 und α_0 erhalten wir unter der Annahme $m_\tau = 1$, d.h. $\tau = t$

$$k = \frac{1}{RC} = \frac{1}{1} \cdot \frac{B}{(\Delta x)^2} = \frac{\frac{10\,m^2}{sec}}{1\,m^2} = 10\ sec^{-1}$$

oder $\qquad RC = 0{,}1$ sec

gewählt: $\qquad C = 0{,}1\ \mu F$ und $R = 1\ M\Omega$.

Weiterhin ist E wie folgt bestimmt:

$$E = -\alpha_0\, u_{(t=0)} = \frac{100°C}{1°CV^{-1}} = -100\ V$$

$$\overline{u_0} = 0, \text{ da } \overline{u_0} = \alpha_0 \cdot u_0 = \alpha_0 \cdot 0 = 0$$

Damit liegt die Schaltung endgültig fest. Wir verwenden Summenintegrierer und haben noch eine Multiplikation mit 2 für die jeweilige Eigengröße durchzuführen. Da wir für den Faktor 1 am Eingang des Integrierers den Widerstand $R = 1M\Omega$ gewählt haben, muß beim Faktor 2 der Widerstand $0{,}5\ M\Omega$ betragen. Die vollständige Schaltung ist in Bild 10.2/6 dargestellt.

Die Lösungsfunktionen u(t) für die konstanten x-Werte $x_1 = x_5$; $x_2 = x_4$ und x_3 sind in Bild 10.2/7 dargestellt.

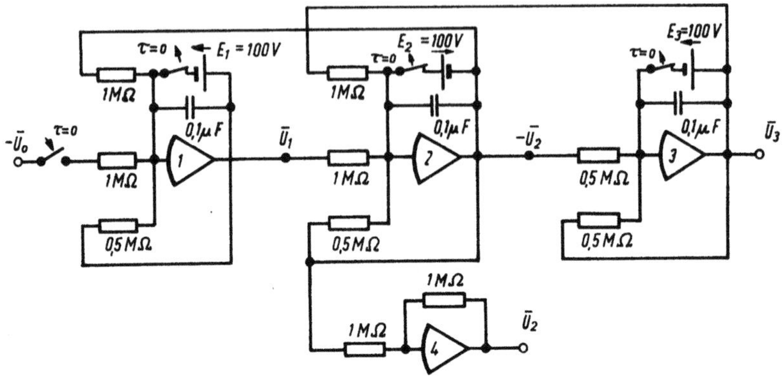

Bild 10.2/6

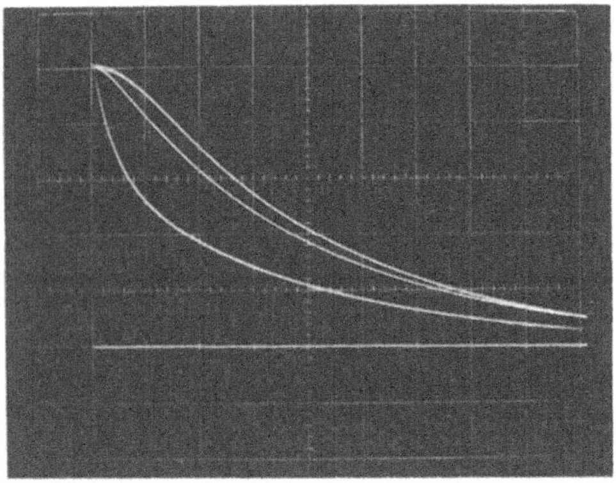

1 cm ≙ 0,1 sec
1 cm ≙ 20 V

Bild 10.2/7

Die Rechenschaltung für einen beliebigen Punkt ist in Bild 10.2/8 nochmals dargestellt.
Diese Schaltung gilt für den einfachen zentralen Differenzenquotienten.

Gehen wir nunmehr zum verbesserten Differenzenquotienten über, so gilt bei ganz entsprechender Wahl der Maßstabsfaktoren:

$$\overline{u_n'} = \frac{1}{12}\left(-\overline{u_{n-2}} + 16\,\overline{u_{n-1}} - 30\,\overline{u_n} + 16\,\overline{u_{n+1}} - \overline{u_{n+2}}\right)$$

Die zugehörige Schaltung ist in Bild 10.2/9 dargestellt.

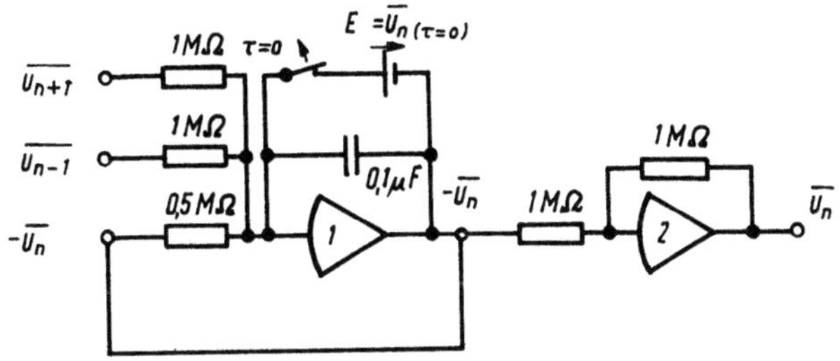

Bild 10.2/8

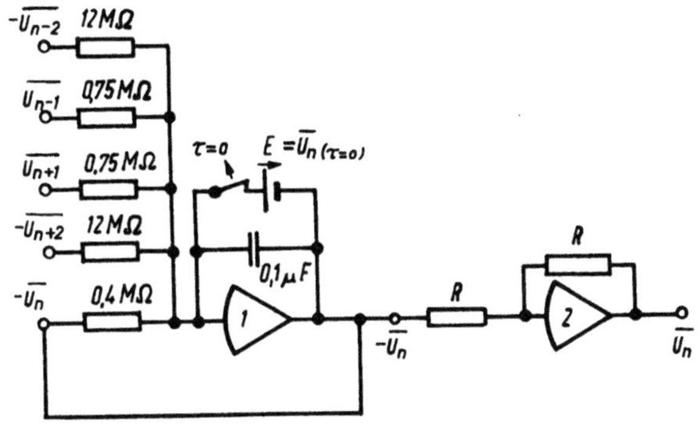

Bild 10.2/9

Wie die für beide Näherungen praktisch auf dem Analogrechner erzielten Lösungsfunktionen zeigen, stimmen die erhaltenen Lösungen sehr gut überein. Eine Fehlerbetrachtung liefert nur sehr geringfügige Unterschiede. Das liegt daran, daß die Lösung in der Darstellung als Reihe gut konvergiert. Der Fehler, der sich aus der Differenz der Lösungen mittels einfacher und verbesserter Differenzenmethode ergibt, wird aber wesentlich größer, wenn die Funktion u (x, t=0) d.h. die Anfangsbedingungen, nicht eine Konstante ist, sondern sich mit dem Ort ändert, wenn z.B. $u_2 = - u_1$; $u_3 = u_1$; $u_4 = - u_1$ und $u_5 = u_1$ ist.
In einer kurzen Gegenüberstellung (Tabelle I, II und III) seien noch die Lösungswerte des elektronischen Analogrechners und die exakte Lösung verglichen.

Es soll noch auf eine andere Darstellungsmethode der Lösungsfunktionen hingewiesen werden. Z.B. bei Aufgaben der Wärmetechnik ist es wünschenswert, wenn man nicht die Darstellung u (x, t) = u (t) für x = const., sondern die Darstellung u (x, t) = u (x) für t = const. sofort vorliegen hätte. Grundsätzlich wäre durch Umzeichnung eine punktweise Ermittlung dieser Funktionen möglich. Für den Fall konstanter Randbedingungen war eine Möglichkeit, wenn auch eine relativ aufwendige, in Abschnitt 10.1 angegeben worden. Da aber die Funktionen u (x, t) = u (x) für t = const. gern zur Beurteilung von Wärmespannungen

Tabelle I A_0 (t) = A_L (t) = 0° C; U_0 (x) = 100° C

t	U (x_1, t)/(°C)		U (x_2, t)/(°C)		U (x_3, t)/(°C)		U (x_4, t)/(°C)		U (x_5, t)/(°C)	
(sec)	gemessen	berechnet	gemessen	berechnet	gemessen	berechnet	gemessen	berechnet	gemessen	berechnet
0,1	53	52	83	84	91,5	93,1	U (x_4, t) = U (x_2, t)		U (x_5, t) = U (x_1, t)	
0,2	37	37	64	63	73	73,2				
0,4	21	21,2	37	36,7	42	43,1				
0,6	12	12,3	21,5	21,7	25	24,6				
0,8	6	7,11	12,5	12,3	14,5	14,2				
1,0	3,5	4,1	6,65	6,9	8	8,6				

Tabelle II A_0 (t) = 50°C; A_L(t) = 0° C; U_0 (x) = 100° C

t	U (x_1, t)/(°C)		U (x_2, t)/(°C)		U (x_3, t)/(°C)		U (x_4, t)/(°C)		U (x_5, t)/(°C)	
(sec)	gemessen	berechnet	gemessen	berechnet	gemessen	berechnet	gemessen	berechnet	gemessen	berechnet
0,1	76	75,35	92	91,53	95	94,8	85	84	53	52
0,2	67	67,88	81	81,42	80	79,88	68	67,8	38	37,91
0,4	56,5	57,58	61	60,66	57	57,47	45	44,33	25	24,39
0,6	50	50,92	49	49,69	44	43,46	34	33,07	17	17,53
0,8	46	47	43	42,56	36	35,65	26,5	25,89	14	13,67
1,0	44	44,74	39,5	38,46	31,5	31,55	23	21,79	11,5	11,41

Tabelle III A_0 (t) = 50° C; A_L (t) = 50° C; U_0 (x) = 100° C

t	U (x_1, t)/(°C)		U (x_2, t)/(°C)		U (x_3 t)/(°C)		U (x_4, t)/(°C)		U (x_5, t)/(°C)	
(sec)	gemessen	berechnet	gemessen	berechnet	gemessen	berechnet	gemessen	berechnet	gemessen	berechnet
0,1	76	75,39	92	91,53	96	96,5	U (x_4, t) = U (x_2, t)		U (x_5, t) = U (x_1, t)	
0,2	68	68,77	83	84,24	87	86,56				
0,4	60	60,57	68	68,29	71,5	71,84				
0,6	55	56,15	61	61,06	63	62,32				
0,8	52,5	53,56	55,5	56,15	57	57,10				
1,0	50,5	52,05	54	53,35	54	54,50				

1 cm ≙ 10 V

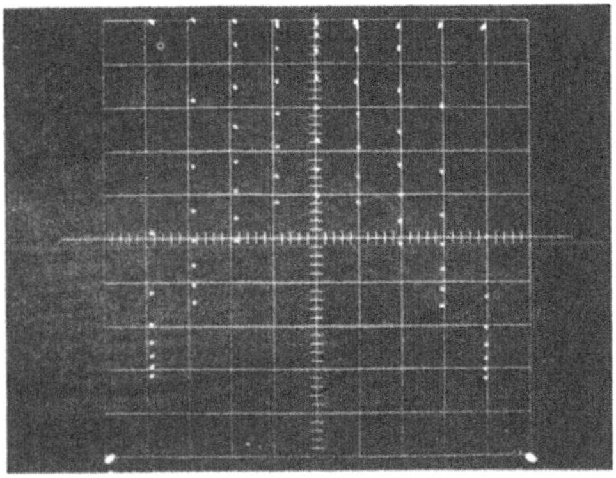

Bild 10.2/10

herangezogen werden, bei denen im allgemeinen bei Erreichen bestimmter Grenzwerte die Randbedingungen geändert werden müssen, ist eine Darstellung der Funktion u (x, t) = u (x) für t = const. von großem Wert.
Im Bild 10.2/10 sind punktweise die Lösungskurven u (x,t) dargestellt. Diese Aufnahme wurde von einem x-y-Oszillographen aufgenommen, der über eine Helltastschaltung gesteuert wurde.
Es sollen an dieser Stelle nur kurz die Grundgedanken der Schaltungserweiterung angegeben werden. Der Analogrechner arbeitet im repetierenden Betrieb mit einer Schaltung entsprechend Bild 10.2/5.
Durch Hinzunahme weiterer Punkte ist natürlich ein wesentlich dichteres Punktnetz zu erhalten. Beim x-y-Oszillographen ist jedem Punkt x_n des Problems eine bestimmte Auslenkung in x-Richtung zugeordnet. An das y-Ablenkplattenpaar gibt man über einen Stufenschalter den jeweiligen Verstärkerausgang $\overline{u}_n$.
In der einfachsten Form nimmt man einen Drehwähler mit mehreren Kontaktbahnen. Im Bild 10.2/11 ist die Schaltungsanordnung dargestellt.
Jeder Verstärkerausgang liefert die bereits angegebenen Lösungskurven u (x, t) = = u (t) für x = const. entsprechend Bild 10.2/7. Diese Lösungskurven würden auf dem Schirm des x-y-Oszillographen eine vertikale Linie ergeben, wobei

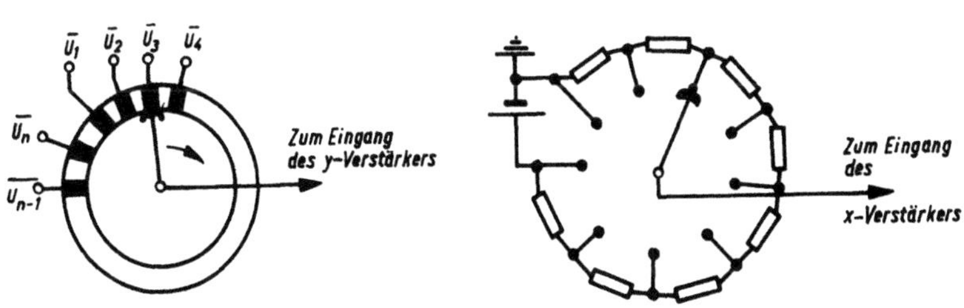

Bild 10.2/11

die Schreibgeschwindigkeit nicht konstant ist. Der Elektronenstrahl wird in diesem Fall allgemein dunkel gesteuert, nur für kurze Augenblicke soll eine Helltastung in konstanten Zeitabständen erfolgen. Aus dem Blockschaltbild 10.2/12 ist der insgesamt erforderliche Aufwand der zusätzlichen Umtasteinrichtung zu ersehen. Weitere Angaben sind in [23] zu finden.

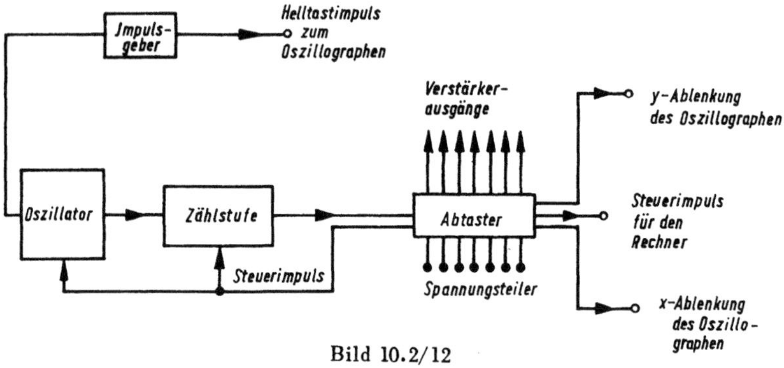

Bild 10.2/12

Blockschaltbild der Umtasteinrichtung

Eine nach Bild 10.2/12 aufgebaute Umtasteinrichtung liefert speziell für wärmetechnische Aufgaben gut brauchbare Ergebnisse. Wünschenswert wäre natürlich ein geschlossener Linienzug. Aufgaben, die in Abhängigkeit von der Zeit keine monoton abfallenden Funktionen ergeben, sind mit dieser Umtasteinrichtung allein nicht sicher auszuwerten. Es sind stets die Ergebnisse entsprechend Bild 10.2/7 hinzuzuziehen. Dieser Umstand läßt es als zweckmäßig erscheinen, die Schaltung 10.2/12 dahingehend zu erweitern, daß vom Oszillographen auch die Verbindungslinien zugehöriger Punkte aufgezeichnet werden.

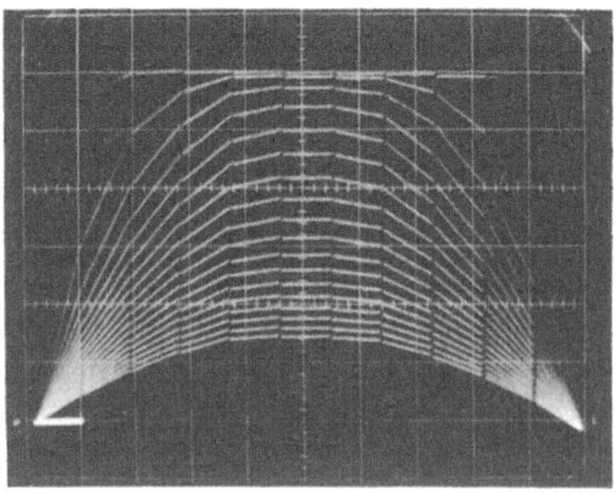

1 cm ≙ 10 V

Bild 10.2/13

1 cm ≙ 10 V

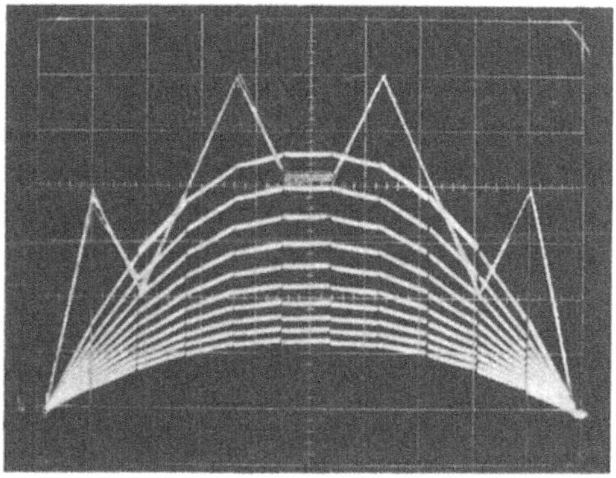

Bild 10.2/14

In den Bildern 10.2/13 und 10.2/14 sind die gewünschten geschlossenen Linienzüge angegeben, die auf eine sehr anschauliche Art den Temperaturverlauf längs eines Stabes für verschiedene Zeiten angeben. Eine derartige Darstellung ist in jedem Falle übersichtlicher und der Vorstellung des Ingenieurs vertrauter als die Darstellung nach Bild 10.2/7. Der Vorteil ist der, daß der Einfluß von Rand- und Anfangsbedingungen auf dem Bildschirm der Oszillographenröhre beobachtet werden kann. Bei der Darstellung mittels Umtasteinrichtung nach Bild 10.2/12 wurde nur jeweils ein Verstärkerausgang zum y-Eingang des Oszillographen durchverbunden. Einen geschlossenen Linienzug mit linearer Interpolation zwischen zwei benachbarten Funktionswerten könnte man erhalten, wenn z.B. sämtliche Verstärkerausgänge an ein schnell durchdrehbares Potentiometer nach Bild 10.2/15 angeschlossen würden. Der Rechenvorgang darf selbst nur relativ langsam ablaufen, damit ein vollständiger Umlauf des Potentiometerabgriffs in einer Zeit beendet sein kann, in der sich der Funktionswert noch nicht nennenswert geändert hat.

Liefert ein zweites Potentiometer eine dem Drehwinkel proportionale Ablenkspannung an das Horizontal-Ablenkplattenpaar, so erscheint bei einer Hell-

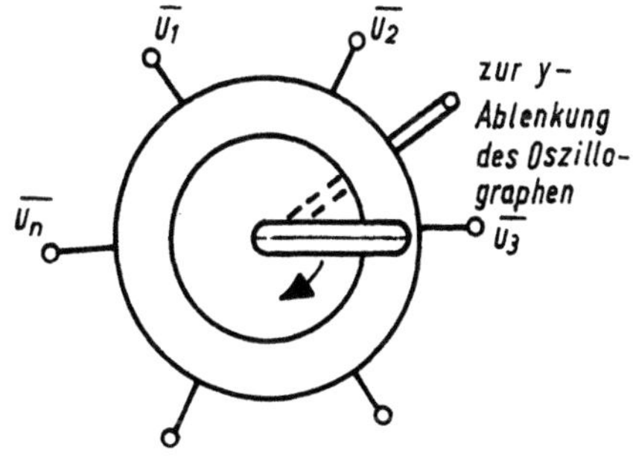

Bild 10.2/15
Schnelldurchdrehbares Potentiometer

tastzeit von einem Umlauf ein geschlossener Linienzug auf dem x-y-Oszillographen.

Da der Aufwand relativ hoch erscheint und sich nur dort lohnt, wo dauernd Wärmeprobleme oder ähnliche gelöst werden müssen, ist nach Möglichkeit diese lineare Interpolation zwischen benachbarten Funktionswerten mit den üblichen und vorhandenen Recheneinheiten durchzuführen. Nach Bild 10.2/16 gilt für die Größe $\overline{u}$:

$$\overline{u} = \overline{u}_n + \frac{\overline{u}_{n+1} - \overline{u}_n}{\overline{u}_a}\overline{du} \qquad (10.2/35)$$

mit $0 < \overline{du} < \overline{u}_a$

Gibt man nunmehr die entsprechend Gl. 10.2/35 erzeugte Größe $\overline{u}$ auf das y-Ablenkplattenpaar, so läuft der Elektronenstrahl stets zwischen den Werten $\overline{u}_n$ und $\overline{u_{n+1}}$ auf der Vertikalen. Kommt nun noch additiv $\overline{du}$ zu der x_n proportionalen Ablenkspannung, so wird der Elektronenstrahl stets auf der Geraden zwischen $\overline{u}_n$ und $\overline{u_{n+1}}$ laufen. Damit ist eine lineare Interpolation erreicht. Wird jetzt noch der Oszillograph in bestimmten konstanten Zeitabständen für die Dauer eines Hin- und Herlaufs von $\overline{du}$ hell getastet, so erhält man bei einem

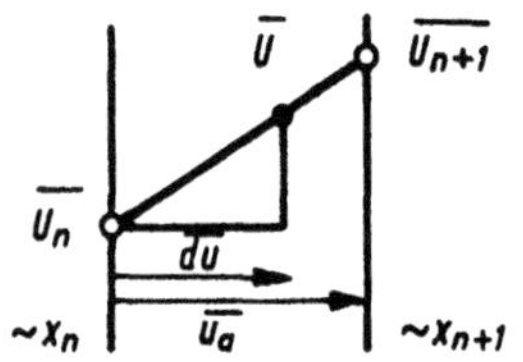

Bild 10.2/16
Lineare Interpolation zwischen zwei benachbarten Funktionswerten

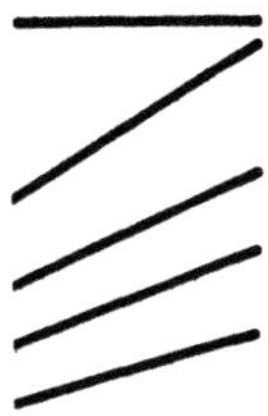

Bild 10.2/17

Durchlauf des Rechners eine Darstellung entsprechend dem Bild 10.2/17. Zur Darstellung der Bilder 10.2/13 und 10.2/14 sind für insgesamt n-Punkte n+1 Durchläufe erforderlich. Die Steuerung des Rechners erfolgt durch den Abtaster selbst, der auch den zeitgebenden Oszillator anstößt. Das vollständige Blockschaltbild für die Aufzeichnung der linear interpolierten Funktionsverläufe $u\,\overline{(x, t)} = \overline{u\,(x)}$ für t = const. entsprechend den Bildern 10.2/13 und 10.2/14 sieht wie folgt aus:

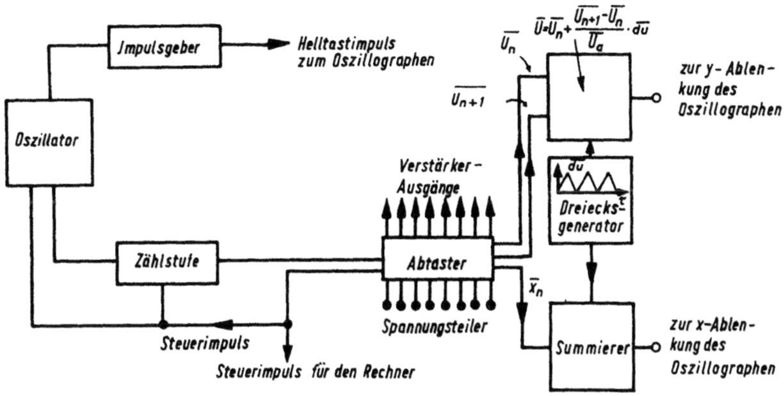

Bild 10.2/18

Außer einem Dreiecksgenerator für $\overline{du}$, (es darf auch eine sinusförmige Ablenkspannung sein) und einigen Summierverstärkern ist nur noch eine Multiplikationseinheit erforderlich. Der Aufwand ist nicht zu groß und die anschaulichen Ergebnisse lohnen diesen Aufwand. Durch Hinzunahme einer 3. Kontaktbahn und einer weiteren Multipliziereinheit kann auch eine Parabelnäherung durch 3 Punkte erreicht werden.
Weitere Darstellungsmöglichkeiten derartiger Lösungsfunktionen bei Verwendung eines x-y-Papierschreibers sind in [23] angegeben.

11. Der elektronische Analogrechner als Simulator

11.1 *Allgemeine Gesichtspunkte*

Nachdem in den vorhergehenden Abschnitten die Anwendung des elektronischen Analogrechners zur Lösung von beliebigen Differentialgleichungen im Vordergrund unserer Betrachtungen stand, wenden wir uns jetzt noch einem sehr wirkungsvollen und häufigen Einsatz des Analogrechners zu. Dieses wichtige Anwendungsgebiet ist das Gebiet der Simulation. Unter einem Simulator verstehen wir ganz allgemein eine modellmäßige Nachbildung eines zu untersuchenden Systems, an dem alle interessierenden Größen und deren Abhängigkeiten beobachtet werden können. Modellmäßige Darstellungen wie z.B. Netzwerkanalysatoren zur Bestimmung der Leistungsverteilung in elektrischen Netzen oder Windtunnel zur Untersuchung von Flugkörperprofilen u.s.w., die auch zu den Simulatoren gehören, sollen hier nicht betrachtet werden.

Einfache und sehr flexible Modelle lassen sich aus den gleichen Recheneinheiten aufbauen, die wir bisher zur Lösung rein mathematisch vorgegebener Aufgaben eingesetzt haben. Nur diese Art Simulatoren soll im weiteren näher behandelt werden.

Vielfach setzt auch die mathematische Behandlung physikalischer, biologischer oder medizinischer Erscheinungen eine gewisse Vorstellung des Wirkungsablaufs in dem betrachteten System voraus. Man ordnet also dem physikalischen Gebilde ein entsprechendes Modell zu. Zweckmäßig beschränkt man sich dabei stets auf die für den Vorgang notwendigen Mechanismen, d.h. man läßt alle untergeordneten Nebenerscheinungen, die das Modell nur verkomplizieren und auch keinen wesentlichen Beitrag zum Problem leisten, fortfallen. Modellbetrachtungen sind somit unerläßlich, sie werden schon sehr lange durchgeführt und haben sich nicht nur in der Technik bewährt. Der leichteren Anpassungsfähigkeit wegen kommen im allgemeinen elektrische Modelle und seit einigen Jahren vor allem Recheneinheiten des elektronischen Analogrechners als Grundelemente eines Modells in Frage. Da viele Vorgänge durch Differentialgleichungen beschrieben werden können, kann man z.B. beim Aufbau des Modells nach dem Gesichtspunkt vorgehen, einen Mechanismus aufzubauen, der den gleichen Differentialgleichungen gehorcht und eine eindeutige und feste Zuordnung zwischen Modellgrößen und Objektgrößen ermöglicht. Jeder Rechenarbeit und Lösung eines Problems geht also die Ermittlung eines sinnvollen Modells voraus. Ein

Modell ist dann gut, wenn an ihm bei möglichst geringem Aufwand alle Haupterscheinungen des gegebenen physikalischen Gebildes zu klären sind.
Die modellmäßige Nachbildung der einzelnen an dem Gesamtablauf des Vorganges beteiligten Einrichtungen hat den großen Vorteil, daß man ein besseres Gefühl und tieferes Verständnis für die physikalisch-technischen Einzelprobleme und deren Einfluß erhält. Selbst wenn die Lösung eines mathematisch formulierten, kompliziert aussehenden Differentialgleichungssystems auch durch die Lösung einer Differentialgleichung entsprechend höherer Ordnung erhalten werden kann, so geht die Anschaulichkeit hierdurch verloren.
Im allgemeinen kann man sagen, daß das Studium komplizierter Systeme unter Einschluß von Nichtlinearitäten zweckmäßiger in einer bausteinartigen Modelldarstellung als in der Lösung der rein mathematisch formulierten Aufgabe erfolgt, da dann der Einfluß einzelner Systemgrößen auf die Lösung schneller ermittelt werden kann. Dadurch, daß man jede an dem Vorgang beteiligte Einheit nachbildet, ist man in der Lage, auch Einheiten des tatsächlichen physikalischen Systems in die Modelldarstellung mit einzubeziehen. Dieses setzt nur voraus, daß wir keine Zeittransformation durchführen, d.h. wir wählen den Maßstabsfaktor m_T gleich eins. Dies ist ein ganz entscheidender Vorteil der Simulation.

Als Darstellungsart für ein physikalisches System ist die Verkettung verschiedener Blocksymbole zu einem Blockschaltplan sehr gebräuchlich. Diese Verkopplungsart entspricht in etwa der bisher so häufig entworfenen Rechenschaltung. Diese stellt zeichnerisch die formelmäßige Verknüpfung der verschiedenen Grundrecheneinheiten durch ihre Symbole dar. In Anlehnung an die Regelungstechnik werden wir nunmehr nicht einer Recheneinheit ein Symbol, sondern jedem wesentlich am Gesamtsystem beteiligten physikalischen Gebilde ein Symbol zuordnen. Ganz allgemein wird das Rechtecksymbol für die verschiedensten Gebilde verwendet und nur für den Summationspunkt hat man das mit einem Kreis versehene Pluszeichen gewählt ($\oplus$).

Einem Symbol des Blockschaltplanes können und werden also mehrere Recheneinheiten des Analogrechners entsprechen.

Die Kennzeichnung jedes einzelnen Gebildes kann auf verschiedene Arten geschehen. Da uns das Verhalten der Ausgangsgröße bei Änderung der Eingangsgröße interessiert, kann man als Symbol wie bei den Funktionsgeneratoren die Kennlinie $e_0 = f(e_i)$ einzeichnen. Diese Art der Darstellung wird bei all den in Abschnitt2.5 angegebenen speziellen Funktionsverläufen wie Unempfindlichkeitsbereich, Begrenzung, Hysterese und Betragsbildung angewandt. Im Bild 11.1/1 sind die Symbole dieser Funktionen angegeben.

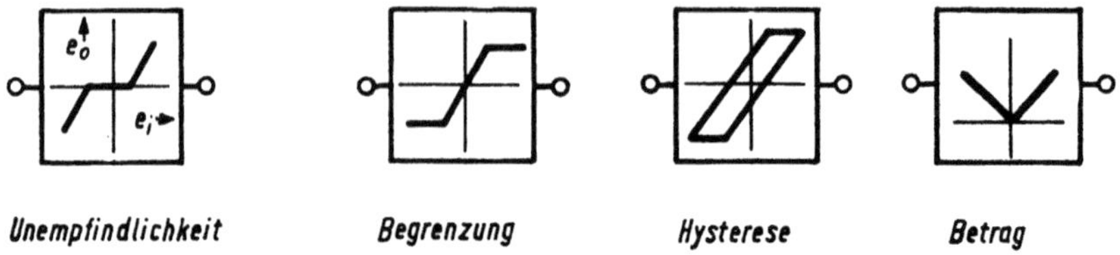

Bild 11.1/1

Der für diese Schaltung erforderliche Aufwand an Rechenelementen bei Variation der einzelnen Kenngrößen ist dem Abschnitt 2.52 zu entnehmen.
Da es uns im allgemeinen auf das Zeitverhalten des physikalischen Gebildes ankommt, wird man versuchen, aus dem Zeitverhalten der verschiedenen Einzelgebilde auf das Verhalten des Gesamtsystems zu schließen. Jedes Einzelgebilde für sich wird also als Übertragungssystem aufgefaßt. Es müssen nunmehr charakteristische Größen definiert werden, die nur vom Übertragungssystem selbst, nicht aber von der Eingangs- und Ausgangsgröße abhängen.

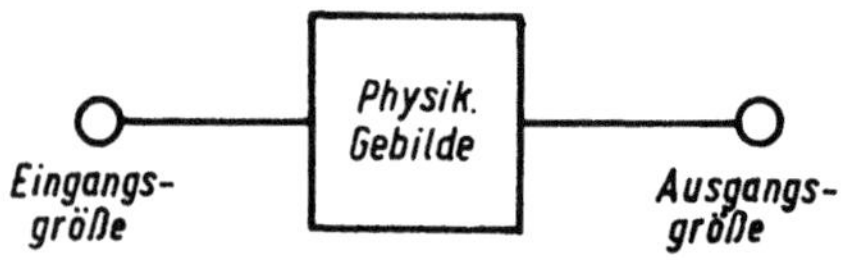

Bild 11.1/2
Übertragungssystem

Die drei wichtigsten Definitionsgrößen seien hier kurz angegeben.

1. Frequenzgang oder Übertragungsfaktor G (j ω) [in der Regelungstechnik mit F (jω) bezeichnet]
2. Übertragungsfunktion G (s)
3. Übergangsfunktion h (t)

1. Der Frequenzgang

Wird ein zur Zeit t = 0 energieloses, lineares **Übertragungssystem** durch eine Zeitfunktion

$$e_i(t) = U_e \cdot \sin(\omega t)$$

$$U_e = \text{Amplitude}; \qquad \omega = 2\pi f = \text{Kreisfrequenz}$$

erregt, dann erhalten wir als Antwort des Systems einen im allgemeinen mit der Zeit abklingenden Ausgleichsvorgang und einen sinusförmigen Anteil gleicher

Frequenz. Für den in der Nachrichtentechnik sehr gebräuchlichen Begriff des Frequenzgangs interessiert uns der eingeschwungene Zustand der Ausgangsgröße. Erhalten wir z.B. als Ausgangsfunktion

$$e_0\,(t) = U_a \cdot \sin\,(\omega t + \varphi) \quad \text{mit } \varphi = \text{Nullphasenwinkel},$$

so können wir das Verhältnis $\frac{U_a}{U_e}$ und den Nullphasenwinkel für alle möglichen Frequenzen ω ermitteln. Im allgemeinen werden sowohl $\frac{U_a}{U_e}$ als auch φ Funktionen von ω sein.

Nunmehr bezeichnet man die komplexe Zahl

$$\frac{U_a}{U_e} \cdot e^{j\varphi} = G\,(j\,\omega) \tag{11.1/1}$$

als Frequenzgang des betreffenden Übertragungssystems.

Bequemer ist die sofortige Einführung der komplexen Zahlen, wenn man daran denkt, daß $\sin \omega t$ der Imaginärteil von $e^{j\omega t}$ ist.

$$e^{j\omega t} = \cos\,\omega t + j\,\sin\,\omega t \tag{11.1/2}$$

Weiterhin ist $\sin\,(\omega t + \varphi)$ der Imaginärteil von $e^{j\,(\omega t + \varphi)}$. Setzen wir also die Eingangs- und Ausgangsgröße in der dem Elektrotechniker gewohnten komplexen Schreibweise an, so erhält man aus

$$e_i\,(j\omega) = U_e \cdot e^{j\omega t} \qquad \text{und} \qquad e_0(j\omega) = U_a \cdot e^{j\,(\omega t + \varphi)}$$

$$G\,(j\omega) = \frac{e_0(j\omega)}{e_i(j\omega)} = \frac{U_a \cdot e^{j\,(\omega t + \varphi)}}{U_e \cdot e^{j\,\omega t}} = \frac{U_a}{U_e}\,e^{j\varphi}$$

Allgemein schreibt man also

$$G\,(j\,\omega) = \frac{e_0\,(j\,\omega)}{e_i\,(j\,\omega)} \tag{11.1/3}$$

Der Frequenzgang $G(j\omega)$ ist eine Funktion des reellen Parameters ω und beschreibt vollständig die Eigenschaften des betrachteten Übertragungsgliedes. Vielfach schreibt man wie folgt:

$$G(j\omega) = P(\omega) + jQ(\omega) \tag{11.1/4}$$

oder

$$G(j\omega) = A(\omega) \cdot e^{-j\varphi(\omega)} \tag{11.1/5}$$

Hierin bedeuten

$P(\omega)$ der Realteil von $G(j\omega)$
$Q(\omega)$ der Imaginärteil von $G(j\omega)$ (11.1/6)

$A(\omega)$ der Betrag von $G(j\omega)$
$\varphi(\omega)$ die Phase von $G(j\omega)$ (11.1/7)

Als graphische Darstellung macht man sowohl von der Ortskurvendarstellung als auch von der logarithmischen Darstellung, dem Bode-Diagramm, Gebrauch. Der Frequenzgang $G(j\omega)$ oder $F(j\omega)$ ist für eine bestimmte Frequenz ω eine komplexe Größe. Stellen wir eine komplexe Zahl $\mathfrak{A} = A \cdot e^{j\alpha}$ in der Gaußschen Zahlenebene durch einen Zeiger dar, dessen Länge gleich dem Betrag A dieser komplexen Zahl und dessen Verdrehungswinkel gegenüber der positiv reellen Achse gleich dem Winkel α ist, so erhalten wir die rein geometrische Zeigerdarstellung. Der Zeiger ist also der geometrische Ausdruck dieser komplexen Zahl $\mathfrak{A}$. Ändert sich die komplexe Zahl unter dem Einfluß einer veränderlichen reellen Größe, so erhalten wir verschiedene Zeiger. Die Ortskurve stellt nunmehr den geometrischen Ort der Endpunkte aller dieser Zeiger dar. Da der Frequenzgang $G(j\omega)$ eine Funktion des reellen Parameters ω ist, erhalten wir somit eine Ortskurve, aus der wir für jede Frequenz den Betrag und Arcus des Frequenzganges entnehmen können. Betrachten wir als Beispiel eine Serienschaltung von Induktivität und Widerstand entsprechend Bild 11.1/3, so gilt für den Frequenzgang

$$\frac{\mathfrak{U}_a(j\omega)}{\mathfrak{U}_e(j\omega)} = \frac{R}{R + j\omega L} = \frac{1}{1 + j\omega \frac{L}{R}} \tag{11.1/8}$$

d.h.

$$G(j\omega) = \frac{1}{1 + j\omega\frac{L}{R}} = \frac{1}{\sqrt{1 + (\omega\frac{L}{R})^2}} \cdot e^{-j\,\mathrm{arc\,tg}\frac{\omega L}{R}} \qquad (11.1/9)$$

oder

$$G(j\omega) = \frac{1}{1 + (\omega\frac{L}{R})^2} - j\,\frac{\omega\frac{L}{R}}{1 + (\omega\frac{L}{R})^2} \qquad (11.1/10)$$

Als **Ortskurve** ergibt sich mit Gl. 11.1/9 oder 11.1/10 die Darstellung entsprechend Bild 11.1/4

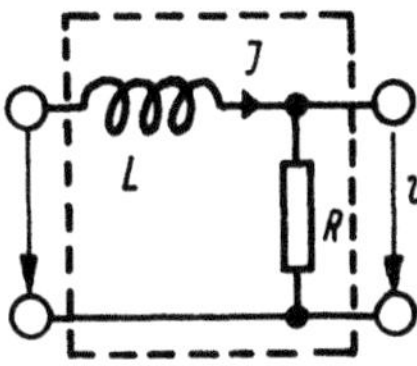

Bild 11.1/3

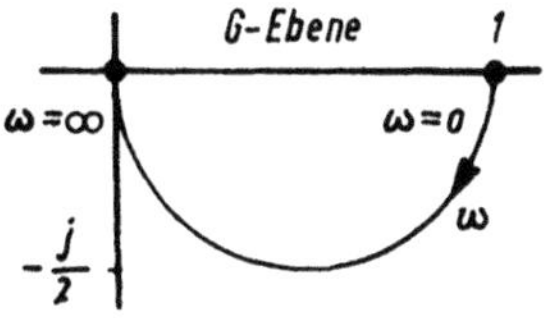

Bild 11.1/4

Drückt man den Frequenzgang G(jω) entsprechend Gl. 11.1/7 durch den Betrag (oder Amplitudenverhältnis) A(ω) und die Phase φ(ω) aus, so versteht man unter der logarithmischen Darstellung eine Darstellung der Funktion A(ω) als Funktion von ω, bei der A(ω) und ω in einem logarithmischen Maßstab aufgetragen sind.
Für den Amplitudengang gibt man an Stelle des Amplitudenverhältnisses A(ω) oder gleichzeitig noch eine zweite Skala an; dies ist die Angabe des Wertes des Amplitudenverhältnisses in Dezibel (db). Hierfür gilt folgende Definition:

$$A(\omega)/\,db = 20 \log A(\omega) \qquad (11.1/11)$$

Der Logarithmus von 1 ist Null, so daß dem Amplitudenverhältnis 1 der Wert 0 db entspricht.
Das Dezibel ist nichts anderes als eine andere Maßeinheit für das Amplitudenverhältnis. Da das Dezibel selbst eine logarithmische Größe ist, bedeutet eine lineare Teilung der Dezibelskala das Gleiche wie die Darstellung des Amplitudenverhältnisses in logarithmischer Teilung. Folgende Umrechnungstabelle möge einen groben Überblick geben:

Amplitudenverhältnis A(ω)	1	1,12	1,2	1,26	1,41	1,58	1,78	2,37	3,16	10
A(ω) in db	0	+1	1,6	2	3	4	5	7,5	10	20

Amplitudenverhältnis A(ω)	0,891	0,832	0,794	0,708	0,631	0,562	0,422	0,316	0,1
A(ω) in db	–1	–1,6	–2	–3	–4	–5	–7,5	–10	–20

Bild 11.1/5
Dezibel-Umrechnungstabelle

Diese logarithmische **Frequenzgangdarstellung** wird auch Bode-Diagramm genannt. Für das Beispiel nach Bild 11.1/3 ergibt sich folgendes Bode-Diagramm:

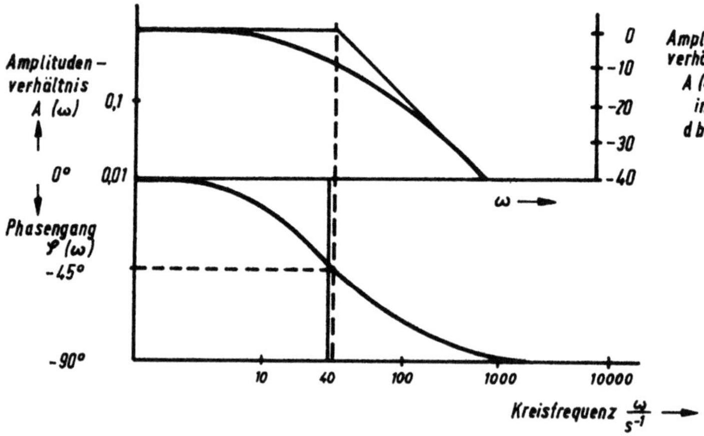

Bild 11.1/6

Bei einer Serienschaltung verschiedener Übertragungsglieder kommt man mit Hilfe dieser Darstellung sehr leicht zur Amplitudensummenkurve dieser Blockkombinationen. Die Amplitudenkurve jedes einzelnen Blockes wird wieder in logarithmischer Darstellung aufgetragen. Da die Ausgangsgröße des ersten Blockes die Eingangsgröße des zweiten Blockes ist usw., erhält man als gesamtes Amplitudenverhältnis die Multiplikation der einzelnen Amplitudenverhältnisse.

$$A(\omega)_{ges} = A_1(\omega) \cdot A_2(\omega) \ldots A_n(\omega) \qquad (11.1/12)$$

Über die Logarithmenrechnung ergibt sich eine Addition der Logarithmenwerte der einzelnen Amplitudenverhältnisse und hieran anschließend die Ermittlung des Numerus $A(\omega)_{ges}$. Im Bode-Diagramm haben wir aber bereits die Logarithmenwerte oder die db-Werte eingetragen, so daß wir bei jeder Frequenz nur noch die einzelnen Ordinaten zu addieren brauchen. Damit haben wir dann die Kurve des Amplitudenverhältnisses für die gesamte Serienschaltung. Ganz entsprechend entsteht die Phasensummenkurve aus der Addition der Phasenkurven der einzelnen Blöcke.

An der Ermittlung der Summenkurven stellt man fest, daß für das Gesamtverhalten einer Blockreihenschaltung die Reihenfolge der Blöcke ohne Bedeutung ist.

Zusammenfassend kann man also sagen, daß der Frequenzgang $G(j\omega)$ das Verhalten des physikalischen Gebildes in Bezug auf die betrachtete Ein- und Ausgangsgröße voll beschreibt. In das Blocksymbol könnte man also den formelmäßigen Ausdruck des Frequenzganges, die Ortskurve oder das logarithmische Diagramm eintragen.

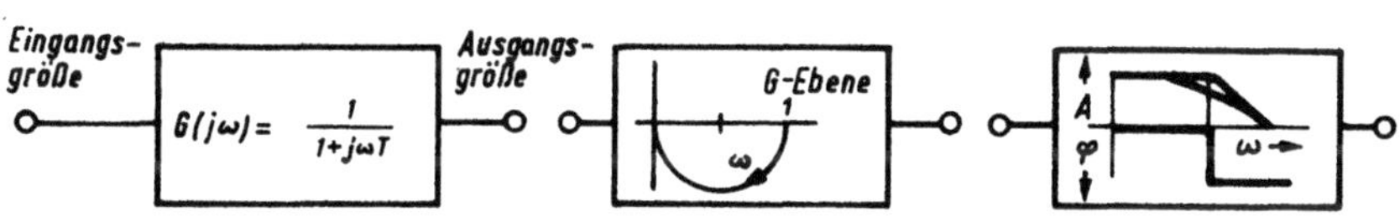

Bild 11.1/7

Am häufigsten findet man die formelmäßige Angabe des Frequenzganges. In den Lehrbüchern der Regelungstechnik sind diese drei Darstellungsarten für eine Vielzahl von verschiedenen Frequenzgängen zusammengestellt [20].

Ortskurvenschreiber verschiedenster Ausführung bis zu sehr hohen Frequenzen sind handelsüblich erhältlich. Sie machen Gebrauch von der Zerlegung einer komplexen Zahl in Real- und Imaginärteil oder in Betrag und Phase und bringen die Abhängigkeit dieser Komponenten von der Frequenz auf einem x-y-Schreiber oder Polarkoordinatenschreiber zur Anzeige.

2. Die Übertragungsfunktion

Der Frequenzgang beschreibt stets nur den eingeschwungenen Zustand bei sinusförmiger Erregung. Legen wir jetzt aber an das betrachtete System zur Zeit $t=0$ eine beliebige Eingangsgröße, so müssen wir zur Ermittlung des Zeitverhaltens der Ausgangsgröße von den Differentialgleichungen dieses Systems ausgehen, da nur diese den Vorgang für $t > 0$ beschreiben. Wir setzen voraus, daß es sich um ein lineares System, d.h. um ein System aus linearen Elementen handelt, bei dem also zwei physikalische Größen untereinander linear verknüpft sind. Dann wird das System durch ein System linearer algebraischer Gleichungen oder Differentialgleichungen beschrieben. Auf dieses System wenden wir die Laplacetransformation an. Ist nur eine einzige Erregung vorhanden und ist vor Beginn der Erregung, d.h. für $t \leqq 0$ das physikalische Gebilde energielos, so ist die Übertragungsfunktion G (s) das Verhältnis der Laplace-Transformierten der Ausgangsgröße zur Laplace-Transformierten der Eingangsgröße.

$$G(s) = \frac{\mathcal{L}\{\text{Ausgangsgröße}\}}{\mathcal{L}\{\text{Eingangsgröße}\}} = f(s) \qquad (11.1/13)$$

In Abschnitt 6 wurde schon ausführlich auf die nützliche Verwendungsmöglichkeit der Übertragungsfunktion hingewiesen.

Auf Grund der dort angegebenen Zusammenhänge zwischen Schaltvorgang und eingeschwungenem Zustand kommen wir von der ermittelten Übertragungsfunktion G (s) sofort zum Frequenzgang F $(j\omega)$ oder G $(j\omega)$ wenn wir s durch $j\omega$ ersetzen.

Die Übertragungsfunktion G (s) beschreibt das Übertragungssystem vollständig.

Haben wir es bei den Eingangs- und Ausgangsgrößen mit Spannungen zu tun, so gilt für Bild 11.1/8:

$$G(s) = \frac{\mathcal{L}\{e_0(t)\}}{\mathcal{L}\{e_i(t)\}} \qquad (11.1/14)$$

oder

$$\mathcal{L}\{e_0(t)\} = G(s) \cdot \mathcal{L}\{e_i(t)\} \qquad (11.1/15)$$

Bei der Rücktransformation in den Zeitbereich entspricht der Multiplikation von Bildfunktionen eine Faltung der zugehörigen Originalfunktionen.

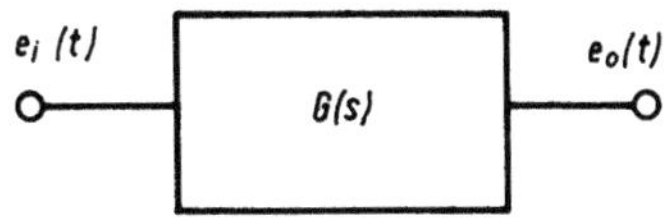

Bild 11.1/8

Es gilt also:

$$e_0(t) = g(t) * e_i(t) \qquad (11.1/16)$$

(Das Sternzeichen soll als Symbol für das Faltungsprodukt dienen)

Als kennzeichnende Angabe des physikalischen Gebildes würde man also G (s) in das Blocksymbol schreiben. Für das Beispiel entsprechend Bild 11.1/3:

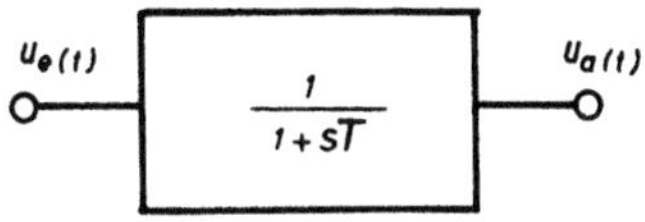

Bild 11.1/9

Im Abschnitt 6 wurde für eine große Anzahl von beschalteten Rechenverstärkern die Übertragungsfunktion G(s) angegeben, so daß hier an dieser Stelle auf Beispiele verzichtet werden kann.

3. Die Übergangsfunktion h (t)

Neben den Begriffen Frequenzgang F (jω) oder G(jω) und Übertragungsfunktion G(s) wird bei Blockschaltbildern zur Charakterisierung eines physikalischen Gebildes der größte Gebrauch von der Definition der Übergangsfunktion h(t) gemacht. Die Aufnahme des Frequenzganges macht meßtechnisch schon erhebliche Mühe. Die Übertragungsfunktion erhält man nur über die Differentialgleichungen des Systems, wenn nicht aus der eventuell vorliegenden Ortskurve des Frequenzganges ein analytischer Ausdruck für G(jω) zu erhalten ist.
Da man in der Praxis schon sehr früh versuchte, Rückschlüsse auf das physikalische Gebilde aus dem Zeitverhalten der Ausgangsgröße bei speziellen Änderungen der Eingangsgröße zu ziehen, hat die Untersuchung von Sonderfällen der Erregung des zur Zeit $t = 0$ energielosen Systems allgemein eine große Bedeutung erlangt. Die Gründe dafür sind: 1. Das Zeitverhalten des betrachteten physikalischen Gebildes als Antwort auf die jeweilige Erregung ist meßtechnisch höchst einfach mittels Schreibern aufzunehmen. 2. Ermittelt man aus diesem Zeitverhalten die Übertragungsfunktion G (s), so ist man in der Lage, für beliebige **Eingangsgrößen** die Ausgangszeitfunktionen anzugeben. Als häufig angewendete Eingangsgrößen kommen die in Bild 11.1/10 angegebenen Zeitfunktionen in Betracht.

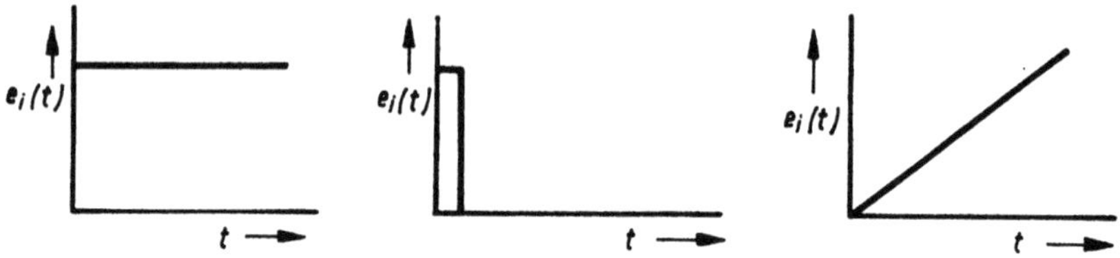

Bild 11.1/10

Für diese Eingangsgrößen eines Netzwerkes, kurz Erregung genannt, sollen die im folgenden erläuterten Definitionen gelten.
Bei der Sprungfunktion oder auch Sprungerregung entsprechend Bild 11.1/11 springt eine physikalische Größe zur Zeit t= 0 vom Wert 0 auf einen konstanten Wert. Es gilt für die Eingangsgröße $e_i(t)$:

$$\begin{aligned} e_i(t) &= 0 \quad \text{für } t < 0 \\ e_i(t) &= \text{konst.} \quad \text{für } t > 0 \end{aligned} \qquad (11.1/17)$$

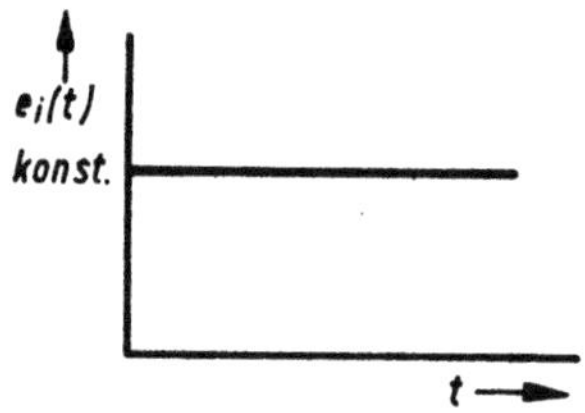

Bild 11.1/11
Sprungerregung

Die Konstante kann eine beliebige dimensionsbehaftete Größe sein. Mittels einer Amplitudentransformation führen wir diese konstante Größe in eine entsprechende Spannung U über, so daß wir im weiteren für die Sprungerregung stets

$$\begin{aligned} e_i(t) &= 0 \quad \text{für } t < 0 \\ e_i(t) &= U \quad \text{für } t > 0 \end{aligned} \qquad (11.1/18)$$

schreiben wollen.
Die Antwort des Systems auf die Erregung nach Gl. 11.1/18 wird mit Sprungantwort bezeichnet. Wie schon im Abschnitt 6 ausgeführt, stellt die Übergangsfunktion h(t) eine normierte Größe dar. Sie ergibt sich zu:

$$h(t) = \frac{\text{Ausgangszeitfunktion bei Sprungerregung}}{\text{Sprungerregung}}$$

oder
$$h(t) = \frac{e_0(t)}{U} \qquad (11.1/19)$$

Zwischen der Übertragungsfunktion G (s) und der Übergangsfunktion h (t) besteht folgende Beziehung:

Aus
$$G(s) = \frac{\mathcal{L}\{e_0\}}{\mathcal{L}\{e_i\}}$$

wird mit $e_i = U$ für $t > 0$ und $e_i = 0$ für $t \leqq 0$:

$$G(s) = \frac{\mathcal{L}\{e_0\}}{\mathcal{L}\{U\}} = \frac{\mathcal{L}\{e_0\}}{U \cdot \frac{1}{s}}$$

oder
$$\frac{\mathcal{L}\{e_0\}}{U} = \frac{1}{s} G(s) \qquad (11.1/20)$$

bzw.
$$\frac{e_0(t)}{U} = \mathcal{L}^{-1}\left\{\frac{1}{s} G(s)\right\} \qquad (11.1/21)$$

Mit
$$h(t) = \frac{e_0(t)}{U} \qquad (11.1/22)$$

ergibt sich also
$$e_0(t) = U \cdot h(t) \qquad (11.1/23)$$

Mit Gl. 11.1/19 und 11.1/20 gilt allgemein

$$\mathcal{L}\{h(t)\} = \frac{1}{s} G(s) \qquad (11.1/24)$$

Bei der Sprungerregung erhalten wir also als Ausgangszeitfunktion die mit U multiplizierte Übergangsfunktion. Die Sprungerregung hat von den drei in Bild

11.1/10 angegebenen Eingangszeitfunktionen zur Charakterisierung eines Netzwerkes die größte Bedeutung erlangt. In dem Bild 6.4/2 ist eine größere Anzahl von Sprungantworten mit zugehöriger Schaltung und formelmäßiger Darstellung der Übertragungsfunktionen angegeben. In dem Blocksymbol wird nunmehr statt der Übertragungsfunktion die Sprungantwort entsprechend Bild 11.1/12 eingetragen.

Die zweite in Bild 11.1/10 dargestellte Eingangsgröße hat sich für viele theoretische Betrachtungen als sehr zweckmäßig erwiesen. Diese Impulsfunktion, kurz Impulserregung genannt, ist im Bild 11.1/13 dargestellt.

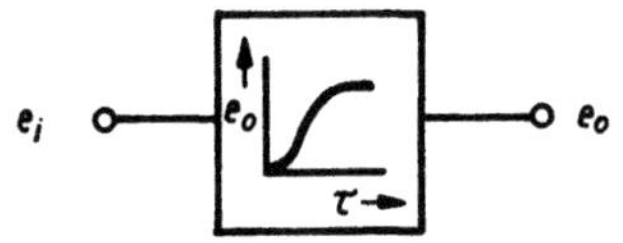

Bild 11.1/12
Sprungantwort

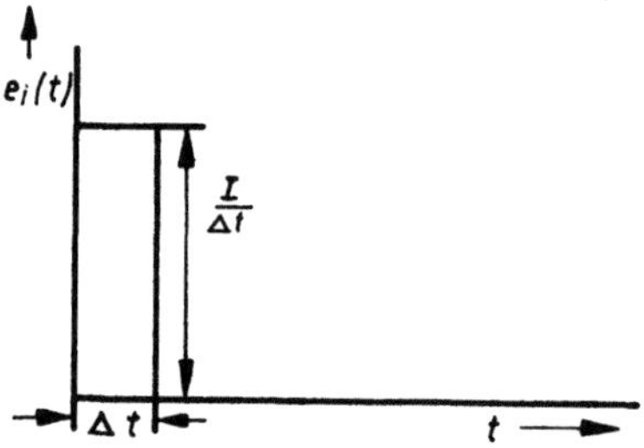

Bild 11.1/13
Impulserregung

Für diese impulsförmige Eingangsgröße soll gelten

$$e(t) = I \cdot \delta(t) \qquad (11.1/25)$$

wobei I eine dimensionsbehaftete Konstante und $\delta(t)$ die Diracfunktion ist. $\delta(t)$ springt zur Zeit $t = 0$ auf Unendlich, springt dann auf Null zurück und hat für alle Werte $t > 0$ den Funktionswert Null. Für die Fläche des Rechtecks mit unendlich großer Höhe und unendlich kleiner Breite gilt

$$\int_0^\infty \delta(t)\, dt = 1 \qquad (11.1/26)$$

Die Funktion $\delta(t)$, die nur über eine ganz kurze Zeit wirkt, wird von den Mathematikern auch Pseudofunktion genannt.

Die Laplace-Transformierte der Funktion $\delta(t)$ ergibt sich zu:

$$\mathcal{L}\{\delta(t)\} = \int_0^{\tau=+\infty} e^{-s\tau}\delta(\tau)\,d\tau = 1 \qquad (11.1/27)$$

Die Laplace-Transformierte der impulsförmigen Eingangsgröße nach Gl. 11.1/25 liefert somit:

$$\mathcal{L}\{e(t)\} = I \qquad (11.1/28)$$

Für technisch zu realisierende Impulse wählt man die Impulsdauer Δt so klein, daß sie im Zeitmaßstab des zu berechnenden Systems sehr kurz ist. Für den Impuls entsprechend Bild 11.1/13 ist der Flächeninhalt des Impulses gleich I. Die Zeitdauer Δt wird nun so gewählt, daß während dieser Zeit noch keine meßbaren Veränderungen innerhalb des zu betrachtenden Systems eingetreten sind.
Zu große Amplituden sind stets durch Einführung von Maßstabsfaktoren zu vermeiden.
Der Impuls stellt das Zeitintegral einer Größe mit der Dimension Größe • Zeit dar. Ist die Dimension der Größe z.B. eine Spannung, so ist die Dimension des Impulses Volt • sec.

Mit Gl. 11.1/28 können wir über die Übertragungsfunktion die Ausgangszeitfunktion eines Systems bei impulsförmiger Erregung ermitteln.

Aus
$$G(s) = \frac{\mathcal{L}\{e_0\}}{\mathcal{L}\{e_i\}}$$

erhält man
$$\mathcal{L}\{e_0\} = \mathcal{L}\{e_i\} \cdot G(s)$$

und mit Gl. 11.1/28

$$\mathcal{L}\{e_0\} = I \cdot G(s) \qquad (11.1/29)$$

Die Laplace-Transformierte der Ausgangszeitfunktion ist bis auf den konstanten Faktor I gleich der Übertragungsfunktion G(s). Die zur Übertragungsfunktion G(s) zugehörige Zeitfunktion g(t) erhält man also direkt als Ausgangsfunktion des betrachteten Netzwerkes, wenn man auf den Eingang des Systems eine impulsförmige Erregung gibt.

Die dritte im Bild 11.1/10 dargestellte Erregung ist von untergeordneter Bedeutung. Entsprechend Bild 11.1/14 gilt.

$$e_i\,(t) = 0 \text{ für } t < 0$$
$$e_i\,(t) = c_1 \cdot t \text{ für } t > 0 \qquad (11.1/30)$$

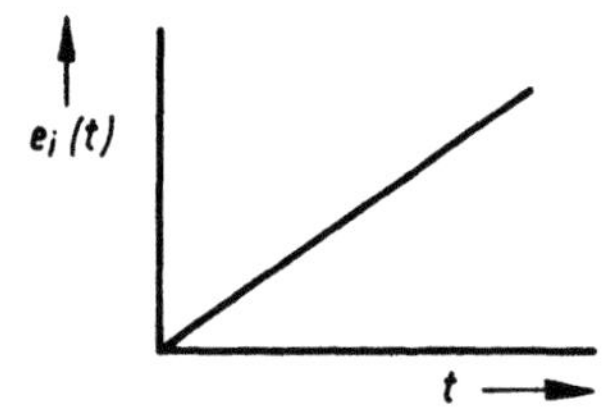

Bild 11.1/14

Hierin stellt c_1 eine dimensionsbehaftete Größe dar. Diese Erregungsart wird auch mit Geschwindigkeitssprung bezeichnet. Da die Laplacetransformierte einen Ausdruck entsprechend Gl. 11.1/31

$$\mathcal{L}\{\,e_i\,(t)\,\} = c_1 \frac{1}{s^2} \qquad (11.1/31)$$

ergibt, gilt für die Ausgangsgröße:

$$\mathcal{L}\{\,e_0(t)\,\} = G\,(s) \cdot \mathcal{L}\{\,e_i\,(t)\,\}$$

$$\mathcal{L}\{\,e_0(t)\,\} = c_1 \cdot \frac{1}{s^2} \cdot G\,(s) \qquad (11.1/32)$$

oder

$$e_0\,(t) = c_1 \cdot \frac{1}{s^2} * G\,(s) \qquad (11.1/33)$$

Die Lösung von Gl. 11.1/33 geschieht wieder über Tabellen oder durch die Anwendung des Faltungsintegrals.

Kennt man umgekehrt die Antwort e_0 (t) auf diese Erregung, so ermittelt man G(s) und kennt damit für beliebige Vorgänge als Eingangsfunktionen die Ausgangszeitfunktionen.

$$G(s) = \frac{1}{c_1} \cdot s^2 \cdot \mathcal{L}\{e_0(t)\} \tag{11.1/34}$$

Zusammenfassend läßt sich sagen, daß die Übertragungsfunktion G(s) und die Übergangsfunktion h(t) die in den meisten Fällen zweckmäßigsten Definitionen zur Charakterisierung eines linearen physikalischen Gebildes sind. In der regelungs- und nachrichtentechnischen Literatur [20], [21] sind für eine Vielzahl von Geräten und Netzwerken die Übertragungsfunktionen angegeben.
Nicht unerwähnt bleiben sollen auch noch die sogenannten Regelmodelle, deren Aufgabe es ist, die Übergangsfunktion eines Regelkreises möglichst gut nachzubilden und den Einfluß sämtlicher Störgrößen zu ermitteln. Teilweise werden auch hier die gleichen Einrichtungen wie bei den elektronischen Analogrechnern verwendet, vielfach jedoch nur Verstärker mit einem Verstärkungsfaktor V von ≈ 20.000. Bei diesen Regelmodellen hat man den großen Vorteil, daß die immer wiederkehrenden Übergangsfunktionen h(t) mit Steckeinheiten erzeugt werden. Für die in der Regelungstechnik so häufig verwendeten Übergangsfunktionen mit P- (proportional), I- (integral), D- (differentiell), PI- (proportional integral) oder PID- (proportional, integral, differentiell) Verhalten kann man dem Bild 6.4/2 die Übertragungsfunktionen G (s) und die entsprechende Analogrechnerschaltung entnehmen. Für den, der mit dem elektronischen Analogrechner arbeitet, ergibt sich also stets die Aufgabe, die Schaltungen aufzubauen, die dem gewünschten Übergangsverhalten entsprechen.

11.2. *Entwicklung der Rechenschaltung für eine gegebene Übertragungsfunktion G(s)*

Ist eine Übertragungsfunktion gegeben und die zugehörige Rechenschaltung gesucht, so ist bei komplizierten Übertragungsfunktionen der einfachste Weg der, zuerst die Differentialgleichung aufzustellen und anschließend für die Differentialgleichung die Rechenschaltung zu entwickeln.

Es sei z.B. die folgende Übertragungsfunktion gegeben:

$$G(s) = \frac{a\frac{1}{s} + b}{s^3 + cs^2 + ds + e} \tag{11.2/1}$$

Da
$$G(s) = \frac{\mathcal{L}\{e_0\}}{\mathcal{L}\{e_i\}}$$

ist, gilt:

$$\mathcal{L}\{e_0\}[s^3 + cs^2 + ds + e] = \mathcal{L}\{e_i\}[a\frac{1}{s} + b]$$

oder

$$s^3\mathcal{L}\{e_0\} + s^2 c\,\mathcal{L}\{e_0\} + sd\,\mathcal{L}\{e_0\} + e\,\mathcal{L}\{e_0\} = \frac{1}{s} a\,\mathcal{L}\{e_i\} + b\,\mathcal{L}\{e_i\}$$

Entsprechend den Rechenregeln über die Laplace-Tranformation können wir bei zur Zeit t = 0 energielosen Systemen schreiben:

$$\frac{d^3 e_0}{dt^3} + c\frac{d^2 e_0}{dt^2} + d\frac{de_0}{dt} + ee_0 = a\int_0^t e_i\,dt + b\,e_i \qquad (11.2/2)$$

Löst man nach der höchsten Ableitung auf:

$$\frac{d^3 e_0}{dt^3} = a\int_0^t e_i\,dt + b\,e_i - c\frac{d^2 e_0}{dt^2} - d\frac{de_0}{dt} - ee_0 \qquad (11.2/3)$$

so können wir die Rechenschaltung bereits zeichnen. Zur exakten Durchführung ist noch eine Amplitudentransformation, eventuell auch eine Zeittransformation, erforderlich. Im Bild 11.2/1 ist eine Übersichtsrechenschaltung angegeben, deren Übertragungsfunktion G(s) durch Gl. 11.2/1 gegeben war.

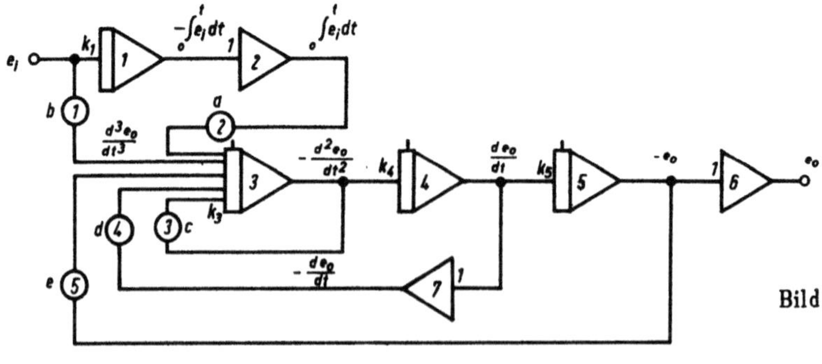

Bild 11.2/1

Eine andere Möglichkeit zur Ermittlung der Rechenschaltung zu einer gegebenen Übertragungsfunktion wurde im Abschnitt 6 angegeben. Man zerlegt eine Übertragungsfunktion G(s) in einzelne leicht darstellbare Übertragungsfunktionen $G_1(s) \div G_n(s)$.

Da $$G(s) = G_1(s) \cdot G_2(s) \ldots\ldots G_n(s) \tag{11.2/4}$$

gilt und unsere Verstärkerschaltungen rückwirkungsfreie Schaltungen darstellen, erhält man durch eine Kettenschaltung (siehe Bild 6.3/3) die gewünschte Übertragungsfunktion G(s). Die Realisierungsmöglichkeiten der einzelnen Übertragungsfunktionen $G_\nu(s)$ wurden in Abschnitt 6 und 11 für einige Beispiele angegeben.

11.3 *Anwendungen*

Das Hauptanwendungsgebiet der elektronischen Analogrechner als Simulatoren ist die Regelungstechnik. Es sollen deshalb noch kurz einige wichtige Begriffe der Regelungstechnik (definiert in DIN 19226) angegeben werden.

Die Regelgröße x ist die Größe, die geregelt wird.

Die Stellgröße y ist die Ausgangsgröße des Reglers und bestimmt die Wirkung des Stellgliedes.

Das Stellglied ist das Eingangsglied der Regelstrecke.

Die Führungsgröße w ist die veränderliche Größe, der bei einer Folgeregelung der Soll-Wert folgt.

Der Soll-Wert x_s ist der am Sollwerteinsteller des Reglers eingestellte Betrag der Regelgröße.

In einer Regelstrecke mit Ausgleich erhält man nach einer Störung der Stellgröße y nach Ablauf der Übergangszeit einen neuen stationären Endzustand der Regelgröße x. Das Verhältnis aus x und y wird mit „Verstärkung“ V_S der Regelstrecke bezeichnet.

$$V_S = \frac{x}{y} \tag{11.3/1}$$

Der Ausgleichswert q ist der Kehrwert von V_S:

$$q = \frac{y}{x} \tag{11.3/2}$$

Die Verstärkung der Regelstrecke ist also in Strecken mit Ausgleich gleich dem Wert der Übergangsfunktion h (t) für t => ∞. Die Verstärkung V_S ist also im allgemeinen eine dimensionsbehaftete Größe. Regelstrecken, die mathematisch durch eine Differentialgleichung 1. Ordnung beschrieben werden, heißen Regelstrekken 1. Ordnung. Aus der Übergangsfunktion ist die Zeitkonstante T_S der Regelstrecke leicht zu ermitteln. Von den Regelstrecken höherer Ordnung sind die von 2. und 3. Ordnung am wichtigsten. Für die Regelstrecke 2. Ordnung sind neben dem Verstärkungsfaktor V_S noch zwei Zeitkonstanten zur Charakterisierung erforderlich.

Wir kommen noch einmal auf das Beispiel 8.1 zurück. Bei Anschalten einer Gleichspannung an die Serienschaltung aus R und L erhielten wir als Lösung der Differentialgleichung für den Strom einen Funktionsverlauf entsprechend Bild 8.1/3. Damit ist also der Schaltung bestehend aus R und L die Übergangsfunktion nach Bild 11.3/1 zugeordnet. Diese Übergangsfunktion mit der Zeitkonstanten $T = \frac{L}{R}$ soll auf dem elektronischen Analogrechner nachgebildet werden.

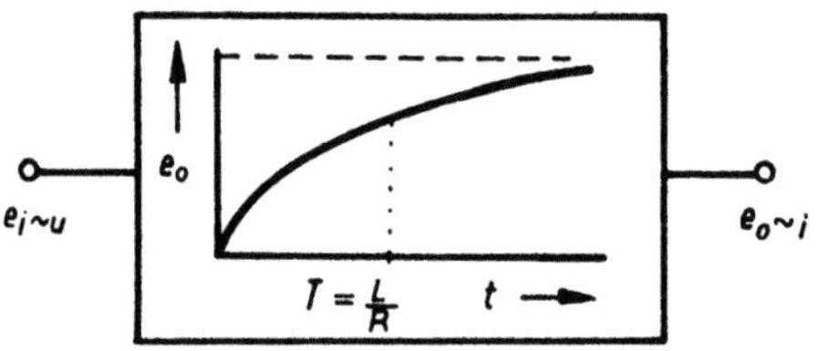

Bild 11.3/1

Den maximalen Eingangs- und Ausgangsgrößen sollen maximale Eingangs- und Ausgangsspannungen entsprechen.

Es soll also gelten:
$$e_0 = -\bar{i} = -\alpha_i \cdot i \tag{11.3/3}$$

$$e_i = \bar{u} = \alpha_u \cdot u \tag{11.3/4}$$

Mit den gegebenen Größen $u_{max} = 10$ V; R = 100 Ω; L = 100 H ergeben sich:

$$\alpha_i = \frac{e_{0\,max}}{i_{max}} = \frac{100\ \text{V}}{\frac{10\ \text{V}}{100\ \Omega}} = 10^3\ \Omega \qquad (11.3/5)$$

$$\alpha_u = \frac{e_{i\,max}}{u_{max}} = \frac{100\ \text{V}}{10\ \text{V}} = 10 \qquad (11.3/6)$$

Die Schaltung entsprechend Bild 11.3/2 liefert die gewünschte Übergangsfunktion. Es gilt:

$$G(s) = \frac{\mathcal{L}\{e_0\}}{\mathcal{L}\{e_i\}} = -\frac{R_2}{R_1} \cdot \frac{1}{1 + sR_2C} \qquad (11.3/7)$$

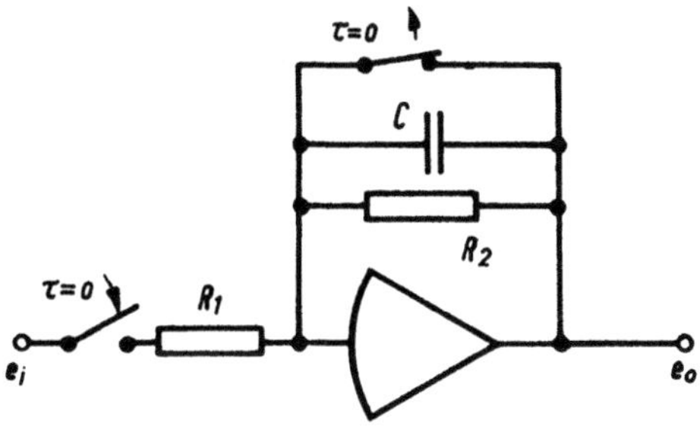

Bild 11.3/2
Regelstrecke 1. Ordnung

Da der maximalen Eingangsspannung von 100 V die maximale Ausgangsspannung von 100 V entsprechen soll, muß der "Verstärkungsfaktor" $\frac{R_2}{R_1} = 1$ sein.

Die Zeitkonstante $T = \frac{L}{R} = \frac{100\ \text{H}}{100\ \Omega} = 1$ sec ergibt:

$$R_2C = 1\ \text{sec}.$$

Wählen wir: C = 1 μF; R_2 = 1 MΩ und R_1 = 1 MΩ, so liefert uns die Schaltung in Bild 11.3/2 einen mit Bild 8.1/3 übereinstimmenden Lösungsverlauf.
Kennt man also die Übergangsfunktion (hier Bild 8.1/3), so kann man im allgemeinen die Maßstabsfaktoren so festlegen, daß den maximalen Größen auch maximale Ein- und Ausgangsspannungen entsprechen. Damit beträgt der "Ver-

stärkungsfaktor" des Rechners 1. Beim Verzögerungsgenerator 1. Ordnung somit

$$\frac{R_2}{R_1} = 1$$

Gemäß unserer früheren Festlegung des Zeitmaßstabfaktors m_T:

$$\tau = m_T \cdot t$$

können wir vorgegebene Zeitkonstanten leicht umrechnen. Hat man sich auf einen Zeitmaßstabsfaktor m_T festgelegt, so gilt für irgendeine Zeitkonstante T:

$$\tau_T = m_T \cdot T \qquad (11.3/8)$$

τ_T ist die auf dem Analogrechner einzustellende Zeitkonstante.
Man wird also im allgemeinen mit "Verstärkungsfaktoren" 1 arbeiten, wenn nicht besondere Gründe vorliegen.

Da für die Kettenschaltung mehrerer Verstärker

$$G(s) = G_1(s) \cdot G_2(s) \; . \; . \; . \; . \; . \; G_n(s) \qquad (11.3/9)$$

gilt, ist es prinzipiell gleichgültig, in welche Stufe man einen erforderlichen Verstärkungsfaktor einbringt.
Regelstrecken 1. Ordnung sind gut mit der Schaltung nach Bild 11.3/2 darzustellen. Möchte man jedoch die Verstärkung V_S und die Zeitkonstante T unabhängig voneinander verändern, so ist dies,da

$$V_S = \frac{R_2}{R_1}$$

und

$$T = R_2 C$$

nur mit der Kapazität C für T und R_1 für die Verstärkung V_S möglich.

Zweckmäßiger ist die Abänderung der Schaltung entsprechend Bild 11.3/3.
Für $t > 0$ gilt:

$$\frac{a \cdot e_i}{R_1} = -\frac{e_0}{R_2} - \frac{C \, d(b e_0)}{dt}$$

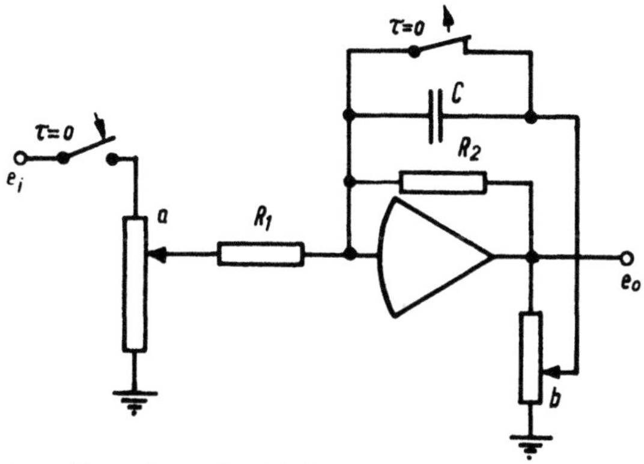

Bild 11.3/3
Regelstrecke
1. Ordnung

Die Anwendung der Laplace-Transformation liefert:

$$\frac{a}{R_1} \mathcal{L}\{e_i\} = -\frac{1}{R_2} \mathcal{L}\{e_0\} - C\,b \cdot s\, \mathcal{L}\{e_0\}$$

oder

$$\frac{\mathcal{L}\{e_0\}}{\mathcal{L}\{e_i\}} = -\frac{a R_2}{R_1} \cdot \frac{1}{1 + s\,b\,C\,R_2} \qquad (11.3/10)$$

Die Verstärkung V_S und die Zeitkonstante T sind durch Änderung der Potentiometerabgriffe a und b leicht zu variieren.
Bei der Nachbildung einer Regelstrecke wird man unabhängig von der Anzahl der an der Regelstrecke beteiligten Gebilde für den Analogrechner stets den Gesamtverstärkungsfaktor = 1 wählen. Mit einem Regler wird man versuchen, ein gewünschtes Verhalten der Regelgröße zu erreichen. Über den Verstärkungsfaktor des Reglers kann man im vorhinein keine Aussage treffen. Für einen Regelkreis entsprechend Bild 11.3/4 gilt für den Gesamtverstärkungfaktor V_0:

$$V_0 = V_R \cdot V_S \qquad (11.3/11)$$

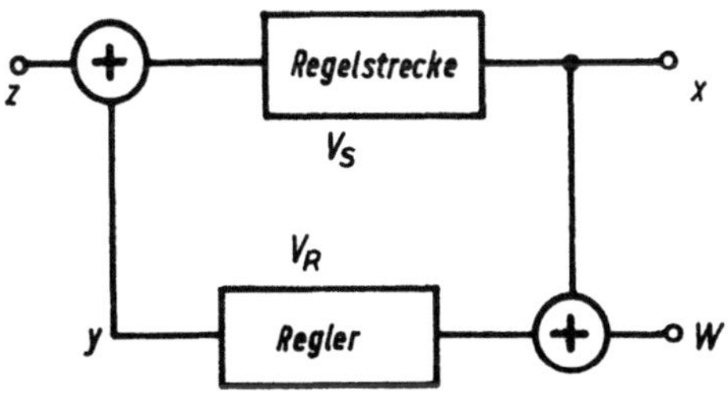

Bild 11.3/4

Bei der Nachbildung auf dem Analogrechner erhält man nach entsprechender Wahl von Maßstabsfaktoren $\overline{V}_R$ und $\overline{V}_S$.

Mit
$$\bar{x} = \alpha_x \cdot x$$
$$\bar{y} = \alpha_z \cdot y \qquad (11.3/12)$$
$$\bar{z} = \alpha_z \cdot z$$

ist
$$V_R = \frac{y}{x} = \frac{\frac{1}{\alpha_z} \cdot \bar{y}}{\frac{1}{\alpha_x}\,\bar{x}} = \frac{\alpha_x}{\alpha_z} \cdot \frac{\bar{y}}{\bar{x}} = \frac{\alpha_x}{\alpha_z} \cdot \overline{V}_R \qquad (11.3/13)$$

und
$$V_S = \frac{x}{y} = \frac{\frac{1}{\alpha_x}\,\bar{x}}{\frac{1}{\alpha_z} \cdot \bar{y}} = \frac{\alpha_z}{\alpha_x} \cdot \frac{\bar{x}}{\bar{y}} = \frac{\alpha_z}{\alpha_x} \cdot \overline{V}_S \qquad (11.3/14)$$

Damit wird:
$$V_0 = \frac{\alpha_x}{\alpha_z} \cdot \overline{V}_R \cdot \frac{\alpha_z}{\alpha_x} \cdot \overline{V}_S = \overline{V}_R \cdot \overline{V}_S = \overline{V}_0 \qquad (11.3/15)$$

Mit $\overline{V}_S = 1$ (im allgemeinen zu erreichen) ändert man auf dem Analogrechner den Verstärkungsfaktor des Regelkreises $\overline{V}_R$ so lange, bis das gewünschte Zeitverhalten der zu x proportionalen Größe $\bar{x}$ erreicht ist. Das so ermittelte $\overline{V}_R$ ergibt mit Gl. 11.3/15

$$\overline{V}_0 = \overline{V}_R \cdot \overline{V}_S = V_0 \qquad (11.3/16)$$

und mit Gl. 11.3/11:

$$\overline{V}_0 = V_S \cdot V_R$$

und
$$V_R = \frac{\overline{V}_0}{V_S} = \frac{\overline{V}_R \cdot \overline{V}_S}{V_S} \qquad (11.3/17)$$

Damit kennt man sofort den Verstärkungsfaktor des zu wählenden Reglers.

Über durchgeführte Beispiele spezieller Regelprobleme sei auf [17, 30] hingewiesen.

Die Hauptschwierigkeit liegt in der Bestimmung der kennzeichnenden Größen und günstigen Nachbildung eines physikalischen Gebildes.
Für die in Bild 11.3/5 dargestellte Servo-Motorregelung soll die zugehörige Analogrechnerschaltung entworfen werden.

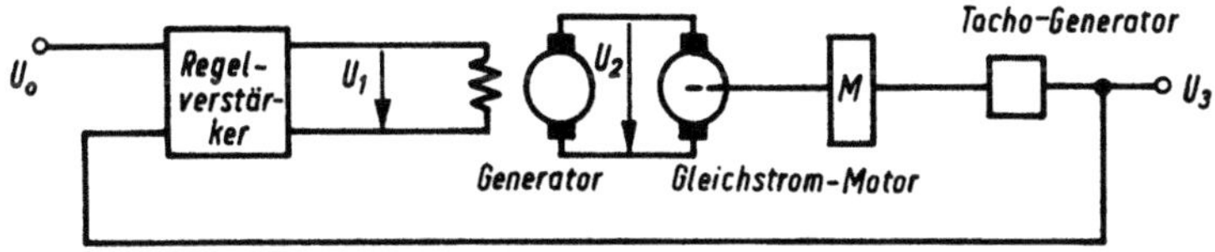

Bild 11.3/5 Drehzahlregelung

Am Eingang eines Regelverstärkers liegt eine der Differenz von Soll- und Ist-Drehzahlen proportionale Spannung. Der Ausgang des Regelverstärkers beeinflußt die Erregung des Generators, die Ausgangsspannung des Generators treibt einen Gleichstrommotor. Vom Gleichstrommotor wird ein Tachogenerator angetrieben, dessen Ausgangsspannung proportional der Ist-Drehzahl ist.
Der Regelverstärker und Tacho-Generator können als proportional wirkende Bauelemente aufgefaßt werden. Die Ausgangsspannung des Verstärkers folgt praktisch ohne Verzögerung der Eingangsspannungsdifferenz. Auch der Tachogenerator führt annähernd verzögerungsfrei die Umformung der Drehzahl in eine ihr proportionale Spannung durch. Die Änderung des Erregerstromes des Generators folgt wegen der Feldinduktivität der Erregerspannung U_1 nur verzögert. Ebenso kann der Gleichstrommotor wegen der zu beschleunigenden Massen einer Änderung von U_2 nur verzögert folgen. Die Generator- und Motoreinheit haben ein Übergangsverhalten entsprechend Bild 11.3/1, sodaß die Nachbildungen durch Verstärkungsfaktor und Zeitkonstante bestimmt sind. In Bild 11.3/6 ist das entsprechende Blockschaltbild mit den kennzeichnenden Größen dargestellt.

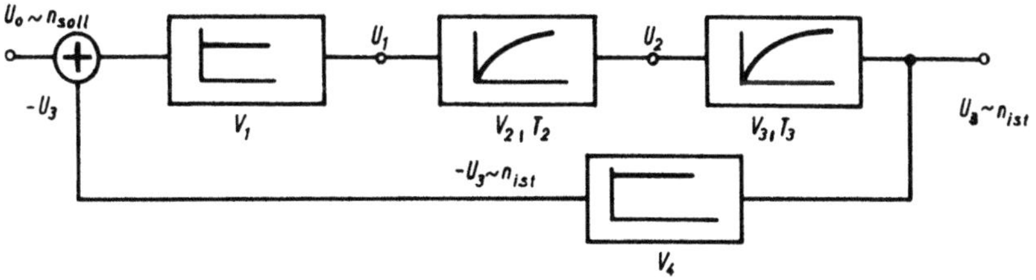

Bild 11.3/6
Blockschaltplan für die Drehzahlregelung entsprechend Bild 11.3/5

Bild 11.3/7 zeigt die Schaltung des Analogrechners. Hierbei wurde berücksichtigt, daß die Differenzbildung $U_0 - U_3$ mit den Proportionalverstärkungen V_1 und V_4 in einem Verstärker durchgeführt werden konnte, sodaß die Rechenschaltung insgesamt drei Rechenverstärker enthält.

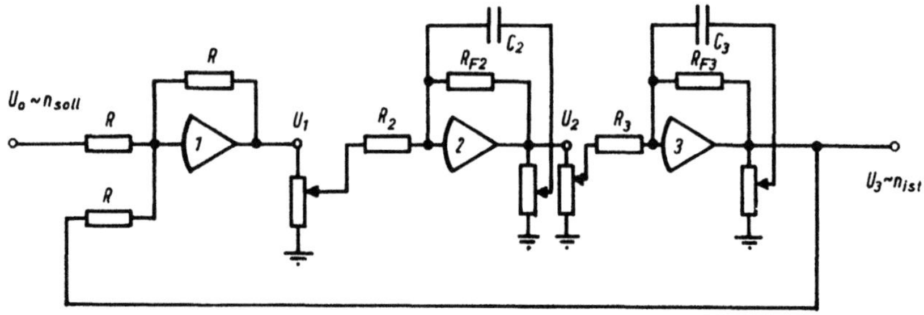

Bild 11.3/7
Rechenschaltung zum Blockschaltplan nach Bild 11.3/6

Für die Verstärker 2 und 3 haben wir zur bequemen Variation der Zeitkonstanten und der Verstärkungsfaktoren eine Schaltung entsprechend Bild 11.3/3 zugrunde gelegt. Mit der so aufgebauten Schaltung läßt sich das Übergangsverhalten bei den verschiedensten Wertekombinationen leicht ermitteln. Grundsätzlich macht die Hinzunahme von Nichtlinearitäten oder der Einsatz anderer Reglerbauarten keine Schwierigkeiten. Auf die Gründe für die Entscheidung des Einsatzes anderer Regler sei hier nicht näher eingegangen. Ebenso sollen die Stabilitätskriterien in Regelkreisen hier unberücksichtigt bleiben und auf die Lit. [20] und dort zu findende weitere Literaturangaben hingewiesen sein. Handhabung und Möglichkeiten eines Regelmodells sind in [17] angegeben. Diese sind vor allem dann zweckmäßig, wenn ausschließlich Regelprobleme behandelt werden. Grundsätzlich lassen sich alle mit dem Regelmodell zu lösenden Probleme auch mit elektronischen Analogrechnern normaler Bauart lösen.

12. Funktionserzeugung unter Verwendung von Multiplikatoren

12.1 *Integration nach einer abhängigen Veränderlichen*

Ein Nachteil des elektronischen Analogrechners war der, daß nur nach der Zeit als unabhängiger Veränderlicher integriert werden konnte. Mittels einer Zeittransformation mußte jeder anderen unabhängigen Veränderlichen die Maschinenzeit τ zugeordnet werden. Soll nach einer abhängigen Veränderlichen integriert werden, so muß entsprechend Bild 12.1/1 außer der Größe selbst noch ihre Zeitableitung vorhanden sein.

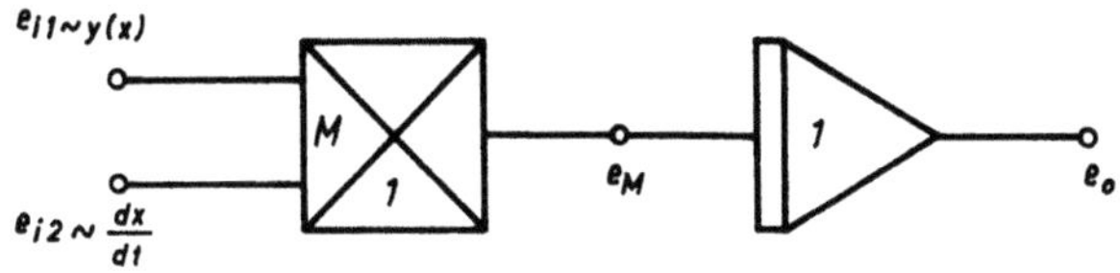

Bild 12.1/1

Integration nach einer abhängigen Veränderlichen

Der Multiplikator liefert:

$$e_M = -M \cdot e_{i1} \cdot e_{i2} \qquad \text{bzw.} \qquad e_M = -\text{Const.} \cdot y(x) \cdot \frac{dx}{dt} \tag{12.1/1}$$

Eine anschließende Integration hinsichtlich der Zeit ergibt:

$$e_0 = K \cdot \int_0^t y(x) \frac{dx}{dt} dt \tag{12.1/2}$$

Somit ist:

$$e_0 \sim \int_0^x y(x)\, dx \tag{12.1/3}$$

Die Ausgangsspannung e_0 ist somit proportional dem Integral nach der unabhängigen Veränderlichen x.

13. Einführendes Analogrechnerpraktikum

13.1 *Lösung der Differentialgleichung* $\frac{dy}{dx} = - A \cdot y$

Gesucht ist die Lösung der Differentialgleichung

$$\frac{dy}{dx} = - A\, y \qquad (13.1/1)$$

gegeben: $y_{(x=0)} = 1$ (Anfangsbedingung)

$$A = 10$$

gesucht: Die Lösung im Lösungsbereich der unabhängigen Veränderlichen x:

$$0 < x < 0{,}3$$

Zeittransformation:

Die Lösung soll auf dem Elektronenstrahl-Oszillographen dargestellt werden. Dem Maximalwert der unabhängigen Veränderlichen $x_{max} = 0{,}3$ möge eine Maschinenzeit τ_{max} von 6 sec zugeordnet werden. Damit sind wir in der Lage, die Zeittransformation durchzuführen. Aus Gl. 3.1/1

$$\tau = m_\tau \cdot x$$

ergibt sich $m_\tau = \frac{\tau_{zul}}{x_{max}} = \frac{6\ \text{sec}}{0{,}3} = 20\ \text{sec}$

Amplitudentransformation:

Den Größen y und $\frac{dy}{dx}$ sollen auf dem elektronischen Analogrechner Spannungen gegen Erde entsprechen. Es sei:

$$\overline{y} = \alpha_0\, y \longrightarrow \alpha_0 = \frac{|\overline{y}|_{max}}{|y|_{max}}$$

$$\frac{dy}{dx} = m_\tau \frac{dy}{d\tau} = \frac{1}{\alpha_1}\, \overline{m_\tau \frac{dy}{d\tau}} = \frac{1}{\alpha_1}\, \overline{y'} \longrightarrow \alpha_1 = \frac{|\overline{y'}|_{max}}{\left|\frac{dy}{dx}\right|_{max}}$$

Um α_0 und α_1 festlegen zu können, müssen wir Kenntnis von den Maximalwerten von y und $\frac{dy}{dx}$ haben. Die Abschätzmöglichkeit dieser Größen ist von der Problemstellung her immer unterschiedlich. Wollen wir z.B. mittels einer Differentialgleichung die Störfunktion $y = e^{-Ax}$ darstellen, so kennen wir mit Gl. 13.1/1 auch die Maximalwerte Für x = 0 ist $y_{(x=0)} = 1 = y_{max}$. Damit ist die Wahl der Maßstabsfaktoren einfach. Wissen wir über den Lösungsverlauf von y nichts, so müssen wir y_{max} und $\frac{dy}{dx}$ schätzen. Wir nehmen z.B. $y_{max} = 100$ und $\left|\frac{dy}{dx}\right|_{max} = 2000$ an und führen mit diesen Werten die Amplitudentransformation entsprechend Gl. 4.1/3 durch.

$$\alpha_0 \leq \frac{|\bar{y}|_{max}}{|y|_{max}} = \frac{100\,V}{100} = 1\,V \qquad (13.1/2)$$

$$\alpha_1 \leq \frac{|\bar{y'}|_{max}}{\left|\frac{dy}{dx}\right|_{max}} = \frac{100\,V}{2000} = \frac{1}{20}\,V \qquad (13.1/3)$$

Von der Differentialgleichung (13.1/1) kommen wir damit zur Maschinengleichung:

$$\frac{1}{\alpha_1}\bar{y'} = -A\frac{1}{\alpha_0}\bar{y}$$

$$\bar{y'} = -A\frac{\alpha_1}{\alpha_0}\bar{y} \qquad (13.1/4)$$

Mit den gewählten Werten für α_0 und α_1:

$$\bar{y'} = -10\,\frac{1\,V}{20\,V}\bar{y} = -\frac{1}{2}\,\bar{y}$$

Damit ergibt sich eine Rechenschaltung entsprechend den Bildern 13.1/1 bzw. 13.1/2. Die Dimensionierung der Schaltung führen wir mit Hilfe des Programmierungsschemas durch.

Für den Intergrator 1 gilt Gl. 2.2/46. Sie beschreibt die Abhängigkeit der Ausgangsspannung des Integrators von e_{i1} und E:

$$e_{01} = -\frac{1}{R_1C_1}\int_0^T e_{i1}\,d\tau + E$$

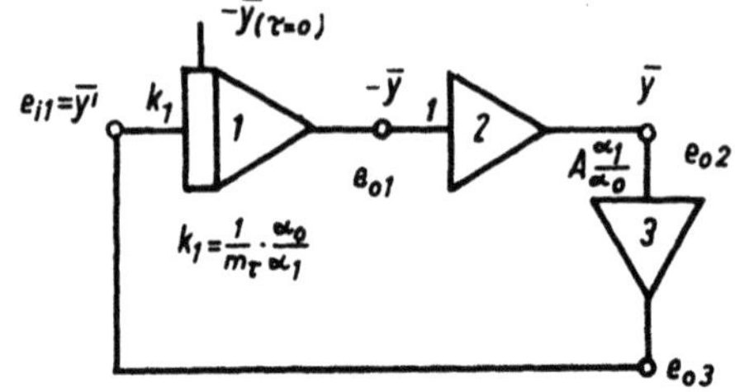

Bild 13.1/1

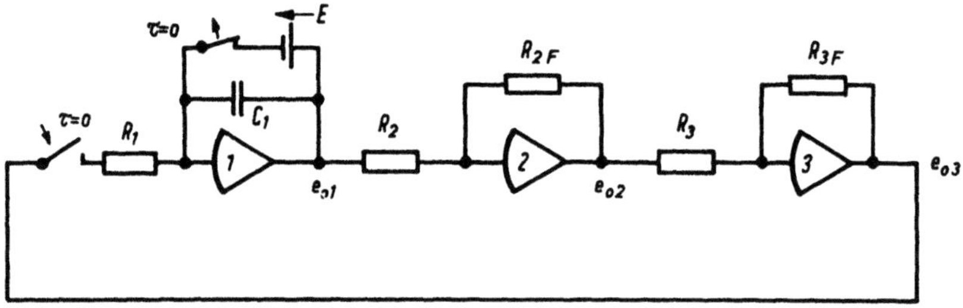

Bild 13.1/2

Da $y = \int\limits_{x=0}^{x} \frac{dy}{dx} dx + y_{(x=0)}$ ist, gilt mit unseren Zeit- und Amplitudenmaßstäben:

$$\frac{1}{\alpha_0}\overline{y} = \frac{1}{m_\tau} \int\limits_{\tau=0}^{\tau} \frac{1}{\alpha_1}\overline{y'}\,d\tau + \frac{1}{\alpha_0}\overline{y}_{(\tau=0)}$$

oder

$$\overline{y} = \frac{\alpha_0}{\alpha_1} \cdot \frac{1}{m_\tau} \int\limits_{\tau=0}^{\tau} \overline{y'}\,d\tau + \overline{y}_{(\tau=0)} \qquad (13.1/5)$$

Durch Vergleich dieser Maschinengleichung mit der Gl. 2.2/46 erhalten wir folgende Bedingungen:

Mit $e_{i1} = \overline{y'}$ ergibt sich $e_{01} = -\overline{y}$ (13.1/6) falls

1. $\frac{1}{R_1C_1} = \frac{1}{m_T} \cdot \frac{\alpha_0}{\alpha_1} = k_1$ (13.1/7) 2. $E = -\overline{y}_{(T=0)} = -\alpha_0 \cdot y_{(x=0)}$ ist. (13.1/8)

Der Verstärker 2 wirkt als Vorzeichenumkehrer. Für diesen gilt

$$e_{02} = -e_{01} \quad (13.1/9) \qquad \text{falls} \quad \frac{R_{F2}}{R_2} = 1 \text{ ist.} \quad (13.1/10)$$

Der Verstärker 3 führt die Multiplikation mit dem konstanten Faktor $A\frac{\alpha_1}{\alpha_0}$ durch.

Für den entsprechend Bild 13.1/2 beschalteten Verstärker gilt mit Gl. 2.2/27:

$$e_{03} = -\frac{R_{F3}}{R_3} e_{i3} = -\frac{R_{F3}}{R_3} e_{02} \quad (13.1/11)$$

Mit
$$e_{02} = \overline{y} \quad (13.1/12)$$

wird
$$e_{03} = -A\frac{\alpha_1}{\alpha_0}\overline{y}, \quad (13.1/13)$$

falls
$$\frac{R_{F3}}{R_3} = A\frac{\alpha_1}{\alpha_0} \text{ ist.} \quad (13.1/14)$$

Mit den gegebenen Werten A, $y_{(x=0)}$ und den gewählten Größen α_0, α_1 und m_T dimensionieren wir die Schaltung:

Aus Gl. 13.1/7 $k_1 = \frac{1}{R_1C_1} = \frac{1}{20\text{ sec}} \cdot \frac{1\text{ V}}{\frac{1}{20}\text{ V}} = 1\text{ sec}^{-1}$

ergibt sich $R_1C_1 = 1$ **sec.**

Wir wählen z.B. $C_1 = 1\ \mu F$, damit wird $R_1 = 1\ M\Omega$.

Aus Gl. 13.1/8 erhält man $E = -\alpha_0 \cdot y_{(x=0)} = -1\text{ V} \cdot 1 = -1\text{ V}$

Um Gl. 13.1/10 zu erfüllen, wählen wir z.B. $R_{F2} = R_2 = 1\ M\Omega$.

Gl. 13.1/14 ergibt

$$\frac{R_{F3}}{R_3} = A\frac{\alpha_1}{\alpha_0} = 10\,\frac{\frac{1}{20}\,V}{1\,V} = \frac{1}{2}$$

mit $R_{F3} = 1\,M\Omega$ muß $R_3 = 2 \cdot R_{F3} = 2\,M\Omega$ sein.

Die mit diesen Schaltelementen aufgebaute Schaltung ergibt zwar schon eine abnehmende e-Funktion als Lösung für $\bar{y}$, jedoch ist die Aussteuerung ungenügend. Der größte Betrag der Spannung am Verstärker 1 und 2 beträgt nur 1 Volt für e_{01} und e_{02}, und der Maximalwert der Ausgangsspannung an Verstärker 3 beträgt sogar nur $\frac{1}{2} \cdot 1\,V = 0{,}5\,V = e_{03}$.

Auf Grund des Probelaufs kennen wir nun y_{max} und $\frac{dy}{dx}_{max}$.

Mit Gl. 13.1/2 ist

$$y_{max} = \frac{1}{\alpha_0}\bar{y}_{max} = 1\,V^{-1} \cdot 1\,V = 1$$

Mit Gl. 13.1/3 ergibt sich

$$\left|\frac{dy}{dx}\right|_{max} = \frac{1}{\alpha_1}\left|\bar{y}'\right|_{max} = 20\,V^{-1} \cdot 0{,}5\,V = 10$$

Ausgehend von diesen Maximalwerten bestimmen wir nunmehr neue, bessere Maßstabsfaktoren für die Amplitudentransformation unter Verwendung der gleichen Symbole. Als Aussteuerungsmaxima lassen wir 100 Volt zu.
Wir erhalten:

$$\alpha_0 \leq \frac{|\bar{y}|_{max}}{|y|_{max}} = \frac{100\,V}{1} = 100\,V \qquad (13.1/15)$$

$$\alpha_1 \leq \frac{|\bar{y}'|_{max}}{\left|\frac{dy}{dx}\right|_{max}} = \frac{100\,V}{10} = 10\,V \qquad (13.1/16)$$

Weiterhin gilt noch $A = 10$; $y_{(x=0)} = 1$. Außerdem sollte m_T gleich 20 sec. sein. Damit ermitteln wir nunmehr die endgültige Schaltungsdimensionierung.

Aus Gl. 13.1/7
$$k_1 = \frac{1}{R_1C_1} = \frac{1}{m_T} \cdot \frac{\alpha_0}{\alpha_1}$$

erhält man $k_1 = \frac{1}{R_1C_1} = \frac{1}{20\text{ sec}} \cdot \frac{100\text{ V}}{10\text{ V}} = 0{,}5\text{ sec}^{-1}$ oder $R_1C_1 = 2\text{ sec}$

Mit z.B. $C_1 = 1\,\mu F$ ergibt sich R_1 zu $2\,M\Omega$.

Gl. 13.1/8 liefert:

$$E = -\overline{y}_{(\tau=0)} = -\alpha_0 y_{(x=0)} = -100V \cdot 1 = -100\text{ V}$$

Gl. 13.1/10 erfüllen wir z.B. mit: $R_{F2} = R_2 = 1\,M\Omega$

Gl. 13.1/14
$$\frac{R_{F3}}{R_3} = A \cdot \frac{\alpha_1}{\alpha_0}$$

liefert $\frac{R_{F3}}{R_3} = 10 \cdot \frac{10\text{ V}}{100\text{ V}} = 1.$ Gewählt $R_{F3} = R_3 = 1\,M\Omega$

Damit liegt die Schaltung fest. Verstärker 2 und 3 sind in diesem Falle reine Vorzeichenumkehrer. Da sich mit den neu festgelegten Werten α_0 und α_1 die Maschinengleichung 13.1/4 zu

$$\overline{y'} = -A\frac{\alpha_1}{\alpha_0}\overline{y} = -10\,\frac{10V}{100V} = -\overline{y} \qquad (13.1/17)$$

ergibt, benötigen wir nur einen Verstärker.

Mit Gl. 2.2/46 und 13.1/5 erhalten wir

$$e_{01} = \overline{y} \qquad (13.1/18)$$

für $e_{i1} = -\overline{y'}$ d.h. mit Gl. 13.1/17 $e_{i1} = \overline{y}$ (13.1/19) falls 1. $$k_1 = \frac{1}{R_1 C_1} = \frac{\alpha_0}{\alpha_1} \frac{1}{m_T} \qquad (13.1/20)$$

2. $$E = \overline{y}_{(\tau=0)} = \alpha_0\, y_{(x=0)} \qquad (13.1/21)$$

ist.

Mit den vorgegebenen Werten ermitteln wir aus Gl. 13.1/20 und 13.1/21:

$$k_1 = \frac{1}{R_1 C_1} = \frac{100\text{ V}}{10\text{ V}} \cdot \frac{1}{20\text{ sec}} = \frac{100}{200\text{ sec}} = 0{,}5\text{ sec}^{-1}$$

$$R_1 C_1 = 2\text{ sec} \qquad (13.1/22)$$

und $$E = \alpha_0\, y_{(x=0)} = 100\text{ V} \cdot 1 = 100\text{ V} \qquad (13.1/23)$$

Wir erfüllen Gl. 13.1/22, indem wir z.B. $C_1 = 1\mu$ F wählen.

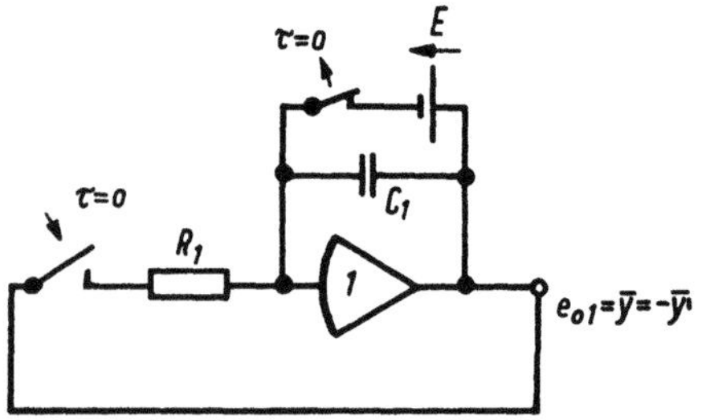

Bild 13.1/3

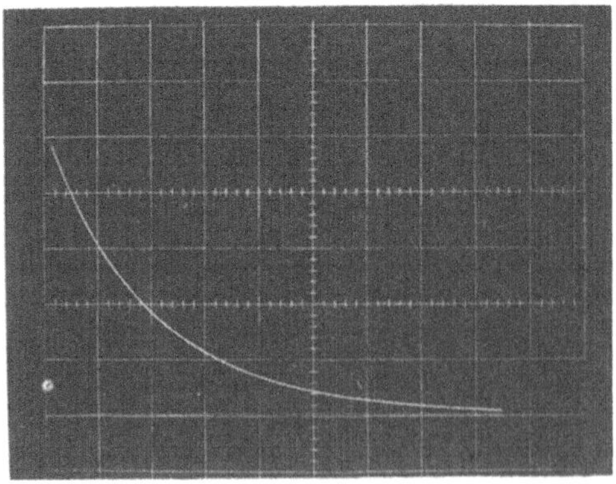

1 cm ≙ 1 sec
1 cm ≙ 20 V

Bild 13.1/4

Damit ergibt sich

$$R_1 = \frac{2\ \mathrm{sec}}{1\,\mu\mathrm{F}} = 2\ \mathrm{M}\Omega$$

Die gegenüber Bild 13.1/2 vereinfachte Schaltung ist im Bild 13.1/3 wiedergegeben. Bild 13.1/4 zeigt die Lösungsfunktion für $\bar{y}$.

13.2 *Erzeugung der Funktion* $y = A \cdot e^x$

Auf dem elektronischen Analogrechner ist die Funktion

$$y = A\ e^x$$

darzustellen.

Gegeben: $A = 10$

Gesucht: Die Lösung im Lösungsbereich der unabhängigen Veränderlichen x:

$$0 < x < 2$$

Die Lösungsfunktion soll auf dem Elektronenstrahl-Oszillographen dargestellt werden und zwar soll der Größe $x_{max} = 2$ die Maschinenzeit $\tau_{max} = 10$ sec entsprechen. Wir lösen die Aufgabe durch Lösen der Differentialgleichung

$$\frac{dy}{dx} = y, \tag{13.2/1}$$

der unsere Funktion gehorcht.

$y_{(x=0)} = A$ ist unsere Anfangsbedingung.

Zeittransformation:

Mit Gl. 3.1/1 $\quad \tau = m_\tau \cdot x$

erhalten wir

$$m_\tau = \frac{\tau_{max}}{x_{max}} = \frac{10\ \mathrm{sec}}{2} = 5\ \mathrm{sec} \tag{13.2/2}$$

Den Größen y und $\frac{dy}{dx}$ sollen im Gerät Spannungen entsprechen.

Es möge gelten

$$\bar{y} = \alpha_0 \, y \longrightarrow \alpha_0 \leq \frac{|\bar{y}|_{max}}{|y|_{max}} \qquad (13.2/3)$$

$$\frac{dy}{dx} = m_\tau \frac{dy}{d\tau} = \frac{1}{\alpha_1} \overline{m_\tau \frac{dy}{d\tau}} = \frac{1}{\alpha_1} \overline{y'} \longrightarrow \alpha_1 \leq \frac{|\overline{y'}|_{max}}{\left|\frac{dy}{dx}\right|_{max}} \qquad (13.2/4)$$

Da uns die Funktion y bekannt ist, kennen wir auch y_{max} und $\left|\frac{dy}{dx}\right|_{max}$

Es gilt daher:

$$y_{max} = 10 \cdot e^2 = \underline{73{,}89} \qquad \left|\frac{dy}{dx}\right|_{max} = y_{max} = \underline{73{,}89}$$

Da die maximale Aussteuerung 100 Volt betragen darf, können wir die Amplitudenmaßstabsfaktoren bestimmen.

Es soll gelten $\alpha_0 \leq \frac{100\ V}{74} = 1{,}35\ V$ Gewählt: $\alpha_0 = 1\ V$ (13.2/5)

Weiter ist: $\alpha_1 \leq \frac{100\ V}{74} = 1{,}35$ Gewählt: $\alpha_1 = 1\ V$ (13.2/6)

Aus Gl. 13.2/1 ergibt sich damit die Maschinengleichung zu:

$$\frac{1}{\alpha_1} \overline{y'} = \frac{1}{\alpha_0} \bar{y}$$

oder

$$\overline{y'} = \frac{\alpha_1}{\alpha_0} \bar{y} \qquad (13.2/7)$$

Die gewählten Werte für α_0 und α_1 eingesetzt ergeben:

$$\overline{y'} = \frac{1\ V}{1\ V} \bar{y}$$

$$\overline{y'} = \bar{y} \qquad (13.2/8)$$

Damit liegt die Rechenschaltung fest (Bild 13.2/1).

Bild 13.2/1

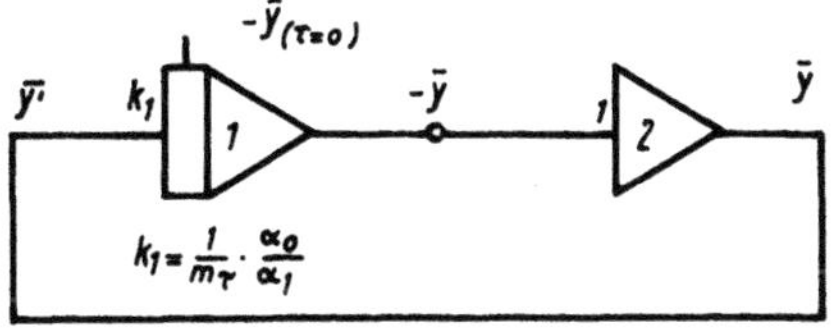

Um die Maschinengleichung 13.2/8 zu erfüllen, benötigen wir nur einen Integrator und einen Vorzeichenumkehrer. Die Dimensionierung der Rechenschaltung führen wir mit Hilfe des Programmierungsschemas durch.

Bild 13.2/2

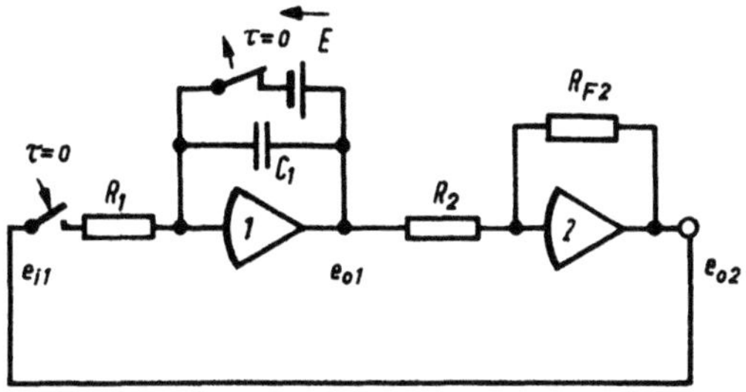

Für den Integrator 1 gilt mit den Bezeichnungen aus Bild 13.2/2

$$e_{01} = -\frac{1}{R_1 C_1} \int_0^T e_{i1} \, d\tau + E \qquad (13.2/9)$$

Mit Berücksichtigung der Zeit- und Amplitudentransformation erhält man:

$$\overline{y} = \frac{1}{m_T} \cdot \frac{\alpha_0}{\alpha_1} \int_0^T \overline{y'} \, d\tau + \overline{y}_{(\tau=0)} \qquad (13.2/10)$$

Ein Vergleich von Gl. 13.2/9 mit Gl. 13.2/10 liefert mit

$e_{i1} = \overline{y'}$ (13.2/11) $\qquad$ $e_{01} = -\overline{y}$ (13.2/12) falls 1. $$k_1 = \frac{1}{R_1 C_1} = \frac{1}{m_T} \cdot \frac{\alpha_0}{\alpha_1} \qquad (13.2/13)$$

2. $$E = -\overline{y}_{(T=0)} = -\alpha_0\, y_{(x=0)} \qquad (13.2/14)$$

ist.

Da laut Maschinengleichung 13.2/8 $\overline{y}^{T} = \overline{y}$ ist, hat man $\overline{y}$ auf den Eingang des Integrators 1 zu geben. Aus $e_{01} = -\overline{y}$ ergibt sich $\overline{y}$ mittels des Vorzeichenumkehrers 2.

Für den Vorzeichenumkehrer 2 gilt $e_{02} = -e_{01}$

Falls $$\frac{R_{F2}}{R_2} = 1 \quad \text{ist.} \qquad (13.2/15)$$

Damit erhalten wir mit den gegebenen Werten A und $y_{(x=0)}$ und den gewählten Werten α_0, α_1 und m_T die Elemente wie folgt:

Gl. 13.2/13 liefert: $k_1 = \frac{1}{R_1 C_1} = \frac{1}{m_T} \cdot \frac{\alpha_0}{\alpha_1} = \frac{1}{5\,\text{sec}} \cdot \frac{1\,\text{V}}{1\,\text{V}} = \frac{1}{5}\,\text{sec}^{-1}$

also $R_1 C_1 = 5$ sec

wählen wir $C_1 = 1\mu$ F so folgt $R_1 = 5\,\text{M}\Omega$

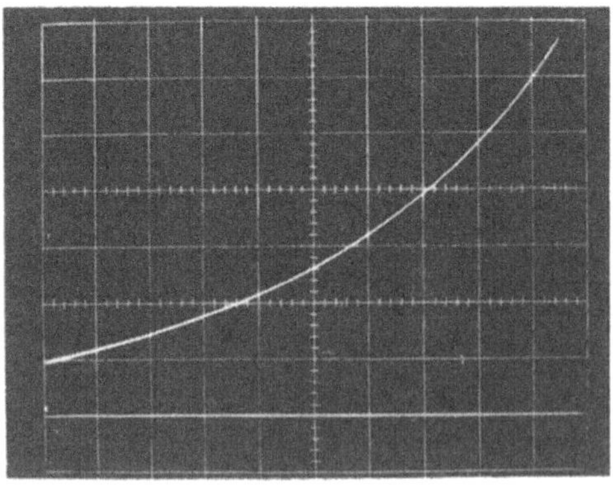

1 cm ≙ 1 sec
1 cm ≙ 10 V

Bild 13.2/3

Aus Gl. 13.2/13 erhält man

$$E = -\bar{y}_{(\tau=0)} = -\alpha_0\, y_{(x=0)} = -1\ \mathrm{V} \cdot 10 = -10\ \mathrm{V}$$

Die Bedingung Gl. 13.2/15 erfüllen wir, indem wir z.B. $R_{F2} = R_2 = 1\,M\Omega$ wählen.
Damit liegt die Dimensionierung vor. Im Bild 13.2/3 ist die Lösungsfunktion dargestellt.

13.3 *Erzeugung der Funktion* $y = A \cdot \sin \omega t$

Auf dem elektronischen Analogrechner ist die Funktion

$$y = A \sin \omega t \tag{13.3/1}$$

darzustellen.

Gegeben: $A = 20$

$\omega = 2\ \mathrm{sec}^{-1}$

$y_{(t=0)} = 0$ (1. Anfangsbedingung)

$y'_{(t=0)} = A\omega$ (2. Anfangsbedingung)

Gesucht: Die Lösungsfunktion im wahren Zeitmaß.

Zur Darstellung der Funktion $y = A \sin \omega t$ lösen wir die Differentialgleichung, der y genügt. Es gilt:

$$y' = A\, \omega \cos \omega t$$

$$y'' = -A\, \omega^2 \sin \omega t$$

oder

$$y'' = -\omega^2 y \tag{13.3/2}$$

Da wir im wahren Zeitmaß arbeiten wollen, erhalten wir aus

$$\tau = m_T \cdot t$$

den Zeitmaßstabsfaktor $m_T = 1$.

Den Größen y, y' und y" sollen im Gerät wieder Spannungen zugeordnet sein. Wir führen folgende Amplitudenmaßstäbe ein:

$$y = \frac{1}{\alpha_0}\,\overline{y} \longrightarrow \alpha_0 \leqq \frac{|\overline{y}|_{max}}{|y|_{max}} \tag{13.3/3}$$

$$\frac{dy}{dt} = m_\tau \frac{dy}{d\tau} = \frac{1}{\alpha_1}\,\overline{m_\tau \frac{dy}{d\tau}} = \frac{1}{\alpha_1}\,\overline{y'} \longrightarrow \alpha_1 \leqq \frac{|\overline{y'}|_{max}}{\left|\frac{dy}{dt}\right|_{max}} \tag{13.3/4}$$

$$\frac{d^2y}{dt^2} = m_\tau^2 \frac{d^2y}{d\tau^2} = \frac{1}{\alpha_2}\,\overline{m_\tau^2 \frac{d^2y}{d\tau^2}} = \frac{1}{\alpha_2}\,\overline{y''} \longrightarrow \alpha_2 \leqq \frac{|\overline{y''}|_{max}}{\left|\frac{d^2y}{dt^2}\right|_{max}} \tag{13.3/5}$$

Die maximale Aussteuerung darf stets 100 Volt betragen. Mit den gegebenen Größen wählen wir die Maßstabsfaktoren wie folgt:

$$\alpha_0 \leqq \frac{|\overline{y}|_{max}}{|y|_{max}} = \frac{100\ \text{V}}{20} = 5\ \text{V} \qquad \text{gewählt:}\ \alpha_0 = 5\ \text{V}$$

$$\alpha_1 \leqq \frac{|\overline{y'}|_{max}}{\left|\frac{dy}{dt}\right|_{max}} = \frac{100\ \text{V}}{\omega y} = \frac{100\ \text{V}}{2\ \text{sec}^{-1} \cdot 20} \qquad \text{gewählt:}\ \alpha_1 = 2{,}5\ \text{V sec}$$

$$\alpha_2 \leqq \frac{|\overline{y''}|_{max}}{\left|\frac{d^2y}{dt^2}\right|_{max}} = \frac{100\ \text{V}}{\omega^2 y} = \frac{100\ \text{V}}{2^2\ \text{sec}^{-2} \cdot 20} \qquad \text{gewählt:}\ \alpha_2 = 1{,}25\ \text{V sec}^2$$

Damit ergibt sich mit Gl. 13.3/2 die Maschinengleichung:

$$\frac{1}{\alpha_2}\,\overline{y''} = -\,\omega^2\,\frac{1}{\alpha_0}\,\overline{y}$$

oder

$$\overline{y''} = -\,\omega^2\,\frac{\alpha_2}{\alpha_0}\,\overline{y}$$

Mit den gegebenen Größen α_0, α_2 und ω erhält man:

$$\overline{y''} = -4 \sec^{-2} \frac{1{,}25 \text{ V} \sec^2}{5 \text{ V}} \overline{y}$$

$$\overline{y''} = -\overline{y} \tag{13.3/6}$$

Mit der Maschinengleichung liegt auch die Rechenschaltung entsprechend Bild 13.3/1 fest. Wir benötigen zwei Integratoren und einen Vorzeichenumkehrer. Die Dimensionierung der Schaltelemente entsprechend Bild 13.3/2 führen wir wieder mit Hilfe des Programmierungsschemas durch.

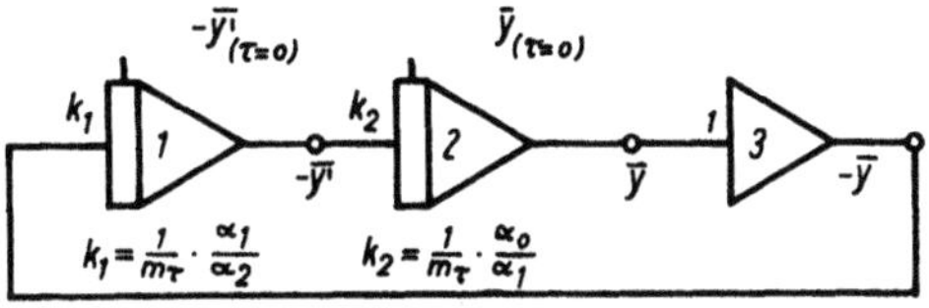

Bild 13.3/1

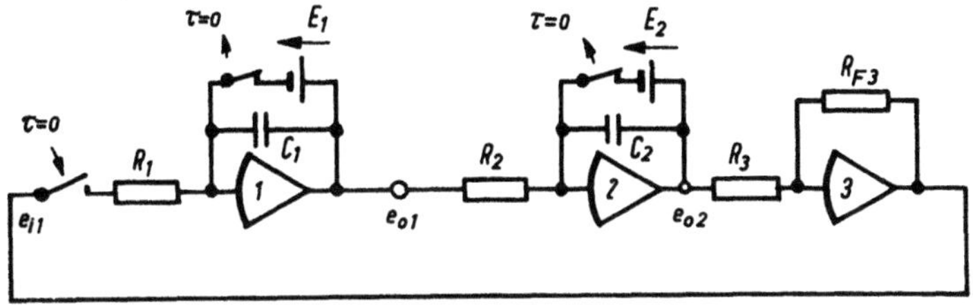

Bild 13.3/2

Für den Integrator 1 gilt:

$$e_{01} = -\frac{1}{R_1 C_1} \int_0^{\tau} e_{i1} \, d\tau + E_1 \tag{13.3/7}$$

Bei Berücksichtigung der Zeit- und Amplitudentransformation gilt:

$$\overline{y'} = \frac{1}{m_\tau} \cdot \frac{\alpha_1}{\alpha_2} \int_0^{\tau} \overline{y''} \, d\tau + \overline{y'}_{(\tau=0)} \tag{13.3/8}$$

Ein Vergleich der Gleichungen 13.3/7 und 13.3/8 liefert:

Mit $$e_{i1} = \overline{y''}$$

erhalten wir $$e_{01} = -\overline{y'}$$

falls 1.

$$k_1 = \frac{1}{R_1 C_1} = \frac{1}{m_\tau} \cdot \frac{\alpha_1}{\alpha_2} \tag{13.3/9}$$

2.

$$E_1 = -\overline{y'}_{(\tau=0)} = -\alpha_1 \left(\frac{dy}{dt}\right)_{(t=0)} = -\alpha_1 \cdot A \cdot \omega \tag{13.3/10}$$

ist.

Entsprechend ergibt sich für den Integrator 2

$$e_{02} = -\frac{1}{R_2 C_2} \int_0^\tau e_{01} \, d\tau + E_2 \tag{13.3/11}$$

Für die Integration einer ersten Ableitung gilt laut Programmierungsschema:

$$\overline{y} = \frac{1}{m_\tau} \cdot \frac{\alpha_0}{\alpha_1} \int_0^\tau \overline{y'} \, d\tau + \overline{y}_{(\tau=0)} \tag{13.3/12}$$

Mit $e_{i2} = e_{01} = -\overline{y'}$ (durch Schaltungszwang erfüllt!) erhält man

$$e_{02} = \overline{y}$$

falls 1.

$$k_2 = \frac{1}{R_2 C_2} = \frac{1}{m_\tau} \cdot \frac{\alpha_0}{\alpha_1} \tag{13.3/13}$$

2.

$$E_2 = \overline{y}_{(\tau=0)} = \alpha_0 \, y_{(t=0)} \tag{13.3/14}$$

ist.

Der Verstärker 3 dient lediglich zur Vorzeichenumkehr. Für ihn muß daher gelten:

$$\frac{R_{F3}}{R_3} = 1 \qquad (13.3/15)$$

Damit liegen alle Unterlagen zur Dimensionierung vor. Mit den gegebenen Größen α_C, α_1, α_2, m_T, A und ω können wir die Schaltelemente bestimmen.

Aus Gl. 13.3/9: $k_1 = \frac{1}{R_1C_1} = \frac{1}{1}\,\frac{2{,}5\ \mathrm{V\,sec}}{1{,}25\ \mathrm{V\,sec^2}} = 2\ \mathrm{sec^{-1}}$

oder $R_1C_1 = 0{,}5\ \mathrm{sec}$

Mit $C_1 = 0{,}1\ \mu\mathrm{F}$

ergibt sich $R_1 = 5\ \mathrm{M}\Omega$.

Aus Gl. 13.3/10 folgt:

$$E_1 = -\alpha_1 A \cdot \omega = -2{,}5\ \mathrm{V\,sec} \cdot 20 \cdot 2\ \mathrm{sec^{-1}} = -100\ \mathrm{V}$$

Gl. 13.3/13 liefert:

$$k_2 = \frac{1}{R_2C_2} = \frac{1}{m_T} \cdot \frac{\alpha_0}{\alpha_1} = \frac{1}{1}\,\frac{5\ \mathrm{V}}{2{,}5\ \mathrm{V\,sec}} = 2\ \mathrm{sec^{-1}}$$

also ist $R_2C_2 = 0{,}5\ \mathrm{sec}$

Mit $C_2 = 0{,}1\ \mu\mathrm{F}$ ergibt sich $R_2 = 5\ \mathrm{M}\Omega$

Gl. 13.3/14 bringt für

$$E_2 = \alpha_0\, y\,(t = 0) = \alpha_0 \cdot 0 = 0\ \mathrm{V}$$

Die Bedingung 13.3/15 erfüllen wir, indem wir

$$R_{F3} = R_3 = 1\ M\Omega$$

wählen.

Die Schaltung liegt damit in allen Einzelheiten vor.

Im Bild 13.3/3 ist der Verlauf von $\overline{y}$ und $\overline{y'}$ eingetragen. Die Schwingungsdauer T muß sich zu π sec ergeben.

Aus $$\omega = 2\pi f = 2\ sec^{-1}$$

folgt $$f = \frac{1}{\pi}\ sec^{-1}$$

Damit $$T = \frac{1}{f} = \pi\ sec$$

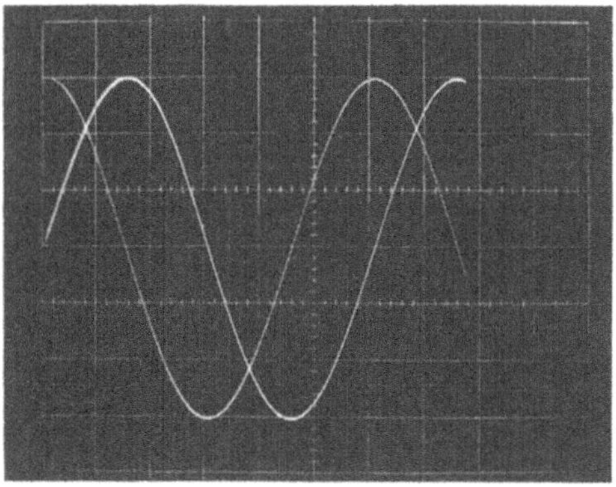

1 cm ≙ 0,5 sec
1 cm ≙ $33\frac{1}{3}$ V

Bild 13.3/3

13.4 *Gesucht ist der Bewegungsablauf einer gedämpften Schwingung*

Gesucht ist der Bewegungsablauf einer gedämpften Schwingung bei geschwindigkeitsproportionaler Dämpfung.
Dieses Beispiel wurde ausführlich in Abschnitt 4.3 (Anwendung des Programmierungsschemas) behandelt.

13.5 *Erzeugung der Funktion* $v = b \cdot t + v_0$ *im Bereich* $0 < t < 1$ sec

Die Funktion
$$v = b\,t + v_0 \tag{13.5/1}$$

im Bereich $0 < t < 1$ sec ist auf dem Analogrechner darzustellen.

Gegeben:
$$v_0 = 10 \text{ m/sec}$$
$$b = 50 \text{ m/sec}^2$$

Auf dem Analogrechner soll der interessierende Funktionsbereich in der Maschinenzeit $\tau_{max} = 10$ sec ablaufen. Damit erhalten wir den Zeitmaßstabsfaktor m_τ aus:

$$\tau = m_\tau \cdot t$$

zu
$$m_\tau = \frac{\tau_{max}}{t_{max}} = \frac{10 \text{ sec}}{1 \text{ sec}}$$

also ist
$$m_\tau = 10 \tag{13.5/2}$$

Da der Geschwindigkeit v im Gerät eine Spannung $\bar{v}$ entsprechen soll, erhalten wir einen Amplitudenmaßstabsfaktor.

$$\bar{v} = \alpha v \longrightarrow \alpha \leq \frac{\bar{v}_{max}}{v_{max}} = \frac{100\,V}{60 \frac{m}{sec}} = \frac{1}{0{,}6 \frac{m}{V\,sec}} = 1{,}67 \frac{V\,sec}{m}$$

Gewählt:
$$\alpha = 1 \frac{V\,sec}{m} \tag{13.5/3}$$

Mit Gl. 13.5/2 und 13.5/3 erhalten wir aus Gl. 13.5/1 die Maschinengleichung:

$$\frac{1}{\alpha}\bar{v} = b\frac{\tau}{m_\tau} + \frac{1}{\alpha}\bar{v}_0 \quad \text{oder} \quad \bar{v} = \frac{b \cdot \alpha}{m_\tau}\tau + \bar{v}_0 \tag{13.5/4}$$

Geben wir eine konstante Spannung $e_i = E_i$ auf den Eingang eines Integrators, so ergibt sich entsprechend Bild 13.5/1 folgende Ausgangsspannung e_{01}:

$$e_{01} = -\frac{1}{R_1C_1}\int_0^{\tau} e_i \, d\tau + E_1$$

oder
$$e_{01} = -\frac{1}{R_1C_1} E_i \cdot \tau + E_1 \qquad (13.5/5)$$

Ein Vergleich von Gl. 13.5/5 mit Gl. 13.5/4 ergibt: $e_{01} = \overline{v}$

falls 1. $-\frac{E_i}{R_1C_1} = \frac{b\,\alpha}{m_\tau}$ (13.5/6) 2. $E_1 = \overline{v}_0 = \alpha \cdot v_0$ (13.5/7)

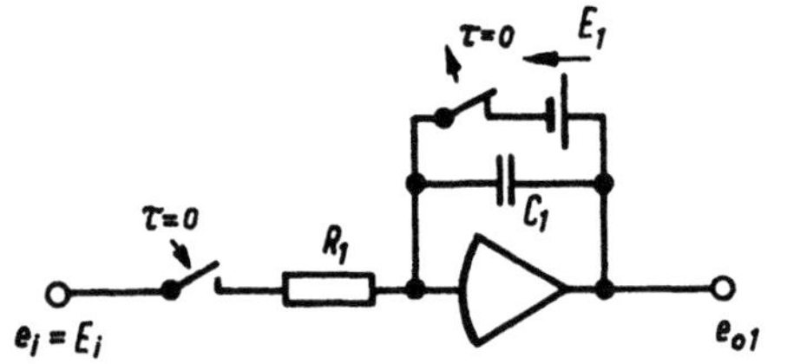

Bild 13.5/1

Da in unserem Fall b eine positive Konstante ist, R_1, C_1, m_τ und α ohnehin positive Konstanten sind, muß man $-E_i$ auf den Eingang geben. Mit den vorgegebenen Werten liegt damit die Dimensionierung der Schaltelemente entsprechend Bild 13.5/2 fest.

Mit Gl. 13.5/7 ergibt sich E_1 zu: $E_1 = \alpha\, v_0 = 1 \frac{V\,sec}{m} \cdot 10 \frac{m}{sec}$

$$E_1 = 10\,V$$

Gl. 13.5/6 liefert $\frac{E_i}{R_1C_1} = \frac{\alpha b}{m_\tau} = \frac{1\,V\,sec}{10\,m}\, 50 \frac{m}{sec^2} = 5\,V\,sec^{-1}$

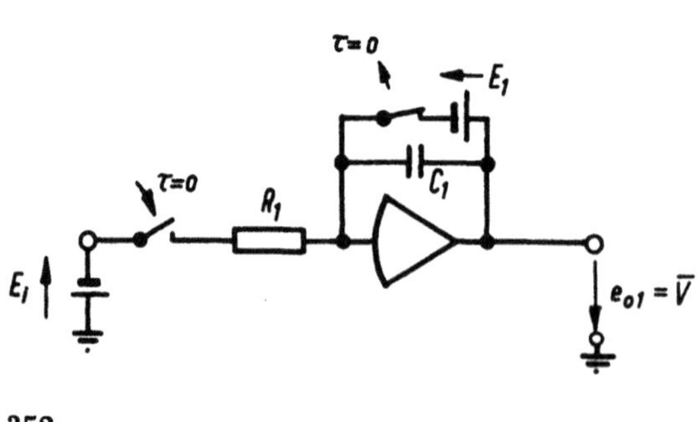

Bild 13.5/2

Man wählt jetzt zweckmäßig für C_1 und R_1 übliche Rechenwerte und ermittelt dann E_i. (Schaltung siehe Bild 13.5/2)

Gewählt $C_1 = 1\,\mu F$ $R_1 = 1\,M\Omega$

Daraus folgt: $$E_i = R_1 C_1 \cdot 5\,V\,sec^{-1}$$

$$E_i = 5\,V$$

Bild 13.5/3 zeigt die Lösungsfunktion

1 cm ≙ 1 sec
1 cm ≙ 10 V

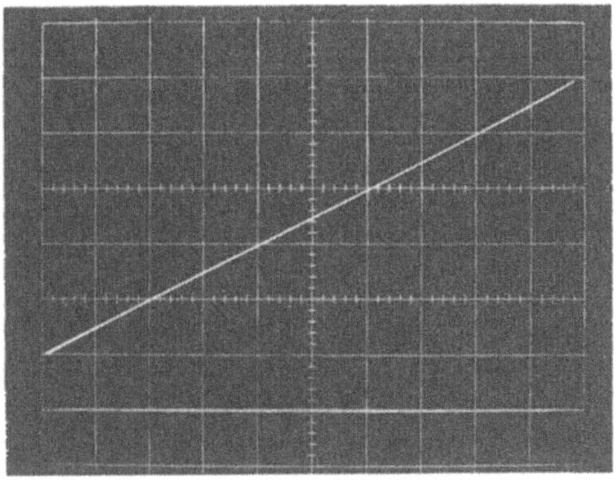

Bild 13.5/3

13.6 *Darstellung einer quadratischen Parabel*

Gefordert ist die Darstellung der quadratischen Parabel

$$y = a_0 x^2 + ax + b \qquad (13.6/1)$$

Gegeben:

$$y_{(x=0)} = 60 \qquad (13.6/2)$$

$$y_{(x=5)} = -60 \qquad (13.6/3)$$

$$y_{(x=10)} = 60 \qquad (13.6/4)$$

Gesucht: Die Darstellung im Zeitbereich $0 < \tau < 1$ sec.

Ausgehend von den Bedingungen 13.6/2, 3, 4 für y an den Stellen $x = 0$, $x = 5$, $x = 10$ ermitteln wir die Konstanten a_0, a und b.

Aus der Bedingung $y_{(x=0)} = 60$ ergibt sich

$$b = 60 \tag{13.6/5}$$

Mit Gl. 13.6/4 erhält man:

$$60 = a_0 \cdot 100 + a \cdot 10 + 60$$

$$a = -10\, a_0 \tag{13.6/6}$$

Ähnlich liefert Bedingung 13.6/3

$$-60 = 25 \cdot a_0 + 5 \cdot a + 60$$

Mit Gl. 13.6/6

$$-120 = a_0 \cdot 25 - 50 \cdot a_0$$

$$a_0 = \frac{120}{25} = 4{,}8 \tag{13.6/7}$$

Eingesetzt in Gl. 13.6/6

$$a = -48 \tag{13.6/8}$$

Die mathematische Formulierung der speziellen Aufgabe 13.6/1 lautet also:

$$y = 4{,}8\, x^2 - 48\, x + 60 \tag{13.6/9}$$

Der Zeitmaßstabsfaktor m_T ergibt sich mit Gl. 3.1/1

$$\tau = m_T \cdot x$$

zu

$$m_T = \frac{\tau_{max}}{x_{max}}$$

$$m_T = \frac{1\ \text{sec}}{10} = 0{,}1\ \text{sec} \tag{13.6/10}$$

Als Amplitudenmaßstabsfaktor setzen wir

$$\bar{y} = \alpha y \longrightarrow \alpha \leqq \frac{|\bar{y}|_{max}}{|y|_{max}}$$

Da $|y|_{max} = 60$ wird und $\bar{y}_{max}$ 100 V betragen darf, wird

$$\alpha \leqq \frac{100\ \mathrm{V}}{60} = 1{,}67\ \mathrm{V} \qquad \text{gewählt} \qquad \alpha = 1\ \mathrm{V} \qquad (13.6/11)$$

Mit Gl. 13.6/10 und Gl. 13.6/11 erhalten wir aus Gl. 13.6/9 die Maschinengleichung:

$$\frac{1}{\alpha}\bar{y} = 4{,}8\,\frac{\tau^2}{m_\tau^2} - 48\,\frac{\tau}{m_\tau} + 60$$

bzw.

$$\bar{y} = 4{,}8\,\frac{\alpha}{m_\tau^2}\,\tau^2 - 48\,\frac{\alpha}{m_\tau}\,\tau + \alpha \cdot 60 \qquad (13.6/12)$$

Geben wir auf den Eingang einer Integratorkette mit zwei Integratoren eine Gleichspannung $e_{i1} = U_1$, so erhalten wir entsprechend Bild 13.6/1

$$e_{01} = -\frac{1}{R_1C_1}\int_0^\tau e_{i1}\,d\tau + E_1 \qquad (13.6/13)$$

$$e_{02} = -\frac{1}{R_2C_2}\int_0^\tau e_{01}\,d\tau + E_2 \qquad (13.6/14)$$

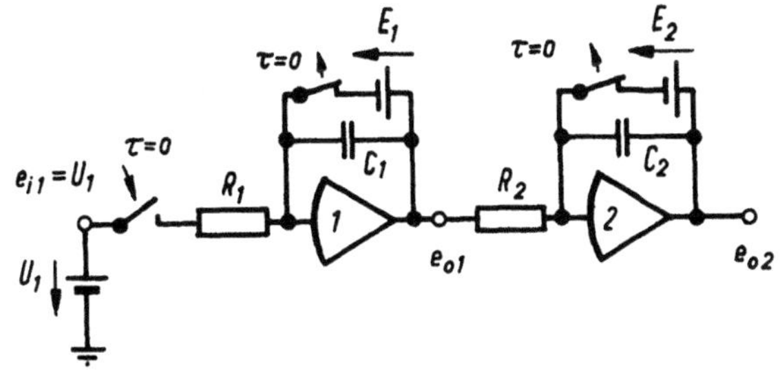

Bild 13.6/1

Da $e_{i1} = U_1 = \text{konst.}$, erhält man mit Gl. 13.6/13

$$e_{01} = -\frac{1}{R_1C_1} U_1\tau + E_1$$

Dies eingesetzt in Gl. 13.6/14 liefert:

$$e_{02} = -\frac{1}{R_2C_2} \int_0^{\tau} \left(-\frac{1}{R_1C_1} U_1\tau + E_1\right) d\tau + E_2$$

$$e_{02} = \frac{1}{R_1C_1} \cdot \frac{1}{R_2C_2} U_1 \frac{\tau^2}{2} - \frac{1}{R_2C_2} E_1\tau + E_2 \qquad (13.6/15)$$

Ein Vergleich mit der Maschinengleichung 13.6/12 ergibt

$$e_{02} = \bar{y}$$

falls 1.

$$\frac{1}{R_1C_1} \cdot \frac{1}{R_2C_2} \cdot \frac{U_1}{2} = 4{,}8\ \alpha \cdot \frac{1}{m_\tau^2} \qquad (13.6/16)$$

2.

$$\frac{1}{R_2C_2} E_1 = 48\ \alpha \cdot \frac{1}{m_\tau} \qquad (13.6/17)$$

3.

$$E_2 = \alpha \cdot 60 \qquad (13.6/18)$$

Mit den gegebenen Werten α und m_τ dimensionieren wir die Rechenelemente. Aus Gl. 13.6/18 ergibt sich E_2 zu:

$$E_2 = \alpha \cdot 60 = 1\ \text{V} \cdot 60 = 60\ \text{V}$$

Gl. 13.6/17 liefert:

$$\frac{1}{R_2C_2} \cdot E_1 = 48 \frac{1\ \text{V}}{\frac{1}{10}\ \text{sec}} = 480\ \text{V sec}^{-1}$$

Wählen wir z.B. $$R_2C_2 = \frac{1}{10}\,\text{sec}$$

so ergibt sich E_1 zu:

$$E_1 = 480\ \text{V sec}^{-1} \cdot \frac{1}{10}\,\text{sec} = 48\ \text{V}$$

$R_2C_2 = 0{,}1$ sec erreichen wir mit

$$C_2 = 0{,}1\,\mu\text{F} \qquad \text{und} \qquad R_2 = 1\,\text{M}\Omega$$

Gl. 13.6/16 führt zu

$$\frac{1}{R_1C_1} \cdot \frac{1}{R_2C_2} \cdot \frac{U_1}{2} = 4{,}8\,\frac{1\ \text{V}}{\frac{1}{10^2}\,\text{sec}^2}$$

oder
$$\frac{1}{R_1C_1} \cdot \frac{U_1}{2} \cdot \frac{1}{\frac{1}{10}\,\text{sec}} = 480\ \text{V sec}^{-2}$$

$$\frac{U_1}{R_1C_1} = 96\ \text{V sec}^{-1}$$

Wählen wir hier $R_1C_1 = 1$ sec, so muß

$$U_1 = 96\ \text{V}$$

sein.

$R_1C_1 = 1$ sec erfüllen wir mit $C_1 = 0{,}1\,\mu$F und $R_1 = 10\,\text{M}\Omega$.

Damit liegt die Dimensionierung der Schaltelemente für Bild 13.6/1 vor. Die Lösungsfunktion $\overline{y} = f(\tau)$ entsprechend Gl. 13.6/12 ist im Bild 13.6/2 gezeigt.

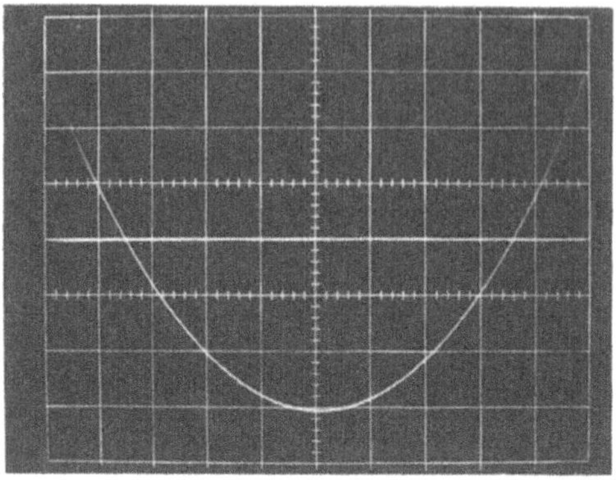

1 cm ≙ 0,1 sec
1 cm ≙ 20 V

Bild 13.6/2

13.7 *Erzeugung der Funktionen x und x^2 für $x > x_0$*

Die Funktionen x, x^2 für positive $x > x_0$ sind auf dem Analogrechner darzustellen.
Dieses Beispiel wurde ausführlich in Abschnitt 5.2 behandelt.

13.8 *Erzeugung der Funktionen $\frac{1}{x}$ und $\frac{1}{x^2}$ für $x > x_0$*

Die Funktionen $\frac{1}{x}$; $\frac{1}{x^2}$ für positive $x > x_0$ sind auf dem Analogrechner darzustellen.
Dieses Beispiel wurde in Abschnitt 5.3 programmiert.

13.9 *Erzeugung bestimmter Zeitfunktionen unter Zuhilfenahme der Definition der Übertragungsfunktion*

Für den entsprechend Bild 13.9/1 beschalteten Verstärker gilt unter der Annahme $i_g = 0$ bei zur Zeit $\tau = 0$ energielosen Eingangs- und Rückkopplungsnetzwerken:

$$\frac{\mathcal{L}\{e_0\}}{\mathcal{L}\{e_i\}} = G(s) = -\frac{\mathfrak{z}_F(s)}{\mathfrak{z}_i(s)} \qquad (13.9/1)$$

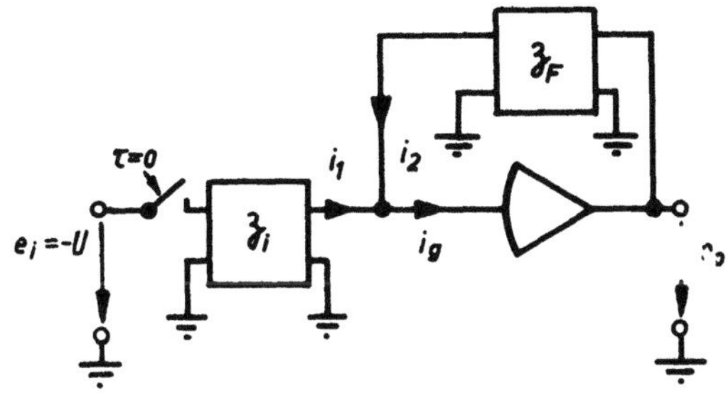

Bild 13.9/1

$\mathfrak{Z}_i$ und $\mathfrak{Z}_F$ sind gemäß Abschnitt 6 die Kurzschlußkernimpedanzen des Eingangs- und Rückkopplungsvierpols.

a) Anschalten einer Gleichspannung an die Schaltung entsprechend Bild 13.9/2:
Es gilt für $\tau > 0$

$$\frac{\mathcal{L}\{e_0\}}{\mathcal{L}\{e_i\}} = -\frac{\frac{1}{sC}}{R} = -\frac{1}{RC} \cdot \frac{1}{s}$$

Mit $\mathcal{L}\{e_i\} = \mathcal{L}\{-U\} = -\frac{U}{s}$ erhält man

$$\mathcal{L}\{e_0\} = \frac{U}{RC} \cdot \frac{1}{s^2} \tag{13.9/2}$$

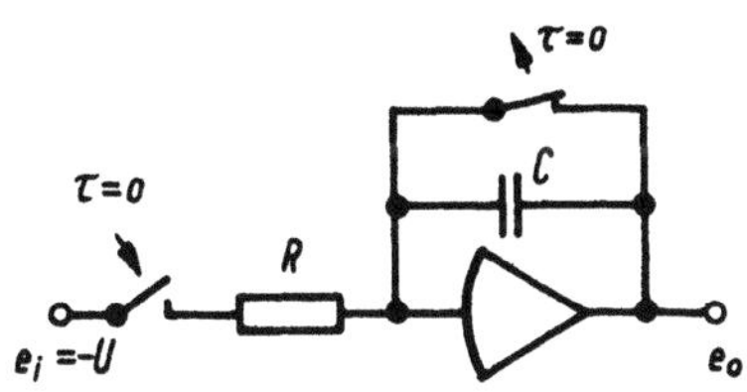

Bild 13.9/2

Zur Laplace-Transformierten $\frac{1}{s^2}$ gehört die Originalfunktion t. Damit ergibt

Gl. 13.9/2:

$$e_0 = \frac{U}{RC} \cdot t \tag{13.9/3}$$

Mit dem Zeitmaßstabsfaktor m_T erhält man mit Gl. 13.9/4

$$e_0 = \frac{U}{RC} \cdot \frac{1}{m_T} \cdot \tau \qquad (13.9/4)$$

die in Bild 13.9/3 dargestellte Ausgangsspannung e_0 als Funktion von τ.

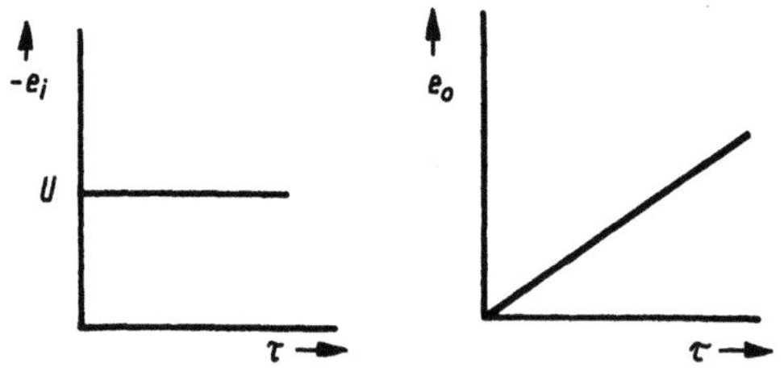

Bild 13.9/3

b) Anschalten einer Gleichspannung an die Schaltung entsprechend Bild 13.9/4

Es gilt:

$$\frac{\mathcal{L}\{e_0\}}{\mathcal{L}\{e_i\}} = - \frac{\frac{1}{R_2 C} \cdot \frac{R2}{s + {}^1/R_2 C}}{R_1} = - \frac{1}{R_1 C\left(s + \frac{1}{R_2 C}\right)} \qquad (13.9/5)$$

mit $\mathcal{L}\{e_i\} = \mathcal{L}\{-U\} = -\frac{U}{s}$

wird $$\mathcal{L}\{e_0\} = \frac{U}{R_1 C} \; \frac{1}{s\,(s + \frac{1}{R_2 C})} \qquad (13.9/6)$$

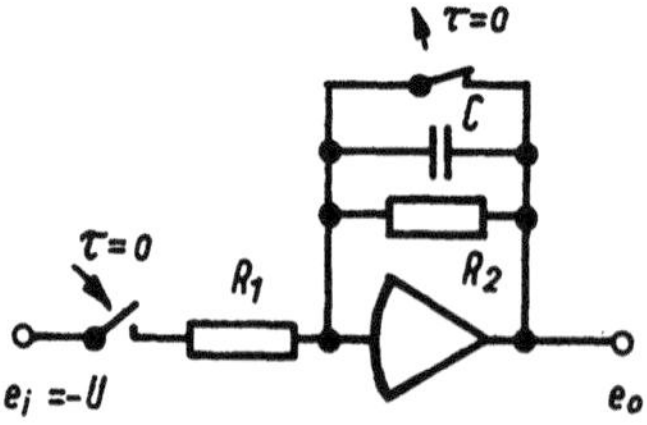

Bild 13.9/4

Da die folgende Korrespondenz besteht:

$$\frac{1}{s\,(s-a)} \;\bullet\!\!-\!\!\circ\; \frac{1}{a}\,(e^{at}-1)$$

gehört zu Gl. 13.9/6 folgende Zeitfunktion:

$$e_0 = U\frac{R_2}{R_1}\left(1 - e^{-\frac{1}{R_2 C}t}\right) \qquad (13.9/7)$$

oder:

$$e_0 = U\frac{R_2}{R_1}\left(1 - e^{-\frac{1}{R_2 C\, m_T}T}\right) \qquad (13.9/8)$$

Diese Zeitfunktion ist in Bild 13.9/5 dargestellt.

1 cm ≙ 1 sec
1 cm ≙ 20 V

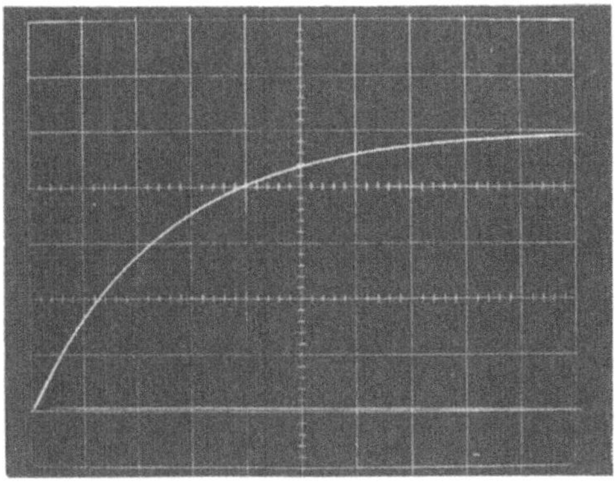

Bild 13.9/5

c) Anschalten einer Gleichspannung an die Schaltung entsprechend Bild 13.9/6. Entsprechend Gl. 13.9/1 gilt:

$$\frac{\mathcal{L}\{e_0\}}{\mathcal{L}\{e_i\}} = -\frac{R_2}{R_1 + \frac{1}{sC_1}} = -\frac{R_2 s C_1}{1 + sR_1C_1} = -\frac{R_2C_1 s}{R_1C_1\left(s + \frac{1}{R_1C_1}\right)}$$

mit $\mathcal{L}\{e_i\} = \mathcal{L}\{-U\} = -\frac{U}{s}$ erhält man:

$$\mathcal{L}\{e_0\} = +\frac{R_2}{R_1}U\,\frac{1}{s + \frac{1}{R_1C_1}} \qquad (13.9/9)$$

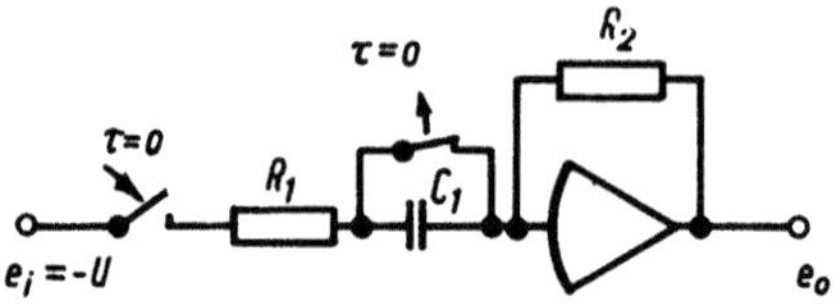

Bild 13.9/6

Mit der Korrespondenz $\frac{1}{s+a}$ ●——○ e^{-at} ergibt sich

$$e_0 = U\frac{R_2}{R_1}e^{-\frac{1}{R_1C_1}t} \tag{13.9/10}$$

oder

$$_0 = U\frac{R_2}{R_1}\cdot e^{-\frac{1}{R_1C_1m_\tau}\tau} \tag{13.9/11}$$

Die graphische Darstellung der Lösung ist in Bild 13.9/7 gezeigt.

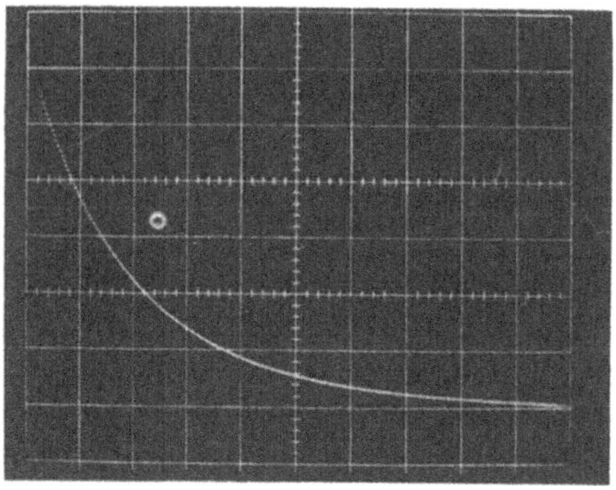

Bild 13.9/7

d) Darstellung der Funktion $y = a \cdot e^{-bt}$ mit $a > 0$, $b > 0$, für $t > 0$ wurde bereits im Abschnitt 6.3 durchgeführt.

e) Darstellung der Funktion $y = a + bt$ für $a > 0$, $b > 0$ und $t > 0$ wurde ebenfalls unter 6.3 durchgeführt.

f) Darstellung der Funktion $y = K \cdot (e^{-At} - e^{-Bt})$ für gegebene Werte von K, A und B.
Der Größe y ordnen wir mittels einer Amplitudentransformation die Ausgangsspannung e_0 zu und der Zeit durch eine Zeittransformation die Maschinenzeit τ.

Es soll gelten:

$$\overline{y} = \alpha \cdot y = e_0 \quad (13.9/12) \qquad \tau = m_T \cdot t \quad (13.9/13)$$

Damit lautet die Aufgabe:

$$e_0 = \alpha K \left(e^{-\frac{A}{m_T}\tau} - e^{-\frac{B}{m_T}\tau} \right) \quad (13.9/14)$$

Mit $\alpha K = \overline{K}$ (13.9/15) $\frac{A}{m_T} = a$ (13.9/16) $\frac{B}{m_T} = b$ (13.9/17)

lautet die Aufgabe:

$$e_0 = \overline{K}\,(e^{-a\tau} - e^{-b\tau}) \quad (13.9/18)$$

Schalten wir an eine Schaltung entsprechend Bild 13.9/1 wieder eine Gleichspannung $e_i = -U$, so gilt mit Gl. 13.9/1:

$$\frac{\mathcal{L}\{e_0\}}{\mathcal{L}\{e_i\}} = G(s) = -\frac{\mathfrak{Z}_F(s)}{\mathfrak{Z}_i(s)} \quad (13.9/19)$$

Mit e_i und e_0 kennen wir die Form von $G(s)$, so daß wir nur noch $\mathfrak{Z}_F(s)$ und $\mathfrak{Z}_i(s)$ bestimmen müssen.
Mit $e_i = -U$ ist

$$\mathcal{L}\{e_i\} = \mathcal{L}\{-U\} = -\frac{U}{s} \quad (13.9/20)$$

Für $e_0 = \overline{K}\,(e^{-a\tau} - e^{-b\tau})$ gilt: $\mathcal{L}\{e_0\} = \overline{K}\left[\frac{1}{s+a} - \frac{1}{s+b}\right]$ (13.9/21)

Damit $$G(s) = \frac{\mathcal{L}\{e_0\}}{\mathcal{L}\{e_i\}} = -\frac{\overline{K}}{U}\,s\left[\frac{1}{s+a} - \frac{1}{s+b}\right] \quad (13.9/22)$$

Mit Gl. 13.9/19 ist also

$$\frac{\mathfrak{Z}_F(s)}{\mathfrak{Z}_i(s)} = \frac{\overline{K}}{U}\,s\left[\frac{1}{s+a} - \frac{1}{s+b}\right] \quad (13.9/23)$$

Wir formen um und erhalten:

$$\frac{\mathfrak{Z}_F(s)}{\mathfrak{Z}_i(s)} = \frac{\overline{K}}{U}\, s\, \frac{(s+b)-(s+a)}{(s+a)(s+b)} = \frac{\overline{K}}{U}\,(b-a)\,\frac{s}{(s+a)\,(s+b)} \qquad (13.9/24)$$

oder

$$\frac{\mathfrak{Z}_F(s)}{\mathfrak{Z}_i(s)} = \frac{\overline{K}}{U}(b-a)\frac{\frac{1}{s+a}}{\frac{s+b}{s}} \qquad (13.9/25)$$

Diese Umordnung hat den Vorteil, daß man sich jetzt aus der Liste der Kurzschlußkernimpedanzen die RC-Kombinationen aussuchen kann, die die entsprechende Form haben.
Für $\mathfrak{Z}_F(s)$ bietet sich die Parallelschaltung und für $\mathfrak{Z}_i(s)$ die Reihenschaltung aus R und C an. Mit den Bezeichnungen des Bildes 13.9/8 gilt:

$$\mathfrak{Z}_i(s) = R_1 \cdot \frac{s + \frac{1}{R_1 C_1}}{s} \qquad (13.9/26) \qquad \mathfrak{Z}_F(s) = \frac{1}{C_2} \cdot \frac{1}{s + \frac{1}{R_2 C_2}} \qquad (13.9/27)$$

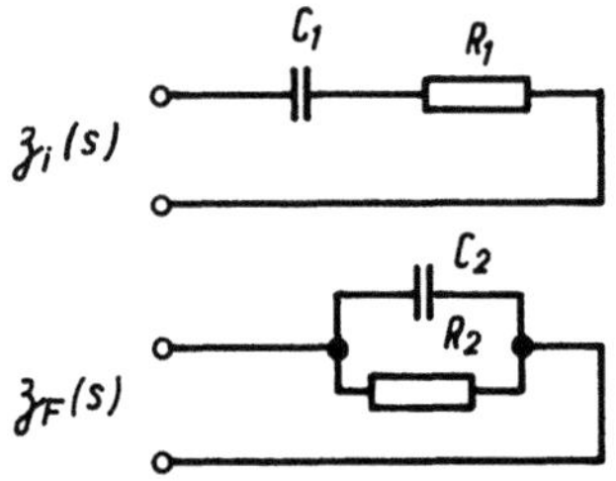

Bild 13.9/8

Für diese Werte von $\mathfrak{Z}_i(s)$ und $\mathfrak{Z}_F(s)$ wird also

$$\frac{\mathfrak{Z}_F(s)}{\mathfrak{Z}_i(s)} = \frac{\frac{1}{C_2} \cdot \frac{1}{(s+1/R_2C_2)}}{R_1\,\frac{s+1/R_1C_1}{s}} = \frac{1}{R_1C_2}\,\frac{s}{\left(s+\frac{1}{R_1C_1}\right)\left(s+\frac{1}{R_2C_2}\right)} \qquad (13.9/28)$$

Ein Vergleich mit Gl. 13.9/24 ergibt völlige Übereinstimmung unter folgenden Bedingungen:

1. $a = \frac{1}{R_1 C_1}$ (13.9/29) 2. $b = \frac{1}{R_2 C_2}$ (13.9/30) 3. $\frac{\overline{K}}{U}(b - a) = \frac{1}{R_1 C_2}$ (13.9/31)

Eine Schaltung entsprechend Bild 13.9/9 liefert bei Erfüllung der Bedingungen 13.9/29 ÷ 31 die gewünschte Funktion Gl. 13.9/18

$$e_0 = \overline{K}\,(e^{-a\tau} - e^{-b\tau})$$

Bild 13.9/10 zeigt die Lösungsfunktion.

Bild 13.9/9

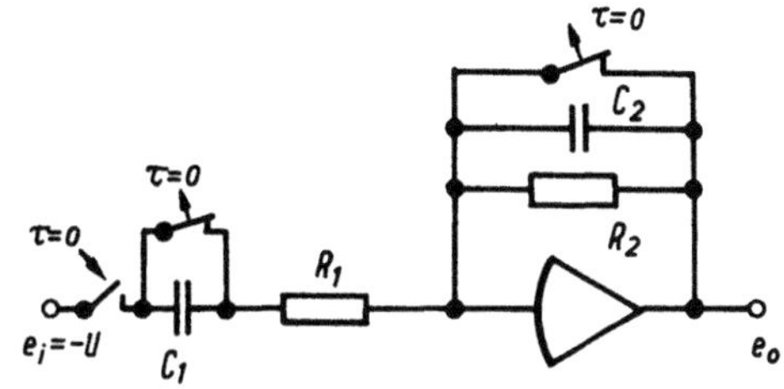

1 cm ≙ 1 sec
1 cm ≙ 20 V

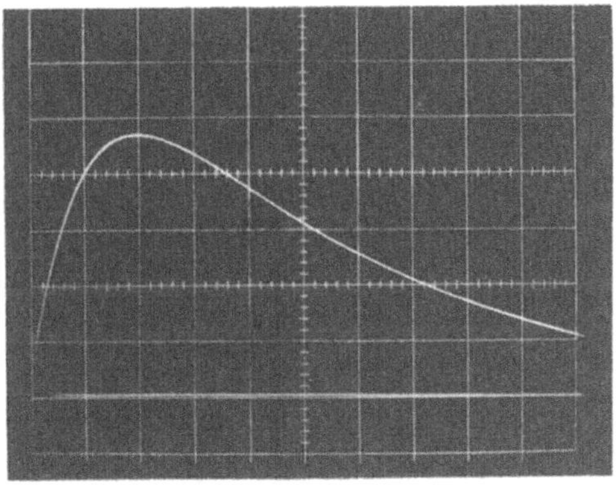

Bild 13.9/10

g) Die Erzeugung der Zeitfunktion $e_0 = E \sin \omega t$

Schalten wir auf den Eingang der Schaltung entsprechend Bild 13.9/11 eine Gleichspannung $e_i = -U$, so gilt mit Gl. 13.9/1

$$\frac{\mathcal{L}\{e_0\}}{\mathcal{L}\{e_i\}} = \frac{E\,\frac{\omega}{s^2 + \omega^2}}{-\frac{U}{s}} = -\frac{E\,\omega\,s}{U\,(s^2 + \omega^2)} \qquad (13.9/32)$$

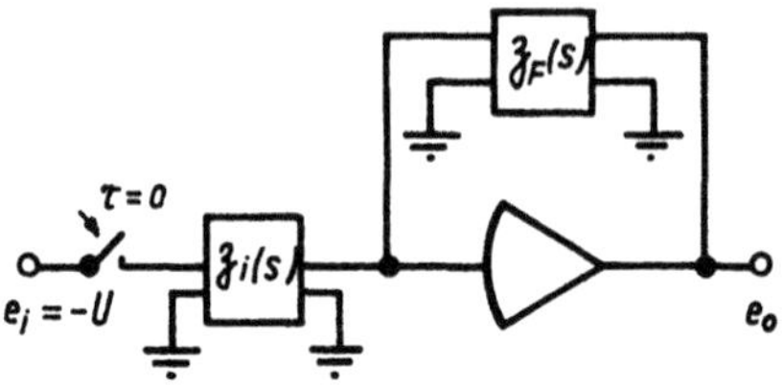

Bild 13.9/11

Da $\dfrac{\mathcal{L}\{e_0\}}{\mathcal{L}\{e_i\}} = -\dfrac{\mathfrak{Z}_F(s)}{\mathfrak{Z}_i(s)}$ für den Fall energieloser Netzwerke z.Zt. $\tau = 0$ gilt, erhalten wir mit Gl. 13.9/32

$$\frac{\mathfrak{Z}_F(s)}{\mathfrak{Z}_i(s)} = \frac{E}{U}\;\frac{\omega s}{s^2 + \omega^2} \qquad (13.9/33)$$

Für die Erzeugung der Sinusfunktion hat sich die im Bild 13.9/12 dargestellte Schaltung bewährt. Sie soll auf ihr Verhalten kurz überprüft werden.
Nach der Schaltung ergibt sich $\mathfrak{Z}_i(s)$ zu:

$$\mathfrak{Z}_i(s) = 2\,R\;\frac{s + \dfrac{1}{RC}}{s} \qquad (13.9/34)$$

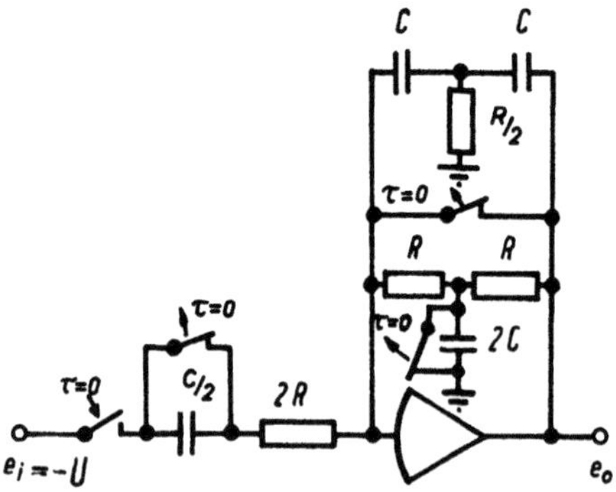

Bild 13.9/12

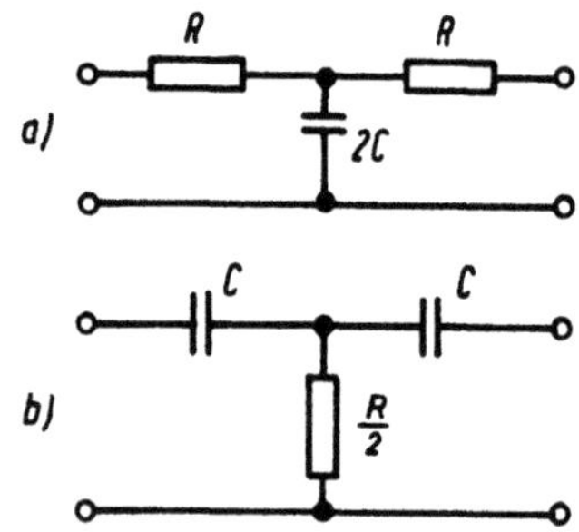

Bild 13.9/13

Die Kurzschlußkernimpedanz des Rückkopplungsnetzwerkes ermitteln wir aus der Parallelschaltung der Einzelnetzwerke entsprechend Bild 13.9/13. Laut unserem Bild 6.2/5 der Kurzschlußkernimpedanzen Nr. 8 und Nr. 12 gilt für das Netzwerk a und b:

$$\mathfrak{Z}_{Ka} = 2R^2C\left(s + \frac{1}{RC}\right) \quad (13.9/35) \qquad \mathfrak{Z}_{Kb} = \frac{2}{C} \cdot \frac{s + \frac{1}{RC}}{s^2} \quad (13.9/36)$$

Damit gilt für die Kurzschlußkernimpedanz des Rückkopplungsnetzwerkes:

$$\mathfrak{Z}_F(s) = \frac{\mathfrak{Z}_{Ka} \cdot \mathfrak{Z}_{Kb}}{\mathfrak{Z}_{Ka} + \mathfrak{Z}_{Kb}} = \frac{2R^2C\left(s + \frac{1}{RC}\right)\frac{2}{C} \cdot \frac{\left(s + \frac{1}{RC}\right)}{s^2}}{2R^2C\left(s + \frac{1}{RC}\right) + \frac{2}{C} \cdot \frac{s + 1/RC}{s^2}}$$

$$\mathfrak{Z}_F(s) = \frac{2}{C} \cdot \frac{2R^2C\left(s + \frac{1}{RC}\right)}{s^2\, 2R^2C\left[1 + \frac{2}{C} \cdot \frac{1}{s^2} \cdot \frac{1}{2R^2C}\right]} = \frac{2}{C}\, \frac{s + \frac{1}{RC}}{s^2 + \frac{1}{(RC)^2}} \quad (13.9/37)$$

Bilden wir das Verhältnis aus Gl. 13.9/37 und Gl. 13.9/34, so ergibt sich

$$\frac{\mathfrak{Z}_F(s)}{\mathfrak{Z}_i(s)} = \frac{\frac{2}{C} \cdot \frac{s + 1/RC}{s^2 + (1/RC)^2}}{2R\,\frac{(s + 1/RC)}{s}} = \frac{\frac{1}{RC} \cdot s}{s^2 + \left(\frac{1}{RC}\right)^2} \quad (13.9/38)$$

Ein Vergleich mit Gl. 13.9/33 ergibt Übereinstimmung, falls

1. $\frac{E}{U} = 1$ d.h. $U = E$, 2. $\omega = \frac{1}{RC}$

ist.

Sind diese Bedingungen erfüllt, so erhalten wir die gewünschte Ausgangsfunktion $e_0 = E \sin \omega t$ bzw. die Funktion: $e_0 = E \sin\left(\frac{\omega}{m_T}\tau\right)$, die im Bild 13.9/14 gezeigt ist.

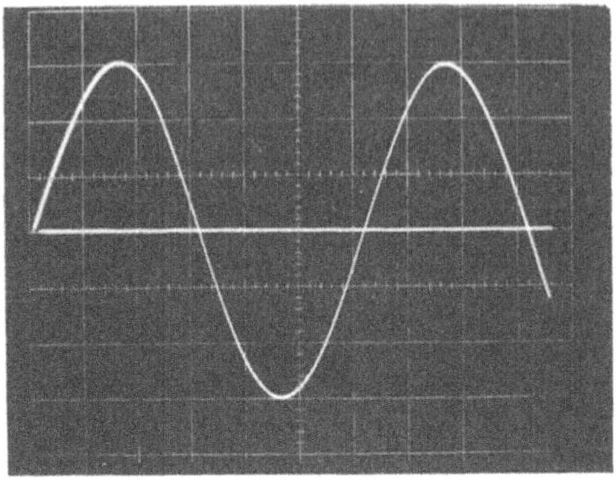

RC = 1 sec

1 cm ≙ 1 sec

1 cm ≙ 20 V

Bild 13.9/14

13.10 *Darstellung der Besselfunktion* I_0 (x)

Darstellung der Besselschen Funktion I_0 (x) als Lösung der Besselschen Differentialgleichung (Verwendung von Multiplizierern).

Die Besselsche Differentialgleichung lautet

$$\frac{d^2y}{dx^2} + \frac{1}{x} \cdot \frac{dy}{dx} + \left(1 - \frac{n^2}{x^2}\right) y = 0 \qquad (13.10/1)$$

für n = 0 erhält man:

$$\frac{d^2y}{dx^2} + \frac{1}{x} \cdot \frac{dy}{dx} + y = 0 \qquad (13.10/2)$$

Gesucht ist die Lösung $I_0(x) = y$ im Bereich $1 < x < 11$

Als Anfangswerte für $x = x_0 = 1$ sind gegeben:

$$y_{(x_0 = 1)} = 0{,}7652 \quad (13.10/3) \qquad \frac{dy}{dx}_{(x_0 = 1)} = -0{,}4401 \quad (13.10/4)$$

Die Lösung soll auf dem Analogrechner in 1 sec ablaufen, damit repetierend gearbeitet werden kann.

Zeitmaßstab: $\tau = m_\tau(x - x_0)$ für $x > x_0 = 1$

$$m_\tau = \frac{\tau_{max}}{(x - x_0)_{max}} = \frac{1\ \text{sec}}{11 - 1} = 0{,}1\ \text{sec} \qquad (13.10/5)$$

Die Größen $y, \frac{dy}{dx}$ und $\frac{d^2y}{dx^2}$ werden im Gerät durch Spannungen dargestellt. Es treten folgende Maximalwerte auf:

$$|y|_{max} = 0{,}7652 < 1 \qquad \left|\frac{dy}{dx}\right|_{max} = 0{,}5191 < 0{,}6 \qquad x_{max} = 11$$

$$\left|\frac{\frac{dy}{dx}}{x}\right|_{max} = 0{,}4401 < 0{,}5$$

Amplitudenmaßstäbe:

$$\bar{y} = \alpha_0\, y \longrightarrow \alpha_0 \leqq \frac{\bar{y}_{max}}{y_{max}} = \frac{100\ \text{V}}{1} = 100\ \text{V}$$

$$\frac{dy}{dx} = m_\tau \frac{dy}{d\tau} = \frac{1}{\alpha_1}\, \overline{m_\tau \frac{dy}{d\tau}} = \frac{1}{\alpha_1}\, \overline{y'} \longrightarrow \alpha_1 \leqq \frac{|\overline{y'}|_{max}}{\left|\frac{dy}{dx}\right|_{max}} = \frac{60\ \text{V}}{0{,}6} = 100\ \text{V}$$

$$\frac{d^2y}{dx^2} = m_\tau^2 \frac{d^2y}{d\tau^2} = \frac{1}{\alpha_2} \cdot \overline{m_\tau^2 \frac{d^2y}{d\tau^2}} = \frac{1}{\alpha_2}\, \overline{y''} \longrightarrow \alpha_2 \leqq \frac{|\overline{y''}|_{max}}{\left|\frac{d^2y}{dx^2}\right|_{max}} = \frac{50\ \text{V}}{0{,}5} = 100\ \text{V}$$

$$\overline{\left(\frac{1}{x}\right)} = \delta_1 \left(\frac{1}{x}\right) \longrightarrow \delta_1 \leqq \frac{\overline{\left(\frac{1}{x}\right)}_{max}}{\left(\frac{1}{x}\right)_{max}} = \frac{100\ \text{V}}{1} = 100\ \text{V}$$

Mit den gewählten Maßstäben erhalten wir die Maschinengleichung:

$$\frac{1}{\alpha_2}\overline{y''} + \frac{1}{\delta_1}\overline{\left(\frac{1}{x}\right)} \cdot \frac{1}{\alpha_1}\overline{y'} + \frac{1}{\alpha_0}\overline{y} = 0$$

$$\overline{y''} = -\frac{\alpha_2}{\delta_1 \alpha_1}\overline{\left(\frac{1}{x}\right)}\overline{y'} - \frac{\alpha_2}{\alpha_0}\overline{y} \qquad (13.10/6)$$

Mit den vorgegebenen Werten:

$$\overline{y''} = -\frac{100\,V}{100\,V \cdot 100\,V}\overline{\left(\frac{1}{x}\right)}(\overline{y'}) - \frac{100\,V}{100\,V}\overline{y}$$

$$\overline{y''} = -0{,}01\,V^{-1}\overline{\left(\frac{1}{x}\right)}(\overline{y'}) - \overline{y} \qquad (13.10/7)$$

Für die Maschinengleichung 13.10/7 ergibt sich bei Verwendung eines Multipliziergerätes zur Erzeugung von $\overline{\left(\frac{1}{x}\right)}$ entsprechend Abschnitt 5.3 eine Schaltung gemäß Bild 13.10/1 bezw. 13.10/2.

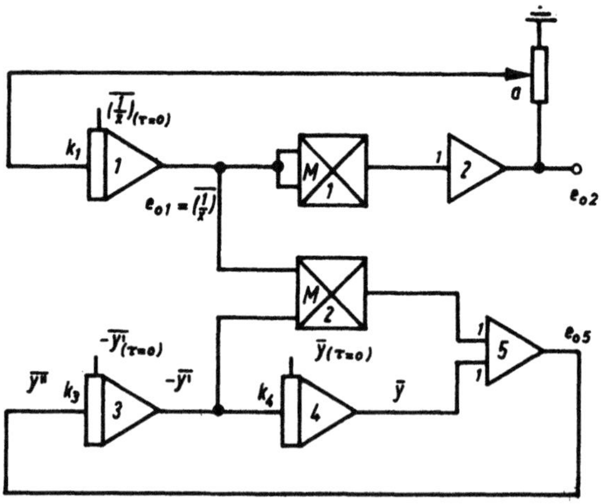

Bild 13.10/1

Die Dimensionierung der Schaltelemente und die Bestimmung der Spannungen führen wir mit Hilfe des Programmierungsschemas durch.

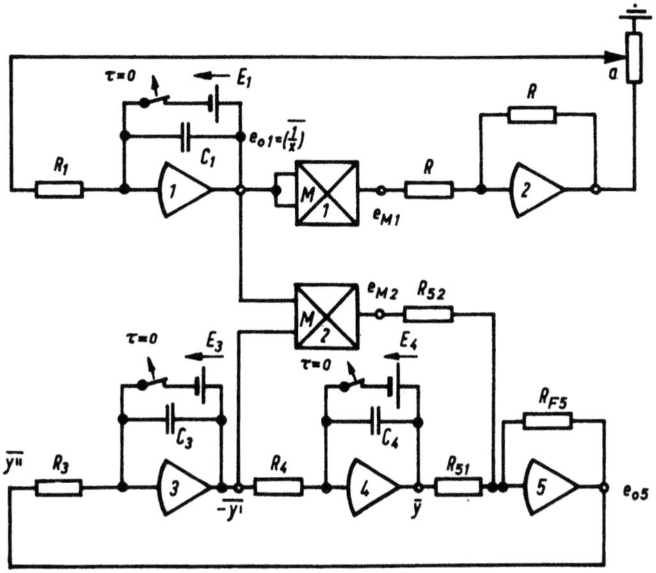

Bild 13.10/2

Für den Kreis zur Erzeugung der Funktion $\overline{\left(\frac{1}{x}\right)}$ gilt:

$$\text{Es ist:} \qquad e_{01} = \overline{\left(\frac{1}{x}\right)}$$

falls 1. $\frac{a}{R_1 C_1} = \frac{1}{m_\tau} \cdot \frac{\delta_1}{\delta_2}$ 2. $E_1 = \delta_1 \frac{1}{x_0}$ 3. $\frac{\delta_1^2}{\delta_2} M = 1$ oder $\delta_2 = M \delta_1^2$

Mit $M = 10^{-2}\,V^{-1}$ und den vorher gewählten Zeit- und Amplitudenmaßstäben ermitteln wir die verschiedenen Elemente zu:

$$\frac{a}{R_1 C_1} = \frac{1}{0{,}1\ \text{sec}} \cdot \frac{100\,V}{10^{-2}\,V^{-1}\,(100\,V)^2} = \frac{1}{0{,}1\ \text{sec}}$$

$$k_1 = \frac{a}{R_1 C_1} = 10\ \text{sec}^{-1}$$

Gewählt: $a = 1$ $C_1 = 0{,}1\,\mu F$ $R_1 = 1\,M\Omega$

Weiterhin ist $E_1 = \delta_1 \frac{1}{x_0} = 100\,V \cdot \frac{1}{1} = 100\,V$

Für den Integrator 3 gilt:

Es ist $e_{03} = -\overline{y'}$, wenn $e_{i3} = \overline{y''}$

und 1. $k_3 = \frac{1}{R_3 C_3} = \frac{1}{m_T} \cdot \frac{\alpha_1}{\alpha_2}$ 2. $E_3 = -\alpha_1 \left(\frac{dy}{dx}\right)_{(x=x_0)}$

Mit den vorgegebenen Werten:

$$k_3 = \frac{1}{R_3 C_3} = \frac{1}{0{,}1\,\text{sec}} \cdot \frac{100\,\text{V}}{100\,\text{V}} = 10\ \text{sec}^{-1}$$

$$R_3 C_3 = 0{,}1\ \text{sec}$$

Gewählt: $C_3 = 0{,}1\ \mu\text{F}$ $R_3 = 1\,\text{M}\Omega$

Weiterhin ist: $E_3 = -100\,\text{V} \cdot (-0{,}4401) = +44{,}01\,\text{V}$

Für den Integrator 4 gilt:

Es ist: $e_{04} = \overline{y}$ falls $e_{i4} = e_{03} = -\overline{y'}$

(durch Schaltungszwang erfüllt!)

und 1. $k_4 = \frac{1}{R_4 C_4} = \frac{1}{m_T} \cdot \frac{\alpha_0}{\alpha_1}$ 2. $E_4 = \alpha_0 \cdot y_{(x=x_0)}$

Mit den vorgegebenen Werten erhalten wir:

$$k_4 = \frac{1}{R_4 C_4} = \frac{1}{0{,}1\,\text{sec}} \cdot \frac{100\,\text{V}}{100\,\text{V}} = \frac{1}{0{,}1\,\text{sec}} = 10\ \text{sec}^{-1}$$

$$R_4 C_4 = 0{,}1\ \text{sec}$$

Gewählt: $C_4 = 0{,}1\ \mu\text{F}$ $R_4 = 1\,\text{M}\Omega$

E_4 ergibt sich zu:

$$E_4 = 100\,\text{V} \cdot 0{,}7652 = 76{,}52\,\text{V}$$

Der elektronische Multiplikator 2 liefert mit $M = 10^{-2} V^{-1}$ als Ausgangsspannung

$$e_{M2} = 10^{-2}\, V^{-1}\, \overline{\left(\frac{1}{x}\right)}\, \overline{(y')}$$

Da der als Summierer geschaltete Verstärker 5 als Ausgangsspannung $\overline{y''}$ gemäß Gl. 13.10/7:

$$e_{05} = \overline{y''} = -\,0{,}01\, V^{-1}\, \overline{\left(\frac{1}{x}\right)}\, \overline{(y')} - \overline{y}$$

liefern soll, andererseits gemäß Schaltung Bild 13.10/2

$$e_{05} = -\frac{R_{F5}}{R_{51}}\,\overline{y} - \frac{R_{F5}}{R_{52}} \cdot e_{M2} \quad \text{oder} \quad e_{05} = -\frac{R_{F5}}{R_{51}}\,\overline{y} - \frac{R_{F5}}{R_{52}} \cdot 0{,}01\, V^{-1}\, \overline{\left(\frac{1}{x}\right)}\, \overline{(y')}$$

ist, muß in diesem Fall $\frac{R_{F5}}{R_{51}} = 1$ und $\frac{R_{F5}}{R_{52}} = 1$

sein.

Wir wählen z.B. $R_{F5} = R_{51} = R_{52} = 1\,M\Omega$

Damit ist die Schaltung vollständig dimensioniert, Bild 13.10/3 zeigt die gewünschte Lösungsfunktion.

1 cm ≙ 0,1 sec

1 cm ≙ 20 V

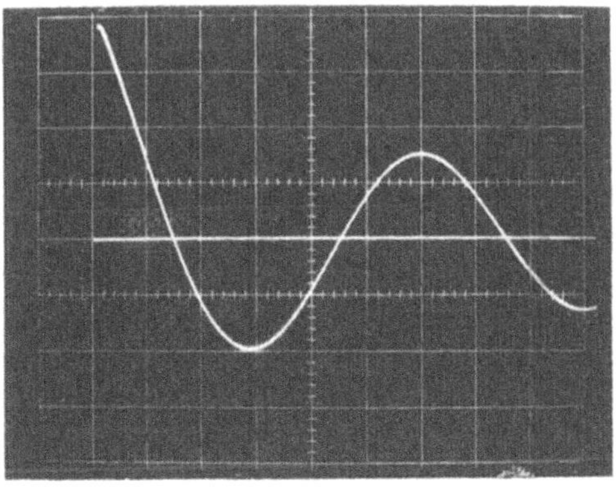

Bild 13.10/3

13.11 *Lösung eines Differentialgleichungssystems*

Dieses Beispiel wurde im Abschnitt 8./2 behandelt

13.12 *Lösung eines linearen algebraischen Gleichungssystems mit 3 Unbekannten*

Gesucht sind die Lösungen des folgenden Gleichungssystems:

$$\begin{aligned} x_1 + 2x_2 - x_3 &= 20 \\ 2x_1 - x_2 - x_3 &= -30 \\ x_1 + x_2 + x_3 &= 60 \end{aligned} \qquad (13.12/1)$$

Für die Rechenschaltung erweitern wir das System 13.12/1 durch Hinzunahme von Differentialquotienten entsprechend Gl. 9.4.

$$\begin{aligned} x_1 + 2x_2 - x_3 - 20 + a \cdot \frac{dx_1}{dt} &= 0 \\ 2x_1 - x_2 - x_3 + 30 + a \cdot \frac{dx_2}{dt} &= 0 \\ x_1 + x_2 + x_3 - 60 + a \cdot \frac{dx_3}{dt} &= 0 \end{aligned} \qquad (13.12/2)$$

mit $a = 1$ sec

Die charakteristische Gleichung übernehmen wir aus Abschnitt 9.2. Mit den vorgegebenen Werten a_{ik} des Beispiels:

$a_{11} = 1$; $a_{12} = 2$; $a_{13} = -1$; $a_{21} = 2$; $a_{22} = -1$; $a_{23} = -1$; $a_{31} = 1$; $a_{32} = 1$; $a_{33} = 1$

liefert Gl. 9.2/4 die charakteristische Gleichung:

$$N(s) = s^3 + (a_{11}+a_{22}+a_{33})\, s^2 + (a_{11}a_{22}+a_{11}a_{33}+a_{22}a_{33}-a_{12}a_{21}-a_{23}a_{31}$$

$$-a_{13}a_{31})\, s + (a_{11}a_{22}a_{33}+a_{12}a_{23}a_{31}+a_{21}a_{23}a_{31}-a_{11}a_{23}a_{32}-a_{12}$$

$$a_{21}a_{33}-a_{13}a_{22}a_{31})$$

oder
$$N(s) = A_0 s^3 + A_1 s^2 + A_2 s + A_3 \qquad (13.12/3)$$

$$N(s) = s^3 + 1 \cdot s^2 - 3s - 9$$

Die Hauptabschnittsdeterminanten nach Gl. 9.2/9, 9.2/10 und 9.2/11 müssen sämtlich positiv sein, falls die Lösungen stabil sind. Mit den angegebenen Werten für A_0, A_1, A_2 und A_3 ergibt sich:

$$A_0 = 1 > 0 \qquad D_1 = A_1 = 1 > 0$$

$$D_2 = A_1A_2 - A_0A_3 = 1 \cdot (-3) - 1 \cdot (-9) = 6 > 0$$

$$D_3 = A_3 \cdot D_2 = -9 \cdot 6 = -54 < 0$$

D_3 verletzt unsere Bedingung. Wir erhalten somit keine stabile Lösung.
Es ist jetzt unsere Aufgabe, das Gleichungssystem 13.12/1 soweit zu ändern, daß unsere Hauptabschnittsdeterminanten sämtlich positiv sind. Wir versuchen mit einer Multiplikation der zweiten Gleichung von 13.12/1 mit – 1 auszukommen. Damit sind dann sämtliche Koeffizienten der Hauptdiagonalen positiv.

$$x_1 + 2x_2 - x_3 - 20 + a\frac{dx_1}{dt} = 0$$

$$-2x_1 + x_2 + x_3 - 30 + a\frac{dx_2}{dt} = 0 \qquad (13.12/4)$$

$$x_1 + x_2 + x_3 - 60 + a\frac{dx_3}{dt} = 0$$

Gl. 9.2/4 liefert durch Einsetzen der neuen Koeffizienten aus Gl. 13.12/4:

$a_{11} = 1$; $a_{12} = 2$; $a_{13} = -1$; $a_{21} = -2$; $a_{22} = 1$; $a_{23} = 1$; $a_{31} = 1$; $a_{32} = 1$; $a_{33} = 1$

folgende charakteristische Gleichung:

$$N(s) = s^3 + 3s^2 + 7s + 9 \qquad (13.12/5)$$

oder
$$N(s) = A_0 s^3 + A_1 s^2 + A_2 s + A_3 \qquad (13.12/6)$$

mit $A_0 = 1 \qquad A_1 = 3 \qquad A_2 = 7 \qquad A_3 = 9.$

Bilden wir wieder die Hauptabschnittsdeterminanten nach Gl. 9.2/9; 9.2/10 und 9.2/11, so ergibt sich:

$$A_0 = 1 > 0 \qquad D_1 = A_1 = 3 > 0$$

$$D_2 = A_1A_2 - A_0A_3 = 3 \cdot 7 - 1 \cdot 9 = 12 > 0 \qquad D_3 = A_3D_2 = 9 \cdot 12 = 108 > 0$$

A_0 und sämtliche Abschnittsdeterminanten sind positiv, wir müssen also eine stabile Lösung erhalten.
Für das abgeänderte Gleichungssystem 13.12/4 ermitteln wir nach der Wahl der Amplitudenmaßstäbe und eines Zeitmaßstabes die Rechenschaltung.
Wir ordnen den Größen x_v Spannungen zu. Wir setzen:

$$\tau = m_T \cdot t$$

$$x = \frac{1}{\alpha_0} \cdot \overline{x} \longrightarrow \alpha_0 \leqq \frac{|\overline{x}|_{max}}{|x|_{max}} \quad \text{gewählt } \alpha_0 = \frac{100\,V}{100} = 1\,V$$

$$a\frac{dx}{dt} = \frac{1}{\alpha_1} \cdot \overline{x'} \longrightarrow \frac{1}{\alpha_1} \geqq a\,\frac{\left|\frac{dx}{dt}\right|_{max}}{|\overline{x'}|_{max}} \quad \text{"} \quad \alpha_1 = \frac{100\,V}{100} = 1\,V$$

Damit erhalten wir das Gleichungssystem

$$\frac{1}{\alpha_0}\overline{x_1} + \frac{1}{\alpha_0}\overline{x_2} - \frac{1}{\alpha_0}\overline{x_3} - 20 + \frac{1}{\alpha_1}\overline{x_1'} = 0$$

$$-2\frac{1}{\alpha_0}\overline{x_1} + \frac{1}{\alpha_0}\overline{x_2} + \frac{1}{\alpha_0}\overline{x_3} - 30 + \frac{1}{\alpha_1}\overline{x_2'} = 0$$

$$\frac{1}{\alpha_0}\overline{x_1} + \frac{1}{\alpha_0}\overline{x_2} + \frac{1}{\alpha_0}\overline{x_3} - 60 + \frac{1}{\alpha_1}\overline{x_3'} = 0$$

Umgeformt und nach den Ableitungen aufgelöst ergibt sich mit den gewählten Werten für α_0 und α_1:

$$\overline{x_1'} = -\overline{x}_1 - 2\overline{x}_2 + \overline{x}_3 + 20\,\mathrm{V}$$

$$\overline{x_2'} = 2\overline{x}_1 - \overline{x}_2 - \overline{x}_3 + 30\,\mathrm{V}$$

$$\overline{x_3'} = -\overline{x}_1 - \overline{x}_2 - \overline{x}_3 + 60\,\mathrm{V}$$

Entsprechend dem Programmierungsschema erhalten wir für den einfachen Integrator:

$$e_0 = -\frac{1}{RC}\int_0^{\tau} e_i\, d\tau + E\,.$$

Aus

$$\overline{x} = \frac{1}{a}\cdot\frac{\alpha_0}{\alpha_1}\cdot\frac{1}{m_\tau}\int_0^{\tau}\overline{x'}\,d\tau + \overline{x}_{(\tau=0)}$$

ergibt sich $e_0 = -\overline{x}$ falls $e_i = \overline{x'}$

und $$k = \frac{1}{RC} = \frac{1}{a}\cdot\frac{1}{m_\tau}\cdot\frac{\alpha_0}{\alpha_1}\,.$$

Da $\overline{x}_{(\tau=0)} = 0$ ist, muß $E = 0$ sein. $e_i = \overline{x'}$ wird durch Schaltungszwang erfüllt. Da wir keine Kenntnis über den genauen Zeitablauf der Lösung haben, wählen wir ein m_τ so, daß wir mit den normalen Rechenelementen arbeiten können. Wir setzen z.B. $R = 1\,\mathrm{M}\Omega$ und $C = 0{,}1\,\mu\mathrm{F}$. Die Rechenschaltung ergibt sich entsprechend Bild 13.12/1.

Als Lösungswerte erhalten wir $x_1 = 10$; $x_2 = 19{,}8$; $x_3 = 30$.

Die exakten Lösungswerte sind: $x_1 = 10$; $x_2 = 20$; $x_3 = 30$.

Variieren wir z.B. die Gleichspannungen E_1 und E_2 und E_3, so können wir sofort die Lösungen des neuen Problems ablesen.

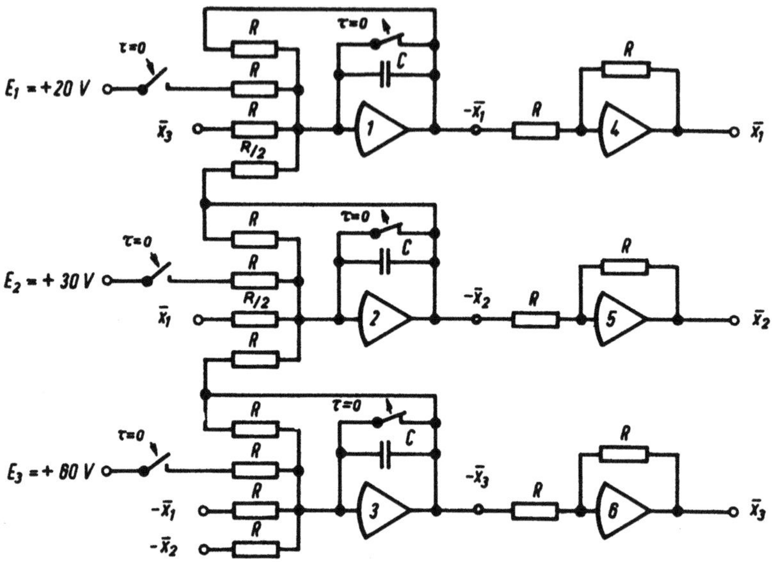

Bild 13.12/1

Beispiel: $E_1 = 86\,V$; $E_2 = 94\,V$; $E_3 = 50\,V$. Die gemessenen Werte und die exakten Werte sind gegenübergestellt.

Werte

	errechnet	gemessen
x_1	−14,66	−14,5
x_2	55,1	55
x_3	9,5	9,5

Diese durchaus guten Werte wurden ohne Kunstgriffe auf einer Anlage mit Rechenelementen einer Fehlertoleranz von 1 % gewonnen. Der im Abschnitt 9 angegebene Vorteil ist augenscheinlich. Hat man also einmal die stabile Schaltung ermittelt, so kann man bei beliebiger Variation der Konstanten b_i (hier die Spannungen E_ν) sofort die Lösungen ermitteln.

An diesem Beispiel soll noch kurz das im Abschnitt 9 angegebene dritte Lösungsverfahren durchgeführt werden. Das Gleichungssystem 13.12/2 führt auf dem elektronischen Analogrechner zu keiner stabilen Lösung, da die Koeffizientenmatrix des Systems 13.12/2 nicht positiv definit ist. Wenden wir nunmehr das Lösungsverfahren entsprechend den Gleichungen 9.5 an, so müssen wir sofort stabile Lösungen erhalten, da bei dieser Methode die Anordnung der Koeffizienten unwichtig ist. Gleichung 9.5 lautete:

$$\sum_{j=1}^{n} a_{ij} x_j - b_i = \xi_i; \quad E_i = K \int \xi_i \, dt; \quad x_i = -\sum_{i=1}^{n} E_i a_{ij}; \quad i = 1,2 \ldots n$$

Damit erhalten wir folgendes System für 3 Gleichungen mit 3 Unbekannten.

$$a_{11} x_1 + a_{12} x_2 + a_{13} x_3 - b_1 = \xi_1$$

$$a_{21} x_1 + a_{22} x_2 + a_{23} x_3 - b_2 = \xi_2$$

$$a_{31} x_1 + a_{32} x_2 + a_{33} x_3 - b_3 = \xi_3$$

$$E_1 = k \int \xi_1 \, dt; \qquad E_2 = k \int \xi_2 \, dt; \qquad E_3 = k \int \xi_3 \, dt$$

$$x_1 = -(E_1 a_{11} + E_2 a_{21} + E_3 a_{31})$$

$$x_2 = -(E_1 a_{12} + E_2 a_{22} + E_3 a_{32})$$

$$x_3 = -(E_1 a_{13} + E_2 a_{23} + E_3 a_{33})$$

Den Größen x, ξ und E sollen Spannungen entsprechen. Bei einer Programmierung unter Benutzung der im vorigen Abschnitt erhaltenen α-Werte ergibt sich mit den nachstehend angegebenen Werten a_{ij} die folgende Rechenschaltung:

$$a_{11} = 1; \; a_{12} = 2; \; a_{13} = -1$$

$$a_{21} = 2; \; a_{22} = -1; \; a_{23} = -1$$

$$a_{31} = 1; \; a_{32} = 1; \; a_{33} = 1$$

$$b_1 = 20; \; b_2 = -30; \; b_3 = 60$$

Als Lösung ergibt sich sofort $x_1 = 10$; $x_2 = 20$ und $x_3 = 30$.

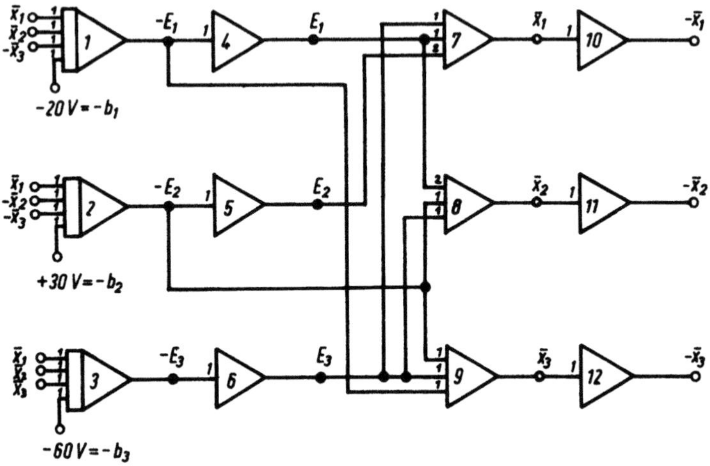

Bild 13.12/2

13.13 *Erzeugung einer Sinusfunktion beliebiger Amplitude und Nullphasenlage mit nur einem Rechenverstärker*

Ausgehend von der in der 9. Aufgabe gezeigten Schaltung zur Erzeugung einer Sinusschwingung bestimmter Amplitude und Frequenz wollen wir versuchen, bei nunmehr zugelassenen Anfangsspannungen der Kondensatoren Sinusschwingungen beliebiger Amplituden und Nullphasenwinkel zu erzeugen.
Entsprechend Bild 13.13/1 soll wieder gelten:

$$i_g = 0 \qquad\qquad e_g = 0$$

Nach der Knotenpunktsregel gilt für $t > 0$

$$i = -i_1 - i_2 \tag{13.13/1}$$

$U_{c1}(o)$; $U_{c2}(o)$; $U_{c3}(o)$ und $U_{c4}(o)$ sind die Spannungen der Kondensatoren zur Zeit $\tau = 0$.

Wir ermitteln nunmehr aus 3 Einzelnetzwerken entsprechend Bild 13.13/2/3/4 die Ströme i, i_1 und i_2.

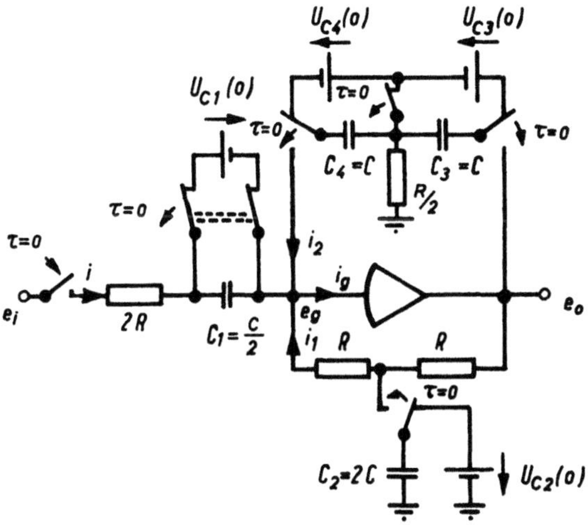

Bild 13.13/1

Für das Netzwerk I (Bild 13.13/2) gilt für t > 0:

$$e_i = 2R\,i + U_{c1}(o) + \frac{1}{C/2}\int_0^t i\,dt$$

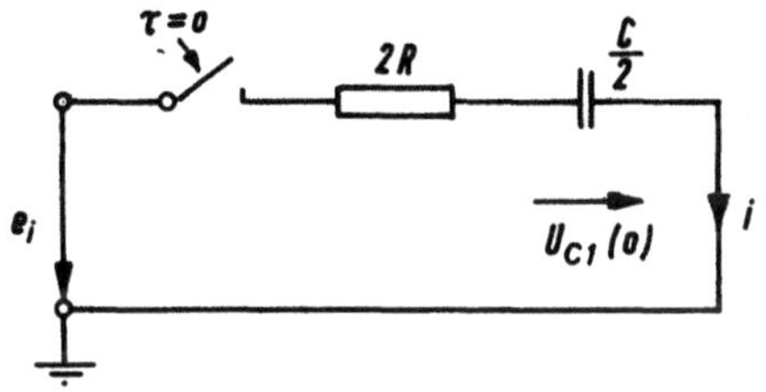

Bild 13.13/2

Nach Anwendung der Laplacetransformation ergibt sich:

$$\mathcal{L}\{e_i\} = 2\,R\,\mathcal{L}\{i\} + \frac{1}{s}\,U_{c1}\,(o) + \frac{1}{\frac{sC}{2}}\quad\mathcal{L}\{i\}$$

Durch Umformung erhält man

$$\mathcal{L}\{i\} = \frac{s}{2R\left(s+\frac{1}{RC}\right)}\,\mathcal{L}\{e_i\} - \frac{1}{2R\left(s+\frac{1}{RC}\right)}\cdot U_{c1}\,(o) \qquad (13.13/2)$$

Für das Netzwerk II (Bild 13.13/3) gilt für t > 0:

$$e_0 = R\, i_1^* + U_{c2}(o) + \frac{1}{2C} \int_0^t (i_1^* - i_1)\, dt \qquad (13.13/3)$$

und

$$e_0 = R\, i_1^* + R\, i_1 \qquad (13.13/4)$$

i_1^* aus Gleichung 13.13/4 in 13.13/3 eingesetzt ergibt:

$$e_0 = e_0 - i_1 R + U_{c2}(o) + \frac{1}{2C} \int_0^t \left(\frac{e_0}{R} - 2 i_1\right) dt$$

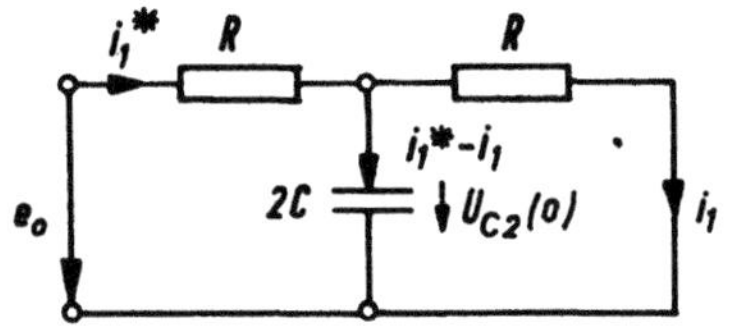

Bild 13.13/3

Anwendung der Laplacetransformation und entsprechende Umformung ergibt:

$$\mathcal{L}\{i_1\} = \frac{1}{2R^2C\left(s + \frac{1}{RC}\right)} \mathcal{L}\{e_0\} - \frac{1}{R\left(s + \frac{1}{RC}\right)} U_{c2}(o) \qquad (13.13/5)$$

Für das Netzwerk III (Bild 13.13/4) gilt für t > 0

$$e_0 = U_{c3}(o) + \frac{1}{C} \int_0^t i_2^*\, dt + \frac{R}{2}(i_2^* - i_2) \qquad (13.13/6)$$

und

$$\frac{R}{2}(i_2^* - i_2) = U_{c4}(o) + \frac{1}{C} \int_0^t i_2\, dt \qquad (13.13/7)$$

Bild 13.13/4

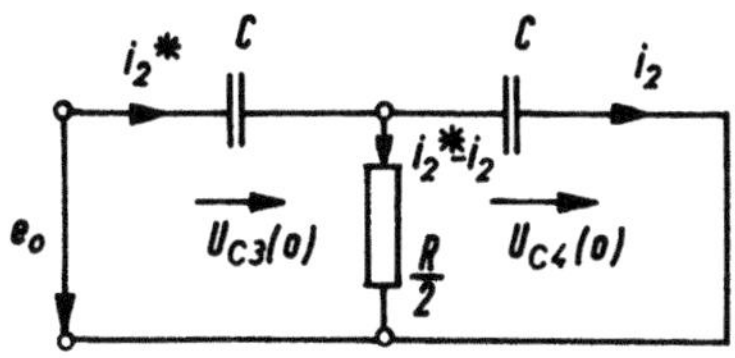

Ermittelt man aus Gl. 13.13/7 i_2^* und setzt diesen Ausdruck in Gl. 13.13/6 ein, so erhält man:

$$e_0 = U_{c3}(o) + U_{c4}(o) + 2\frac{1}{C}\int_0^t i_2\,dt + \frac{2}{CR}\int_0^t U_{c4}(o)\,dt$$

$$+\frac{2}{C^2R}\int_0^t\left(\int_0^t i_2\,dt\right)dt \qquad (13.13/8)$$

Die Anwendung der Laplace-Transformation und Umordnung ergibt:

$$\mathcal{L}\{i_2\} = \frac{s^2\frac{C}{2}}{s+\frac{1}{RC}}\,\mathcal{L}\{e_0\} - \frac{\frac{1}{R}U_{c4}(o) + \frac{sC}{2}\left[U_{c3}(o) + U_{c4}(o)\right]}{s+\frac{1}{RC}} \qquad (13.13/9)$$

Nach der Knotenpunktsregel 13.13/1 ergibt sich wegen

$$\mathcal{L}\{i\} = -\mathcal{L}\{i_1\} - \mathcal{L}\{i_2\}$$

$$\frac{s}{2R\left(s+\frac{1}{RC}\right)}\mathcal{L}\{e_i\} - \frac{1}{2R\left(s+\frac{1}{RC}\right)}U_{c1}(o) = \frac{1}{2R^2C}\cdot\frac{1}{s+\frac{1}{RC}}\mathcal{L}\{e_0\}$$

$$+\frac{1}{R\left(s+\frac{1}{RC}\right)}U_{c2}(o) - \frac{s^2\frac{C}{2}}{s+\frac{1}{RC}}\mathcal{L}\{e_0\} + \frac{\frac{1}{R}U_{c4}(o) + \frac{C}{2}s\left[U_{c3}(o) + U_{c4}(o)\right]}{s+\frac{1}{RC}}$$

Damit gilt für den Fall der Eingangsspannung $e_i = -U$ nach entsprechender Umformung:

$$\mathcal{L}\{e_0\} = \left[U + U_{c1}(o) + 2U_{c2}(o) + U_{c4}(o)\right] \frac{\frac{1}{RC}}{s^2 + \left(\frac{1}{RC}\right)^2}$$

$$+ \left[U_{c3}(o) + U_{c4}(o)\right] \frac{s}{s^2 + \left(\frac{1}{RC}\right)^2} \qquad (13.13/10)$$

Durch Rücktransformation von Gl. 13.13/10 in den Zeitbereich erhält man:

$$e_0 = \left[U + U_{c1}(o) + 2U_{c2}(o) + U_{c4}(o)\right] \cdot \sin \frac{1}{RC} t + \left[U_{c3}(o) + U_{c4}(o)\right] \cos \frac{1}{RC} t$$

(13.13/11)

Wir sind somit in der Lage, nach der Schaltung entsprechend Bild 13.13/1 Sinus- und Cosinusfunktionen bestimmter Frequenz und Amplitude zu erzeugen. Die Kreisfrequenz $\omega = 2\pi f$ ist nur durch die Wahl von R und C bestimmt. Es gilt

$$\omega = \frac{1}{RC} \qquad (13.13/12)$$

Die Amplituden der Sinus- und Cosinusschwingungen können wir durch die Größe der Spannungen U; U_{c1} (o); U_{c2} (o); U_{c3} (o) und U_{c4} (o) bestimmen.
Wählen wir z.B. $U_{c1}(o) = U_{c2}(o) = U_{c3}(o) = U_{c4}(o) = 0$, so erhalten wir

$$e_0 = U \sin \frac{1}{RC} t \qquad (13.13/13)$$

Die Amplitude ist somit direkt der angelegten Spannung $e_i = -U$ proportional.
Um eine Cosinusfunktion zu erzeugen, setzt man z.B.

$$U = U_{c1}(o) = U_{c2}(o) = U_{c4}(o) = 0$$

Damit wird

$$e_0 = U_{c3}(o) \cdot \cos \frac{1}{RC} t \qquad (13.13/14)$$

Es ist zweckmäßig, stets nur mit den Spannungen U und $U_{c3}(o)$ zu arbeiten, damit man erstens nur 2 Spannungsquellen benötigt und zum anderen bei beliebiger Amplitude und Phase einer Sinusschwingung einfache Einstellmöglichkeiten erhält.
Für die Erzeugung der Funktion

$$e_0 = A \cdot \sin(\omega t + \varphi) \qquad (13.13/15)$$

gehen wir von der Überlagerung einer Sinus- und Cosinusfunktion aus.
Aus

$$a \cdot \sin \omega t + b \cdot \cos \omega t = \sqrt{a^2 + b^2} \sin\left(\omega t + \operatorname{arc\,tg} \frac{b}{a}\right) \qquad (13.13/16)$$

erhält man

$$A = \sqrt{a^2 + b^2} \qquad (13.13/17)$$

$$\operatorname{tg} \varphi = \frac{b}{a} \qquad (13.13/18)$$

Sind A und φ vorgegebene Werte, so ermitteln wir a und b zu:

$$a = A \frac{1}{\sqrt{1 + \operatorname{tg}^2 \varphi}} \qquad (13.13/19) \qquad\qquad b = A \frac{\operatorname{tg} \varphi}{\sqrt{1 + \operatorname{tg}^2 \varphi}} \qquad (13.13/20)$$

a war die Amplitude der Sinusschwingung, die wir laut Gl. 13.13/13 mit der Größe der Spannung U einstellen konnten.
b war die Amplitude der Cosinusschwingung, die wir z.B. mit der Spannung $U_{c3}(o)$ einstellen konnten.

Wir sind also nach kurzen Umrechnungen entsprechend Gl. 13.13/19 und 20 in der Lage, Sinusfunktionen beliebiger Amplitude und Nullphase durch Einstellen zweier Spannungswerte unter Verwendung eines Rechenverstärkers aufzubauen. Die Frequenz der Schwingung ist mit R und C bestimmt.

14. Literaturverzeichnis

[1] Johnson, C.L.: Analog Computer Techniques. McGraw Hill Book Comp., New York 1956.

[2] Korn, G.A. u. Korn, T.M.: Electronic Analog Computers, 2nd Edition. McGraw Hill Book Comp., New York 1956.

[3] Soroka, W.: Analog Methods in Computation and Simulation. McGraw Hill Book Comp., New York 1954.

[4] Smith G.W. und Wood R.C.: Principles of Analog Computation. McGraw Hill Book Comp., New York 1959.

[5] Jackson A.S.: Analog Computation. McGraw Hill Book Comp., New York 1960.

[6] Wass, C.A.A.: Introduction to Electronic Analog Computers. Pergamon Press. Ltd., London 1955.

[7] Howe, R.M.: Design Fundamentals of Analog Computer Components. Van Nostrand 1960.

[8] Karplus, W.J.: Analog Simulation. McGraw Hill Book Comp., New York 1958.

[9] Herrmann, H.: Analogie-Rechenmaschinen. Handbuch der Automatisierungstechnik. Verlag für Radio-, Foto- Kinotechnik, 1959.

[10] Ernst, D.: Elektronische Analogrechner. Oldenbourg, München 1960.

[11] Tucker / Wills: Regelkreise der verfahrenstechnischen.Praxis. Oldenbourg, München 1960.

[12] Hoffmann, H.: Aufbau und Wirkungsweise neuzeitlicher Integrieranlagen. ETZ A, 1956.

[13] Wheeler, R.C.H.: Basic Theory of the Electronic Analog Computer. Donner Sc. Comp. Berkeley 1955.

[14] Dhen, W. u. Haug A.: Beiträge zur Technik elektronischer Analogrechner. Vieweg & Sohn, Braunschweig 1960.

[15] Anwendung elektrischer Rechenanlagen in der Starkstromtechnik. VDE-Verlag, Berlin 1958.

[16] Herschel-Kettel: Das Problem der Normierung bei der Anwendung von Analog-Rechenmaschinen zur Behandlung regelungstechnischer Aufgaben. Regelungstechnik 1958.

[17] Anke, Kessler, Ströle: Das Regelmodell. Siemens-Zeitschrift, 1957.

[18] Schmidt, W.: Hyperbelfeldröhre, eine Elektronenstrahlröhre zum Multiplizieren in Analogie-Rechengeräten. Zeitschrift für angew. Physik,.1956.

[19] Schneider, W.: Ein Multiplikator nach dem Zwei-Parabelverfahren. Telefunken Zeitschrift 1957.

[20] Oppelt, W.: Kleines Handbuch technischer Regelvorgänge. Verlag Chemie G.m.b.H., Weinheim 1954.

[21] Kaufmann: Dynamische Vorgänge in linearen Systemen der Nachrichten–und Regelungstechnik. Oldenbourg, München 1959.

[22] Kessler, C. und Ströle, D.: Ein Transistor-Regelverstärker. Siemens-Zeitschrift, 1957.

[23] Ameling, W.: Die Lösungsmöglichkeiten partieller Differentialgleichungen und ihre Darstellungsmöglichkeiten auf dem elektronischen Analogrechner. Elektronische Datenverarbeitung, Vieweg & Sohn, Braunschweig 1962

[24] Howe und Haneman: The Solution of Partial Differential Equations by Difference Methods Using the Electronic Differential Analyzer. Proc. IRE, 1953.

[25] Meyer-Brötz, G.: Über Operationsverstärker mit Transistoren für Gleichspannungs-Analogrechner. Elektronische Rechenanlagen, 1959.

[26] Walther, A.: Neue deutsche Integrieranlage für Differentialgleichungen. VDI-Zeitschrift, 1954.

[27] Herrmann, H.: Beiträge zur Programmiertechnik für elektronische Analogie-Rechenmaschinen. Vieweg & Sohn, Braunschweig 1958.

[28] Goldberg, E.A.: Stabilization of Wide Band D-C Amplifiers for Zero and Gain. RCA Review, XI, 1950.

[29] Kettel, E.: Übersicht über die Technik der elektronischen Analogrechner. Telefunken Zeitschrift, 30, 1957.

[30] Oppelt, W.: Anwendung von Rechenmaschinen bei der Berechnung von Regelvorgängen. (Tagungsberichte). R. Oldenbourg, München 1958.

[31] Doetsch, G.: Anleitung zum praktischen Gebrauch der Laplace-Transformation. R. Oldenbourg, München 1957.

[32] Adcock, W.A.: An Automatic Simultaneous Equation Computer and Its Use in Solving Secular Equation, Rev. sci. Instrum., 1948.

[33] Collatz: Numerische Behandlung von Differentialgleichungen, Springer-Verlag, Berlin 1951.

15. Sachwortverzeichnis

Raum für Notizen

Raum für Notizen

Digitale Informationswandler

Probleme der Informationsverarbeitung in ausgewählten Beiträgen

Selected Articles on Problems of Information Processing

Une sélection d'articles techniques sur les problèmes concernant le traitement d'informations

Herausgegeben von WALTER HOFFMANN, Rüschlikon/ZH, unter Mitarbeit von 25 Fachwissenschaftlern. Gr. 8°. XXIV, 740 Seiten mit 173 Abbildungen und ca. 2100 Literaturanführungen. 1962. Leinen. DM 94,–.

Inhalt: *Heinz Zemanek,* Wien: Automaten und Denkprozesse – *Ambros P. Speiser,* Zürich: Neue technische Entwicklungen – *Rudolf Tarján,* Budapest: Logische Maschinen – *Theodor Erismann,* Schaffhausen: Digitale Integrieranlagen und semidigitale Methoden – *Herman H. Goldstine,* New York: Interrelations between Computers and Applied Mathematics – *Friedrich L. Bauer,* Mainz, und *Klaus Samelson,* Mainz: Maschinelle Verarbeitung von Programmsprachen – *Willem Louis van der Poel,* Den Haag: Micro-programming and Trickology – *Robert W. Bemer,* New York: The Present Status, Achievement and Trends of Programming for Commercial Data Processing – *Hans Konrad Schuff,* Dortmund: Probleme der kommerziellen Datenverarbeitung – *Yehoshua Bar-Hillel,* Jerusalem: Theoretical Aspects of the Mechanization of Literature Searching – *Erwin Reifler,* Seattle: Machine Language Translation – *Konrad Zuse,* Bad Hersfeld: Entwicklungslinien einer Rechengeräte-Entwicklung von der Mechanik zur Elektronik – *Jan Oblonsky,* Praha, und *Antonín Svoboda,* Praha: Computer Progress in Czechoslovakia – *Hideo Yamashita, Motinori Goto, Yasuo Komamiya, Hidetosi Takahasi, Eiichi Goto, Shigeru Takahashi, Hiroji Nishino, Tohru Motooka* und *Noriyoshi Kuroyanagi,* Tokyo: Digital Computer Development in Japan – *Walter Hoffmann,* Rüschlikon/ZH: Entwicklungsbericht und Literaturzusammenstellung über Ziffern-Rechenautomaten – Namen- und Sachverzeichnis.

Der vorliegende Sammelband befaßt sich mit digitalen Informationswandlern im Sinne der Informationsmaschine und bringt 16 Beiträge (davon 8 in deutscher und 8 in englischer Sprache) zu diesem Gebiet, wobei auch beim Einsatz digitaler Informationswandler auftretende Probleme der Informationsverarbeitung behandelt werden. Der Sammelband „Digitale Informationswandler" stellt ein wissenschaftliches Buch dar, das in der Mitte steht zwischen den spezielle Einzelprobleme behandelnden, zahlreichen, in verschiedenen Fachzeitschriften und Fachberichten verstreuten Artikeln und einer, einen mehr oder weniger abgeschlossenen Wissenschaftszweig behandelnden Monographie.

Ausführlicher Prospekt auf Anforderung.

FRIEDR. VIEWEG & SOHN BRAUNSCHWEIG

Weitere einschlägige Veröffentlichungen

Informationstheorie

„Nachrichtentechnische Fachberichte", Band 3. DIN A 4. 118 Seiten mit 125 Abbildungen. Nachdruck 1959. Kartoniert. DM 22,—. (Für NTG/VDE-Mitglieder und Studierende DM 16,50).

12 Aufsätze von Autoren aus Deutschland, Frankreich, Indien, Österreich, der Schweiz und den USA, in denen nicht allein nachrichtentechnische Fragen, sondern auch hörpsychologische, musikästhetische, sprachliche, wissenschaftstheoretische und mathematische Themen behandelt werden.

Elektronische Rechenmaschinen und Informationsverarbeitung

„Nachrichtentechnische Fachberichte", Band 4. DIN A 4. VIII, 229 Seiten mit 178 Abbildungen. 4. Nachdruck 1962. Kartoniert. DM 26,–. (Für NTG/VDE-Mitglieder und Studierende DM 19,50).

Dieser Band enthält 63 Aufsätze von 59 europäischen und außereuropäischen Wissenschaftlern aus Forschung und Praxis, die über folgende Hauptthemen berichten: Rechenautomaten-Entwicklung, Bauelemente, Schaltkreis- und Speichertechnik, Programmieren, Numerische Mathematik, Spezielle Fragen.

Informationsverarbeitende Systeme

Vorträge der Diskussionstagung „Informationsverarbeitende Systeme", Stuttgart, 14. bis 15. Oktober 1957.

„Nachrichtentechnische Fachberichte", Band 14. DIN A 4. II, 70 Seiten mit 103 Abbildungen. Nachdruck 1961. Kartoniert. DM 10,–. (Für NTG/VDE-Mitglieder und Studierende DM 8,50).

12 Aufsätze bekannter Fachleute zu den Themen Grundlagenschaltungen und Schaltkreise auf Magnet- und Halbleiterbasis, Zeichenerkennung, Speicherung größerer Datenmengen.

Beiträge zur Technik elektronischer Analogrechner

„Nachrichtentechnische Fachberichte", Band 17. DIN A 4. V, 62 Seiten mit 96 Abbildungen. 1960. Kartoniert. DM 13,—. (Für NTG/VDE-Mitglieder und Studierende DM 11,70).

Dhen, Entwurf und Aufbau eines repetierenden Analogrechners: Einführung und Aufgabenstellung. Rechenfehler. Der Rechenverstärker. Das Multipliziergerät. Der Funktionsgenerator. Gerätebeschreibungen und experimentelle Ergebnisse. Lösungsbeispiele. Schrifttum. Zusammenfassung. Summary — *Haug,* Funktionsgeneratoren und Funktionsspeicher der Formen $y = f(x)$ und $z = f(x, y)$: Einleitung. Funktionsgeneratoren und Funktionsspeicher der Form $y = f(x)$. Funktionsgeneratoren und Funktionsspeicher der Form $z = f(x, y)$. Schrifttum. Zusammenfassung. Summary.

elektronische datenverarbeitung

Fachberichte über programmgesteuerte Maschinen und ihre Anwendung

Redaktion: Dr. H. K. Schuff, Dortmund. Unter Mitwirkung von: Dr. H. Christen, Hamburg, Dr. F. R. Güntsch, Konstanz, Prof. Dr. W. Haack, Berlin, Prof. Dr. H. Herrmann, Braunschweig, N. D. Hill, Hayes/England, Dr. F. J. P. Leitz, Ludwigshafen, Dr. E. Liebel, Redenfelden / Obb., Prof. Dr. A. van Wijngaarden, Amsterdam/Holland.

5. Jahrgang 1963 — Jährlich (6 Hefte)
DM 48,-. Einzelheft DM 8,50
Probeheft auf Anforderung

V 17 86

FRIEDR. VIEWEG & SOHN
BRAUNSCHWEIG

GPSR Compliance

The European Union's (EU) General Product Safety Regulation (GPSR) is a set of rules that requires consumer products to be safe and our obligations to ensure this.

If you have any concerns about our products, you can contact us on ProductSafety@springernature.com

In case Publisher is established outside the EU, the EU authorized representative is:

Springer Nature Customer Service Center GmbH
Europaplatz 3
69115 Heidelberg, Germany

Batch number: 10577919

Printed by Printforce, the Netherlands